U0252994

高等职业教育机电类专业教学改革规划教材
湖南省高职高专精品课程配套教材
国家骨干高职院校项目规划教材

# 机械设计基础

## 第 2 版

主　编　罗红专　易传佩
副主编　汪哲能　王伟平　张卓慧
参　编　李　权　龙育才　廉良冲　罗正斌
　　　　曾庆军　陈远洪
主　审　阳尧端

机 械 工 业 出 版 社

本教材体现理论与实践一体化教学方式，内容包括概论、机械创新设计、平面连杆机构、间歇运动机构、螺纹联接和螺旋传动、齿轮传动、齿轮系、其他机械传动、轴、轴承、连接和其他常用零部件等，共12章。本教材综合机械设计知识、技能和能力，着重培养学习者的职业素质和能力。本教材不仅可以满足机电一体化专业、机械制造与自动化专业、数控技术专业、模具设计与制造专业的教学需要，同时也可以作为机械工程技术人员的培训教材。

本教材配有电子课件，凡使用本教材的教师，可登录机械工业出版社教育服务网（http：//www.cmpedu.com）下载，或发送电子邮件至cmpgaozhi@sina.com索取。咨询电话：010-88379375。

**图书在版编目（CIP）数据**

机械设计基础/罗红专主编．—2版．—北京：机械工业出版社，2015.9
高等职业教育机电类专业教学改革规划教材　湖南省高职高专精品课程配套教材
ISBN 978-7-111-51319-3

Ⅰ．①机…　Ⅱ．①罗…　Ⅲ．①机械设计-高等职业教育-教材　Ⅳ．①TH122

中国版本图书馆CIP数据核字（2015）第197246号

机械工业出版社（北京市百万庄大街22号　邮政编码100037）
策划编辑：邹云鹏　责任编辑：邹云鹏
责任印制：常天培　责任校对：李锦莉　刘秀丽
北京京丰印刷厂印刷
2016年10月第2版·第1次印刷
184mm×260mm · 19.25印张 · 468千字
0 001—3 000册
标准书号：ISBN 978-7-111-51319-3
定价：42.00元

## 国家骨干高职院校项目规划教材
## 编写委员会

# 第2版前言

近年来，高职教育蓬勃发展，为我国的职业教育事业带来了勃勃生机。鉴于高职教育急需具有高职特色教材的实际情况，湖南省高职教育机电类专业教学改革规划教材编写委员会组织编写了本教材的第1版。本教材是经国家骨干高职院校项目规划教材编写委员会组织，对本教材第1版进行修订编写而成的。

本教材按照高职高专院校机械设计基础课程教学的要求，采用最新的国家标准，结合高职院校近年来教学改革的经验与成果进行编写。本教材将实训项目与教学内容有机地融合在一起，并配备了大量的拓展练习。

本教材由罗红专、易传佩任主编。参加编写的有：娄底职业技术学院张卓慧（第1章概论、第4章间歇运动机构），娄底职业技术学院龙育才（第5章螺纹联接和螺旋传动），湖南机电职业技术学院易传佩（第6章齿轮传动），娄底职业技术学院罗红专（第7章齿轮系、第8章其他机械传动、第11章连接），湖南生物机电职业技术学院廉良冲（第9章轴），湖南汽车工程职业学院王伟平（第12章其他常用零部件），娄底职业技术学院罗正斌（第2章机械创新设计），李权（第3章平面连杆机构），衡阳财经工业职业技术学院汪哲能（第10章轴承）。益阳职业技术学院曾庆军、娄底市农机研究所陈远洪参与编写了部分拓展练习。本教材由阳尧端任主审。

编　者

# 目　录

# 第1章　概　　论

## 知识目标

✧ 了解机械的组成，掌握机械、机器、机构、零件、构件等基本概念及它们之间的区别与联系。

✧ 掌握机械零件的失效形式，熟悉其设计计算准则。

✧ 了解金属材料的力学性能指标、钢的各种热处理方法及其之间的区别。

✧ 了解摩擦、磨损的类型，以及减少摩擦、磨损的方法以及润滑油的选择原则。

## 能力目标

✧ 具备对常见机器和机构的观察、分析和识别能力。

✧ 具备通过查阅参考书自我提升的能力。

## 1.1　课程概述

在我们的日常生活和工作中，见到或接触过许多机器，如图1-1所示。从家庭用的缝纫机、洗衣机到工业生产中使用的各种机床，从汽车、火车、轮船、飞机到宇宙飞船，从推土机、挖掘机、压路机、起重机到机器人等，机器的种类繁多，结构、用途和性能也各不相同。那么机器是怎么组成的？它们具有什么共同特征呢？

图1-2所示为一传动带运输机。在这个运输系统中，电动机通电获得能量，主轴高速旋转，将电能转换成机械能，然后通过由小带轮、传动带、大带轮组成的带传动系统，小齿轮、大齿轮及箱体组成的减速器及联轴器，将运动传递到滚筒，再带动输送带运动，将其上的物料输送到需要的地方。

在本例中，电动机是整个机器的能量来源，称之为原动机；带传动、减速器、联轴器则是将原动机的能量以运动和动力方式进行传递的装置，称之为传动装置；滚筒和输送带是具体完成将物料从一个地方输送到另一个地方的装置，称之为工作装置；在整个工作的过程中，运输机什么时候动、什么时候停止、运动速度达到什么程度等都必须是可以控制、调整的，所以还需要有控制装置。因此，一台完整的机器一般由原动机、工作装置、传动装置及控制装置四部分组成。

图1-3所示为一单缸内燃机。燃气推动活塞做往复移动，经连杆转变为曲轴的连续转动。凸轮和进气阀顶杆、排气阀顶杆是用来启闭进气阀和排气阀的。齿轮可以保证进、排气阀和凸轮协调动作，加上汽化、点火等装置的配合，就把热能转换为曲轴转动的机械能，实现能量的转换。

从以上两例可以看出，机器的主体部分都是由许多运动实体组成，用来传递运动和动力。如图1-2中的箱体、齿轮、联轴器组成的实体系统，将电动机通过带轮、带传递过来的

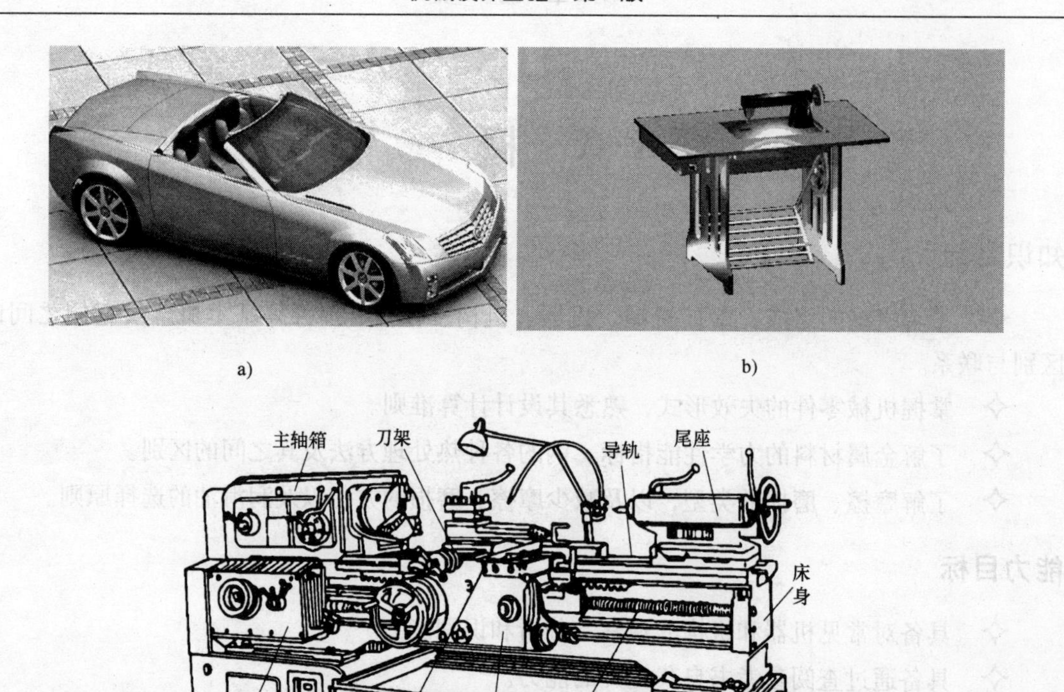


图 1-1 机器实物

a) 汽车 b) 缝纫机 c) 车床

运动与力又传递给滚筒；图 1-3 中的活塞、连杆、气缸、曲轴等组成的实体系统将活塞的往复运动转换成曲柄的连续回转运动等。这种各实体之间具有确定的相对运动的构件系统，称之为机构。

通过上述分析，我们知道，机构是机器的组成部分。机器的主要特征是：①它是多种人造实物的组合；②各实物间具有确定的相对运动；③能代替或减轻人类的劳动去完成有效的机械功（如机床）或转换机械能以及实现信息传递和变换的功能。机构与机器的区别在于：机构不能代替或减轻人的劳动而做功，即不具备机器的第三个特征，如图 1-2 中的齿轮机构，图 1-3 中的活塞、连杆、气缸、曲轴组成的曲柄滑块机构等。

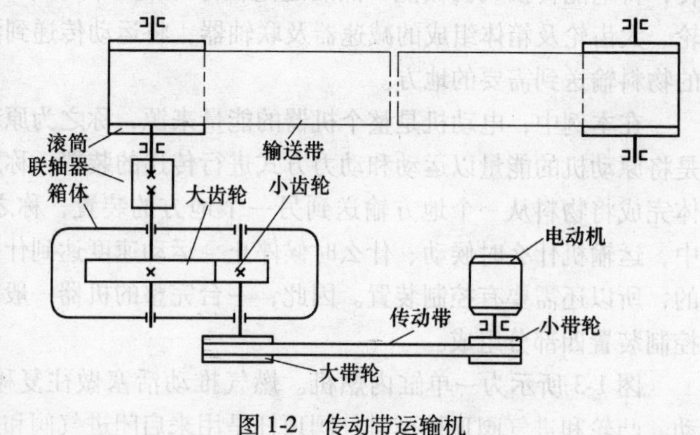


图 1-2 传动带运输机

根据机器功能的不同，可以将机器分为能量变换的动力机械（如内燃机、电动机、发电机等），工作机械（如金属切削机床、飞机、汽车、包装机、运输机和机械手等），信息

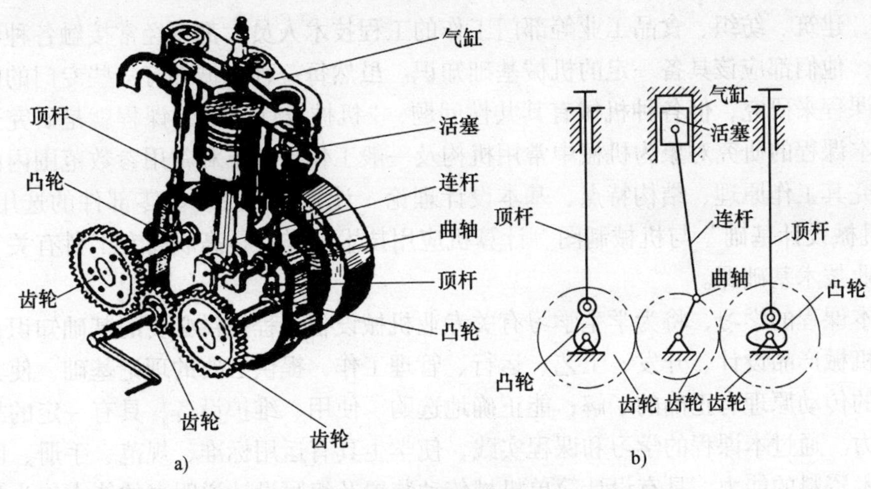


图 1-3 单缸内燃机

a）模型 b）简图

传递和变换的信息机械（如打印机、绘图机、复印机、照相机和放映机等）三类。

机械是机器和机构的总称。机器是由各种机构组成的机械系统。

### 1.1.1 机械中的构件和零件

#### 1. 机械零件

机器的主要特征之一：它是各种实物人为的组合。组成机器的这些实物称之为零件。也就是说，机器是由机械零件组成的。机械零件是组成机器的最小单元，也是机器中不可拆分的制造单元体，例如图 1-2 中的齿轮、箱体，图 1-3 中的曲轴等。

机械零件分为两类：一类是通用零件，是各种机器中经常使用的零件，如齿轮、螺栓、轴承等；另一类是专用零件，是只在特殊类型的机器中使用的零件，如曲轴、机床刀具、枪栓等。

此外，为了完成同一功能、在结构上紧密联系在一起的一套协同工作的零件组合，称为部件，例如减速器、联轴器、离合器等。

#### 2. 构件

机器的主要特征之二：组成机器的各实体间具有确定的相对运动。具有独立运动的最小运动实体称之为构件。构件可以是单一的机械零件（图 1-3 中的曲轴）；也可以是若干机械零件的刚性组合，如图 1-4 所示的连杆，它是由连杆体、连杆盖、螺栓和螺母等零件组合而成的。这些零件之间没有相对运动，是一个运动整体，故属一个构件。构件是最小的运动单元，零件是最小的制造单元。

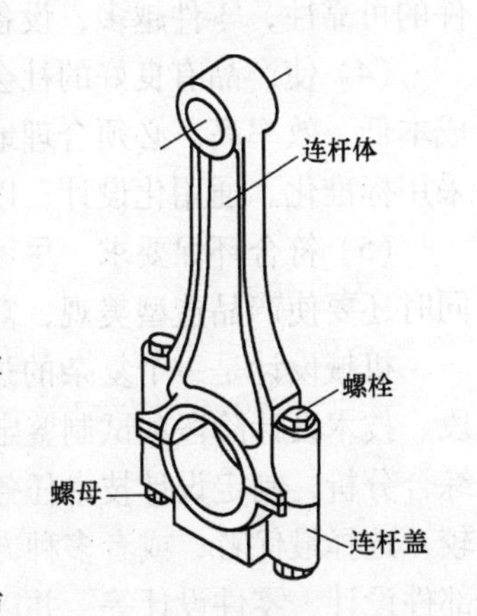


图 1-4 连杆

### 1.1.2 本课程在课程体系中的地位

随着机械化生产规模的日益扩大，几乎没有一个领域不使用机械。不但在机械制造部门，而且在动力、采矿、冶金、石油、化工、建筑、纺织、食品工业等部门工作的工程技术人员，都将经常接触各种各样的机械，因此，他们都应该具备一定的机械基础知识。虽然每一种机械都有一些专门的问题，会有专门的课程来研究，但各种机械有其共性问题，“机械设计基础”课程就是研究这些共性问题的。本课程的研究对象为机械中常用机构及一般工作条件下和常用参数范围内的通用零部件，研究其工作原理、结构特点、基本设计理论、计算方法及一些零部件的选用和维护。所以，“机械设计基础”与机械制图、计算机应用技术一样，是高职高专工科有关专业一门重要的专业技术基础课。

通过本课程的学习，将为学生学习有关专业机械设备课程提供必要的基础知识；为学生将来从事机械产品设计、开发、工艺、运行、管理工作，提供必要的理论基础，使其能对所使用机械的传动原理有正确的了解；能正确地选购、使用、维护设备，具有一定的故障分析及排除能力。通过本课程的学习和课程实践，使学生具有运用标准、规范、手册、图册和查阅有关技术资料的能力，具有设计简单机械传动装置及编写设计说明书的能力，为日后进行技术改造革新打下基础。

“机械设计基础”本身是许多理论和实践知识综合运用的课程，在整个课程体系中具有从理论性课程过渡到结合工程实际的设计课程、从基础课程过渡到专业课程的承前启后的桥梁作用。

## 1.2 机械设计的基本要求和一般过程

机械设计是指规划和设计实现预期功能的新机械或对原有机械进行改造革新，改进其性能。机械设计应满足下列基本要求：

（1）满足使用要求　能实现产品预期的功能，并使产品的功能最优；同时，保证在规定的工作条件下、规定的工作期限内能正常运行。

（2）操作方便，工作安全　操作系统要简便可靠，操作方式符合操作者的心理和习惯，同时有利于减轻操作人员的劳动强度。易造成人身伤害的部位，必须具有保险装置以消除由于误操作而引起的危险；还应设置过载保护装置及警示装置，避免人身及设备事故的发生。

（3）可靠、耐用　在规定的使用期限内，极少或不发生故障。机械的可靠性，取决于零件的可靠性，零件越多，设备发生故障的概率越高。

（4）使产品有良好的社会效益和经济效益　既要使产品得到社会的认可，又要使产品的成本低、效率高。必须合理地选择材料，保证良好的工艺性，以降低制造费用；零部件尽量采用标准化、通用化设计，以简化设计过程，降低设计成本。

（5）符合环保要求　尽可能降低噪声，使用中无泄漏，达标排放，减轻对环境的污染；同时还要使产品造型美观，富有时代特点，增强市场竞争力。

机械设计是一个复杂的过程，可以大致分为四个阶段，即计划设计阶段、方案设计阶段、技术设计阶段和试制鉴定阶段。计划设计阶段包括：对社会需求的调查，对问题的全面综合分析，制定设计技术任务书；方案设计阶段包括：构思、提出多种设计方案并且进行比较，选择最优者，或者多种方案进行综合；技术设计阶段包括：完成机械产品的总体设计、部件设计、零件设计等，并以工程图及计算书的形式将结果表达出来；试制鉴定阶段包括：制造样机，解决制造中发现的问题，对样机进行试运行，并向设计人员反馈制造和运行信息，以完善设计，改进使用性能，通过鉴定，再投入批量生产。图1-5所示为机械设计的一般过程。

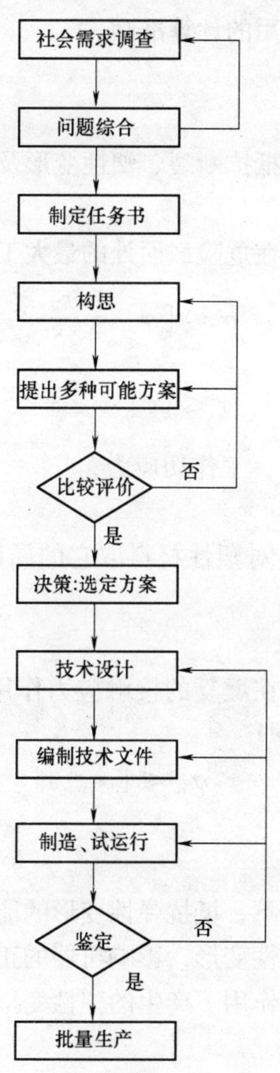


图1-5 机械设计的一般过程

设计是一个动态过程。在全过程中，要不断地调查研究、征求意见，发现问题及时修改，以期取得最佳效果。即使在机械产品投入市场后，也要进行跟踪调查，根据用户反馈的信息，对产品不断改进完善。

## 1.3 机械零件的失效形式和设计计算准则

机械零件丧失工作能力或达不到设计要求的性能称为失效。在不发生失效的条件下，零件所能安全工作的限度，称为工作能力。通常，此限度是对载荷而言，因此也称承载能力。机械零件常见的失效形式有断裂，过量变形（过大的弹性变形或塑性变形），表面失效（包括摩擦表面的过度磨损、打滑、过热、压溃、点蚀等），连接松动，运动精度达不到要求等。

机械零件的失效形式虽然有多种，归纳起来，最主要的是强度、刚度、耐磨性、稳定性和温度影响等几个方面。针对各种不同的失效形式，建立判定零件工作能力的条件，称为工作能力计算准则。下面举出几种常用的计算准则。

### 1.3.1　强度准则

强度是指零部件在载荷作用下抵抗断裂、塑性变形及表面失效的能力。强度分为整体强度和表面接触强度。

整体强度的判断准则为：零件在危险截面处的最大工作应力不超过许用应力，即

$$\sigma \leqslant [\sigma] = \frac{\sigma_{\lim}}{S} \tag{1-1}$$

或

$$\tau \leqslant [\tau] = \frac{\tau_{\lim}}{S} \tag{1-2}$$

式中　$\sigma$，$\tau$——构件的工作正应力，工作切应力；

$[\sigma]$，$[\tau]$——许用应力；

$\sigma_{\lim}$，$\tau_{\lim}$——材料的极限应力（对塑性材料取它的屈服强度，对脆性材料取它的抗拉强度）；

$S$——安全系数。

表面接触强度的判断准则为：在反复的接触应力作用下，零件在接触处的接触应力 $\sigma_H$ 不大于许用的接触应力值 $[\sigma_H]$，即

$$\sigma_H \leqslant [\sigma_H] \tag{1-3}$$

### 1.3.2　刚度准则

刚度是指机械零件在载荷作用下，抵抗弹性变形的能力。某些零件如机床主轴、蜗杆轴等零件，刚度不足将产生过大的弹性变形，影响机器的正常工作。

刚度设计准则为：零件在载荷作用下产生的弹性变形量不大于机器工作性能允许的极限值，即

$$y \leqslant [y] \tag{1-4}$$

式中　$y$——零件工作时的弹性变形量，按各种求变形量的理论或实验方法来确定；

$[y]$——许用变形量，根据理论或经验来确定其合理的数值。

### 1.3.3　耐磨性准则

磨损是由于表面的相对运动使零件工作表面的物质不断损失的现象，它是机械设备失效的重要原因。耐磨性是指零件抵抗磨损的能力。耐磨性准则的实质是控制摩擦表面的压强（或接触应力）不超过许用值，即

$$p \leqslant [p] \tag{1-5}$$

## 1.4　机械零件的常用材料及其选择

机械零件所用的材料是多种多样的，常用的材料有：钢铁材料（钢、铸铁）、非铁材

料、非金属材料（塑料、橡胶等）等。从各种各样的材料中选择出合适的材料和热处理方式，是机械设计中的一个重要问题，也是一个受到多方面因素制约的问题。要想合理地选择零件材料，必须对材料的性能及其影响因素有所了解。在机械工程中使用最多的材料是钢铁材料，因此我们重点介绍钢铁材料及其热处理。

## 1.4.1 金属材料及其热处理常识

### 1. 金属材料的力学性能

金属材料的性能包括使用性能和工艺性能，其中使用性能是指材料在使用过程中所表现的性能，有力学性能、物理性能（如熔点、热膨胀性、导热性、导电性、磁性、密度等）和化学性能（如耐蚀性、耐氧化性等）。工艺性能是指材料在加工过程中所表现的性能，包括铸造、锻压、焊接、热处理和可加工性等，对零件或工具制造的难易程度有影响，工艺性能好，则容易加工。

因影响金属材料使用性能的主要方面是其力学性能，金属的物理性能和化学性能在有关课程中也已介绍过，故在此主要分析金属材料的力学性能。

金属材料的力学性能是指金属材料在载荷作用下所表现出来的特性，主要有强度、塑性、硬度、韧性等。

（1）强度 强度是指材料在外力作用下抵抗变形和破坏的能力，包括弹性极限 $\sigma_e$、屈服强度 $R_e$、抗拉强度 $R_m$ 等。测定强度通常采用试验法，其中拉伸试验应用最普遍。

做拉伸试验要使用拉伸试验机和试样。为了保证在不同的试验机上试验相同的材料能得到同一结果，应对试样的形状和尺寸等做出统一规定。最常用的试样如图1-6所示，其中 $S_0$ 表示原始横截面积，$L_0$ 表示原始标距长度。做拉伸试验时，先将试样按要求装夹在试验机上，然后对试样缓慢施加轴向拉力（又称为拉伸力），试样会随着拉伸力的增加而逐渐变长，最后被拉断。在整个试验中，可以通过自动记录装置将拉伸力 $F$ 与试样伸长量 $\Delta L$ 之间的关系记录下来并据此分析金属材料的强度。如果以纵坐标表示拉伸力 $F$，以横坐标表示试样的伸长量 $\Delta L$，按试验全过程绘制出的曲线称为拉伸曲线。图1-6即为某低碳钢的拉伸曲线图。在图中的曲线上，$Oe$ 段表示试样在拉伸力作用下均匀伸长，伸长量与拉伸力的大小成正比。在此阶段的任何时刻，如果撤去外力（拉伸力），试样仍能完全恢复到原来的形状和尺寸。在这一阶段中，试样的变形为弹性变形，称为弹性变形阶段。当拉伸力继续增大超过 $e$ 点所对应的值 $F_e$ 以后，试样除了产生弹性变形外，还开始出现微量的塑性变形，此时如果撤去外力（拉伸力），试样就不能完全复原了，会有一小部分永久变形。继续增大拉伸力至 $F_s$ 时，图上出现近似水平的直线段或小锯齿形线段。这表明，此阶段当外力（拉伸

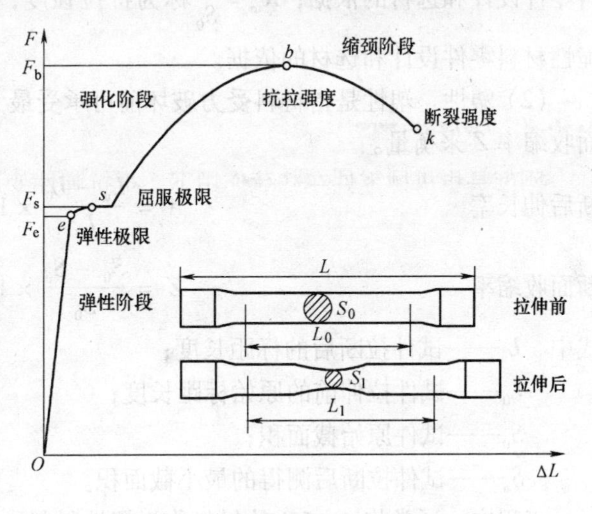

图1-6 某低碳钢拉伸曲线图

力）$F_s$ 保持不变时，试样的变形（伸长）仍在继续，这种现象称为屈服。过了此阶段后，如果继续增加外力（拉伸力），则试样的伸长量又会增加，此阶段为强化变形阶段，到达 $b$ 点后，试样开始在某处出现缩颈（即直径变小），抗拉能力下降，到 $k$ 点时，试样在颈缩处被拉断。

为了便于比较，消除试件尺寸对结果的影响，强度判据（即表征和判定强度所用的指标和依据）采用应力来度量。应力是单位面积上的内力。内力则是指材料受到外力作用后，其内部产生的相互作用力。做拉伸试验时，试样没有断裂前处于平衡状态，可以认为内力与外力（即拉伸力）相等，则应力＝拉伸力/截面积，即

$$\sigma = \frac{F}{S}$$

式中　$\sigma$——应力（Pa 或 MPa），$1\text{Pa}=1\text{N/m}^2$，$1\text{MPa}=10^6\text{Pa}$；

$F$——拉伸力（N）；

$S$——试件的横截面积（$\text{m}^2$）。

$\sigma_e=\dfrac{F_e}{S_0}$，称为弹性极限，是材料不发生微量变形的最大极限值，是精密弹性元件设计和选材的依据；$R_e=\dfrac{F_s}{S_0}$，称为屈服强度，是材料发生微量塑性变形时的应力值，是一般塑性材料零件设计和选材的依据；$R_m=\dfrac{F_b}{S_0}$称为抗拉强度，是材料断裂前所承受的最大应力值，是脆性材料零件设计和选材的依据。

（2）塑性　塑性是指材料受力破坏前可承受最大塑性变形的能力，用断后伸长率 $A$ 或断面收缩率 $Z$ 来衡量。

断后伸长率

$$A=\frac{L_u-L_0}{L_0}\times100\% \tag{1-6}$$

断面收缩率

$$Z=\frac{S_0-S_u}{S_0}\times100\% \tag{1-7}$$

式中　$L_u$——试件拉断后的标距长度；

$L_0$——试件拉伸前的原始标距长度；

$S_0$——试件原始截面积；

$S_u$——试件拉断后测得的最小截面积。

工程中，通常将 $A>5\%$ 的材料称为塑性材料，如钢、铜、铝等；而将 $A<5\%$ 的材料称为脆性材料，如铸铁、玻璃、陶瓷等。

（3）硬度　硬度指材料抵抗表面局部塑性变形的能力，反映了材料的软硬性能。硬度有布氏硬度、洛氏硬度以及维氏硬度，最常用的为布氏硬度和洛氏硬度。

1）布氏硬度（HBW）。用直径为 $D$ 的硬质合金球做压头，在试验力 $F$ 的作用下压入被测金属表面，保持规定的时间后卸除试验力，在金属表面留下一压坑（压痕），用读数显微镜测量其压痕直径 $d$，求出压痕表面积 $S$，用试验力 $F$ 除以压痕表面积 $S$ 所得的商作为被测金属的布氏硬度值，如图 1-7 所示。布氏硬度用符号 HBW 表示，其表示方法为：

硬度值＋压头直径/试验力/保持时间（10～15s 可不标注）

例如120HBW 10/1000/30表示用直径为10mm的硬质合金球在9.807kN试验力的作用下保持30s测得的布氏硬度值为120。

2）洛氏硬度（HR）。用顶角为120°的金刚石圆锥体或直径为1.588mm的钢球作为压头，在规定载荷作用下压入被测金属表面，由压头在金属表面所形成的压痕深度来衡量硬度高低，用符号HR表示，符号HR前面的数字为硬度值。

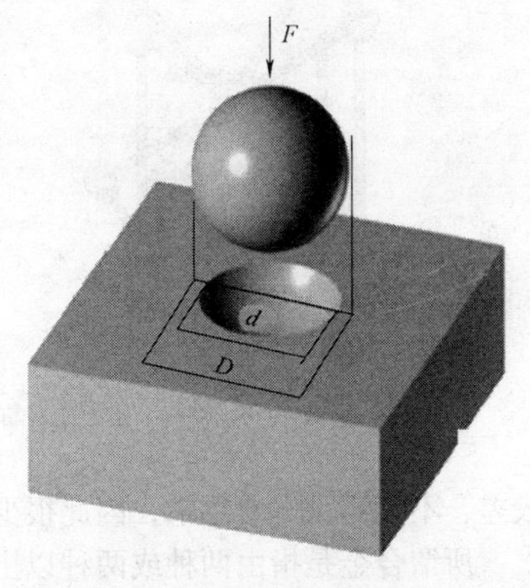

图1-7 布氏硬度测量示意图

根据压头类型和主载荷不同，洛氏硬度分为HRA、HRB、HRC三种标尺，其中HRC应用最多。

（4）冲击韧度。冲击韧度指材料抵抗冲击载荷作用而不破坏的能力，指标为冲击实际吸收能量*KU*、*KV*（通过冲击实验测得）。冲击韧度值是在大能量一次冲断试样条件下测得的性能指标。

**2. 影响金属材料性能的因素**

不同的金属材料具有不同的力学性能，即使是同一种金属材料在不同的条件下其力学性能也是不相同的。这是因为金属的力学性能除了与化学成分有关外，还受到内部组织结构的影响。

（1）金属的晶体结构　常态下金属以原子呈规则排列的晶体形式存在，如图1-8所示。当原子以不同的规律排列，则形成了不同的晶体结构。为了便于描述晶体内部排列的规律，将每个原子抽象为几何质点，用一些假想的几何线条将各质点连接起来，形成一个三维空间格架，称为晶格，如图1-8b所示。

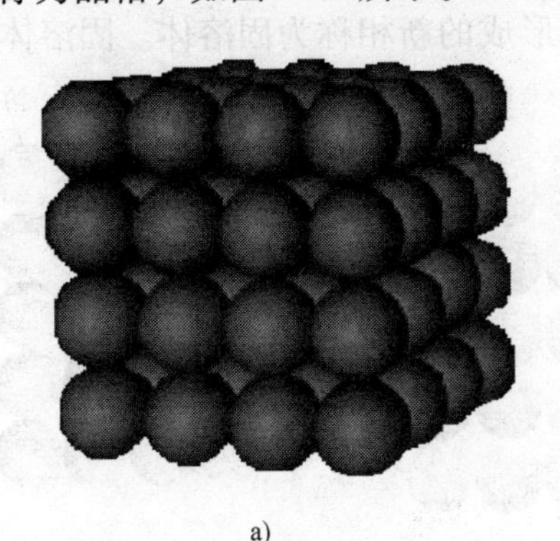
a)

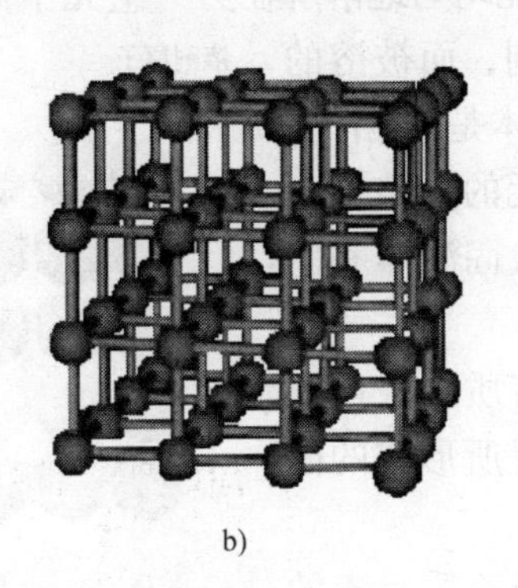
b)

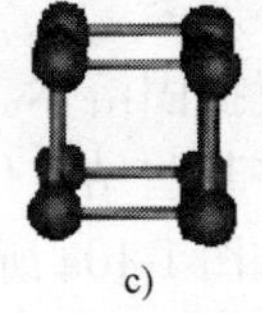
c)

图1-8　晶体、晶格与晶胞
a）晶体　b）晶格　c）晶胞

晶体中的原子是周期性规则排列的，因此可在晶格内取一个能代表晶格特征的最小几何单元表示晶格，称为晶胞。

常见纯金属的晶格类型有体心立方晶格、面心立方晶格和密排六方晶格，其结构形式如图1-9所示。

金属的晶格类型不同，其性能也不同。

（2）合金　纯金属很难得到，而且纯金属的强度较低，物理性能、化学性能及工艺性能

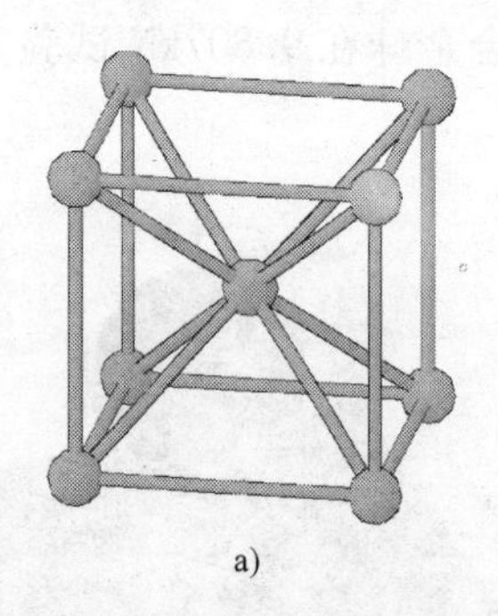
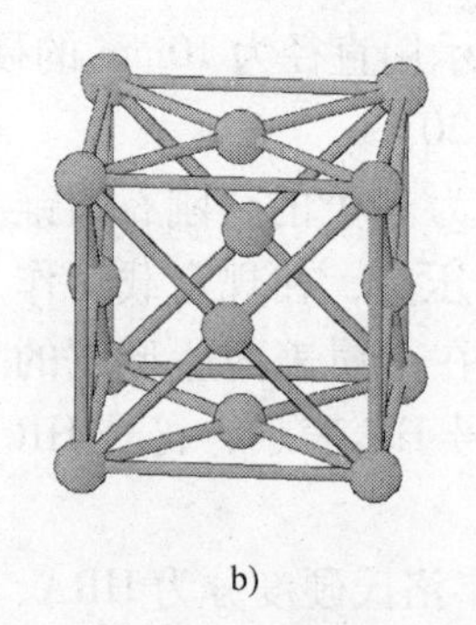
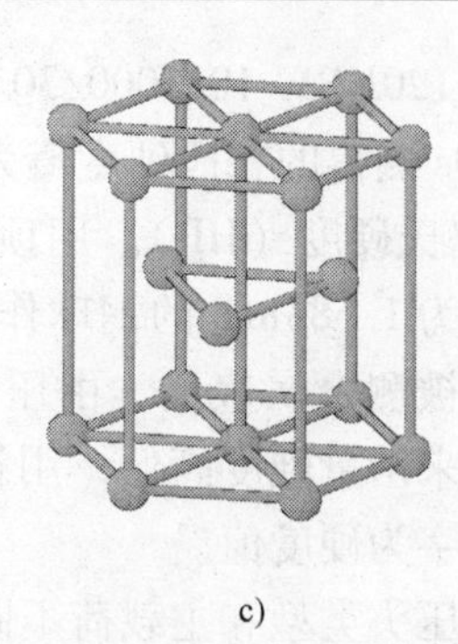

a) b) c)

图1-9 常见晶格类型

a）体心立方晶格 b）面心立方晶格 c）密排六方晶格

较差，不能满足工业要求，因此很少直接使用，而多采用合金。

所谓合金是指由两种或两种以上的金属元素（或金属与非金属元素）组成的具有金属特性的物质。例如，碳钢是铁和碳组成的合金；普通黄铜是由铜和锌组成的合金。

组成合金的最基本的、独立的物质称为组元。例如，普通黄铜的组元是铜和锌。组元可以是纯的元素或稳定的化合物。

金属或合金中相同成分、相同晶格和相同性能的均匀组成部分称为相，合金中相与相之间有明显的界线分隔。

固态下，由一个固相组成的合金称为单相合金，两个或两个以上固相组成的合金称为多相合金。

（3）合金的结构 合金在固态时，有固溶体、化合物以及机械混合物三种不同的组织结构。

1）固溶体。一组元均匀地溶解在另一组元中而形成的新相称为固溶体。固溶体中占主要地位的组元称为溶剂，而被溶的组元称为溶质。固溶体是单相的，其晶体结构与溶剂组元的晶格类型相同。固溶体分为置换固溶体和间隙固溶体两类。

①置换固溶体。溶质原子占据溶剂晶格某些结点位置所形成的固溶体，如图1-10a所示。

②间隙固溶体。当溶质元素的原子半径远小于溶剂元素的原子半径时，溶质原子嵌入溶剂晶格间隙所形成的固溶体，如图1-10b所示。

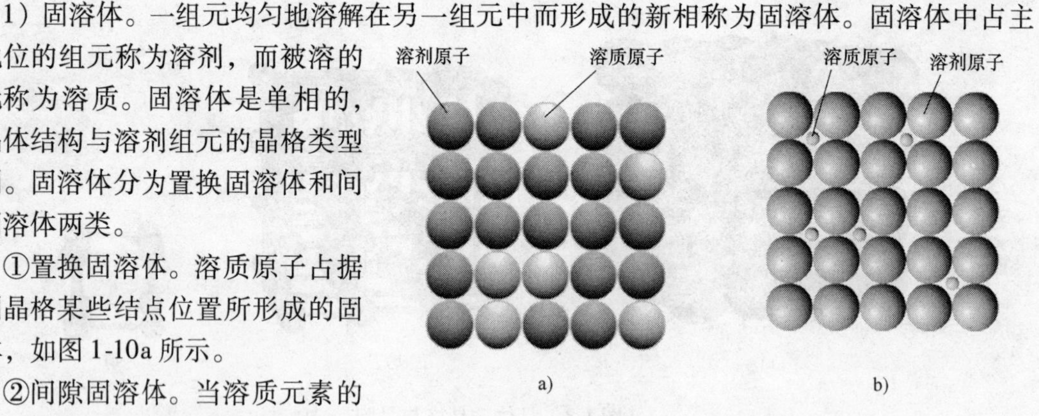


图1-10 固溶体

a）置换固溶体 b）间隙固溶体

形成固溶体时，由于溶质原子的溶入，将使固溶体的晶格产生畸变，如图1-11所示，从而增加了抵抗塑性变形的能力，使固溶体的强度、硬度提高。这种通过溶入溶质原子，使固溶体强度、硬度提高的现象称为固溶强化。

固溶强化是提高金属材料力学性能的重要途径之一。实际使用的金属材料大多都是单相固溶体合金或以固溶体为基体的多相合金。

2）金属化合物。金属化合物是指合金组元间发生相互作用而形成的具有金属特性的一种新相，其晶格类型和性能完全不同于任一组元，一般可用分子式来表示。例如钢中的渗碳体是铁和碳形成的金属化合物，用分子式 $Fe_3C$ 表示。金属化合物一般熔点高，具有较高的强度和硬度，较低的塑性和韧性。通常金属化合物是作为强化相分布在固溶体基体上的，用以提高合金的强度、硬度和耐磨性。

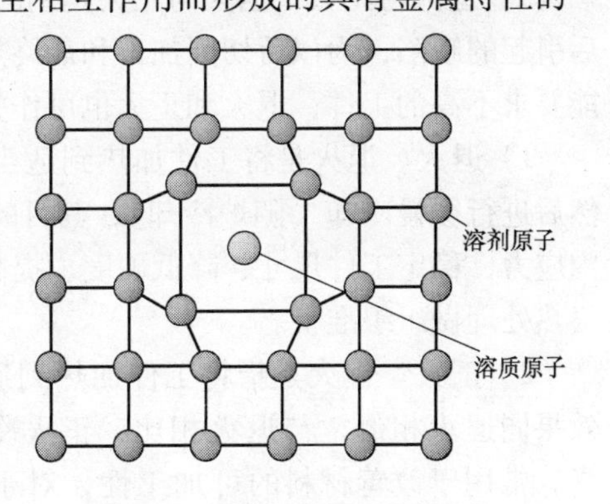

图 1-11 晶格畸变，固溶强化

3）机械混合物。合金中由两相或两相以上组成的多相组织，称为机械混合物。机械混合物性能不仅取决于组成它的各个相的性能，而且与各个相的数量、形状、大小及分布状况有很大的关系。

（4）细晶强化 通过前面的介绍，我们知道固体金属都是以晶体的形式存在的，而液体金属都是非晶体。金属从液体到固体的凝固形成晶体的过程称为结晶。在金属结晶的过程中，由于冷却温度、冷却速度、金属中的杂质含量等不同，造成晶粒的大小不一样。晶粒的大小对金属的力学、物理、化学性能等均有很大的影响，细晶粒金属强度高、塑性和韧性好；粗晶粒金属耐蚀性好。

通过细化晶粒的方法可以提高金属的强度，强化金属力学性能，这种方法称为细晶强化。细晶强化也是强化金属材料的基本途径之一。

**3. 钢的热处理**

通过固溶强化、细晶强化等手段提高基体的力学性能，再采取适当的工艺方法，使一定数量的金属化合物呈细粒、弥散状，均匀、稳定地分布于基体上，整个组织的性能就会得到进一步的提高，这就是合金化处理和热处理的主要目的之一。

钢的热处理是将钢在固态下进行加热、保温和冷却，以改变其内部组织，从而获得所需要性能的一种工艺方法。热处理工艺方法较多，但其过程都是由加热、保温、冷却三个阶段组成的。热处理工艺路线示意图如图 1-12 所示。

热处理是机械零件及工具制造过程中的重要工序。它可改善工件的组织和性能，充分发挥材料潜力，从而提高工件使用寿命。热处理在机械制造业中占有十分重要的地位。

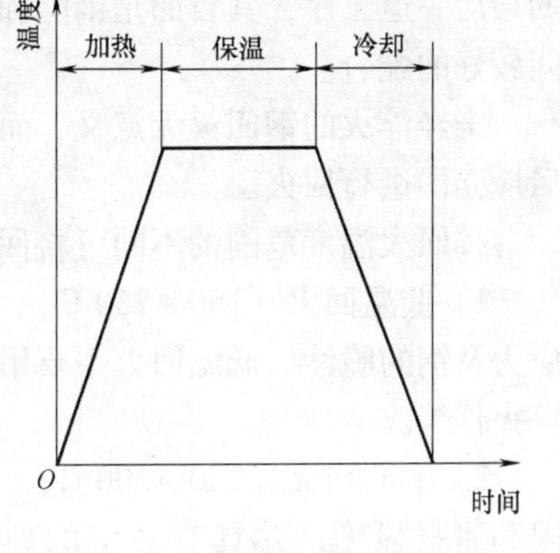

图 1-12 热处理工艺路线示意图

根据热处理的目的、加热和冷却方法的不同，常用热处理的大致分类见表 1-1。

**表 1-1 热处理的分类**

| | | | |
|---|---|---|---|
| 整体热处理 | 退火 | 表面热处理 | 感应淬火 |
| | | | 火焰淬火 |
| | 正火 | | 激光淬火 |
| | 淬火 | 化学热处理 | 渗碳 |
| | | | 碳氮共渗 |
| | 回火 | | 渗氮 |

（1）退火与正火　退火与正火是钢的两种基本热处理工艺，主要用来消除钢材经热加工后引起的缺陷，为以后切削加工和最终热处理做组织准备，因此，又称为预备热处理，对性能要求不高的工件，退火和正火也可作为最终热处理。

1）退火。退火是将工件加热到适当温度，根据材料和工件尺寸采用不同的保温时间，然后进行缓慢冷却（随炉冷却），其目的是使金属内部组织达到或接近平衡状态，消除钢的内应力、稳定工件尺寸、降低硬度、提高塑性、获得良好的工艺性能和使用性能，或者为最终热处理做组织准备。

2）正火。正火是指将工件加热到适当温度后，在空气中冷却的热处理工艺。正火的效果同退火相似，与退火相比，正火冷却速度快，得到的组织更细，强度、硬度相对较高，常用于改善材料的可加工性，对于一些力学性能要求不高的零件有时也可作为最终热处理。

（2）淬火　淬火是指将工件加热到适当温度后，保温一定时间，然后在水、油或其他无机盐、有机水溶液等淬火介质中快速冷却，以获得高硬度、高强度金相组织的热处理方法。

工件在淬火加热和冷却过程中，由于加热温度高，易使晶粒过度长大，导致工件力学性能显著降低。冷却速度快，会导致冷缩不均匀，工件内部产生较大的应力，进而引起工件变形和开裂。

为了消除工件淬火时产生晶粒粗大、变形和开裂的现象，除了必须正确编制淬火的加热温度、保温时间和冷却方式外，还应该在淬火后及时进行回火处理。

（3）回火　回火是指工件淬火后，重新加热到远低于淬火温度的某一温度，保温一定时间，然后冷却到室温的热处理工艺。回火是紧接淬火之后进行的，通常也是零件进行热处理的最后一道工序，其目的是消除和减小内应力、稳定组织、调整性能，以获得强度和韧性之间较好的配合。

未经淬火的钢回火无意义，而淬火钢不回火在放置使用过程中易变形或开裂。钢经淬火后应立即进行回火。

按回火温度范围的不同可将回火分为三种：低温回火、中温回火以及高温回火。

1）低温回火（150～250℃）。回火后，保持了淬火组织的高硬度和耐磨性，降低了淬火应力及钢的脆性。低温回火主要用于各种刃具、量具、冷作模具、滚动轴承、渗碳件和表面淬火件等。

2）中温回火（250～500℃）。回火后，大大降低了淬火应力，使工件获得了高的弹性极限和屈服强度，并具有一定的硬度和韧性。中温回火主要用于处理各种弹性元件和模具。

3）高温回火（500～650℃）。回火后，淬火应力可完全消除，具有强度较高、塑性和韧性好的良好综合力学性能。高温回火主要用于处理轴类、连杆、高强度螺栓、齿轮等工件。

工件淬火加高温回火的复合热处理工艺又称为调质处理。调质处理可作为最终热处理，但由于调质处理后钢的硬度不高，便于切削加工，并能得到较好的表面质量，故也作为表面淬火和化学热处理的预备热处理。

（4）表面热处理　在生产中有些零件，如齿轮、花键轴、活塞销等，要求表面具有高硬度和耐磨性，心部具有一定的强度和足够的韧性。在这种情况下，仅仅依靠通过选择材料或普通热处理是很难满足要求的，这时就需要对零件进行表面热处理。

表面淬火是指不改变工件表面化学成分，而是采用快速加热方式对工件表层进行淬火，以改变材料表层组织和性能，使工件表面获得高硬度和耐磨性，而心部保持较好的塑性和韧性，以提高其承受扭转、弯曲等交变载荷及摩擦、冲击、接触应力的能力。表面淬火是最常用的表面热处理。依加热方法的不同，表面淬火方法主要有：感应淬火、火焰淬火、激光淬火等。目前生产中应用最多的是感应淬火和火焰淬火。

①感应淬火。利用感应电流通过工件所产生的热效应，使工件表层、局部加热并进行快速冷却的淬火工艺，称为感应淬火。感应淬火的工件变形小，基本无氧化、无脱碳，且加热速度快，生产效率高，易实现机械化、自动化，适于大批生产，但是设备投资大，维修调试比较困难。感应淬火主要用于中碳钢和中碳低合金钢制造的中小型工件的成批生产。

②火焰淬火。火焰淬火是利用乙炔或其他可燃气燃烧的火焰对工件表层加热，随之快速冷却的淬火工艺。火焰加热表面淬火操作简便，不需要特殊设备，成本低，但生产率低，质量较难控制，主要用于单件或小批生产的各种齿轮、轴和轧辊等。

（5）化学热处理　化学热处理是将工件置于适当的活性介质中加热、保温，使一种或几种元素渗入到它的表层，以改变其化学成分、组织和性能的热处理工艺。这种热处理与表面淬火相比，其特点是表层不仅有组织的变化，而且还有化学成分的变化。通过化学热处理，可以提高工件表层的硬度、耐磨性、热硬性、耐蚀性和疲劳强度等。

**4. 工业用钢**

在工程中应用最多是钢铁材料。由于钢铁材料的基本组元是铁和碳，故统称为铁碳合金。铁碳合金包括钢和铸铁两大类。

铁碳合金以含碳量来划分：当碳的质量分数小于 0.0218% 时，称之为工业纯铁；碳的质量分数在 0.0218% 到 2.11% 之间时，称之为钢；当碳的质量分数大于 2.11% 而小于 6.69% 时，称之为铸铁。

含碳量对铁碳合金的组织及性能均有很大的影响。含碳量越高，合金中的金属化合物（称渗碳体）量也越多，由此其强度、硬度就越高，而塑性、韧性则相应降低。当钢中碳的质量分数等于 0.9% 时，强度达到最大值；当钢中碳的质量分数大于 0.9% 时，由于材料内部的组织发生改变，强度明显下降。为了保证工业上使用的钢具有足够的强度，同时又具有一定的塑性和韧性，钢中的碳的质量分数一般不超过 1.3% ~1.4%。

工业用钢按化学成分分为碳素钢和合金钢两大类。碳素钢是碳的质量分数低于 2.11% 的铁碳合金，除铁、碳为其主要成分外，还含有少量的锰、硅、硫、磷等杂质。碳素钢具有一定的力学性能，又有良好的工艺性能，且价格低廉，因此，获得了广泛的应用。

合金钢是为了提高钢的性能，在碳素钢基础上有意加入一定量的合金元素所获得的多元合金。与碳素钢比，合金钢的性能有显著的提高，应用日益广泛。

钢材品种繁多，为了便于生产、保管、选用与研究，将钢材按化学成分、质量和用途不同进行分类。

（1）按化学成分分类

钢
- 碳素钢
  - 低碳钢　$w(\mathrm{C})<0.25\%$。
  - 中碳钢　$w(\mathrm{C})=0.25\%\sim0.6\%$。
  - 高碳钢　$w(\mathrm{C})>0.6\%$。
- 合金钢
  - 低合金钢　合金元素总量　$w<5\%$。
  - 中合金钢　合金元素总量　$w=5\%\sim10\%$。
  - 高合金钢　合金元素总量　$w>10\%$。

（2）按质量分类　钢的质量以磷、硫的含量划分如表1-2。

**表1-2　各种质量钢中的磷、硫含量（质量分数）**　　（%）

| 钢　类 | 碳　素　钢 | | 合　金　钢 | |
|---|---|---|---|---|
| | P | S | P | S |
| 普通质量钢 | ≤0.045 | ≤0.045 | ≤0.045 | ≤0.045 |
| 优质钢 | ≤0.035 | ≤0.035 | ≤0.035 | ≤0.035 |
| 高级优质钢 | ≤0.030 | ≤0.030 | ≤0.025 | ≤0.025 |
| 特级优质钢 | ≤0.025 | ≤0.020 | ≤0.025 | ≤0.015 |

（3）按用途分类　按钢材的用途可分为结构钢、工具钢和特殊性能钢三大类。

钢
- 结构钢
  - 工程用钢　碳素结构钢、低合金高强度结构钢。
  - 机器零件用钢　渗碳钢、调质钢、弹簧钢及滚动轴承钢。
- 工具钢　用来制造各种工具的钢。根据工具用途不同有刃具钢、模具钢与量具钢。
- 特殊性能钢　具有特殊物理化学性能的钢，有不锈钢、耐热钢、耐磨钢、磁钢等。

### 1.4.2　机械零件常用材料的使用要求

按强度条件设计的零件，当其尺寸和重量都受限制时，应选用强度较高的材料；按刚度条件设计的零件，应选用弹性模量较大的材料；若零件表面接触应力较高（如齿轮），应选用可以进行表面强化处理的材料（如调质钢、渗碳钢）。此外，对容易磨损的零件（如蜗轮），应选用耐磨性好的材料；对滑动摩擦下工作的零件（如滑动轴承），应选用减摩性好的材料；对高温下工作的零件，应选用耐热材料；对腐蚀性介质中工作的零件，应选用耐腐蚀材料。

### 1.4.3　机械零件常用材料的工艺要求

所谓工艺要求，是指选择冷、热加工性能好的材料。零件加工应考虑到零件结构的复杂程度、尺寸大小和毛坯类别。对于外形复杂、尺寸较大的零件，若采用铸造毛坯，则应采用铸造性能好的材料；若采用焊接毛坯，则应选用焊接性能好的低碳钢。对于尺寸较小、外形简单、大量生产的零件，适合冲压或模锻，应选用延展性较好的材料。需要热处理的零件，所选材料应有良好的热处理性能。此外，还要考虑材料的可加工性，包括零件热处理后的可加工性。

### 1.4.4　机械零件常用材料的经济性要求

在机械的成本中，材料费用约占30%以上，有的甚至达到50%。在满足材料使用性能和工艺性能的前提下，选用的材料应尽可能使零件的生产和使用的总成本最低、经济效益最高。可从以下几个方面考虑：

（1）工程材料价格　能够满足零件使用性能时，应尽可能选用价格低廉的材料。如选用非合金钢和铸铁，不仅加工工艺性好，而且生产成本低。

（2）热处理　采用热处理工艺，充分发挥和利用材料潜在的力学性能。

（3）采用组合式零件结构　在零件的工作部分使用贵重材料，非直接工作部分则可采用廉价的材料。例如大直径的蜗轮，常采用青铜齿圈和铸铁轮芯的组合式结构，以节约大量昂贵的铜合金。

（4）加工费用　加工设备和工艺装备尽可能简单，加工工序尽可能减少。

（5）货源　尽可能就地取材，减少运输成本，同时，尽量减少材料的品种规格，简化采购、保管及生产管理工作。

## 1.5　机械零件结构的工艺性及标准化

**1. 工艺性**

设计机械零件时，不仅应使零件满足使用要求，具备所要求的工作能力，同时还应满足生产工艺要求，方便加工，否则，就可能使设计的零件无法制造，或者虽能制造但费工费料很不经济。

在具体生产条件下，如果设计的机械零件便于加工，费用又低，这样的零件就称为具有良好的工艺性。有关工艺性有如下基本要求。

（1）零件的结构应与生产条件和批量相适应　零件的结构工艺性与生产条件和批量有着密切的联系。单件和小批生产的零件，应利用现有生产条件制造，例如大尺寸的齿轮毛坯，在一般设备条件下锻造较困难，就应采用铸件或焊接件；当缺少磨齿设备时，就不能用变形大的热处理工艺等。成批和大量生产的零件，可采用专门设备、数控加工中心和自动线生产，还应考虑用无切削或少切削成形工艺，采用组装结构等。

（2）零件的结构应与毛坯种类相适应　零件的毛坯可以是铸件、锻件、焊件、轧件、冲压件、拉拔或挤压件等。铸件和锻件毛坯的加工余量大、切削多，但应用最广。

设计铸件时，应考虑到铸件的最小壁厚需满足液态金属的流动性要求（对砂型铸造，通常灰铸铁件壁厚≥6mm，铸钢件壁厚≥8mm）。铸件各部分的壁厚应均匀，要避免局部材料集聚，产生缩孔；铸件不同壁厚的连接处，应采用过渡结构（图1-13a），各个面的交接处不应有锐角；垂直分型面的表面应有起模斜度，以便于造型和起模（图1-13b）。

单件、小批量生产时，通常是使用简单通用锻模通过自由锻造得到毛坯。在设计锻件时，结构要力求简单，避免薄壁、深槽、高肋等形状以及剖面尺寸变化过大的结构，还应有一定的模锻斜度和圆角，以便成形和拔模。

（3）零件的结构应便于切削加工

1）零件加工表面的几何形状应尽量简单，并便于切削工具以高效率工作，如加工表面

a) b)

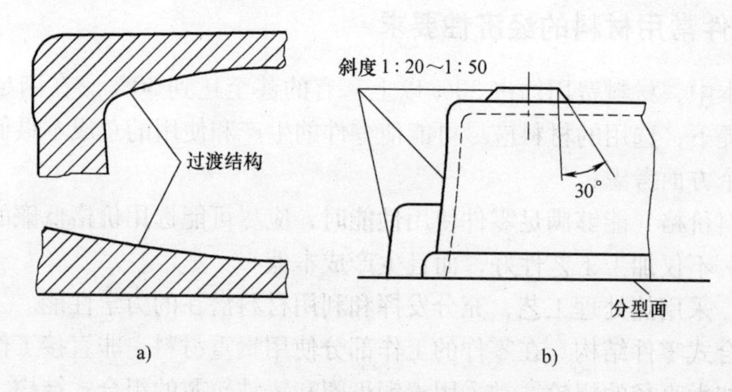

图 1-13 铸造过渡结构和起模斜度

的连续和等高、标准的退刀槽或者砂轮越程槽等（图 1-14）。

a) b) c)

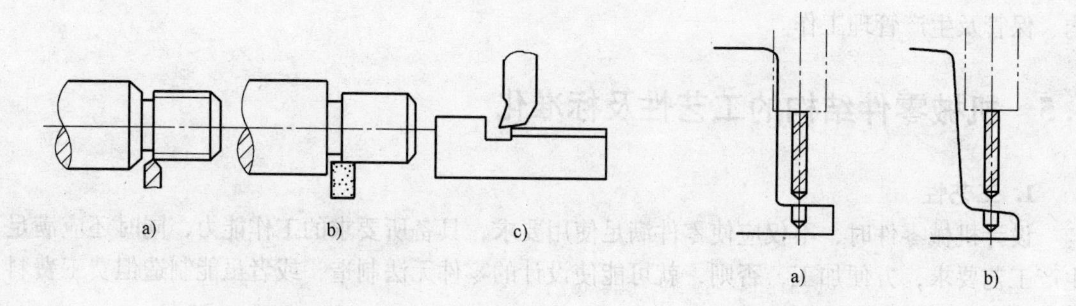

图 1-14 退刀槽或砂轮越程槽

a）车 b）磨 c）刨

a) b)

图 1-15 加工所需空间

a）不正确 b）正确

2）零件的结构要便于加工、便于安装，保证采用一般刀具加工时所需的工作空间（图 1-15）和定位支承面（图 1-16），并能使有位置精度要求的表面尽量在一次安装中加工出来，减少刀具调整次数（图 1-17）。

a) b) c)

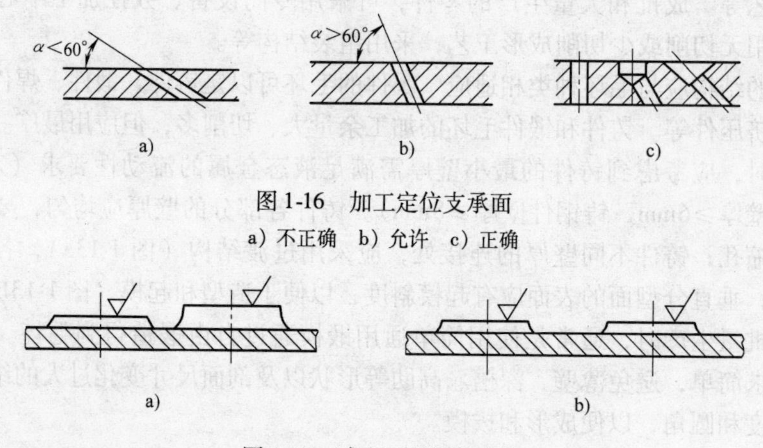

图 1-16 加工定位支承面

a）不正确 b）允许 c）正确

a) b)

图 1-17 减少刀具调整次数

a）改进前 b）改进后

3）尽量采用通用化的零件，零件尺寸应采用标准化参数，各加工表面也尽可能考虑能够使用标准刀具，减少刀具及量具的种类。

4）合理地设计零件的精度和表面粗糙度。在满足使用要求的前提下，精度要求越低越好。应合理地减少加工量及加工面积，例如采用凸台或凹槽结构（图1-18）。

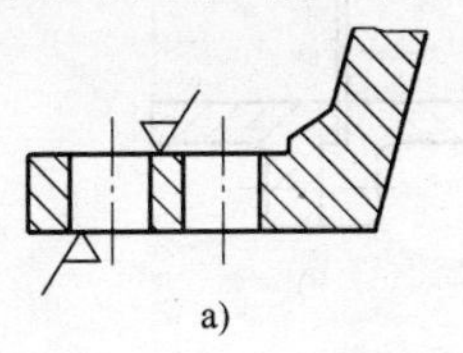

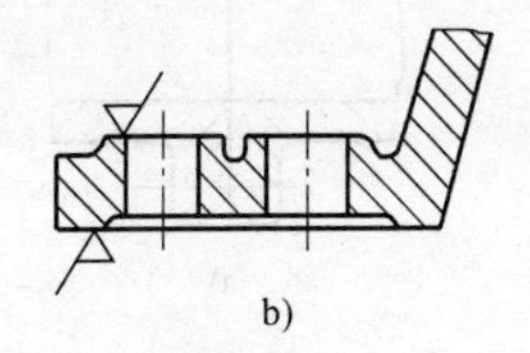

图1-18 减少加工面积

a）改进前 b）改进后

5）对复杂零件，必要时应分成简单零件，在分别加工完后再组装成一个复杂零件。

6）大批量生产的零件，应使结构与先进工艺、高效机床、夹具相适应。

（4）零件的结构应便于装拆和调整 零件的结构应便于装配、拆卸，并尽可能减少装配工作量。

1）能装能拆。例如为螺钉留出装入的空间（图1-19）和合理的扳手工作空间（图1-20）；对圆柱面过盈配合零件增设拆卸螺钉（图1-21）；采用便于装配的结构（图1-22）等。

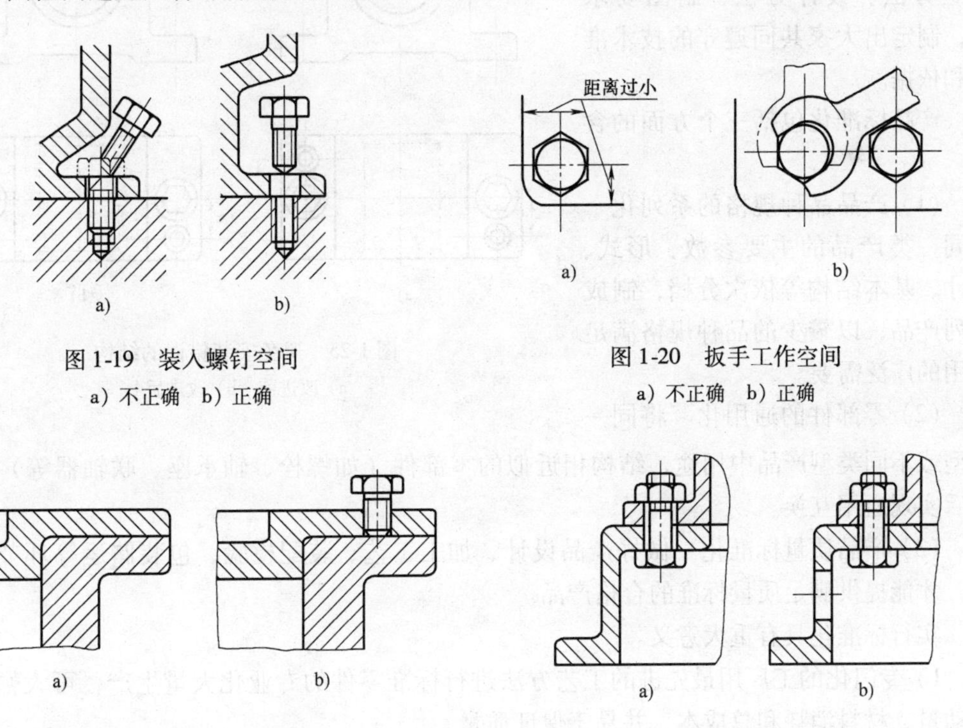


图1-19 装入螺钉空间

a）不正确 b）正确

图1-20 扳手工作空间

a）不正确 b）正确

图1-21 增设拆卸螺钉

a）改进前 b）改进后

图1-22 装配结构

a）不正确 b）正确

2）保证正确地安装。例如要有正确的装配定位基准（图1-23）；避免零件的端面同时贴合（图1-24）；采用不易导致安装错误的结构（图1-25）等。

3）力求降低装配精度要求。例如圆柱齿轮传动中的小齿轮应比大齿轮宽一些，即使有装配误差，仍能保证两轮沿全齿宽接触等。

**2. 标准化**

标准化是指以制定标准和贯彻标准为主要内容的全部活动过程。标准化是组织现代化生产的重要手段，是科学管理的组成部分。

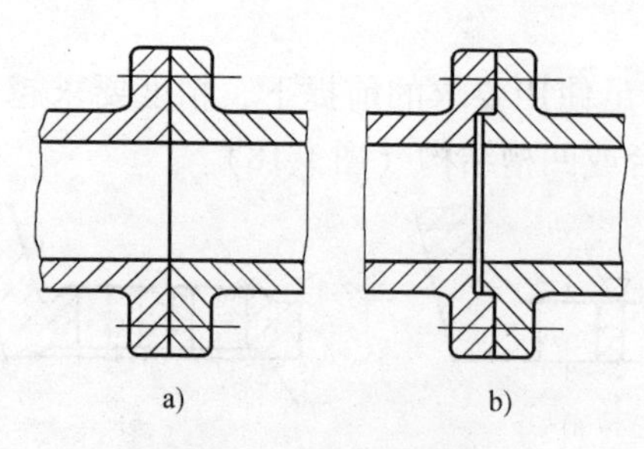


图 1-23 设置定位基准
a）无定位基准 b）有定位基础

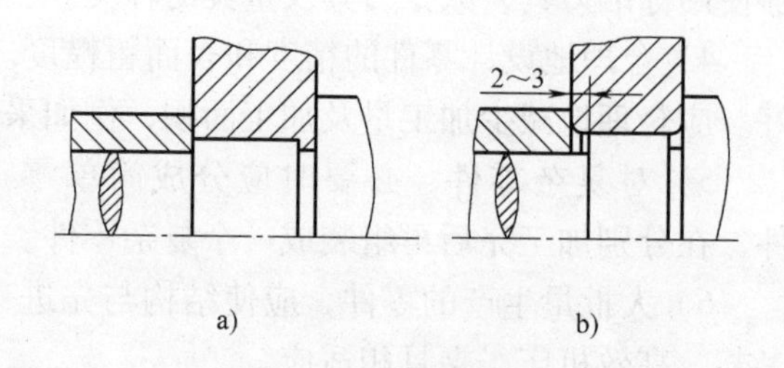


图 1-24 端面的贴合
a）不正确 b）正确

机械零件的标准化，就是对零件的尺寸、结构要素、材料性能、检验方法、设计方法、制图要求等，制定出大家共同遵守的技术准则和依据。

产品标准化包括三个方面的含义。

（1）产品品种规格的系列化 将同一类产品的主要参数、形式、尺寸、基本结构等依次分档，制成系列产品，以较少的品种规格满足使用的广泛需要。

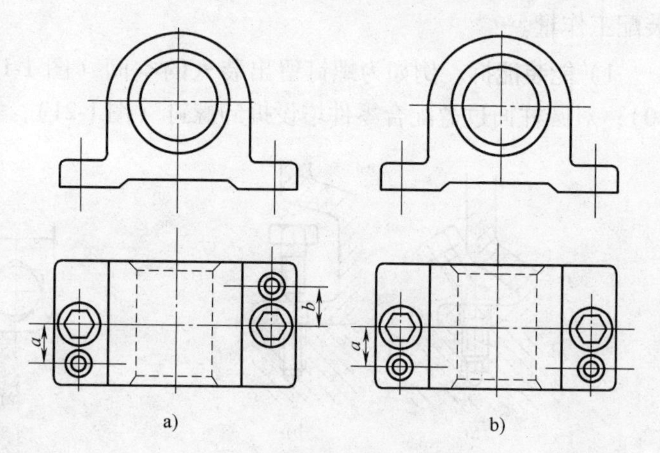


图 1-25 避免安装错误的结构
a）改进前 b）改进后

（2）零部件的通用化 将同一类型或不同类型产品中用途、结构相近似的零部件（如螺栓、轴承座、联轴器等）经过统一后实现通用互换。

（3）产品质量标准化 做好产品设计、加工工艺、装配检验、包装储运等环节的标准化，才能提供满足质量标准的合格产品。

实行标准化具有重大意义。

1）专门化的工厂用最先进的工艺方法进行标准零件的专业化大量生产，可大幅度降低劳动量、材料消耗和总成本，并易于保证质量。

2）生产零件的技术条件和检验、试验方法的标准化，可以改进零件的质量，提高零件的可靠性。

3）设计中采用标准件，可以节省设计时间，简化设计工作，缩短设计、生产周期，减少刀具、量具规格，提高生产率。

4）标准化带来互换性。当标准零件失效时，可以很容易进行更换，减少库存量，使机器的维修工作大大简化。

我国现已发布的与机械零件有关的标准，可分为国家标准（GB）、行业标准（机械工业标准 JB、纺织工业标准 FZ 等）和企业标准三个等级。国家标准可分为强制性标准（GB）

和推荐使用的标准（GB/T）。国际上则推行ISO标准。

为了增强在国际市场的竞争能力，我国已参加国际标准化组织（ISO），我国近年发布的国家标准，许多都采用了相应的国际标准，我国标准正逐步与国际接轨。

## 1.6 机械中的摩擦、磨损与润滑

凡是两个物体直接接触，在外力作用下产生相对运动或有相对运动的趋势时，在接触表面上就会产生抵抗相对运动的阻力，同时消耗能量，这一自然现象叫做摩擦。机器是由各种机构组成的，而机构是由相互之间具有确定的相对运动的实物组成的，因此在机械中存在着大量的摩擦。摩擦一方面可以利用（例如带传动、螺纹自锁、磨削加工等），另一方面也会带来严重危害：摩擦不仅消耗能量，而且使零件发生磨损，甚至导致零件失效。据统计，世界上1/3～1/2的能源消耗在摩擦上，而各种机械零件中约有80%的零件是因为磨损严重而报废的。磨损是摩擦的结果，润滑则是减少摩擦和磨损的有力措施，这三者是相互联系不可分割的。因为本门课程是为将来学习机械类专业课程做准备的，因此必须对摩擦状态、磨损过程及类型、润滑剂等有个基本的了解。

### 1.6.1 摩擦

摩擦根据其发生的部位不同，分为内摩擦和外摩擦。内摩擦是发生在物质内部，阻碍分子间相对运动的摩擦；外摩擦发生在相互接触的两个物体的接触面间，阻碍物体之间的相对运动。

根据物体之间不同的运动状态，外摩擦又分静摩擦和动摩擦。物体之间仅有相对运动趋势，而实际保持静止时，物体之间的摩擦为静摩擦；物体之间具有相对运动时的摩擦为动摩擦。

根据相互接触物体之间不同的运动形式，动摩擦分为滑动摩擦和滚动摩擦。滚动摩擦的摩擦力远小于滑动摩擦，因此我们重点讲述金属表面间的滑动摩擦。

根据摩擦面间存在润滑剂的情况，滑动摩擦分为四类。

**1. 干摩擦**

两固体表面之间不加任何润滑剂或保护膜，金属之间直接接触的摩擦状态为干摩擦状态，简称干摩擦，如图1-26a所示。干摩擦状态产生较大的摩擦功耗及严重的磨损，因此应严禁出现这种摩擦。

**2. 边界摩擦**（润滑）

在两摩擦面间加入润滑剂后，金属表面会吸附一层极薄的能起润滑作用的保护膜，膜的厚度在0.1μm以下，称为边界膜。这种状态称为边界摩擦状态，如图1-26b所示。由于膜的厚度很小，故两摩擦面仍有部分接触，此时摩

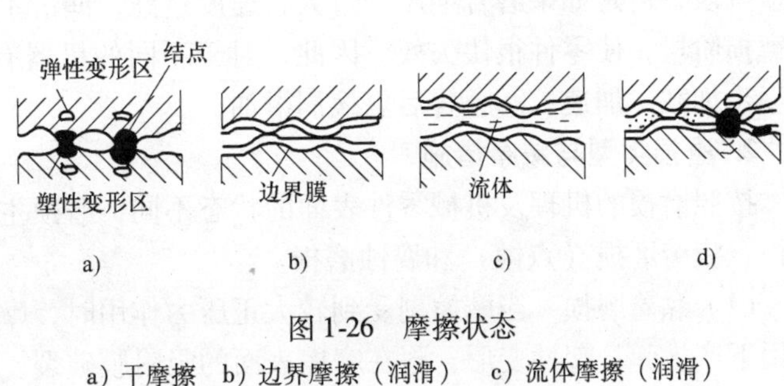


图1-26 摩擦状态

a）干摩擦 b）边界摩擦（润滑） c）流体摩擦（润滑） d）混合摩擦（润滑）

擦因数约为0.08～0.15，比干摩擦小，但磨损仍然存在。

**3. 流体摩擦**（润滑）

两摩擦表面被流体（液体或气体）完全分开（油膜厚度一般在1.5～2μm以上）的摩擦状态称为流体摩擦状态，如图1-26c所示。流体摩擦的摩擦因数最小，且不会产生磨损，是理想的摩擦状态。

**4. 混合摩擦**（润滑）

实际工作中，单一的摩擦状态一般很少单独存在，总是边界摩擦、流体摩擦同时混合存在，这种摩擦状态称为混合摩擦状态，如图1-26d所示。

因为边界摩擦、流体摩擦和混合摩擦是在一定的润滑状态下才能实现的，因此也称这三种摩擦为边界润滑、流体润滑和混合润滑。

## 1.6.2 磨损

**1. 磨损过程**

由于相对运动而导致的零件摩擦面上的表面材料不断损失的现象称为磨损。根据机械零件磨损速度的不同，大致将磨损过程分为三个阶段，它们依次是：磨合磨损、稳定磨损和剧烈磨损。图1-27中，横坐标$t$表示零件运行的时间，纵坐标$q$表示零件表面材料损失量。

磨合磨损阶段：由于机械加工的表面具有一定的不平度存在，运转初期，摩擦副的实际接触面积较小，单位面积上的实际载荷较大，因此，磨损速度较快，这一时期为磨合阶段（图1-27中的“Ⅰ”）。

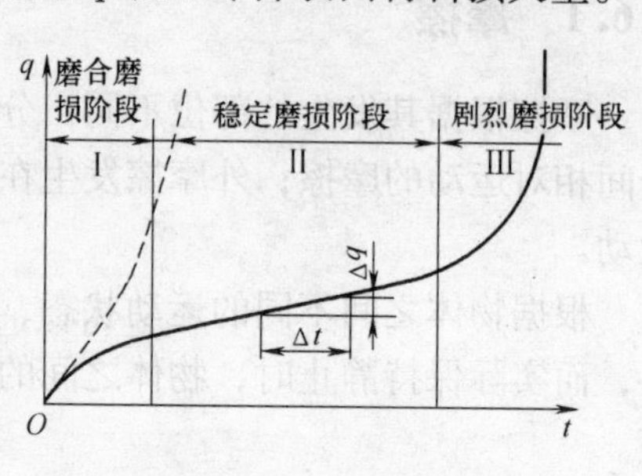

图1-27 磨损曲线

稳定磨损阶段：经磨合后，零件表面微小凸起的尖峰高度降低，峰顶半径增大，实际接触面积增加，单位面积上的实际载荷减小，零件以平稳缓慢的速度磨损，称为稳定磨损阶段，（图1-27中的“Ⅱ”）。这个阶段的长短代表了零件使用寿命的长短。

剧烈磨损阶段：经稳定磨损阶段后，零件表面精度降低，运动副之间间隙增大。当间隙增大到超过正常运转要求的允许值后，将会产生冲击、振动和噪声，使得磨损速度加快，温度升高，短时间内零件迅速失效。

一般机器设备运转过程中都存在上述三个阶段。正常情况下零件经短期磨合后进入稳定磨损阶段，但是如果磨合期压强过大，速度过高，润滑不良，则磨合期很短，并立即进入剧烈磨损阶段，使零件很快失效。因此，对于不同的机器有不同的磨合规定，但总的要求是：①逐步加载、加速；②磨合后更换润滑油。

**2. 磨损类型与减摩措施**

按照磨损的机理及机械零件表面的状态不同，磨损主要分为四种类型：黏着磨损、磨粒磨损、疲劳磨损（点蚀）和腐蚀磨损。

（1）黏着磨损　当摩擦副受到较大正压力作用时，摩擦表面的微观不平度凸峰在高压力作用下产生弹、塑性变形，附在摩擦表面的吸附膜破裂，温升后使金属屑的顶峰塑性面牢固地黏着并熔焊在一起，形成冷焊结点。两摩擦表面相对滑动时，材料从运动副的一个表面转移到另一个表面，形成了黏着磨损。滑动轴承中的“抱轴”和高速重载齿轮的“胶合”现象均是严重的黏着磨损。可以采用合理选择材料组合，限制摩擦面的温度和压强，采用表面处理（如表面热处理、喷镀、化学处理等），改变润滑油的油性或加入极压添加剂等措施减轻黏着磨损。

（2）磨粒磨损 从外部进入摩擦面间的游离硬质颗粒或摩擦表面上的硬质凸峰，在摩擦过程中引起材料脱落的现象称为磨粒磨损。可采用封闭式运动，经常更换清洁的润滑油，采取合理的密封方式并经常更换新的密封件，提高零件的表面硬度等措施改善磨粒磨损。

（3）疲劳磨损（点蚀） 摩擦表面受循环接触应力作用到达一定程度时，就会在零件工作表面形成疲劳裂纹，随着裂纹的扩展与相互连接，会造成许多微粒从零件表面上脱落下来，致使表面上出现许多小麻点或凹坑，这种磨损过程即为疲劳磨损，又称“疲劳点蚀”。点蚀在润滑良好的情况下也会发生。可采取提高表面硬度，降低表面粗糙度，改善两摩擦面的几何形状以减小接触应力，选择黏度高的润滑油及加入极压添加剂等措施来提高抗疲劳磨损的能力，防止过早出现点蚀。

（4）腐蚀磨损 在摩擦过程中，摩擦面与周围介质发生化学或电化学反应而产生物质损失的现象，称为腐蚀磨损。腐蚀磨损可分为氧化磨损、特殊介质腐蚀磨损、气蚀磨损等。腐蚀也可以在没有摩擦的条件下形成，这种情况常发生于钢铁类零件，如化工管道、泵类零件、柴油机缸套等。可以采用合理选择材料，降低零件表面粗糙度，将零件与腐蚀介质隔离等措施改善腐蚀磨损。

实际上大多数磨损是以上述四种磨损形式的复合形式出现的。

### 1.6.3 润滑

摩擦是不可避免的，但是可以通过采用在摩擦副间加入润滑剂的方式，降低摩擦，减轻磨损，这种减摩措施称为润滑。润滑不仅能减小摩擦因数，提高机械效率，减轻磨损，延长机械的使用寿命，还可以起到冷却、防尘、减振、防锈等作用。

润滑剂有液体润滑剂（润滑油）、气体润滑剂、润滑脂和固体润滑剂。

**1. 液体润滑剂**

润滑油即液体润滑剂是目前使用最多的润滑剂，主要有矿物油、合成油、动植物油等，其中应用最广的为矿物油。润滑油最重要的一项物理性能指标为黏度，它是选择润滑油的主要依据。黏度的大小表示了液体流动时其内摩擦阻力的大小，黏度越大，内摩擦阻力就越大，液体的流动性就越差。黏度可用动力黏度、运动黏度、条件黏度（恩氏黏度）等表示。

（1）动力黏度 $\eta$ 长、宽、高各为1m的液体，如果使上、下平面发生1m/s的相对滑动速度，所需施加的力 $F$ 为1N时，该液体的黏度为 $1N\cdot s/m^2$ 或 $1Pa\cdot s$。

（2）运动黏度 $\nu$ 运动黏度 $\nu$（$m^2/s$）是动力黏度 $\eta$（$Pa\cdot s$）与同温度下该液体的密度 $\rho$（$kg/m^3$）的比值。即

$$\nu = \frac{\eta}{\rho} \tag{1-8}$$

运动黏度的单位为 $m^2/s$。因这个单位太大，所以常用 $mm^2/s$，$1m^2/s = 10^6 mm^2/s$。

（3）条件黏度（相对黏度）我国采用恩氏黏度作为相对黏度单位，即200mL试验油在规定温度下（20℃），流过恩氏黏度计的小孔所需的时间（s）与同体积蒸馏水在20℃时流过同一小孔所需时间（s）的比值，以符号 $E_t$ 表示，其中下标 $t$ 表示测定时的温度，恩氏黏

度的单位为条件度，用符号°E 表示。

运动黏度与条件黏度的换算关系参见 GB/T 265—1988

黏度随温度的升高而降低，因此在注明某种润滑油的黏度时，必须同时标明它的测试温度。黏度随压强的升高而加大，但当压强小于 20MPa 时，其影响甚小，可不予考虑。

**2. 润滑脂**

润滑脂是在润滑油中加入稠化剂（如钙、钠、锂等金属皂基）而形成的脂状润滑剂，又称凡士林或干油。润滑脂的流动性小，不易流失，所以密封简单，不需经常补充。润滑脂对载荷和速度变化不是很敏感，有较大的适应范围，但因其摩擦损耗较大，机械效率较低，故不宜用于高速转动的场合。

**3. 固体润滑剂**

用固体粉末代替润滑油膜，称为固体润滑剂。

常用的固体润滑剂有石墨、二硫化钼、氮化硼、蜡、聚氟乙烯、酚醛树脂、金属及金属化合物等。固体润滑剂适用于高温、大载荷以及不宜采用液体润滑剂和润滑脂的场合，如宇航设备及卫生要求较高的机械设备中。

**4. 气体润滑剂**

最常用的是空气，此外还有氢气、水蒸气及液态金属蒸气等均可作为气体润滑剂，其特点是黏度低、功耗少、温升小，其黏度随温度变化小，故适于高温和低温环境下的高速场合，但承载能力低。

**5. 润滑剂的选择**

润滑剂的选择原则：在低速、重载、高温和间隙大的情况下，应选用黏度较大的润滑油；高速、轻载、低温和间隙小的情况下应选用黏度较小的润滑油。润滑脂主要用于速度低、载荷大，不需经常加油，使用要求不高或灰尘较多的场合。气体、固体润滑剂主要用于高温、高压、防止污染等一般润滑剂不能适用的场合。

## 1.7　拓展练习

**一、单选题**

1-1　由于接触应力作用而产生的磨损称为__________磨损。

A. 黏着　　B. 腐蚀　　C. 疲劳　　D. 接触

1-2　强度可分为整体强度和__________强度。

A. 局部　　B. 表面　　C. 接触　　D. 摩擦

1-3　零件的压强 $p$ 不大于零件的许用压强［$p$］：$p\leqslant$［$p$］是__________准则的表达式。

A. 强度　　B. 刚度　　C. 耐磨性　　D. 韧性

1-4　__________是指在不同规模的同类产品或不同类产品中采用同一结构和尺寸的零件、部件。

A. 标准化　　B. 通用化　　C. 系列化　　D. 专门化

1-5　零件常见的失效形式是__________、表面失效、过量变形和破坏正常工作条件引起的失效。

A. 断裂　　B. 磨损　　C. 扭曲　　D. 弯曲

1-6　现需测定某铸件的硬度，一般应选用________来测定。

A. 布氏硬度计　　B. 洛氏硬度计　　C. 维氏硬度计

1-7　拉伸试验时，试样拉断前能承受的最大应力称为材料的________。

A. 屈服点　　B. 屈服强度　　C. 抗拉强度　　D. 弹性极限

1-8　合金固溶强化的基本原因是________。

A. 晶粒变细　　B. 晶格发生畸变　　C. 晶格类型发生了改变

1-9　润滑油最主要的一项物理性能指标为________。

A. 黏度　　B. 凝点　　C. 闪点　　D. 沸点

1-10　________主要用于速度低、载荷大、不需要经常加油、使用要求不高或灰尘较多的场合。

A. 润滑油　　B. 气体、固体润滑剂　　C. 润滑脂　　D. 液体润滑剂

1-11　在低速、重载、高温、间隙大的情况下，应选用黏度________的润滑油。

A. 小　　B. 大　　C. 零　　D. 适中

1-12　在两物体接触区产生阻碍运动并消耗能量的现象称为________。

A. 摩擦　　B. 磨损　　C. 黏着　　D. 损耗

**二、判断题**

1-13　压溃是属于过量变形的失效形式。（　　）

1-14　强度是零件应满足的基本要求。（　　）

1-15　机械设计一定是开发创造新机械。（　　）

1-16　机械设计中的标准化、系列化、通用化的目的主要是为了提高经济效益和保证产品质量。（　　）

1-17　弹性变形能随载荷的去除而消失。（　　）

1-18　纯金属的导热性能较合金的导热性能差，导热性好的金属散热性也好。（　　）

1-19　材料的屈服强度越高，则允许的工作应力越高。（　　）

1-20　为了保证工业中使用的钢具有足够的强度，并具有一定的塑性和韧性，钢中碳的质量分数一般不超过1.6%。（　　）

1-21　应严格禁止出现边界摩擦。（　　）

1-22　润滑油的黏度随压强的升高而降低。（　　）

1-23　黏度越大，内摩擦阻力就越大，液体的流动性就越差。（　　）

1-24　润滑油的黏度随温度的升高而降低。（　　）

**三、填空题**

1-25　机械设计的基本要求是：能实现预定功能，满足可靠性和（　　）性要求。

1-26　零件的工作能力是指零件在一定的工作条件下抵抗可能出现的（　　）的能力。

1-27　设计计算准则主要包括：强度准则、（　　）准则、耐磨性准则、散热性准则和可靠性准则。

1-28　金属材料的性能包括（　　）、（　　）、（　　）和（　　）。

1-29　下列力学性能指标的符号：

屈服强度（　　）、断面收缩率（　　）、抗拉强度（　　）、　断后伸长率

（ ）、布氏硬度（ ）、洛氏硬度（ ）。

1-30 强度指标有（ ）和（ ）；塑性指标有（ ）和（ ）。

1-31 当钢的 $w(\mathrm{C})<0.9\%$ 时，随着含碳量的增加，钢的（ ）直线上升，而（ ）下降，当钢的 $w(\mathrm{C})>0.9\%$ 时，因（ ）存在，除（ ）、（ ）进一步降低，（ ）也明显下降。

1-32 常见的晶格类型有（ ）、（ ）、（ ）。

1-33 机械设计中推广三化，它是指标准化、系列化和（ ）。

1-34 运动物体的接触表面间的摩擦状态有（ ）、（ ）、（ ）、（ ）等四种。

1-35 接触疲劳磨损是由于接触应力超过（ ）极限。

1-36 提高耐磨性的主要工艺措施有提高表面（ ），降低表面粗糙度和改善润滑条件。

1-37 载荷小时，宜选用黏度较（ ）的润滑油。

1-38 润滑油在金属表面形成边界膜时，处于（ ）摩擦状态。

1-39 机器发生磨损失效是处于（ ）磨损阶段。

## 四、简答题

1-40 机械设计基础课程的主要内容和基本任务是什么？

1-41 机械设计一般有哪几个阶段？试进行简要的说明。

1-42 机械结构设计中有哪些基本原则和设计准则？

1-43 什么是构件？什么是零件？它们有什么区别和联系？试举实例加以说明。

1-44 何谓淬火？淬火的主要目的是什么？

1-45 何谓调质？为什么调质后的工件比正火后的工件具有较好的力学性能？

1-46 正火和退火有何异同？试说明二者的应用有何不同？

1-47 润滑油的主要的物理性能指标是什么？我国润滑油的牌号是用什么黏度来标定的？

1-48 润滑剂的作用是什么？常用的润滑剂有几种？

1-49 如何选择适当的润滑剂？

1-50 哪种磨损阶段对传动件是有益的？为什么？

1-51 按磨损机理的不同，磨损有哪几种类型？

# 第 2 章　机械创新设计

## 知识目标

✧ 掌握机械创新设计的专业基本知识。

✧ 了解机构运动形态与控制原理。

✧ 了解机构组合原理、机构的演化与变异。

✧ 了解机构再生运动链变换、机械运动方案设计、零件创新设计以及反求工程等。

✧ 了解计算机辅助机械设计。

## 能力目标

✧ 充分开拓设计者的视野与思路，充分发挥设计者的创造力，利用人类已有的相关科学技术成果，进行创新构思，设计出具有新颖性、创造性及实用性的机构或机械产品。

## 2.1　机械创新原理

创新和创造是人类一种有目的的探索活动，创新原理是人们长期创造实践活动的理论归纳，同时它也能指导人们开展新的创新实践。本章介绍的创新基本原理，可为创新设计实践提供创新思维的基本途径和理论指导。

### 2.1.1　综合创新原理

综合是将研究的对象的各个方面、各个部分和各种因素联系起来加以考虑，从而从整体上把握事物的本质和规律。

综合创新是运用综合法则的创新功能去寻找新的事物，其基本模式如图 2-1 所示。

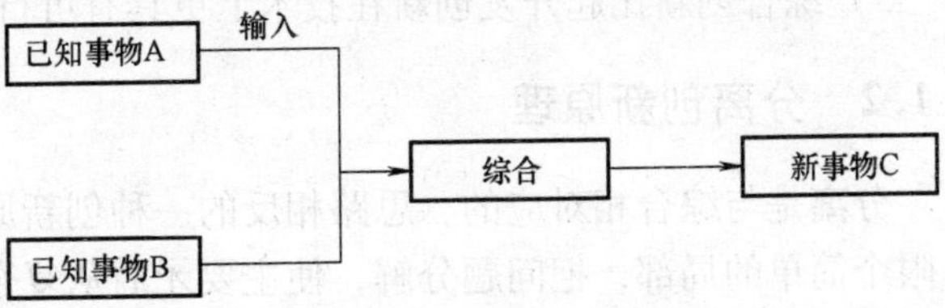

综合不是将对象各个构成要素的简单相加，而是按其内在联系合理组合起来，使综合后的整体作用导致创造性的新发现。机构创新设计实践中，随处可发现综合创新的实例。

已知事物A
输入
已知事物B
综合
新事物C

图 2-1　综合创新模式

例如，将啮合传动与摩擦带传动技术综合而产生的同步带传动，具有传动功率较大、传动准确等优点，已得到广泛应用。

从 20 世纪 80 年代开始形成的“机电一体化”技术已成为现代机械产品发展的主流，“机电一体化”是机械技术与电子、液压、气压、光、声、热以及其他不断涌现的新技术的综合。这种综合创造的“机电一体化”技术比起单纯的机械技术或电子技术性能更优越，使传统的机械产品发生了质的飞跃。

普通的X光机和计算机都无法对人脑内部的疾病做出诊断，而将二者综合设计出的CT扫描仪，解决了大量的诊断难题，取得了前所未有的成果，促使医学诊断技术得到了飞跃性的发展。

图2-2所示为一种小型车、钻、铣三功能机床，它是为适应小型企业、修理服务行业加工修配小型零件的特点，运用综合原理开发设计出来的小型多功能机床。由图可知，它的设计特点是：以车床为基础，综合钻铣床的主轴箱而成。

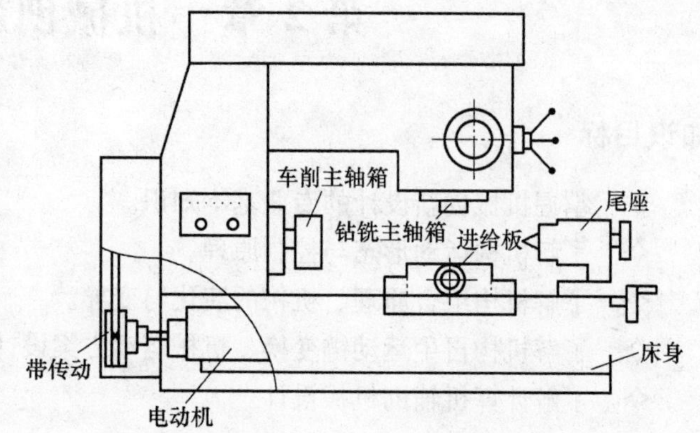

图2-2 车钻铣机床

从大量的创新实践中可知，综合就是创造。

1）综合已有的不同科学原理可以创造出新的原理。如：牛顿综合开普勒的天体运行定理和伽利略运动定律，创建了经典力学体系。

2）综合已有的事实材料可以发现新规律。如：门捷列夫综合已知元素的原子属性与原子量、原子价的关系的事实和特点，发现了元素周期律。

3）综合已有的不同科学方法创造出新方法。如：笛卡儿引进了坐标系，综合几何学方法和代数方法，创立了解析几何。

4）综合不同学科能创造出新学科。如：信息科学、生物科学、材料科学、能源科学、空间科学、海洋科学都属于综合性学科。

5）综合已有的不同技术创造出新的技术。如：原子能、计算机、激光、遗传、自动化、航天技术等。

综合创造有以下基本特征：

1）综合能发掘已有事物的潜力，并且在综合过程中产生新的价值。

2）综合不是将研究对象的各个要素进行简单的叠加或组合，而是通过创造性的综合使综合体的性能产生质的飞跃。

3）综合创新比起开发创新在技术上更具有可行性，是一种实用的创新思路。

## 2.1.2 分离创新原理

分离是与综合相对应的、思路相反的一种创新原理。它是把某个创造对象分解或离散为有限个简单的局部，把问题分解，使主要矛盾从复杂现象中分离出来解决的思维方法。

分离原理的创新模式如图2-3所示。

图2-3 分离创新模式

积分法首先是化整为零，再积零为整；力学中把各力分解为坐标上的分力，分力求和后再合成合力；有限元法把连续体分为许多小单元，就可借助计算机对物理量和参数进行计算和分析，解决复杂问题。这些都运用了分离原理。

在机械行业，组合夹具、组合机床、模块化机床也是分离创新原理的运用。

服装分解处理后产生了袖套、衬领、背心、脱卸式衣服等产品；为解决城市十字路口交通堵塞问题，运用分离原理设计出了立交桥；把眼镜的镜架和镜片分离，发明了既美观又能缩短镜片与眼球之间距离，而且还有保护眼睛、矫正视力功能的隐形眼镜。

机械设计过程中，一般都是将问题分解为许多子系统和单元，对每一子系统和单元进行分析和设计，然后综合。在实际的创新过程中，分离与综合虽然思路相反，但往往要相辅相成，要考虑局部与局部、局部与整体的关系，分中有合，合中有分。

例如，世界闻名的美国自由女神像在经历百年之后，风化、腐蚀严重，为此，美国对她进行了一次工程浩大的翻新整修。可是工程结束后，施工现场堆放的200吨废料垃圾一时难以处理。政府决定招标，请承包商运走垃圾。但由于美国人环保意识很强，政府对垃圾的处理有严格的规定，大家都认为此举无利可图，一时无人投标。

商人斯塔克在一次与一位爱好旅游的朋友闲谈中，无意中谈到了旅游纪念品，斯塔克突然想到，如果将具有纪念意义的“自由女神像原身遗物”制作成旅游纪念品，一定会激发旅客的购买欲。于是，他马上去投标承包了处理女神像垃圾的工程。他首先将废料进行分类，然后分门别类地进行开发设计，将废钢铜收集熔化铸成小自由女神像和纪念币，把水泥块、木块等加工成一个个工艺品，把废铅、废铝做成纪念尺等。

在经过分离创新之后，这一堆原本一文不值的垃圾成了具有特殊纪念意义的纪念品，十分畅销，几乎每一位游客都忍不住要购买一些这种从自由女神像身上留下来的纪念品。斯塔克变废为宝，化腐朽为神奇的故事至今为人津津乐道。

### 2.1.3　移植创新原理

以他山之石，攻己之玉。把一个研究对象的概念、原理和方法等运用或渗透到其他研究对象，而取得成果的方法，就是移植创新。

在自然界，植物在地理位置上的移植，不同物种的枝、芽的移植嫁接；在医疗领域的人体器官移植，它们都运用了移植方法。同样，在科学技术的发展过程中，移植方法也是一种应用广泛的创新原理。

1）把某一学科领域中的某一项新发现移植到另一学科领域，使其他学科领域的研究工作取得新的突破。例如：在19世纪中期，病人手术后，刀口化脓十分严重，很多病人（约80%）死于刀口感染，很多人误以为化脓是伤口愈合过程中的必经阶段。英国医师李斯特为解决这个问题进行了大量的研究，但始终没有找出刀口化脓的原因。恰恰在这个时期，法国微生物学家巴斯德发现了细菌，并发现许多疾病都是由细菌引起的。李斯特了解到巴斯德这一新发现后，深受启发，并将巴斯德的这一新发现移植到自己研究的医学领域中，结果，不仅发现了刀口化脓的原因，而且发明了外科手术的消毒方法，极大地降低了外科手术的死亡率。

2）把某一学科领域中的某一基本原理或概念移植到另一学科领域之中，促使其他学科的发展。例如：早在1887年，赫兹就发现了光电效应，但光电效应的本质和规律却一直没有得到正确的解释。1905年，26岁的爱因斯坦开始研究这个难题，在研究中，他把1901年普朗克在黑体辐射研究中提出的“能量子”概念移植到光电现象研究领域。所谓“能量子”，就是认为在黑体辐射现象中，能量的辐射是不连续的，而是以一份一份的形式向外辐射的，这个“一份能量”就是“能量子”。能量子概念使爱因斯坦受到很大的启发，他认为光的传播也有它的不连续的量子化的一面，提出了“光量子”假说，这样，不但科学地提出了光的粒子性，使光的波动性和粒子性在量子论的基础上统一起来，而且深刻地揭示了光电效应的本质和规律。爱因斯坦因此获1921年度诺贝尔物理学奖。

3）把某一学科领域的新技术移植到其他学科领域之中，为另一学科的研究提供有力的技术手段，推动其他学科的发展。例如：激光技术移植到医学领域，为诊断、治疗各种疾病提供了有力的武器；激光技术移植到生物学领域，可以改变植物遗传因子，加速植物的光合作用，促进植物的生长发育；在机械加工领域中移植激光技术，使原来用机床很难加工的小孔、深孔及复杂形状都能容易实现；电气技术移植到机械行业，实现了机电产品一体化；计算机技术移植到机械领域，使机械技术产生巨大的突破。

4）将一门或几门学科的理论和研究方法综合、系统地移植到其他学科，导致新的边缘学科的创立，推动科学技术的发展。在19世纪末，人们把物理的理论和研究方法系统地移植到化学领域中，在化学现象和化学过程的研究中，运用物理学的原理和方法创立了物理化学。又如，人们把物理学和化学的理论和研究方法综合地移植到生物学领域，创立了生物物理化学这一新的学科。人们运用移植方法，形成了大量的边缘学科，使现代科技既高度分化又高度综合地向前发展，并导致现代科技发展的整体化和融合。

总之，移植原理能促使思维发散，只要某种科技原理转移至新的领域具有可行性，通过新的结构或新的工艺，就可以产生创新，现举两例加以说明。

例：陶瓷发动机。

人们不断地设计新型高效节能发动机，最近，人们开发出了陶瓷发动机，它以高温陶瓷制成燃气涡轮的叶片、燃烧室等部件，或以陶瓷部件取代传统发动机中的气缸内衬、活塞帽、预燃室、增压器等。陶瓷发动机具有耐腐蚀、耐高温的特点，可以采用廉价燃料，可以省去传统的水冷系统，减轻了发动机的自重，因而大幅度地节省能耗、降低成本、增大了功效，是动力机械和汽车工业的重大突破。

例：磁性轴承。

轴承是常用的机械零件，一般人们主要通过减少摩擦以提高轴承的旋转精度、机械效率和使用寿命。近来人们将电磁学原理移植到轴承设计中，利用磁的同性相斥原理，开发出了工作时轴颈与轴瓦不接触的磁悬浮轴承，旋转时摩擦阻力很小，现已推广应用，如美国西屋公司将磁性轴承用在电能表上，使其计量精度大幅提高。

### 2.1.4　逆向创新原理

逆向创新原理是从反面、从构成要素中对立的另一面思考，将通常思考问题的思路反转过来，寻找解决问题的新途径、新方法。逆向创新法亦称为反向探索法。

我国宋代司马光砸缸救小孩的故事，就是逆向思维方法，他不是用将小孩拉出来而是用砸破水缸让水流走的办法，将小孩救出。

1800年，意大利科学家伏打，将化学能变成电能，发明了伏打电池。英国化学家戴维想到化学作用可以产生电能，那么电能是否可以引起化学变化而电解物质呢？1807年，他果然用电解法发现了钾和钠两种元素，1808年，他又发现了钙、锶、钡、镁、硼5种元素，成为发现元素最多的科学家。

18世纪初，人们发现了通电导体可使磁针转动的磁效应，法拉第运用逆向思维反向探索，“能不能用磁产生电呢?”于是，法拉第开始做大量实验，终于在经过9年的探索之后于1931年获得成功——发现了电磁感应现象，制造出了世界上第一台感应发电机，为人类进入电气化时代开辟了道路。

一般，人们都认为数学的特点就是“精确”，对客观规律的数学描述不能模棱两可，必须具有严格的精确性。但在1965年，美国数学家查德却离开传统数学的精确方法，而专门研究其相反的模糊性，创立了一门新兴学科——模糊数学，在精确方法无能为力的领域，模糊数学显示了无限的生命力，例如在人脸识别、疾病诊断、智能化机器、计算机自动化等方面的应用已卓有成效。

反向探索法一般有三个主要途径：功能性反向探索、结构性反向探索和因果关系的探求。

## 2.1.5　还原创新原理

还原法则又称抽象法则，即回到根本、回到事物的起点。暂时放下所研究的问题，反过来追根溯源，分析问题的本质，从本质出发另辟蹊径进行创新。此法的特点为“退后一步，海阔天空”。

日本一家食品公司，想生产自己的口香糖，却找不到做口香糖原料的橡胶，他们将注意力回到“有弹性”的起点上，设想用其他材料代替橡胶，经过多次失败后，他们用乙烯、树脂代替橡胶，再加入薄荷与砂糖，终于发明出日本式的口香糖，畅销市场。

打火机的发明也应用了还原创新原理。它突破现有火柴的框框，把最本质的功能——发火功能抽提出来，把摩擦发火改变为气体或液体作燃料的打火机。

又如轻型四轮汽车的开发原点是“廉价”，矿泉水的根本问题是解决“什么样的水好喝”这个原点。

无扇叶电风扇的设计是基于电风扇的创造原点：使空气快速流动。人们设计出用压电陶瓷夹持一金属板，通电后金属板振荡，导致空气加速流动的新型电扇。与传统的旋转叶片式电风扇相比，无扇叶电风扇具有体积小、重量轻、耗电少、噪声低等优点。

还原换元是还原创造的基本模式。所谓换元，是通过置换或代替有关技术元素进行创造。换元是数学中常用的方法，例如直角坐标和极坐标的互相置换和还原、换元积分法等。

探测高能粒子运动轨迹的“气泡室”原理就是美国物理学家格拉塞尔运用还原换元原理而发明的。一次，格拉塞尔在喝啤酒时，看到几粒碎小鸡骨在掉入啤酒杯里时随着碎骨粒的沉落周围不断冒出气泡，而气泡显示出了碎骨粒下降过程的轨迹，他猛然想到自己一直在研究的课题——怎么探测高能粒子的飞行轨迹。他想，能不能利用气泡来分析高能粒子的飞行轨迹？于是他急忙赶回实验室，经过不断实验，发现当带电粒子穿过液态氢时，所经路线同样出现一串串气泡，换元实验成功了，这种方法清晰地呈现出粒子飞行的轨道。格拉塞尔因此荣获诺贝尔物理学奖。

## 2.1.6　价值优化原理

第二次世界大战以后，美国开始了关于价值分析（Value Analysis，简称VA）和价值工程（Value Engineering，简称VE）的研究。在设计、研制产品（或采用某种技术方案）时，设计研制所需成本为$C$，取得的功能（即使用价值）为$F$，则产品的价值$V$为

$$V=F/C$$

显然，产品的价值与其功能成正比，而与其成本成反比。

价值工程就是揭示产品(或技术方案)的价值、成本、功能之间的内在联系。它以提高产品的价值为目的,提高技术经济效果。它研究的不是产品(或技术方案)而是产品(或技术方案)的功能,研究功能与成本的内在联系,价值工程是一套完整的科学的系统分析方法。

设计创造具有高价值的产品，是人们追求的重要目标。价值优化或提高价值的指导思想，也是创新活动应遵循的理念。

优化设计的途径有：

1）保持产品功能不变，通过降低成本，达到提高价值的目的。

2）在不增加成本的前提下，提高产品的功能、质量，以实现价值的提高。

3）虽然成本有所增加，但却使功能大幅度提高，使价值提高。

4）虽然功能有所降低，成本却大幅度下降，使价值提高。

5）不但使功能增加，同时也使成本下降，从而使价值大幅度提高。这是最理想的途径，也是价值优化的最高目标。

优化设计并不一定每项性能指标都达到最优，一般可寻求一个综合考虑功能、技术、经济、使用等因素后都满意的系统。有些从局部来看不是最优的技术方案，从整体来看却是相对最优的。

## 2.2 机构的组合、演化与改进

机构创新设计是指充分发挥设计者的创造力，利用人类已有的相关科学技术成果，进行创新构思，设计出具有新颖性、创造性及实用性的机构或机械产品的一种实际活动。

机械创新设计的主要内容包括：机械创新设计的专业基本知识（包括齿轮机构、凸轮机构、平面连杆机构和间歇机构的使用场合，机构的性能、运动和工作特点等），机构运动形态与控制，机构组合原理，机构的演化与变异，机构再生运行链变换，机械运动方案设计，零件创新设计以及反求工程等。

### 2.2.1 机构的组合与实例分析

机构的组合原理是指将几个基本机构按一定的原则或规律组合成一个复杂的机构。这个复杂的机构一般有两种形式，一种是几种基本机构融合成性能更加完善、运动形式更加多样化的新机构，称为组合机构；另一种则是几种基本机构组合在一起，组合成的各基本机构还保持各自特征，但需要各个机构的运动和运作协调配合，以实现组合的目的，这种形式称为机构的组合。

#### 1. 机构的串联组合

将若干个单自由度（$F=+1$）的基本机构串联组成机构，其方法是将前一个机构的输出构件作为后一个机构的输入构件，这样把几个简单的机构组合成一个复合机构，常用于改善输出构件的运动和动力特征，或实现某种特殊的要求。

如图2-4a所示的六杆机构，是由铰链四杆机构1—2—3—4的输出杆4与另一曲柄滑块机构4′—5—6—1的输入杆4′固结在一起构成的，这样当铰链四杆机构的杆2输入角位移量时，曲柄滑块机构的输出杆6就得到最终的位置。

图2-4b所示为具有急回特性的机构。构件4在工作行程时做近似等速直线运动，该机构是由椭圆齿轮机构1—2—5和正弦机构2′—3—4—5串联组合而成的。

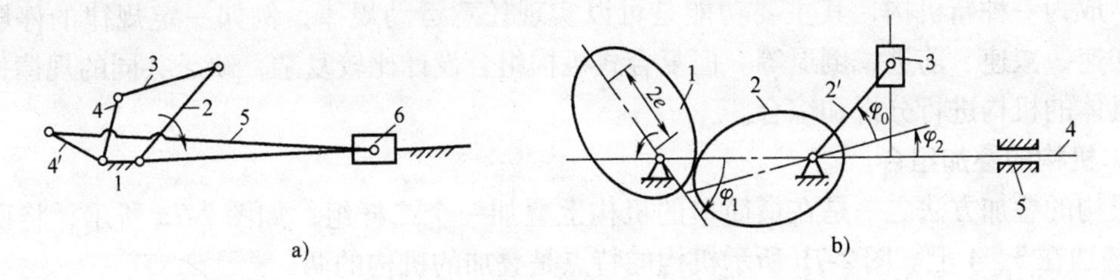

图2-4　机构的串联组合

**2. 机构的并联组合**

一种机构的并联组合相当于运动的合成，其主要功能是对输出构件运动形式的补充、加强和改善。设计时要求两个并联的机构运动要协调，以满足所需要的输出运动。如图2-5a所示的刻字、成形机构，两个凸轮机构的凸轮为两个原动件，当凸轮转动时，推杆2、4推动双移动副构件3上$M$点走出图中的轨迹。

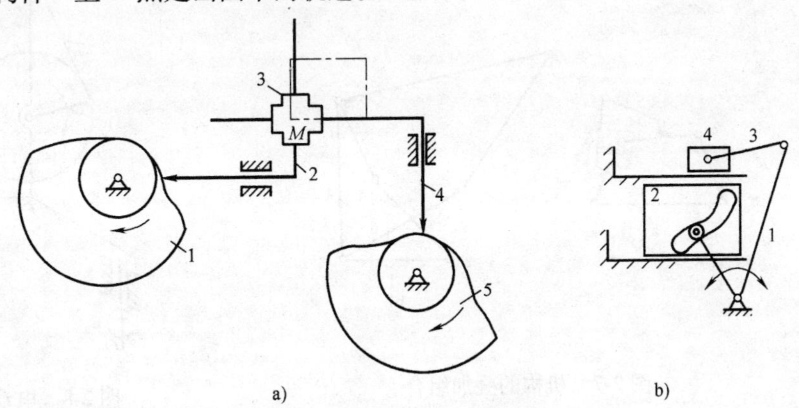

图2-5　机构的并联组合

a）刻字、成形机构　b）机构的并联组合

另一种机构的并联组合是将一个运动分解为两个输出运动，其主要功能是实现两个运动输出，而这两个运动又相互配合，完成较复杂的工艺动作。

图2-5b所示为冲压机构。构件1为原动件，大滑块2和小滑块4为从动件，大、小滑块具有不同的运动规律。此机构一般用于工件输送装置，工作时，大滑块在右端先接受来自送料机构的工件，然后向左运转，再由小滑块将工件推出，使工件进入下一工位。

**3. 机构的复合组合**

一个具有两个自由度的基本机构和一个附加机构并接在一起的组合形式为复合式机构组合。

图2-6所示的凸轮连杆机构由凸轮1′—4—5和双自由度五杆机构1—2—3—4—5组合而成。

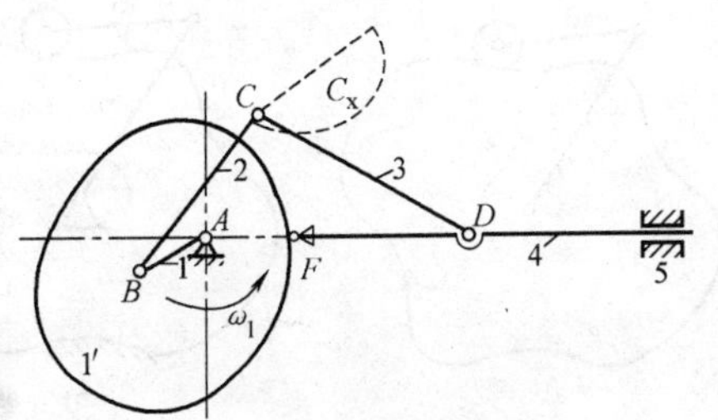

图2-6　凸轮连杆机构

原动凸轮1′和曲柄1固连，构件4是两个基本机构的公共构件，当1和1′一起转动时，1′推动从动件4移动，这时构件2、3上任一点便能实现给定的轨迹$C$。

复合式机构组合一般是不同类型的基本机构的组合，并且将各种基本机构有机地融合为一体，成为一种新机构，其主要功能是可以实现任意运动规律，例如一定规律的停歇、逆转、加速、减速、前进、倒退等。但复合式机构组合设计比较复杂，缺乏共同的规律，需要根据具体的机构进行分析和综合。

**4. 机构的叠加组合**

机构的叠加方法之一是在最简单的机构上叠加一个二杆组，如图2-7a所示，将两构件5、6叠加在3、4上。图2-7b所示机构的特点是叠加的机构的两构件与被叠加的机构联结在一起，共用构件4，但并不共用机架。

图2-8所示是一种电动玩具马的传动机构，由曲柄摇块机构安装在两杆机构的转动构件4上组合而成。机构工作时分别由转动构件4、5和曲柄1输入转动，致使马的运动轨迹是旋转运动和平面运动叠加，产生了一种飞奔向前的动态效果。

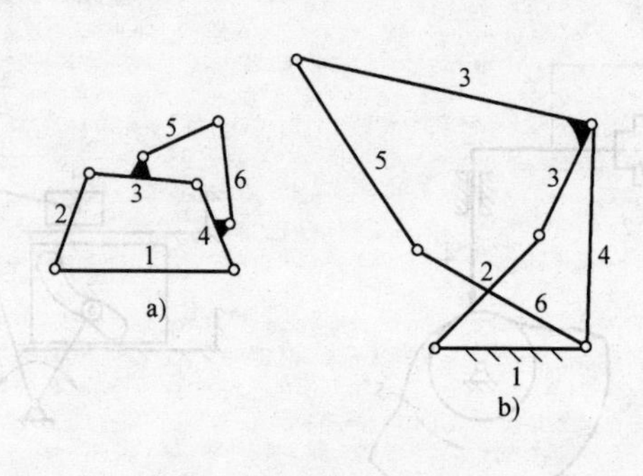


图2-7 机构的叠加组合

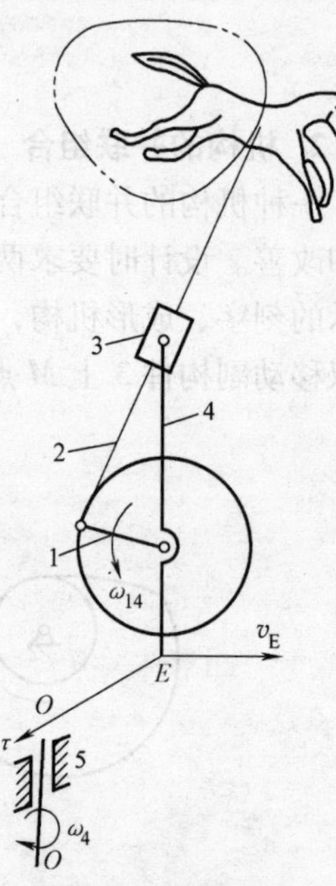


图2-8 电动玩具马

**5. 凸轮机构**

图2-9a所示为一普通的摆动从动件盘形凸轮机构，若将凸轮固定为机架，原机架为做回转运动的原动件，再将各构件的运动尺寸作适当的改变，就变异为图2-9b所示的用于异形罐头封口的机构。

如图2-10a所示，若将直线廓形的移动凸轮1外包在圆柱体上，凸轮轮廓线就成为圆柱面上的螺旋线，于是演变成螺旋机构，如图2-10b所示。

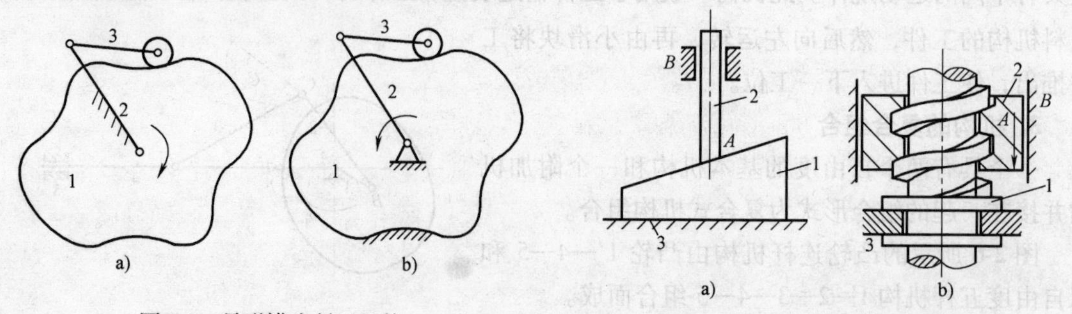


图2-9 异形罐头封口机构

图2-10 凸轮机构的变异机构

**6. 齿轮机构**

齿轮也可以认为是由多条相同的凸轮轮廓线形成的，相应的从动轮则是由多个相同的从动件固联而成，两轮形成一齿接一齿的传动，这就是不完全齿轮机构，它的从动轮可完成单向间歇运动，如图2-11a所示。若齿轮中做纯滚动的节线为非圆，则成为非圆齿轮机构，如图2-11b所示，其从动轮做非匀速运动。

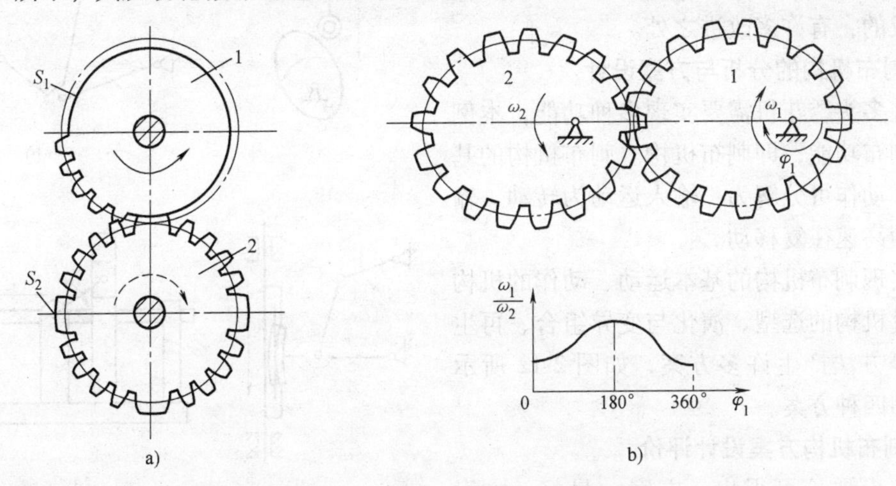


图2-11　不完全齿轮机构、非圆齿轮机构

## 2.2.2　机构运动方案设计

机构运动方案设计的主要内容包括：机械功能目标的拟定；机械工作原理的拟定；机构运动方案的生成及机构运动方案创新设计的评价等。

机械功能目标是指该机械产品的功用。拟定机械的功能目标时应该对机械产品或机械装置的具体性能参数和各项技术指标进行限定，如：运转速度、输出功率、移动距离、使用要求、操作程序、维护与保养、对使用者的技术要求、安全可靠性，以及价格、成本、经济效益等内容均属功能目标的限定范畴。机械功能目标确定之后，按功能目标的要求拟定机械的工作原理。工作原理分析是一个在功能分析的基础上，创新构思、搜索探求、优化筛选工艺动作的过程。

机构运动方案的生产：首先，设计者将给出的运动要求、工业动作要求等，以及外部的各种限制条件分解成各个基本运动、动作和相应机构；其次，按分解成各基本运动、动作时确定的关系将这些相应的机构进行组合。由于同一个机构工作原理方案可用不同的机构组合来实现，并会产生不同的效果，故在分析机械工作原理方案的基础上，根据工艺动作的要求，选择合适的机构和机构组合是机构运动方案设计的重要步骤。

机构运动方案创新设计评价的价值目标是以最低的成本获得最佳的效果。

评价的内容包括功能性、经济性、安全性、操作性和舒适性。

评价的方法可采用各项功能指标量化法。一种情况可用数值表示，例如某些机械产品的能量消耗，可用每千瓦小时来表示；另一种情况先用良好、较好等形容词定性描述，然后再量化处理。

下面以电脑多头绣花机改进设计为例说明机构运动方案创新设计。

**1. 改进方案设计的提出**

1988年，××××公司引进日本的刺绣机技术，成功研制了GY4-1型电脑多头绣花机。该机是参考日本××××有限公司的产品研制而成的，有许多改进之处。

**2. 刺布机构的分析与方案设计**

电脑多头绣花机需要实现多种功能，本例仅研究刺布功能，即刺布机构。刺布机构的基本运动、动作可分解为：输入运动为转动、输出运动为高速往复移动。

能实现刺布机构的基本运动、动作的机构可以经过机构的选型、演化与变异组合、再生运动链等方法产生许多方案，如图2-12所示为其中的四种方案。

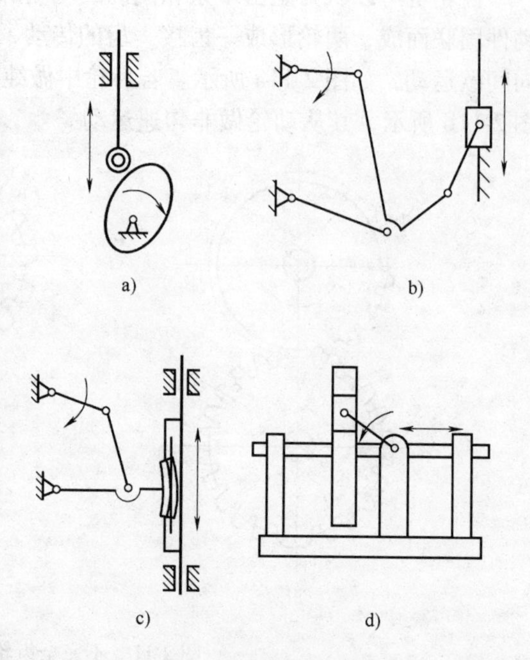

图2-12 刺布机构方案简图

**3. 刺布机构方案设计评价**

经初步评价可得出：方案a最好，方案b、d居中，方案c较差。但由于方案a的凸轮机构在高速和耐磨性方面的缺陷，最终采用的是方案b。经样机实验表明，改进的机构具有较好的运动平稳性，效果不错。

## 2.3 机械创新设计实例

**实例一 内燃机的发展**

动力机械是近代人类社会进行生产活动的基本装备之一。动力机械按其工作方式分为内燃机和外燃机两大类，自1860年里诺制成第一台内燃机以来，它在国民经济各部门和国防工业中得到广泛的应用，并已发展出多种形式。

在技术发展史上，人们对内燃机的研究比外燃机要更早，但由于理论和技术上的不成熟，使得外燃的蒸汽机在内燃机出现前的一个多世纪内得到广泛的应用。

自从18世纪瓦特完成了蒸汽机的发明以来，几乎在一个世纪的时间里蒸汽机成为唯一的动力机。但在广泛应用的同时也暴露了它一系列固有的缺点：首先，热效率很低，当时一般情况下只有5%~8%，最高也不过13%，主要是它在工作过程中散失了大量的热量。其次，结构笨重，价格昂贵，锅炉和冷凝器等体积庞大，运行不灵活，很难达到体积小、便宜、适应性更强、运动更灵活等要求。再次，操作不方便，运动不够安全。锅炉要预热两个多小时，不能随意起动和停止，由于锅炉储蓄的热量很大，容易发生爆炸。人们需要比蒸汽机更小、更便宜、适应性更强、运动更灵活的发动机。

随着科学和技术进步，重新研制内燃机的有利条件形成了：在机械制造方面，比较精密的机床已经出现，冶金技术方面，转炉、电弧炉炼钢提供了优质的材料，煤气工业和石油工业的发展可以提供必要的燃料，而在1824年法国物理学家卡诺提出理想热机的卡诺循环，并随后建立的热力学第一定律和第二定律，为完成内燃机的发明提供了理论和技术基础。

人们首先分析了蒸汽机的缺点，发现燃料先把水烧成蒸汽，再把蒸汽引入气缸做功，蒸汽再被冷凝器冷却成水，这个过程引起了大量的热损耗。里诺针对蒸汽机的这个缺点，用反向思维方法，考虑能不能使燃料直接在气缸内部燃烧，这样可以免去蒸汽做中介，热能直接做功。1860 年，他制成了第一台实用的内燃机——二冲程煤气机，它的外表就像一部卧式蒸汽机，也有活塞、连杆和飞轮，但运转方式截然不同，它是靠吸入煤气和空气的混合物以后，在气缸内点火燃烧发生膨胀而做功。这种煤气内燃机去掉了庞大的锅炉，结构紧凑，虽然其燃料消耗很高，而热效率仅 4%（还不如蒸汽机），电点火也不可靠，成本也很高，但毕竟它平稳地运转了，很受中小企业欢迎。

为了提高效率，法国工程师德罗沙进一步分析里诺机的缺点，从反向思考，提出了新的设想。他认为里诺机的燃料混合气未经压缩就直接进入气缸，这样每一次吸入的燃料气体就很少，膨胀一次的热损失相对来说就很大。能不能每次多吸入一些燃料气体？德罗沙在对内燃机的热力过程进行理论分析之后，于 1862 年提出了提高热效率的关键措施，即预先压缩空气和燃气的混合物，提出了等容燃烧的四冲程内燃机工作原理。1876 年，德国工程师奥托研制成功了第一台四冲程往复活塞式内燃机，每分钟 180 转，热效率高达 14%（相当于蒸汽机的两倍），它把三个关键的技术思想：内燃、压缩燃气、四冲程融为一体，具有效率高、体积小、重要轻、功率大等一系列优点。此后，奥托一生中一直从事内燃机的研究，四冲程循环被称为“奥托循环”，他也被认为是内燃机的发明人。

在此之后，英国工程师克拉克制造了二冲循环的内燃机，在每两个冲程中就有一个动力冲程。他还发明了两个气缸的内燃机，当一个气缸处于回复阶段时，另一气缸则爆燃做功，使输出的动力较均匀。

里诺和奥托内燃机都是煤气机，但煤气的热值低，需要庞大的煤气发生炉和管道系统，煤气机的转速低，自重大，对于交通运输业所要求的高速、轻便的动力机来说，煤气机仍然是不相适应的。随着石油工业的蓬勃发展，用石油产品取代煤气做燃料已成为必然。

德国工程师戴勒姆分析煤气机的特点，设计出了化油器，解决了点火问题，于 1883 年制成了第一台四冲程往复式汽油机。以往煤气机的转速不超过 200r/min，而戴勒姆汽油机的转速一跃升为 800～1000r/min，其特点是功率大、重量轻、体积小、转速快和效率高，特别适用于交通工具。1885 年，戴勒姆与德国工程师本茨两人分别以汽油机为动力独立制成可供实用的汽车。由于汽油价格较高，德国工程师狄塞尔考虑设计结构简单、燃料更便宜的柴油机。但是柴油机在气缸里的点燃成为问题的关键。1892 年，他提出了在内燃机中使用压缩点火的技术专利：发动机吸进的不是燃料和空气的混合物，而是空气，如果空气压缩后产生的高温超过柴油的燃点，那么通过喷嘴喷入的柴油就会自动燃烧，从而推动活塞做功。这样，不但可以省去化油器和点火装置，提高热效率，而且可以用比汽油便宜得多的柴油做燃料。1897 年，第一台 20 匹马力的柴油机开始运转，它的功率比汽油机大，热效率也提高到 30%。狄塞尔柴油机是内燃机技术上的第二次大突破，柴油机成为工业上主要的动力机。

启示：

内燃机的发展过程揭示了科学与生产之间的辩证关系。科学的形成和发展是由社会生产所决定的，但往往科学又走在生产前面，对新的生产技术的诞生起着巨大的引导作用。

奥托煤气机、狄塞尔柴油机的发明充分说明了“缺点分析，反向创新”原理和方法所起的重要作用。科学技术的发展是继承和创新的辩证统一，新的技术是对原有技术成果的突破，如果没有对前人的理论、结构、工艺、材料等方面成果的深入分析，没有对前人的继承，不分析它的缺点和弊病，不提出克服缺点和弊病的设想和解决方法，不打破固定思路的束缚，是不可能创新的。

内燃机的发明说明，任何一种技术都不可能孤立的发展，各种技术是相互依存、相互促进的，内燃机的诞生需要冶炼技术提供优质钢材，需要各种机床对零件进行精密加工，需要石油工业提供汽油、柴油等燃料。因此，当我们发展一种新技术时，必须认真考虑相关技术的配合。另外，一个国家科技水平的先进和落后在一定的社会历史条件下也可以转化。英国是最早的工业化国家，但蒸汽机的大量使用，使得研究新型内燃机的工作受到了阻碍，而法国、德国由于发明制造出了多种内燃机，产生了许多科学家和发明家，使其科技水平超过了英国。

**实例二 三角转子发动机的研制**

往复式内燃机虽然取代了蒸汽机成为应用广泛的动力机，但也存在很多缺点。首先，其工作机构多、零件多、结构复杂。往复式内燃机主要有曲柄连杆机构、凸轮机构、摆盘机构、摇臂机构以及气缸、连杆、曲柄等主要机件，机构复杂，并且摩擦损耗会降低机械效率。其次，活塞往复运动造成较大的往复惯性力，而且此惯性力随转速的平方增长，系统由于惯性力不平衡而产生强烈振动，限制了转速的提高。此外，往复式内燃机还必须有一套较复杂的配气机构。于是人们设想，能否使热能直接转变为轴的转动呢？类比往复式蒸汽机到蒸汽轮机的发展过程，人们不断提出一些新型旋转式发动机方案，但大多因结构复杂或无法解决气缸密封问题而不能实现。直到1945年，德国的汪克尔经长期研究，突破了气缸密封这一关键技术，使旋转发动机首次运转成功。

汪克尔设计的旋转式发动机简图如图2-13所示，它由气缸体、类似三角形截面的旋转活塞（也叫作转子，孔上有内齿轮）、外齿轮、吸气口、排气口和火花塞等组成。旋转活塞套在偏心轴上，形成行星轮系，使它在具有一定界面形状的气缸内做规则运动，造成气缸容积的周期变化，转子每转一圈，每一弧面可实现发动机的进气、压缩、燃料膨胀和排气过程。每转一周有三个动力冲程，是按奥托循环运转的，三角形转子的每一个表面与缸体的作用相当于往复式内燃机的一个活塞和气缸，转子各表面还兼有开闭进气、排气阀的功能，三个弧面依次平稳连续工作，设计可谓巧妙。

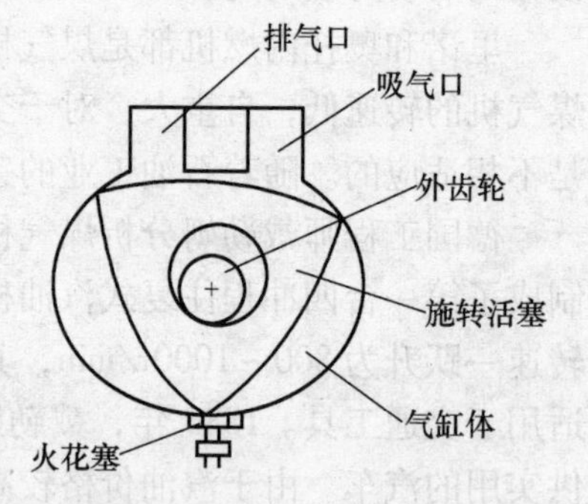

图2-13 旋转式发动机简图

旋转式发动机取消了曲柄连杆机构、气门机构等，能实现高速化，重量轻（比往复式内燃机下降1/2~2/3），结构简单（零件数减少40%；体积减小50%），在污染方面也有所改善。

虽然旋转发动机有很多优点，但真正开发出实用产品的并非是首先研制旋转发动机的德国纳苏公司，而是日本东洋公司。下面介绍东洋公司是如何后来居上进行技术开发的，供人们借鉴。

首先是科学的决策。东洋公司得知西德纳苏公司正在研制新型发动机的信息之后，广泛收集资料，听取各方面的意见，并亲临纳苏公司考察旋转发动机的研制品，综合各种资料后认为：汪克尔的方案在材料、工艺、设备等方面虽存在许多困难问题，但这些困难并非无望解决，设备也不需要大规模增加投资，从本质上看，其实用化的可能性极大。于是，东洋公司决定马上引进这项虽有瑕疵却很有前途的新技术，购买了其专利，做出了重大决策——开发旋转发动机。

其次是采取会战的形式组织力量集中攻关。为了使旋转发动机尽快实用化，东洋公司挑选了47名最精干的各有专长的科技人员集中于这项课题，并决定拿出30亿日元（占全公司总资产的一半）的巨额投资，和全世界100多家公司展开了竞争。研究人员下定必胜的决心，夜以继日，时时刻刻想着转子发动机，每个人都随身带着铅笔和笔记本。通过学习和探索，发现技术上的难点是气缸上产生的震纹问题，纳苏公司正是在此问题上久攻不克而无法前进。于是他们通过大量的试验，终于找到产生震纹的两个主要原因：一个是材料，要不使相接触的表面产生磨损，必须研制最佳材料；另一个密封片本身的特性对震纹影响极大，而密封片的振动特性与其材料和形状有关。东洋公司抓住这个关键问题，开发出极坚硬的浸渍炭精材做密封片，而对气缸壁材料，则运用反向探索法，不是从提高材料硬度着手，而是选择了较软的耐磨石墨材料做气缸衬里，减少了磨损，较成功地解决了震纹问题。

最后是团结协作的精神。东洋公司的领导具有很强的组织能力和团结协作精神，不仅公司内部相互信任、团结一心，而且与其他配件制造企业坦诚相待、密切协作，密封片材料就是与炭精公司全力合作共同开发出来的。此外，他们还先后与多家企业合作，相继开发了特殊密封件310号、火花塞、化油器、O型环、高级润滑油、消声器、弹簧等多种零部件，攻克了旋转发动机的道道难关，使旋转发动机在全世界首先达到实用化，市场效益很好。

启示：

在技术成为生产直接要素的今天，技术开发具有举足轻重的作用。技术开发，离不开正确的决策，离不开管理水平和组织能力，离不开集中人力、财力、物力重点攻关，离不开团结协作。如果我们始终努力研制优质产品，取人之长，刻苦攻关，就可后来居上。

**实例三　机床的诞生**

零件的加工离不开各种各样的机床，而机床的诞生是在18世纪60年代工场手工业向大机器生产的转变时期。18世纪，纺织机和蒸汽机的发明引发了第一次工业革命，而这场技术革命的真正意义在于开创了一个用机器生产机器的时代，没有相当技术水平的机器制造业，工业化就不可能实现。实际上，古代人们经过成千上万次实践，逐渐制造出了钻孔用的弓钻，把弓上的弦缠在棒上，前后拉动弓子，钻头就左右转运，现在木工用的手工钻仍然采用了这种原理。后来人们又制成了如图2-14所示的古代钻床和弓弦车床，钻床主要是旋转钻头在石块、木材上打孔，弓弦车床则是来回推拉弓使加工物体旋转，从而用刀具进行切削。

最早的金属加工机床的设计者可能是15世纪的传奇式人物达·芬奇，他设计了以水力或脚踏作为动力的切削工具：刀具紧贴着工件旋转，工件则固定在用起重机带动的移动台上。到了17世纪末，由于军事工业上制造大炮的需要，炮筒的加工成了人们需要解决的一大难题。1775年威尔金森发明了能精密加工大炮的镗床。瓦特在制造蒸汽机的气缸和活塞时，也利用了这架神奇的镗床加工出了当时精度很高的气缸。16世纪中叶，法国的贝松设计了一种用螺杆使刀具滑动的车螺栓用的车床，但相当不完善。到了18世纪，有人设计了一种用脚踏板和连杆旋转曲轴，并带动飞轮，再传动到主轴，使主轴旋转的“脚踏车床”。

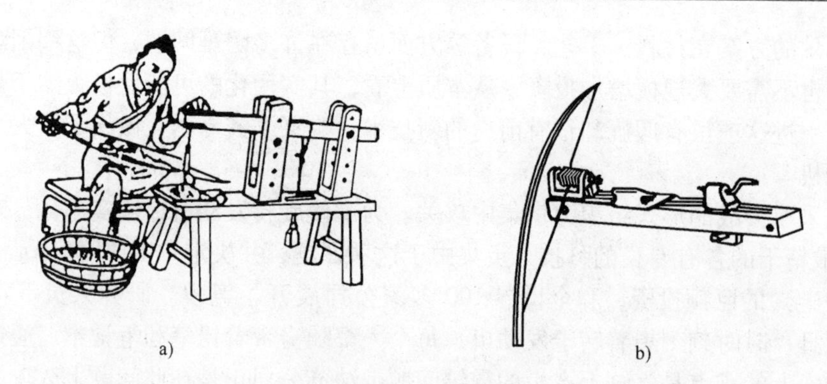


图 2-14 古代钻床和弓弦车床
a）古代钻床 b）弓弦车床

后来，人们又从直接旋转工件发展到了旋转主轴，工件则夹持在主轴的卡盘上。

被称为“车床之父”的英国机械师莫兹利在车床的发明中做出了巨大的贡献。莫兹利从12岁起就在兵工厂做工，他除了在实际操作中积累了丰富的经验和技能，还喜欢观察机器的运行，关心加工零件的精度。他立志要成为一名机械师，在20岁前，他刻苦学习了几何学、力学、机械学方面的知识，孕育了机械发明的欲望和设想。

要革新应从何入手呢？目标的确定决定着发明的成败。他注意到金属零件的主要成形方式是金属切削，而车削又是最基本的；他又分析了制造技术受阻碍的关键，认为必须首先改变手工制作螺纹件的落后状态，就像纺织机一样由一种专用工作机构来代替工人的手，然后把这个机构安装在普通车床上，并用机械力驱动，即能加工螺纹，也可以车削一般零件。于是，他选定了一种具有机动刀架的螺纹车床，作为自己的创造目标。

莫兹利运用他丰富的经验、高超的技艺并吸收前人的成果，在1794年制成了机动刀架：他将刀架放在两个托架上，借助于丝杠的传动，使刀架可相对工件做纵、横方向的移动。这样一来，刀架取代工人的手，机床也就变成了工作机。接着，他在1797年发明了划时代的刀架车床，这种车床带有精密的丝杠和可互换的齿轮，在莫兹利的车床上，坚固刀具的进给台能在一个称为“床”的V型导轨上通过丝杠带动而横向移动，它已经具备了近代车床的主要机构。后来，莫兹利又针对其车床要改变进给速度就需要更换丝杠的缺陷，在受到钟表传动方式的启发下，发明了齿轮变速器，这样，只要改变啮合的齿轮，就能改变进给速度。这种齿轮变速的思想，对机床和各种机械的发展起了巨大的作用。

在车床使用的过程中，莫兹利又发现产品的精度不理想，主要原因是机床承载时滑架在床面导轨上有颤动现象，车刀在工件表面就留下了不应有的刻痕。他便采取了一种新的措施：一边对滑架或床身导向面进行刮研，一边把它们放到一起互相磨合。他用此法把二者的贴合精度提高到如此程度，以至当两者叠放时如不用力推动，就无法将它们分开。这种方法以后便被确定为一切机床导向面的加工手段。

机动刀架、变速齿轮组和精密导轨是机床的三个关键部件，它们的有机结合使机器制造技术面目一新。

莫兹利在发明车床的同时，把精确测量技术引入机械制造业。在他的企业开始实现螺纹生产的局部标准化，建立新的互换性生产，并致力于培养新型技术人才，他所建立的工厂和学校为近代机床的创建起了重大作用。

随后，由于加工平面的需要，人们开始设计制造龙门刨床。1839年，英国的博德默设计出了具有送刀装置的龙门刨床，与此同时，英国的内史密斯发明创造出工件固定、刀具往复运动的牛头刨床。

在车床中，被切削的工件做旋转运动，刀具做横向直线运动，而在刨床中，也是刀具做往复运动，人们开始设想制造刀具做旋转运动，被切削工件做直线运动的机床。美国人为了生产武器的需要，专心制作这种铣床，随着铣刀的不同，它可以切削出特殊形状的工件。这种铣床备有万能分度头和综合立铣刀，是划时代的创举。万能铣床的工作台能旋转一定的角度，并带有立铣头等附件，同时还设计了经过研磨也不会变形的成形铣刀。

1864，美国制成了第一台在车床溜板刀架上装上砂轮的磨床；1876年，制造出了万能磨床。同时，摇臂钻床、多轴钻床也制造出来，机床工业基本成型，达到了比较完善的水平。

启示：

首先，发明必须着眼于社会需求，才能获得勃勃生机。18世纪工业革命的积极意义在于用机器代替手工，然而当时人们用以代替人手操作的机器仍然是用人工的办法制造出来的。这就形成了一个尖锐的矛盾，不解决这个矛盾，工业革命便无法继续下去。莫兹利正是敏锐地看到了这一矛盾，并致力于解决这一矛盾，他的发明才会有如此重大价值。

其次，创新总是在继承的基础上进行的。要善于综合利用前人的成果，要善于发现创新的主攻方向。当然这都是与经验、技能、知识、视野、洞察力等分不开的，它需要坚毅顽强的探索精神，需要科学理论和实践经验的有机结合。

**实例四：汽车的发明**

汽车是现代社会不可缺少的交通工具。

早在1599年，荷兰物理学家斯特宾发明了在两根桅杆上张帆的风力汽车，这种汽车能以每小时24公里的速度沿海岸奔驰，人们感到非常惊奇，但是没有风汽车就无法开动。

在蒸汽机研制成功后，人们设想用蒸汽机驱动汽车，1769年，法国的居纽制造出了蒸汽驱动的三轮汽车，但这种车的时速仅为4公里，而且每15分钟就需停车向锅炉加煤，非常麻烦，后事虽经设计人员不断改进，时速可达25公里，但结构笨重，要烧很多煤，冒着黑烟且事故频繁，仍不可能进入实用化阶段。

戴姆勒和本茨研制汽油发动机成功后，从1883年开始分别设计制造出装有这种内燃机的三轮、四轮汽车，由于这种汽车结构轻巧，运行可靠，速度也较高，很快受到人们的欢迎。汽车发明后，法国工程师鲁巴苏尔做了大量的细致改进工作，完成了现代汽车的原型，并开始进入实用化阶段。

而汽车的大量生产是在美国汽车大王福特的推动下实现的。福特从小就喜欢玩弄钟表等机器，16岁时成为机械工人，后来又到爱迪生的电灯公司工作，他每天孜孜不倦地研究汽车直到深夜，并于1893年制成了一辆汽油发动机汽车。福特想到，如果能使汽车自由地开往任何地方，那么用这种车的人就会越来越多。为了使更多的人都能买得起汽车，就应当采用大批量生产方式降低成本。当时美国军火工厂的大批量生产方法已非常发达，福特设想将这种方法移植到汽车制造领域，经过刻苦研究，终于发明了汽车大批量生产的方法。

这种以福特系统命名的著名方法，是从1913年开始应用于生产的。它首先确定一种车型，然后分工生产这种汽车的各种零件，再将多达5000个以上的零件依次放在传送带上，经站在传送带前的工人之手，从一道工序到另一道工序，有顺序地组装成汽车。这种作业方式称为传送带系统（流水作业）。

工厂按照这种原理布局和方式进行生产，运进工厂的原料仅在4天之内就制成汽车出厂，其生产效率之高前所未有，汽车以非常低的价格投放到市场，产生了巨大的效果。从此，汽车工业开始迅速发展。

汽车像流水一样大量生产后，福特以及其他汽车工程师们仍不断对汽车加以改进。例如为克服汽车起动时要在车外用手旋转发动机的缺陷，发明了自动起动器；为防止汽车被盗，发明了点火装置加锁的方法。此外，车窗玻璃刮水器、司机后视镜、制动时汽车尾部亮红色的尾灯、四轮制动器、油耗表、汽车收音机、液压变速器等装置的发明使汽车成为越来越方便、舒适、安全的交通工具。

## 2.4 计算机辅助机械设计简介

### 2.4.1 计算机辅助机械设计系统概述

计算机辅助设计（CAD）是用计算机硬、软件系统辅助人们对机械产品进行设计、修改并显示输出设计结果的一种方法，同时它也是一门多学科的综合性应用新技术。

从方法角度看，在CAD中人与计算机密切合作，可在决定设计策略、信息处理、修改设计及分析计算方面充分发挥各自的特长。例如计算机在信息存储与检索、分析与计算、图形与文字处理以及代替人做大量重复枯燥工作等方面有特殊优点，但在设计策略、逻辑控制、信息组织及发挥经验和创造性方面，人将起主导作用。因此二者的有机结合必定能提高设计质量、缩短设计周期、降低设计费用。

从技术角度看，20世纪60年代初出现的CAD主要解决自动绘图问题。随着计算机硬、软件技术及其他相关技术的发展，现在的CAD已成为一门综合性应用新技术，它涉及到图形处理技术、工程分析技术、数据管理与数据交换技术、文档处理技术、软件设计技术等。本节简要地介绍计算机辅助机械设计系统的基本构成与分类。

**1. CAD系统的基本构成**

（1）硬件　CAD系统由硬件和软件两大部分组成。图2-15表示了CAD系统硬件的基本构成。它由三部分组成：①中央处理器（CPU）、键盘与图形显示终端；②图形输入设备；③绘图输出设备。

（2）软件　软件可分为系统软件和应用软件两大类，应用软件又分为通用应用软件和专用应用软件两类。通用应用软件已成为商品打包出售，通常包括图形软件、分析软件、数据库管理软件等。专用应用软件，例如CAD软件，则是解决机械工程专业问题的软件。

**2. CAD系统硬件的分类**

从硬件角度将CAD系统划分为四类：即主机系统、小型机系统、微型机系统和工程工作站系统。

（1）主机系统（Mainframe-Based System）　这种系统一般以大型机为主机，集中配备某些公用的外部设备，如绘图机、打印机、磁带机等，同时接出许多用户工作站及字符终端，如图2-16a所示。每个用户工作站的结构如图2-16b所示，一般有一个图形终端，并配有图

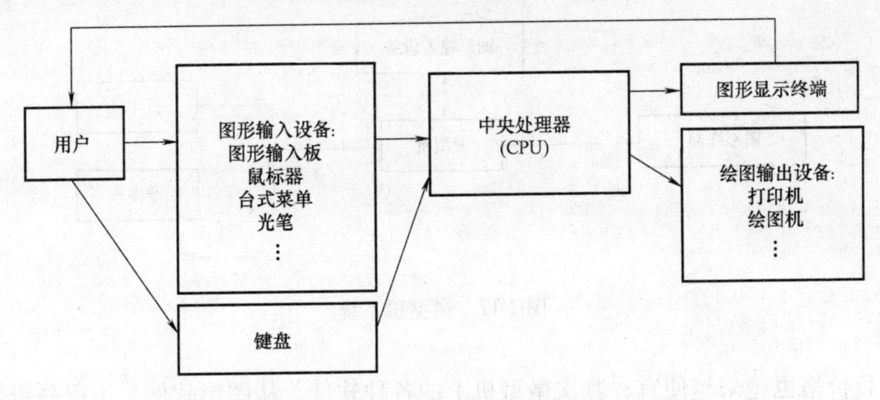


图 2-15　CAD 硬件系统的基本构成

形输入设备，如鼠标或图形输入板等，键盘用来作文本或命令输入，图形则用显示器或激光打印机等硬拷贝机输出。

这种系统的优点是主机功能强，能进行大信息量的作业，如大型分析计算、复杂模拟和管理等，缺点是当终端用户过多时，会使系统过载，响应速度变慢，而且一旦主机发生故障，整个系统就不能工作，此外价格也昂贵。这种系统在 20 世纪 70 年代较为流行，目前一般不再采用。

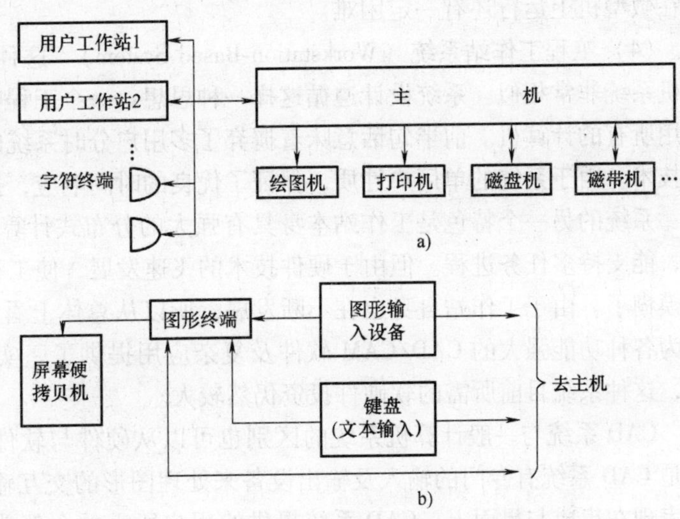


图 2-16　主机系统

（2）小型机系统（Minicomputer-Based System）　这种系统与图 2-16 所示的主机系统在形式上非常类似，只不过用小型机或超小型机代替主机，用户工作站数量较少，一般有 4 ~ 6 个。这种小型机大都具有 32 位字长，操作系统采用虚拟存储技术，成本低、体积小，便于操作使用。后来的超小型机在速度、精度、存储、计算能力等方面完全满足了复杂 CAD/CAM 的要求。这种系统经常与软件配在一起销售给用户，这就是 20 世纪 80 年代盛极一时的 Turnkey System。系统可以根据用户的需要及投资强度进行硬件灵活的配置，销售商还提供良好的售后服务，如维修、培训及咨询等，一度席卷了 CAD/CAM 市场。

这种系统大多采用符合工业标准的各种硬件平台（如 SUN、HP，DEC 及 IBM 公司等提供的计算机），使用流行的操作系统，使用性能取决于软件水平，系统具有专用性。它的缺点是系统比较封闭。

（3）微型机系统（Microcomputer-Based System）　图 2-17 为一个微型机系统的构成，一般每台微型机只配一个图形终端，以保证对操作命令的快速响应。近年来微型机系统发展非常迅速，首先是因为 32 位字长的微机在速度、精度、内外存容量等方面已能满足 CAD 应用

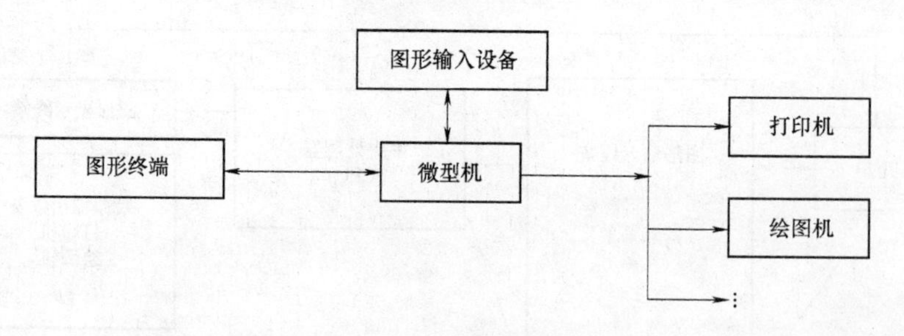


图 2-17 微型机系统

的要求，且价格也越来越便宜；其次微型机上的各种软件，从图形软件，工程分析软件到各种应用软件，满足了用户的大部分要求；再有现代网络技术能将许多微型机及公共外设连在一起，做到了网资源共享。因此微型机系统在中小型企业中得到了广泛应用。但也要看到由于目前微型机在速度及内外存方面的限制，使一些大型工程分析、复杂三维造型等 CAD 作业在微型机上运行还有一定困难。

（4）工程工作站系统（Workstation-Based System） 这种系统的结构与图 2-17 所示的微型机系统非常相似。系统设计遵循这样一种思想：一个工程师可以使用一台计算机，也可以使用所有的计算机。前半句话意味着摒弃了多用户分时系统的结构，后半句话意味着采用网络技术。由于系统的单用户性质，保证了优良的时间响应，提高了用户的工作效率。

系统的另一个特色是工作站本身具有强大的分布式计算功能，能够支持复杂的 CAD 作业，能支持多任务进程。但由于硬件技术的飞速发展，使工程工作站与微型机系统的界限变得模糊了。由于工作站自身也在不断发展，所以从总体上看，其性能还是优于微型机系统，它为各种功能强大的 CAD/CAM 软件及复杂应用提供了坚实的平台，装机容量正在逐年增加，这种系统目前所需的软硬件投资仍然较大。

CAD 系统与一般计算机系统的区别也可以从硬件与软件两方面来分析。硬件方面的区别是 CAD 系统有专门的输入及输出设备来处理图形的交互输入与显示问题；软件方面的区别表现在集成与界面上，CAD 系统提供给用户所需的全部功能模块，并通过一个中央数据库集成起来，在界面方式上也往往不同于一般软件常用的数据文件或会话方式，而是采用一套完整的交互操作方式。

### 2.4.2 机构设计 CAD 的程序设计

机械设计 CAD 的程序主要包括图表处理程序、设计计算程序和绘图程序。

在机构设计中，用高级语言将手工设计计算的程序转化为计算机的设计计算程序不是十分困难的，但对于计算结果的分析则是需要设计者的正确思考与经验。对于在设计计算过程中需要查阅的大量数表、线图等，完全可以对其进行数据处理。常用的数表、线图处理方式有三种：①转化为程序存入内存；②转化为文件存入外存；③转化为数据结构存入数据库。绘图程序是应用计算机的绘图功能编写的。将设计计算中的某些参数输入后，运行绘图程序即可画出图形。机械设计中最大量的工作是绘图，因此，开发功能完善的绘图软件是十分必要的。AutoCAD 软件具有强大的绘图功能，应用十分广泛。我国自行研制的 CAXA 电子图板也以其交互性好、使用简便的特点得到广大用户的青睐，并日益普及。它们内部含有大量图库，为绘图带来许多方便。目前我国还有人已研制出一种新的绘图软件，只要在手写板上画出草图并标注尺寸，即可给出正规工作图。

机构设计计算程序设计一般可分为五步。

1）建立数学模型。没有数学模型，计算机无法进行计算。

2）设计程序框图。按手工计算的步骤设计出程序框图。

3）确定程序变量符号。注意应使程序中的变量符号尽量与计算公式中的变量符号相一致。

4）用高级语言编制程序。编制程序是依据程序框图进行的。机构设计计算程序一般可分为三个部分：即输入与人机对话部分、计算部分和输出部分。编制输入与人机对话部分时要注意设计成最自然、最方便的输入格式并保持良好的人机对话状态；还要允许在输入错误信息时，程序不致中断运行或接受错误信息，屏幕应提示重新输入正确信息。编制计算部分时要注意对机械设计中用到的数表、线图要程序化；还要注意将多次重复使用或具有特定功能的程序编为子程序以提高程序的可读性并缩短程序的总长度。编制输出部分时要注意保证清晰明了、打印格式合理。

5）程序调试。调试时要先仔细检查源程序，然后将其输入计算机进行试运行，并保证与手工计算结果完全一致。发现问题，认真分析原因、找出症结，予以解决。

机构设计计算程序与一般数学计算程序的主要区别在于对工程实际问题的处理。如大量数表、线图的输入与检索；设计参数的合理确定（齿轮模数取标准值、齿数取整、……）；标准件的类型选择等。

下面以渐开线标准斜齿圆柱齿轮传动的程序设计为例加以说明。

斜齿圆柱齿轮传动可分为软齿面（齿面硬度不大于350HBW）闭式传动、硬齿面（齿面硬度大于350HBW）闭式传动和开式传动三种类型。因此，斜齿圆柱齿轮传动的CAD程序可以划分成软齿面、硬齿面和开式传动三个相对独立的程序模块。它们组合起来便形成一个完整的斜齿圆柱齿轮传动设计计算的应用程序。这里仅介绍软齿面闭式传动程序模块的设计。

依据软齿面斜齿圆柱齿轮传动设计计算方法、设计内容和步骤等（见本书第6章）进行程序设计。设计过程如下：

（1）确定程序编制任务和说明

1）已知条件：传递功率$P$、传动比$i$，小齿轮转速$n_1$，原动机工作情况和工作机械的载荷特性。

2）设计要求：进行单向工作的单级外啮合渐开线标准斜齿圆柱齿轮闭式软齿面传动的设计计算。

3）强度校核：按齿面接触疲劳强度设计，按齿根弯曲疲劳强度校核。

4）可选齿轮材料：分45钢正火、45钢调质、40Cr钢调质、35SiMn钢调质四种情况。

5）螺旋角：$\beta=8°\sim20°$，初选螺旋角为15°。

6）当量齿数：$z_v=17\sim400$。

7）法向模数：$m_n$按GB/T 1357—2008第一系列，取1～50mm。

8）小齿轮齿数：$z_1=20\sim40$，共输出9种参数不同的方案，可根据实际需要选择。

（2）编制程序框图，如图2-18所示。

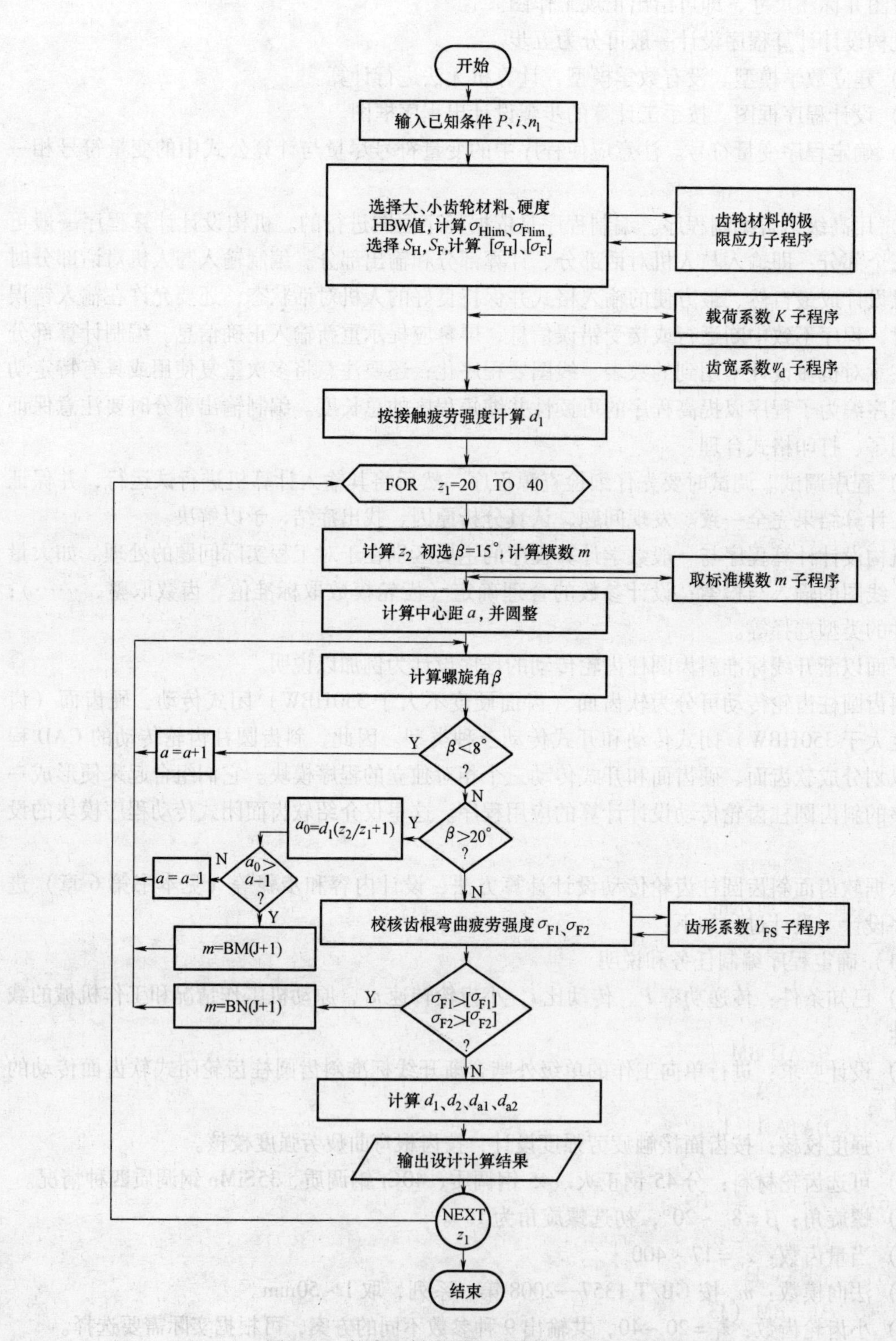


图2-18 软齿面斜齿圆柱齿轮传动设计程序框图

（3）列出程序变量符号对应表，如表 2-1 所示。

表 2-1　程序中的变量符号表

| 计算式中的符号 | 程序中的符号 | 名　称 | 单　位 |
|---|---|---|---|
| $P$ | P | 传递功率 | kW |
| $i$ | I | 传动比 | |
| $n_1$ | N1 | 小齿轮转速 | r/min |
| $T_1$ | T1 | 小齿轮转矩 | N · mm |
| $\sigma_{Hlim1}$、$\sigma_{Hlim2}$ | HLIM1、HLIM2、H | 接触疲劳极限应力 | MPa |
| $\sigma_{Flim1}$、$\sigma_{Flim2}$ | FLIM1、FLIM2、F | 弯曲疲劳极限应力 | MPa |
| $S_H$、$S_F$ | SH、SF | 安全系数 | |
| HBW | HBW | 硬度 | |
| $[\sigma_H]$ | XH | 许用接触应力 | MPa |
| $[\sigma_{F1}]$、$[\sigma_{F2}]$ | XF1、XF2 | 许用弯曲应力 | MPa |
| $K$ | K | 载荷系数 | |
| | K $（J1，J2） | 载荷系数数组 | |
| $\psi_d$ | PSD | 齿宽系数 | |
| $a$、$a_0$ | A、A0 | 中心距 | mm |
| $z_1$、$z_2$ | Z1、Z2 | 小、大齿轮齿数 | |
| $\beta$ | BY | 螺旋角 | (°) |
| $m$ | MJ、M | 模数 | mm |
| | BM（J） | 标准模数数组 | mm |
| $b$ | B | 齿宽 | mm |
| $z_v$ | Z | 当量齿数 | |
| $Y_{FS1}$、$Y_{FS2}$ | YFS1、YFS2、YFS | 复合齿形系数 | |
| | Y（J）、Z（J） | 复合齿形系数数组及相应的当量齿数数组 | |
| $\sigma_{F1}$、$\sigma_{F2}$ | F1、F2 | 齿根弯曲应力 | MPa |
| $d_1$、$d_2$ | D1、D2 | 分度圆直径 | mm |
| $d_{a1}$、$d_{a2}$ | DA1、DA2 | 齿顶圆直径 | mm |

（4）编制源程序。

依据图 2-18 所示的程序框图编制源程序。在此，仅给出用 BASIC 语言编制的取标准模数 $m$ 的子程序如下：

```
1510  DIM BM（18）
1520  FOR J = 1 TO 18
1530  READ BM（J）
1540  NEXT J
1550  DATA 1，1.25，1.5，2，2.5，3，4，5，6，8，10，12，16，20，25，32，40，50
1605  INPUT“请输入计算模数 MJ”；MJ
1610  FOR J3 = 1 TO 18
1620  IF MJ < = BM（J3）THEM 1640
1630  NEXT J3
1640  M = BM（J3）
1645  PRINT“模数 M =”；M：END
```

# 第 3 章　平面连杆机构

## 知识目标

✧　基本掌握平面机构运动简图的作图原理及方法，掌握机构自由度的计算方法。

✧　熟悉平面四杆机构的基本类型、特性及其工作原理，掌握用作图法设计平面四杆机构的原理及方法。

## 能力目标

✧　能根据机构的实物模型，绘制机构运动简图；养成观察机构结构及运动规律的习惯，正确理解分析机构的工作原理，提高分析问题的能力。

## 3.1　概述

机构是具有确定相对运动的构件组合。机构的功用主要是转换运动形式、改变运动速度。如它可实现旋转运动与往复直线运动之间的转换，也可将匀速旋转运动转换为有规律的变速旋转运动等。

常用机构主要指平面连杆机构、凸轮机构、间歇运动机构及螺旋机构等。

### 3.1.1　机构的组成

观察图 3-1 所示的构架模型，分析各构件之间的相对运动。

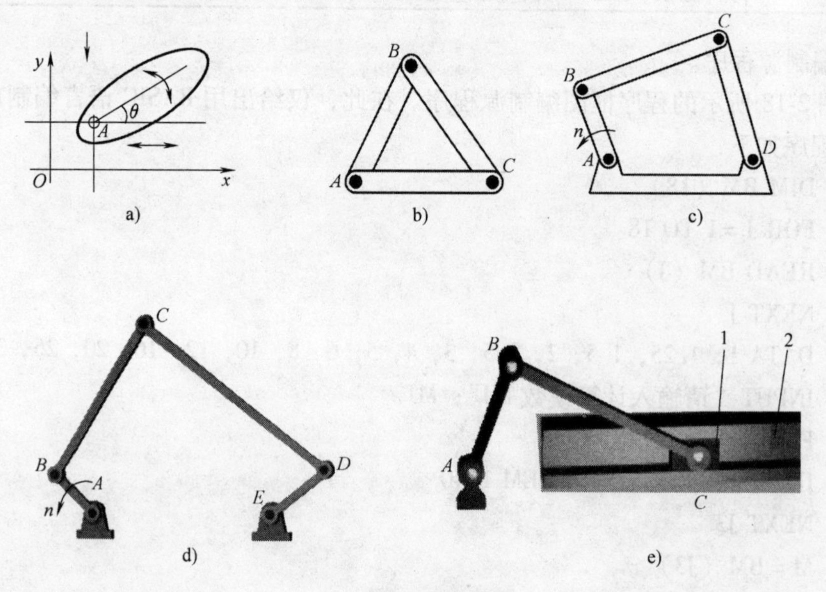


图 3-1　构架模型

图3-1a是一个可在平面内做自由运动的构件，从图中可以看出，其具有沿$x$轴移动、沿$y$轴移动和绕$A$点转动三种独立运动。

图3-1b为三个构件$AB$、$BC$、$CA$所组成的三角形构架，该构架中，三个构件之间不可能出现相对运动。

图3-1c中，如果将$AD$构件固定，当构件$AB$做匀速旋转运动时，构件$CD$会随构件$BC$有规律地往复摆动。

图3-1d中，当构件$AB$做匀速旋转运动时，构件$DE$做无规律运动。

图3-1e中，当构件$AB$做匀速旋转运动时，滑块1随杆件$BC$在滑槽2内做有规律的往复直线运动。

上述五种构架模型都是由构件通过一定的方式连接在一起的，为什么有些构件不能动，有些构件具有确定的相对运动，有些构件却是无规律地运动？构件在什么条件下才具有确定的相对运动呢？

**1. 构件的自由度**

如图3-1a所示，做平面运动的自由构件具有3个独立运动。我们把构件所具有的独立运动数目，称为构件的自由度。一个在平面内自由运动的构件具有3个自由度。

**2. 运动副和约束**

机构中每个构件都不是自由构件，而是以一定的方式与其他构件组成动连接。如图3-1c中构件$AB$与构件$BC$，两构件既相互连接，又可以相对转动；图3-1d中，构件$BC$与构件$CD$之间既相互接触连接，又可以相对转动。这种使两构件直接接触并能产生相对运动的连接，称为运动副。两构件通过运动副连接后，构件的部分相对运动受到了限制，运动副对于构件间相对运动的限制称为约束。机构就是由若干构件通过若干运动副组合而成的，运动副是组成机构的主要要素。

两构件是通过点、线、面等几何要素的接触而组成运动副的。根据组成运动副的两构件之间的接触形式，运动副可分为低副和高副。

（1）低副　两构件以面接触（平面或曲面）形成的运动副，由于接触面压强低，因而称为低副。低副又可分为转动副和移动副。

1）转动副。两构件之间只能绕某一轴线做相对转动的运动副为转动副，通常称作铰链，如图3-2a所示。

2）移动副。两构件只能做相对直线移动的运动副为移动副，如图3-2b所示以及图3-1e中构件1与构件2之间的连接。

从转动副和移动副的运动形式可知，平面机构中，一个低副引入了两个约束，仅保留了构件的一个自由度。

（2）平面高副　两构件以点或线接触形成的运动副，这类运动副因为接触区域小，接触部位压强高，称为高副，如图3-3所示。

一个平面高副引入一个约束，保留两个自由度。

**3. 构件分类**

机构中的构件可分为三类。

（1）机架　它是机构中视作固定不动的构件，起支撑其他活动构件的作用，如图3-1c中的构件$AD$、图3-1e中的构件2。

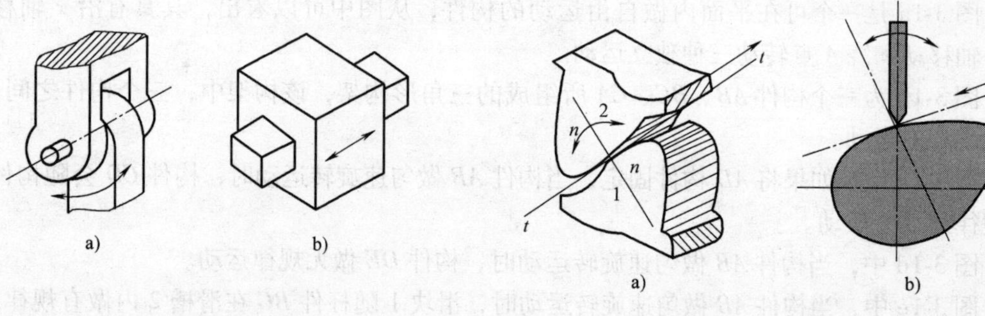


图3-2　平面低副
a）转动副　b）移动副

图3-3　平面高副
a）齿轮副　b）凸轮副

（2）原动件　它是机构中接受外部给定运动规律的活动构件，如图3-1c、e中的构件*AB*。

（3）从动件　它是机构中随原动件运动的活动构件，如图3-1c中的构件*CD*、图3-1e中的构件*BC*。

## 3.1.2　平面机构的运动简图

实际机构或机器大多是由外形和结构都很复杂的构件所组成的。但从运动的观点来看，无论是机构还是机器，能否实现预定的运动和功能，都与构件及运动副的具体结构、外形（高副机构的轮廓形状除外）、断面尺寸、组成构件的零件数目及固连方式等无关。因此，在对机构进行分析时，为便于研究机构的运动，可以简化构件、运动副的外形和具体构造，而只用简单的线条和特定的符号代表构件和运动副，并按比例定出各运动副位置，表示机构的组成和运动情况。这样绘制出能够准确表达机构运动特性的简明图形称为机构运动简图，它是表示机构运动特征的一种工程用图，如图3-4所示。图3-4b是图3-4a的机构运动简图，它简明地表达了颚式破碎机的工作原理。

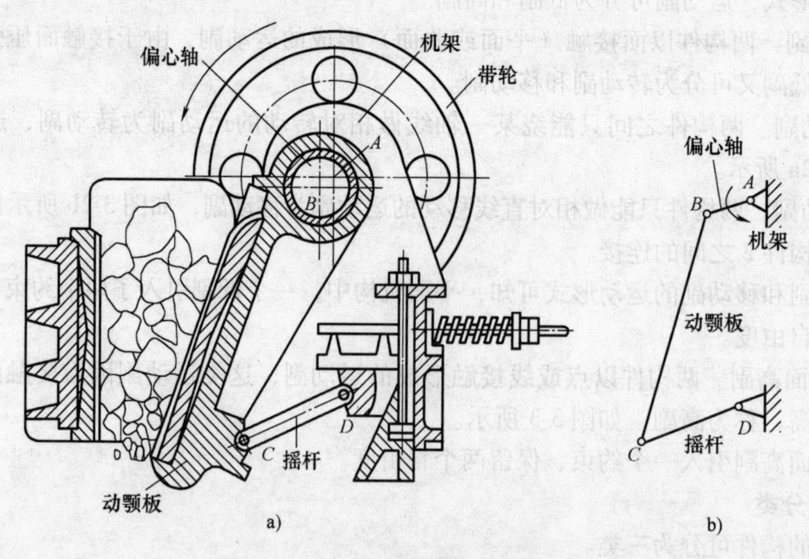


图3-4　颚式破碎机及其运动简图
a）颚式破碎机　b）运动简图

## 1. 常用运动副的图形符号

机构运动简图常用图形符号见表3-1。

表3-1 机构运动简图常用图形符号（摘自GB/T 4460—2013）

| 名称 | 符号 | 名称 | 符号 |
|---|---|---|---|
| 固定构件 | | 内啮合圆柱齿轮机构 | |
| 双副元素构件 | | 齿轮齿条机构 | |
| 三副元素构件 | | 锥齿轮机构 | |
| 转动副 | 2 1 2 1 2 1 | 蜗杆机构 | |
| 移动副 | 1 2 1 2 1 2 1 2 1 2 1 2 | 带传动机构 | 类型符号，标注在带的上方<br>V带 圆带 平带 |
| 平面高副 | $C_2$ $\rho_2$ $C_1$ $\rho_1$ | | |
| 凸轮机构 | | 链传动机构 | 类型符号，标注在轮轴连心线上方<br>滚子链 # 无声链 W |
| 棘轮机构 | | | |
| 外啮合圆柱齿轮机构 | | | |

**2. 构件的表示法**

不管构件形状如何，都用简单线条表示，带短斜线的线条表示机架，如图3-5b、c、e所示。

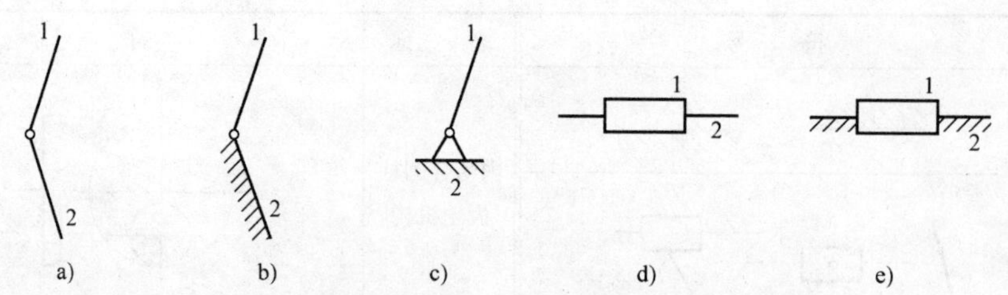


图3-5　构件的表示方法1

1、2—构件

图3-6a表示能组成两转动副的构件；图3-6b表示组成一个转动副和一个移动副的构件；图3-6c、d表示能组成三个转动副的构件。

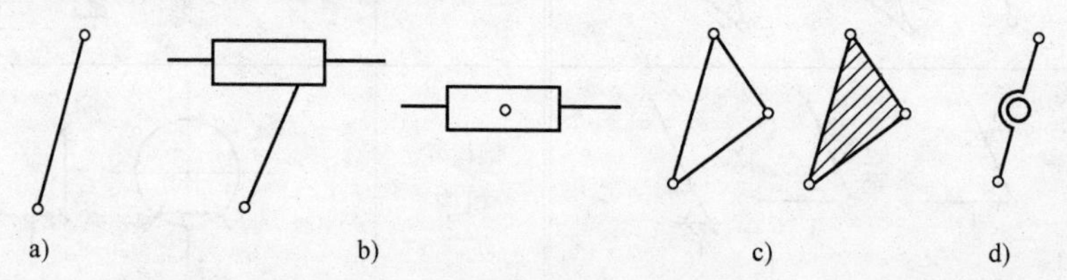


图3-6　构件的表示方法2

**3. 绘制机构运动简图的步骤**

1）分析机构，观察相对运动，数清所有构件的数目，分清主动件和从动件。

2）确定所有运动副的类型和数目。

3）恰当地选择投影面。一般选择与多数构件的运动平面相平行的面为投影面。

4）确定适当的比例尺$\mu_l$。$\mu_l=\frac{实际尺寸}{图上尺寸}$。根据机构的运动尺寸定出各运动副之间的相对位置。

5）用规定的符号绘制各种形式的运动副，并将同一构件上的运动副用线条连接起来，绘制成机构的运动简图。

下面以图3-4颚式破碎机为例，说明绘制机构运动简图的步骤。

（1）分析机构，确定构件的相对运动　在图3-4a所示的颚式破碎机中，破碎机的主体机构由机架、偏心轴（又称曲轴）、动颚板、摇杆、带轮等构件组成。在结构上，偏心轴与带轮固定为同一个构件，是运动的动力输入构件，即原动件，其余构件都是从动件。当带轮和偏心轴绕$A$点转动时，驱使输出构件动颚板做平面复杂运动，从而将矿石轧碎。

（2）确定所有运动副的类型和数目　从上述运动分析及图中可以看出，偏心轴为主动件，动颚板、摇杆为从动件，机架为固定构件。动颚板工作时可绕偏心轴的几何中心$B$点相对转动，摇杆在$C$、$D$两点分别与动颚板及机架通过铰链连接。机构共有4个转动副（铰链）。

（3）测量各运动副的相对位置尺寸　逐一测量出四个运动副中心$A$与$B$、$B$与$C$、$C$与$D$、$D$与$A$之间长度$L_{AB}$、$L_{BC}$、$L_{CD}$、$L_{DA}$。

（4）选定比例尺，用规定符号绘制运动简图　根据测量出的各运动副的位置尺寸，选择恰当的视图方向（本题选择与各转动副回转轴线垂直的平面作为视图平面），选定合适的绘图比例，给出各运动副的位置，并用规定的符号和线条绘出各构件。

（5）标明机架、构件序号、原动件、绘图比例等，得到机构运动简图如图3-4b所示。

### 3.1.3　平面机构的自由度

**1. 平面机构自由度的计算**

平面机构自由度就是该机构所具有的独立运动数目。平面机构自由度与组成机构的构件数目、运动副的数目及运动副的性质有关。

在平面机构中，一个构件未用运动副与其他构件连接之前，有3个自由度。如果机构有$n$个活动构件，则有$3n$个自由度。每个平面低副（转动副、移动副）引入2个约束，保留1个自由度，如果有$P_L$个低副，则减少了$2P_L$个自由度；每个平面高副（齿轮副、凸轮副等）引入1个约束，保留2个自由度，即如果有$P_H$个高副，则减少$P_H$个自由度。

机构自由度的计算可用活动构件的自由度总数减去运动副引入的约束总数。

机构的自由度用$F$表示，则有

$$F=3n-(2P_L+P_H)=3n-2P_L-P_H \tag{3-1}$$

式中　$n$——活动构件总数；

$P_L$——机构中低副数目；

$P_H$——机构中高副数目。

**例3-1**　试计算图3-7a、b、c、d、e所示平面机构的自由度。

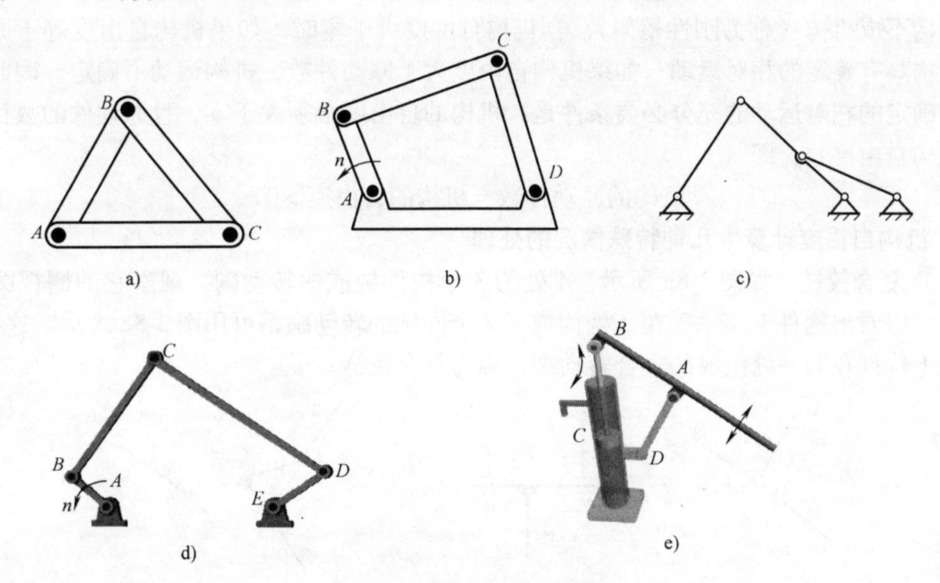


图3-7　机构自由度计算

**解**：图3-7a所示机构的自由度：图中除机架以外的活动构件数为2，转动副数为3，没有高副。由式（3-1）得

$$F=3n-2P_L-P_H=3\times2-2\times3-0=0$$

该机构自由度为0，不能运动，与前面分析相符。

图3-7b所示机构的自由度：图中除机架以外的活动构件数为3，转动副数为4，没有高副。由式（3-1）得

$$F = 3n - 2P_L - P_H = 3 \times 3 - 2 \times 4 - 0 = 1$$

该机构自由度为1，机构具有1个原动件。通过前面的观察知道，此机构从动件具有确定的运动。

图3-7c所示机构的自由度：图中除机架以外的活动构件数为3，转动副数为5，没有高副。由式（3-1）得

$$F = 3n - 2P_L - P_H = 3 \times 3 - 2 \times 5 - 0 = -1$$

该机构自由度为-1，通过观察知道，此机构不能运动。

图3-7d所示机构的自由度：图中除机架以外的活动构件数为4，转动副数为5，没有高副。由式（3-1）得

$$F = 3n - 2P_L - P_H = 3 \times 4 - 2 \times 5 - 0 = 2$$

该机构自由度为2，原动件数为1，从动件做无规律的运动（乱动）。

图3-7e所示机构的自由度：图中除机架外的活动构件数为3，转动副数为3，移动副数为1，没有高副。由式（3-1）得

$$F = 3n - 2P_L - P_H = 3 \times 3 - 2 \times (3 + 1) - 0 = 1$$

该机构自由度为1，原动件数为1，从动件做有规律的往复移动。

**2. 机构具有确定相对运动的条件**

由以上分析和计算可知，如果机构的自由度等于或小于零，所有构件就不能运动，因此，就构不成机构（称为刚性桁架）。当机构自由度大于零时，如果机构自由度等于原动件数，机构具有确定的相对运动；如果机构自由度大于原动件数，机构运动不确定。因此，机构具有确定的相对运动的充分必要条件是：机构的自由度必须大于零，且原动件的数目必须等于机构自由度数，即

机构的原动件数 = 机构的自由度 >0

**3. 机构自由度计算中几种特殊情况的处理**

（1）复合铰链　如图3-8a所示，$A$处为3个构件构成的转动副。观察它的侧视图图3-8b，则可以看出构件1、2、3在$A$处构成了2个同轴的转动副，可用图3-8c表示。这种由3个或以上构件在同一处组成的重合转动副，称为复合铰链。

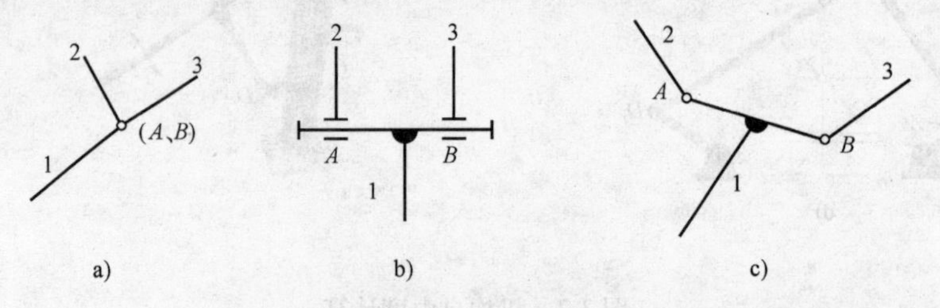


图3-8　复合铰链

在计算机构自由度时，如果有$m$个构件构成复合铰链，则包含转动副的数目为$m-1$个。

**例3-2**　试计算如图3-9所示机构的自由度。

**解**：图 3-9 中除机架外有 5 个活动构件（4 个杆件和 1 个滑块），$A$、$B$、$D$、$E$ 共 4 个简单铰链，$C$ 处 3 个构件计 2 个铰链，故共有 6 个转动副，1 个移动副，即 $P_L=7$，高副数 $P_H=0$。运用式（3-1）计算机构自由度得

$$F=3n-2P_L-P_H=3\times5-2\times7-0=1$$

该机构有 1 个自由度，原动件数为 1，具有确定的相对运动。

（2）局部自由度　观察图 3-10a 所示的凸轮机构，计算机构自由度。

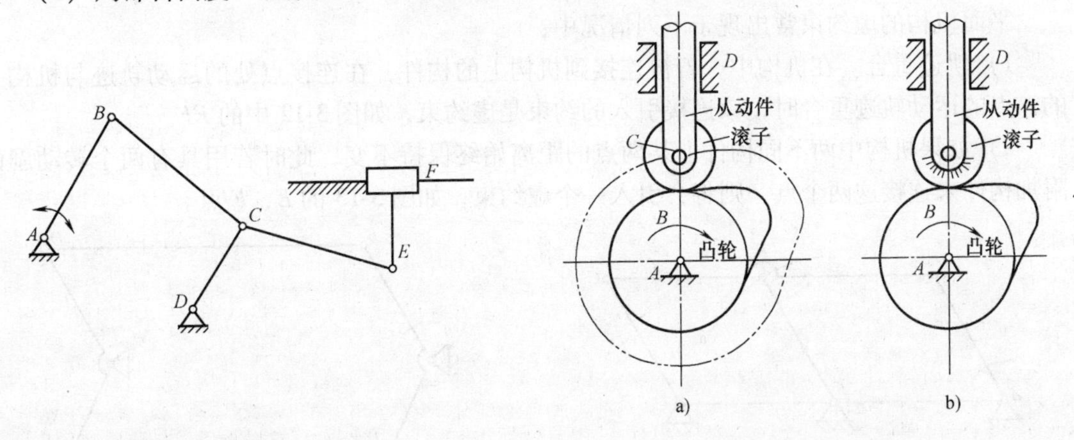


图 3-9　机构自由度计算

图 3-10　局部自由度

$$F=3n-2P_L-P_H=3\times3-2\times3-1=2$$

该机构的自由度为 2，但实际上只需要一个原动件（即一个独立运动）该机构便具有确定的运动。计算结果与实际情况不相符，其原因是滚子绕 $C$ 轴转动的自由度对从动件的运动并没有影响。这种与其他构件运动无关的自由度称为局部自由度。计算机构自由度时，将滚子与从动件看成是固定在一起的一个构件，如图 3-10b 所示，消除局部自由度。滚子的作用仅仅是将 $B$ 处的滑动摩擦变为滚动摩擦，减少功率损耗，降低磨损。

（3）虚约束　图 3-11a 所示为机车车轮联动机构，其运动简图为图 3-11b。在此机构中 $AB$、$CD$、$EF$ 三个构件相互平行且长度相等，即：$L_{AB}=L_{CD}=L_{EF}$，且 $L_{BC}=L_{AD}$，$L_{CE}=L_{DF}$。按前述机构自由度的计算方法，此机构中 $n=4$，$P_L=6$、$P_H=0$，机构自由度为

$$F=3n-2P_L-P_H=3\times4-2\times6-0=0$$

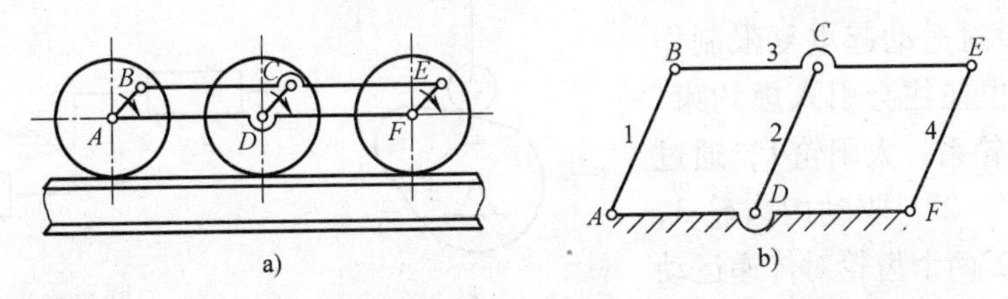


图 3-11　虚约束

机构自由度为 0，表明该机构不能运动，显然与实际情况不符。如果去掉构件 2（转动副 $C$、$D$ 也不再存在），原动件 3 转动时，构件 2 上 $C$ 点的轨迹是不变的，也就是说，构件 1 上的 $B$ 点与构件 2 上的 $C$ 点如果没有连接在一起，它们的运动轨迹也是重合的，构件 2 及转

动副 $C$、$D$ 是否存在对于整个机构的运动并无影响，对机构运动没有限制作用。这种对机构运动不起独立限制作用的约束称为虚约束。在进行计算时，应先将产生虚约束的构件和运动副去掉，然后再进行计算。

在此例中，计算机构自由度时应除去构件2和转动副 $C$、$D$。此时机构中 $n=3$，$P_L=4$、$P_H=0$，则机构实际自由度为

$$F=3n-2P_L-P_H=3\times3-2\times4-0=1$$

平面机构的虚约束常出现于下列情况中：

1）轨迹重合。在机构中，若被连接到机构上的构件，在连接点处的运动轨迹与机构上的该点的运动轨迹重合时，该连接引入的约束是虚约束，如图3-12中的 $EF$。

2）如果机构中两不同构件上某两点的距离始终保持不变，此时若用具有两个转动副的附加构件来连接这两个点，则将会引入一个虚约束，如图3-13的 $E$、$F$ 点。

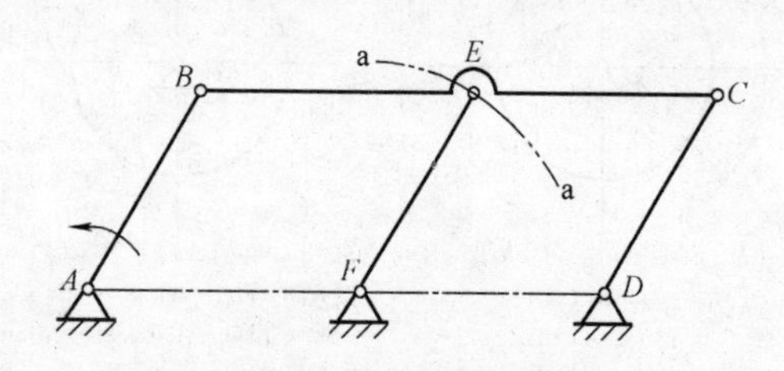


图3-12　平行四边形 $ABCD$

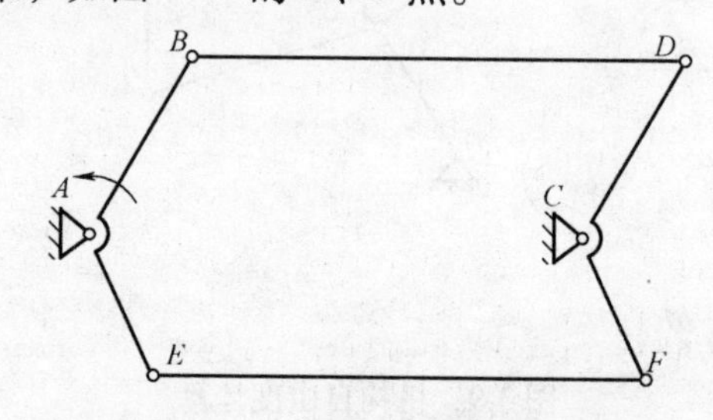


图3-13　两构件间距离不变

3）当两构件构成多个转动副，且轴线互相重合时，则只有一个转动副起作用，其余转动副都是虚约束，如图3-14a中的 $A$、$A'$ 及3-14b中2、2′。

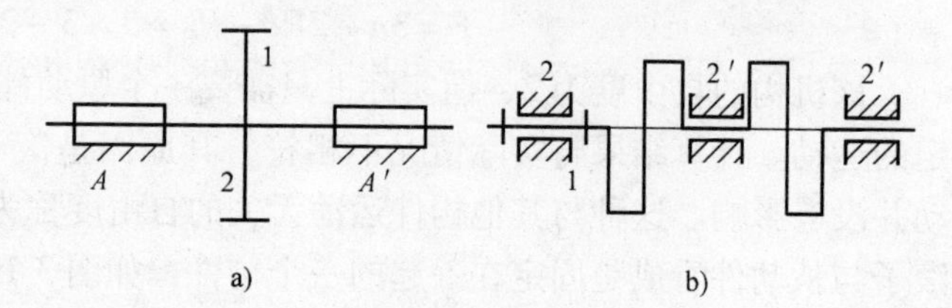


图3-14　多个转动副轴线重合

4）当两构件组成多个移动副，且其导路互相平行或重合时，则只有一个移动副起约束作用，其余都是虚约束，如图3-15a中的 $E$、$E'$ 及3-15b中 $A$、$A'$。

5）机构中对运动起重复限制作用的对称部分也往往会引入虚约束。如图3-16所示轮系，太阳轮1，通过三个齿轮2、2′、2″，驱动内齿轮3，齿轮2′和齿轮2″两个齿轮对传递运动不起独立限制作用，从而引入了虚约束。

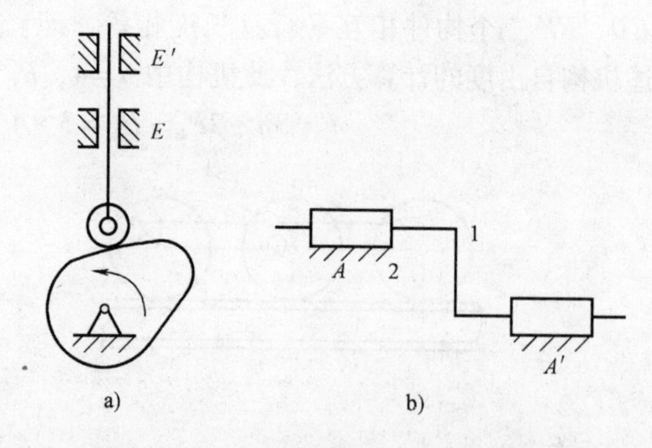


图3-15　多个移动副导路重合或平行

虚约束对机构运动虽然不起作用，但可以增强传力能力，增加构件的刚性，因而在机构中经常出现。但要注意满足令虚约束存在的那些特定的几何条件，否则，虚约束将成为实在的约束而导致机构不能运动。

**例3-3**　计算如图3-17a所示振动筛机构的自由度，并判断该机构的运动是否确定（图中绘有箭头的构件为原动件）。

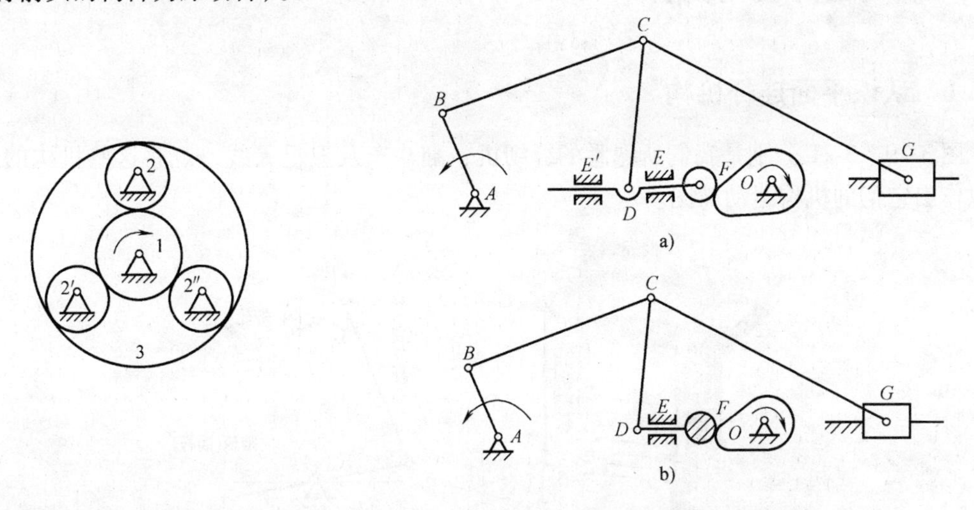


图3-16　重复约束的对称部分　　　图3-17　机构自由度计算

**解：**机构中$F$处存在一局部自由度，导路$E$、$E'$之一为虚约束，$C$处为复合铰链。现解除虚约束和局部自由度，得图3-17b，由图知：$n=9$，$P_L=12$，$P_H=0$，故得

$$F=3n-2P_L-P_H=3\times7-2\times9-1=2$$

此机构的自由度为2，原动件数目为2，因此机构具有确定的相对运动。

**例3-4**　计算图3-18所示机构的自由度，并判断该机构是否具有确定的运动。

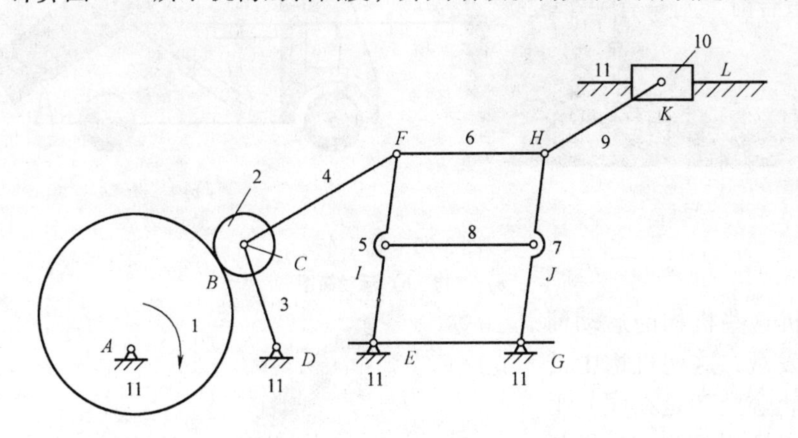


图3-18　机构自由度计算

**解：**机构中，滚子2处铰链为局部约束；构件5、6、7、8与机架形成平行四边形结构，构件8与构件5、构件7连接的两个铰链为虚约束；铰链$F$与铰链$H$处都有三个构件连接，存在复合铰链，因此，在$F$、$H$处分别各有2个复合铰链；$L$处有一个移动副；滚子与凸轮处有一高副。解除虚约束和局部自由度，由图知：$n=8$，$P_L=11$，$P_H=1$，故得

$$F=3n-2P_L-P_H=3\times8-2\times11-1=1$$

此机构的自由度为1，原动件数目为1，因此机构具有确定的相对运动。

# 3.2 平面连杆机构简介

## 3.2.1 认识平面连杆机构

图 3-19 ~ 3-21 分别是我们所熟悉的缝纫机、翻斗车及卫星天线，观察这些机构的运动，可以作出它们的机构运动简图。

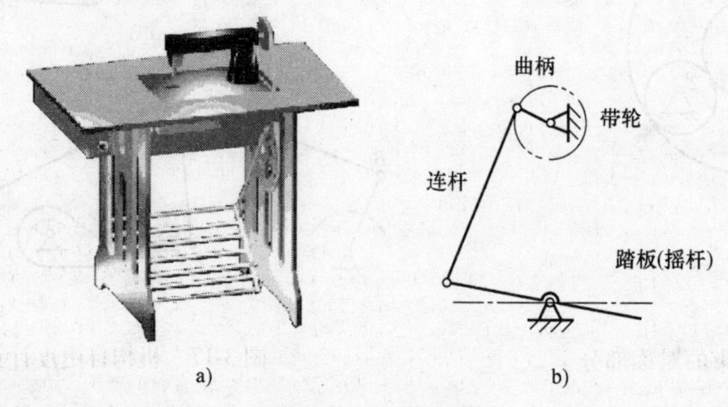


图 3-19 缝纫机
a）实物 b）运动简图

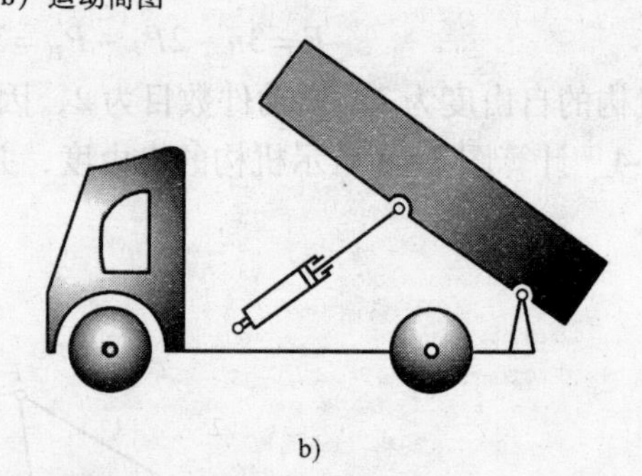

a) b)

图 3-20 翻斗车
a）实物 b）运动简图

仔细分析这些机构的运动简图，我们会发现，这些机构中的构件的运动轨迹全部是在同一平面或相互平行的平面内，这样的机构称为平面机构。通过进一步的研究发现，其运动副都是低副，即转动副或移动副。我们把这种全部通过低副将构件连接起来的平面机构，称为平面连杆机构，也称低副机构。

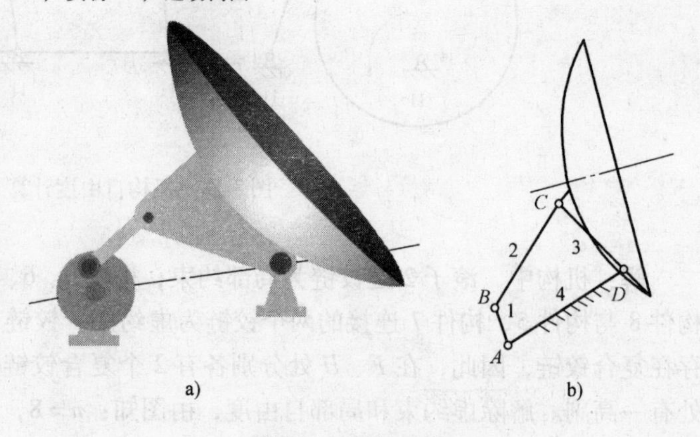


图 3-21 卫星天线
a）实物模型 b）运动简图

平面连杆机构的特点：

1）因转动副和移动副都是面

接触，因此，在承受相同的荷载时，其承载能力较大，便于润滑，耐磨损。

2）构件形状简单，制造简便，易于获得较高的制造精度。

3）构件之间的接触是由构件本身的几何约束来保持的，构件工作可靠。

4）改变杆件的相对长度即可改变从动件的运动规律，容易实现多种运动形式的转换。

5）利用平面连杆机构中的连杆可满足多种运动轨迹的要求。

6）运动链较长，运动副数较多，低副中的间隙不易消除，引起运动误差积累，从而影响其运动精度。

7）根据从动件所需要的运动规律或轨迹来设计连杆机构比较复杂，设计精度不高。

8）运动时产生的惯性难以平衡，不适用于高速场合。

## 3.2.2　铰链四杆机构及其演化

平面连杆机构中，如果组成机构的杆件为四个，则称为平面四杆机构，平面四杆机构是最简单的平面连杆机构。如果组成四杆机构的运动副全部是转动副，则又称为铰链四杆机构，如图3-22所示，它是平面四杆机构最基本的形式，其他四杆机构均可以看成是由铰链四杆机构演化而成的。

**1. 铰链四杆机构的基本形式**

在图3-22所示的铰链四杆机构中，固定构件称为机架；通过铰链与机架相连的构件称为连架杆，其中，能围绕与机架相连的铰链做360°旋转的连架杆称为曲柄，只能围绕与机架相连的铰链在小于360°范围内摆动的连架杆称为摇杆；与机架不直接相连的构件称为连杆。

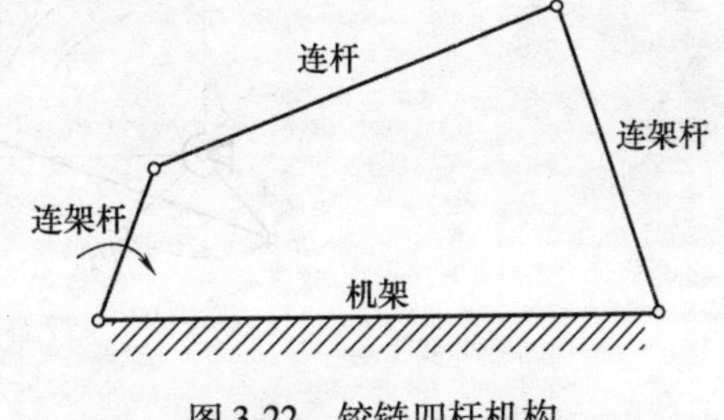


图3-22　铰链四杆机构

铰链四杆机构有以下几种基本形式。

（1）曲柄摇杆机构　观察图3-23所示的卫星接收系统调整机构及图3-24所示的缝纫机踏板机构。

图3-23所示的卫星接收系统调整机构中，*AB*为主动件并做匀速转动时，通过连杆*BC*，带动摇杆*CD*在一定角度范围内做往复摆动，从而达到调整天线俯仰角度的目的。

图3-24所示的缝纫机踏板机构中，当脚踩住脚踏板*CD*构件往复摇动时，通过连杆*BC*，带动带轮（曲柄*AB*）做整周的旋转运动，从而通过传动带带动机头工作，摇杆为主动件。

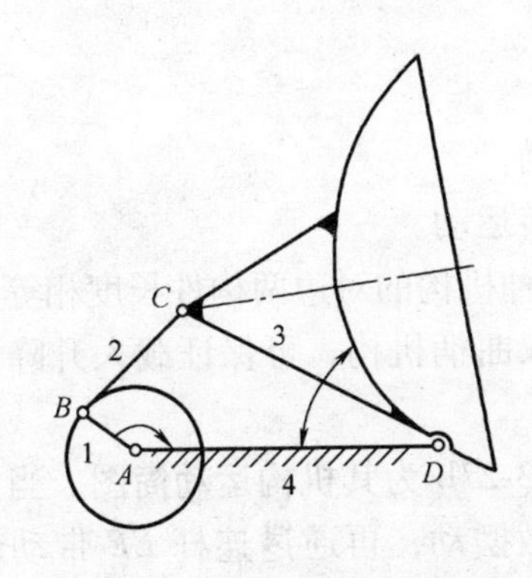


图3-23　卫星接收系统调整机构

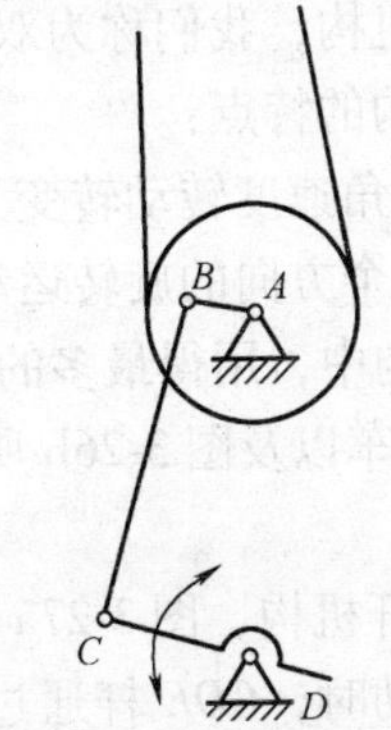


图3-24　缝纫机踏板机构

在这两个机构中，两个连架杆之一为做360°旋转的曲柄，而另一个是做往复摆动的摇杆，这样的机构，我们称之为曲柄摇杆机构。

曲柄摇杆机构的特点：既能将曲柄的整周转动变换为摇杆的往复摆动，又能将摇杆的往复摆动变换为曲柄的连续回转运动。

生活及工程中常见的颚式破碎机、搅面机、走步机等均属于这类机构。

（2）双曲柄机构　在如图3-25a所示的惯性筛运动机构中，当连架杆1绕转动副$A$匀速转动时，连架杆3随连杆2绕$D$点做变速旋转运动，从而带动筛6做变速运动，利用速度变化产生的惯性，将筛中的物质进行分离。

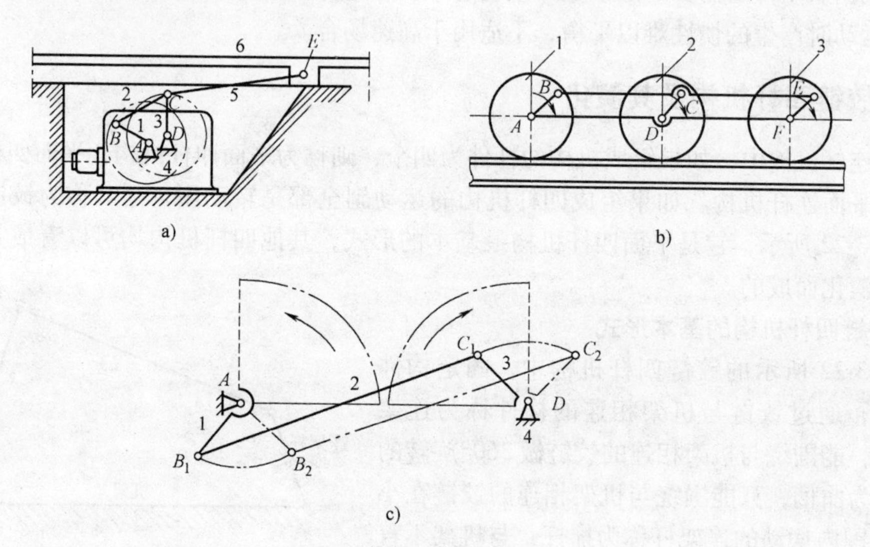


图3-25　双曲柄机构

a）惯性筛　b）机车车轮　c）汽车车门机构

在如图3-25b所示的机车车轮机构中，当车轮1（曲柄$AB$）绕$A$轴匀速旋转时，轮2（曲柄$DC$）绕转动副$D$匀速转动，推动车轮系统向前运动，带动机车前进。

在如图3-25c所示的汽车车门机构中，当杆件$AB$（曲柄1）绕$A$轴旋转时，杆件$CD$（曲柄2）绕转动副$D$反向旋转，从而带动车门打开或关闭。

在图3-25所示的各个机构中，所有的连架杆均做大于360°的转动，即两个连架杆均是曲柄，这样的机构，我们称为双曲柄机构。

双曲柄机构的特点：

1）能将等角速度转动转变为周期性的变角速度转动。

2）能将一个方向的旋转运动转变为相反方向的旋转运动。

双曲柄机构中，用得最多的是平行双曲柄机构，这种机构的对边两构件长度相等。如图3-26a所示工程车以及图3-26b所示的摄像平台的平行双曲柄机构，可保证载人升降台平稳升降。

（3）双摇杆机构　图3-27a所示为飞机起落架，图3-27b为其机构运动简图。当液压缸1（$AB$杆）摆动时，$CDE$杆通过活塞杆2（连杆）也做摆动，再通过连杆$EF$带动起落杆$GF$使飞机轮子实现起落运动。

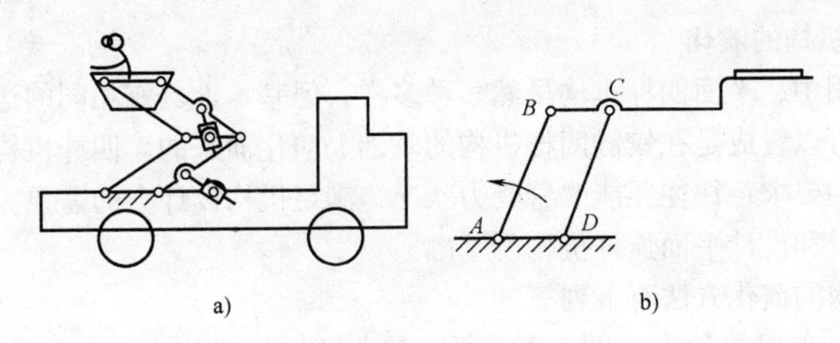


图3-26　平行双曲柄机构

a）工程车　b）摄像平台

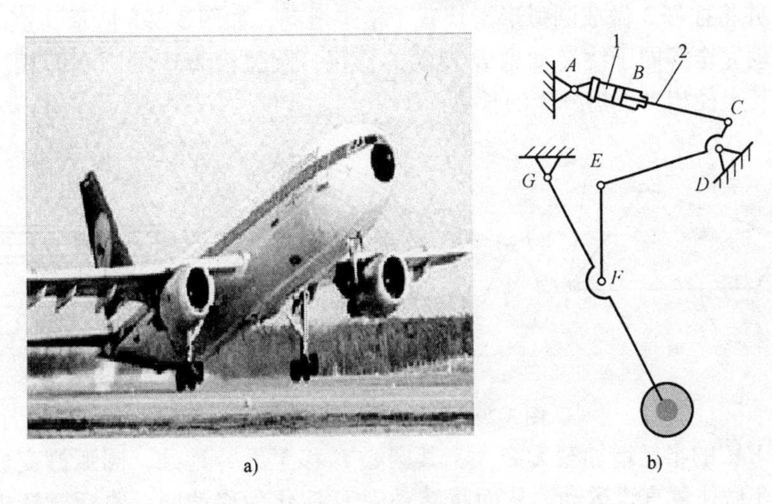


图3-27　飞机起落架

图3-28a所示为门座（鹤式）起重机，图3-28b为其机构运动简图。当*AB*杆摆动时，*CD*杆也做摆动，连杆*CB*末端的*E*点做近似水平直线运动，使之在吊起重物时，减少不必要的升降，降低了能耗。

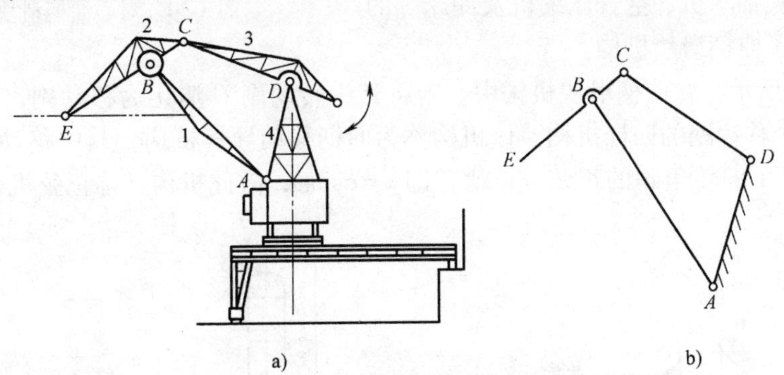


图3-28　门座（鹤式）起重机

在上述两个机构中，两个连架杆均绕其各自的转动中心做小于360°的摇摆运动，因此连架杆均为摇杆，这样的机构我们称之为双摇杆机构。

铸造翻箱机构、风扇摇头机构、汽车转向机构等都是采用的双摇杆机构。

**2. 铰链四杆机构的演化**

工程实际应用中，平面四杆机构虽然多种多样，但基本上具有相同的运动特性，或一定的内在联系，都可以看成是在铰链四杆机构的基础上演化而来的。四杆机构的演化不仅是为了满足运动方面的要求，往往还能改善受力状况，满足机构设计上的需要。了解四杆机构的演化方法，是分析和设计平面连杆机构的基础。

通常四杆机构的演化方法有下列三种。

（1）转动副转化成移动副　图3-29a所示的曲柄摇杆机构中，1为曲柄，3为摇杆，$C$点的运动轨迹是以$D$为圆心、杆长$CD$为半径的圆弧$MM'$。如在机架4上制作一同样轨迹的圆弧槽$MM'$，并将摇杆3做成圆弧形滑块置于槽中滑动，如图3-29b所示，这时，弧形滑块在圆弧中的运动完全等同于绕转动副$D$转动的作用，圆弧槽$MM'$的圆心即相当于摇杆3的摆动中心$D$，其半径相当于摇杆3的长度$CD$。

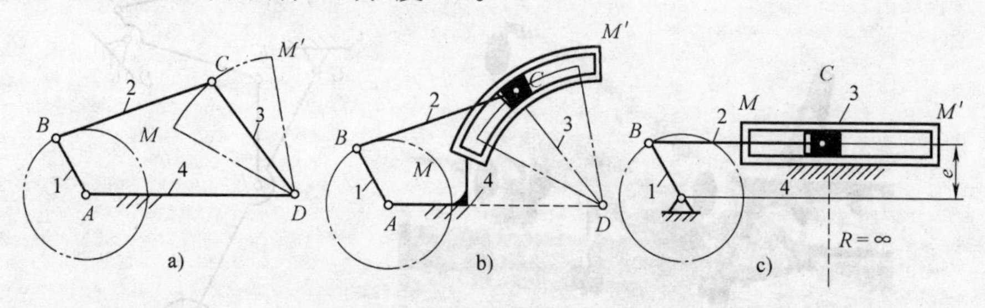


图3-29　铰链四杆机构的演化

将圆弧槽$MM'$的半径增加至无穷大，其圆心$D$移至无穷远处，圆弧槽变成了直槽，置于其中的滑块3做往复直线运动，从而将转动副$D$演化为移动副，曲柄摇杆机构演化为含一个移动副的四杆机构，称为曲柄滑块机构，如图3-29c所示。图中$e$为曲柄回转中心$A$与经过$C$点的直槽中心线间的距离，称为偏心距。当$e \neq 0$时称为偏置曲柄滑块机构；当$e = 0$时称为对心曲柄滑块机构，如图3-30所示。内燃机、蒸汽机、往复式抽水机、空气压缩机及冲床等的主机构都采用了曲柄滑块机构。

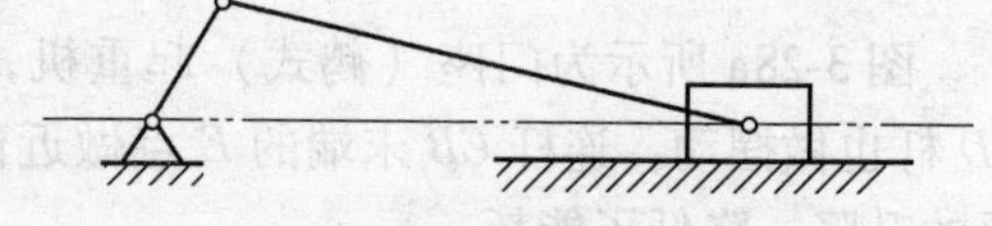

图3-30　对心曲柄滑块机构

如图3-31所示，在曲柄滑块机构中，若将其中转动副$C$演化为移动副，则得到如图3-31b所示含两个移动副的四杆机构。该机构称为曲柄移动导杆机构，其中移动导杆3的位移$s$与主动件曲柄1的转角$\varphi$的正弦成正比，即$s = a\sin\varphi$，故此机构又称正弦机构。

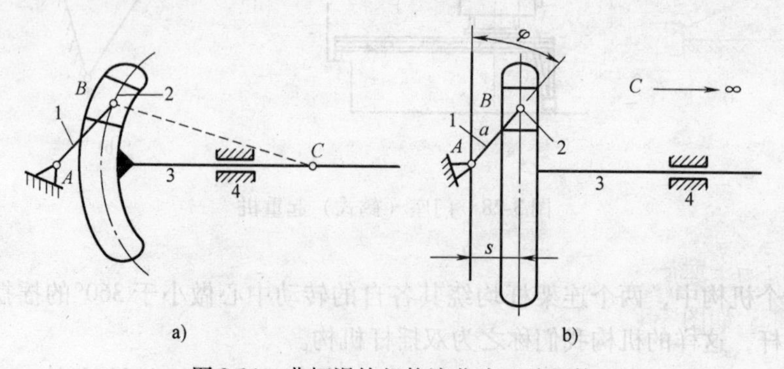


图3-31　曲柄滑块机构演化为正弦机构

（2）扩大转动副　扩大转动副，将转动副 $B$ 的尺寸扩大到超过曲柄长度，结果是把曲柄变成圆盘，即将图 3-32a 中的杆状构件 1 放大成图 3-32b 中的圆盘 1。该圆盘的几何中心为$B$，而其转动中心为 $A$，二者并不重合，所以圆盘 1 称为偏心轮。该机构称为偏心轮机构。

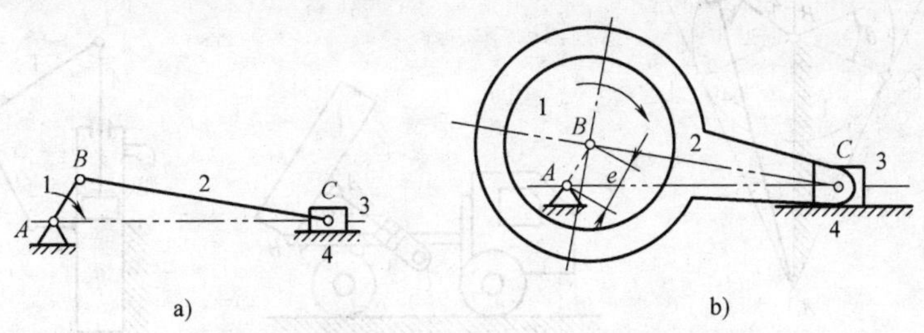


图 3-32　曲柄滑块机构演化为偏心轮机构

a）曲柄滑块机构　b）偏心轮机构

（3）取不同的构件为机架　如图 3-33 所示，铰链四杆机构取不同的构件作机架，则分别可得到曲柄摇杆机构、双曲柄机构以及双摇杆机构。

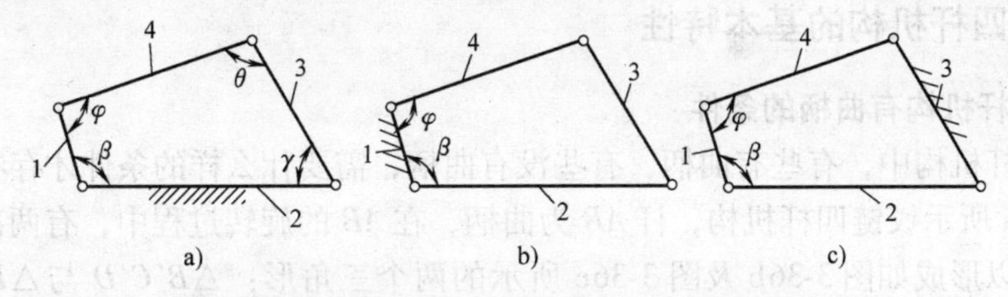


图 3-33　取不同构件为机架，铰链四杆机构演化

a）曲柄摇杆机构　b）双曲柄机构　c）双摇杆机构

如图 3-34 所示，曲柄滑块机构取不同的构件作机架，则分别可得到曲柄滑块机构、曲柄导杆机构、曲柄摇块机构和定块机构。

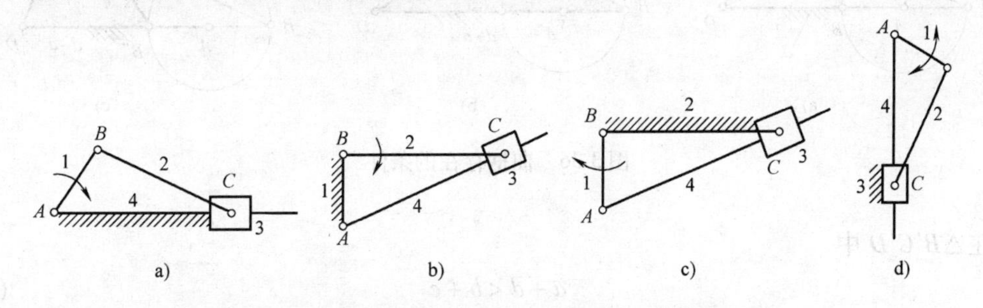


图 3-34　取不同构件作机架的曲柄滑块机构

a）曲柄滑块机构　b）曲柄导杆机构　c）曲柄摇块机构　d）曲柄定块机构

曲柄滑块机构主要应用于压力机、内燃机、送料机构中；如图 3-35a 所示曲柄导杆机构常用于牛头刨床；如图 3-35b 所示摇块机构用于自动卸料机构；如图 3-35c 所示定块机构用于手摇唧筒等。

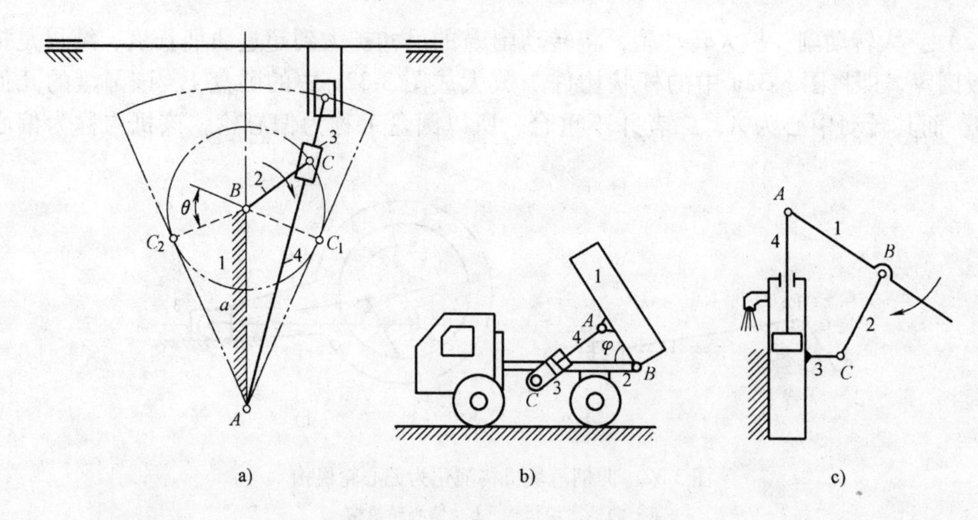


图3-35 曲柄滑块机构的应用

a）牛头刨床主运动机构 b）自卸车卸料机构 c）手摇唧筒

## 3.2.3 平面四杆机构的基本特性

### 1. 铰链四杆机构有曲柄的条件

在铰链四杆机构中，有些有曲柄，有些没有曲柄，需要什么样的条件才存在曲柄呢?

如图3-36a所示铰链四杆机构，杆$AB$为曲柄，在$AB$的旋转过程中，有两次与机架共线的过程，即可以形成如图3-36b及图3-36c所示的两个三角形：$\triangle B'C'D$与$\triangle B''C''D$，设$a$、$b$、$c$、$d$分别为$AB$、$BC$、$CD$、$AD$各杆长度。且设$a<d$，$A$为整周回转副。

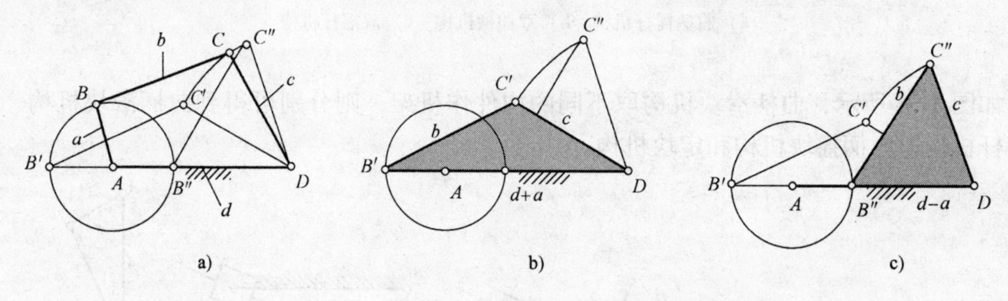


图3-36 曲柄存在的条件

在$\triangle B'C'D$中

$$a+d<b+c \tag{3-2}$$

在$\triangle B''C''D$中

$$c\leqslant(d-a)+b，即\ a+c\leqslant b+d \tag{3-3}$$

$$b\leqslant(d-a)+c，即\ a+b\leqslant d+c \tag{3-4}$$

将式（3-2）~式（3-4）中任意两式相加可得

$a\leqslant b$，$a\leqslant c$，$a\leqslant d$，即$a$为最短杆，在$b$、$c$、$d$中，有一杆为最长杆。$a$与其中最长杆的长度之和小于其余两杆的长度之和。

以上分析可知，铰链四杆机构有曲柄的条件是：

1）最短杆与最长杆的长度之和小于或等于其余两杆长度之和。

2）以最短杆或与其相邻杆为机架。

以上的两个条件必须同时满足，否则机构中不存在曲柄。

根据铰链四杆机构有曲柄的条件，我们可以判别出其具有的几种基本形式：

当第一个条件不满足时，曲柄不存在，即只能得到双摇杆机构。

当铰链四杆机构满足第一个条件时，若：

1）最短杆为连架杆时，得到曲柄摇杆机构。

2）最短杆为机架时，得到双曲柄机构。

3）最短杆为连杆时，得到双摇杆机构。

**2. 急回特性与急回速比系数**

在机械设备的工作过程中，有时在空回程的过程中，其速度需要比工作行程的速度大，以减少空行程的时间，提高生产效率，这种特性称为急回特性。平面四杆机构在各种机构中广泛使用，那么平面四杆机构是否存在急回特性呢？

如图3-37所示的曲柄摇杆机构中，当曲柄$AB$为主动件做等速回转时，摇杆$CD$为从动件变速摆动，曲柄$AB$每回转一周，出现两次与连杆$BC$共线的位置，这时摇杆$CD$分别处在两个极限位置$C_1D$、$C_2D$，这时曲柄所在位置之间所夹锐角$\theta$称为极位夹角。

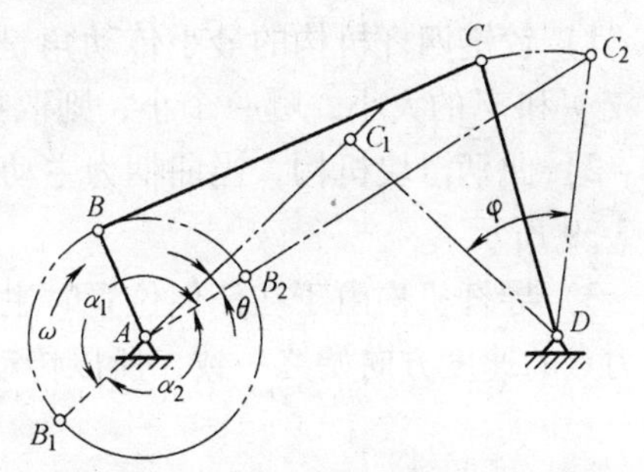


图3-37　曲柄摇杆机的急回特性

当曲柄$AB$以角速度$\omega$从$AB_1$到$AB_2$顺时针转过$\alpha_1=180°+\theta$时，摇杆$CD$从$C_1D$位置摆到$C_2D$。所花时间为$t_1$，平均速度为$v_1$。当曲柄以$\omega$从$AB_2$到$AB_1$转过$\alpha_2=180°-\theta$时，摇杆从$C_2D$置摆回到$C_1D$所花时间为$t_2$，平均速度$v_2$。由于$\alpha_1>\alpha_2$，所以$t_1>t_2$，$v_1<v_2$。

这说明，当曲柄等速回转时，摇杆来回摆动的速度不同，其返回的速度较大，曲柄摇杆机构具有急回特性。构件空行程的速度与工作行程的速度之比，称为速比系数，常用$K$来表示。

$$K=\frac{v_2}{v_1}=\frac{C_2C_1/t_2}{C_1C_2/t_1}=\frac{t_1}{t_2}=\frac{(180+\theta)\ /\omega}{(180-\theta)\ /\omega}=\frac{180°+\theta}{180°-\theta} \tag{3-5}$$

$$\theta=180°\frac{K-1}{K+1} \tag{3-6}$$

从式（3-5）可以看出，机构有无急回特性，取决于该机构极位夹角$\theta$是否大于零，$\theta$越大，急回特性越显著。

思考：对心曲柄滑块机构是否存在急回特性？偏置曲柄滑块机构呢？为什么？

**3. 压力角与传动角**

在生产中，不仅要求连杆机构能实现预定的运动规律，而且希望运转轻便，效率较高，即必须考虑机构的传力性能。

如图3-38所示曲柄摇杆机构中，原动件$AB$通过连杆$BC$推动从动件$CD$。如果不考虑各转动副的摩擦力及各杆的质量，则连杆$BC$是二力构件，从动件$CD$上所受到的传动力$F$的

作用方向应沿 $BC$ 方向，力 $F$ 的作用线与力作用点 $C$ 处的绝对速度 $v_C$ 之间所夹的锐角 $\alpha$，称为压力角。很明显，力 $F$ 沿 $v_C$ 方向上的分力 $F'=F\cos\alpha$ 是使从动件运动的有效分力，压力角 $\alpha$ 越小，则 $F'$ 越大，机构的传力性能越好。压力角的余角称为传动角，用 $\gamma$ 表示，即

$$\alpha+\gamma=90°$$

很显然，传动角越大，机构传力性能越好，所以，传动角也可以作为判别机构传力性能的重要参数。

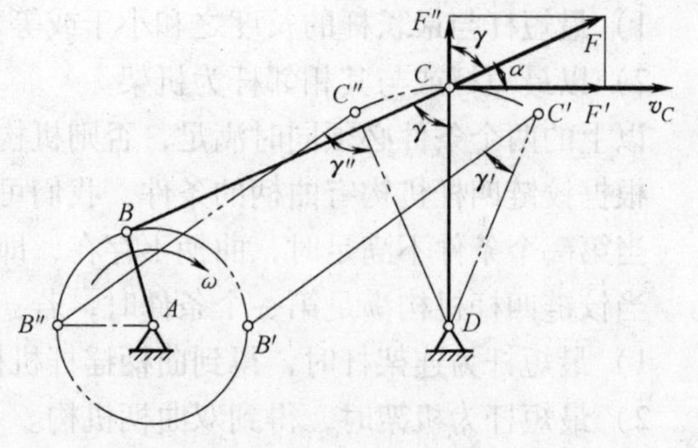


图 3-38　压力角与传动角

在机构运动过程中，传动角 $\gamma$（或压力角 $\alpha$）是变化的，为了保证机构的传力性能，其传动角不可太小，对于一般机械，通常要求 $\gamma_{min}\geqslant 40°$，对于大功率的传递机构，由于其效率要求高，则要求 $\gamma_{min}\geqslant 50°$。

为便于检验，必须要确定最小传动角 $\gamma_{min}$ 出现的位置。

1）铰链四杆机构的最小传动角是曲柄与机架共线的两位置的 $\gamma'$ 和 $\gamma''$ 之一（图 3-38），比较 $\gamma'$ 和 $\gamma''$ 的大小，哪一个小，则取哪一个值。如果 $\gamma'$ 或 $\gamma''$ 为钝角，则取其余角。

2）曲柄滑块机构，当曲柄为主动件时，最小传动角出现在曲柄与机架垂直的位置，如图 3-39 所示

3）导杆机构由于在任何位置时主动曲柄通过滑块传给从动杆的力的方向，与从动杆上受力点的速度方向始终一致，所以传动角等于 90°，如图 3-40 所示。

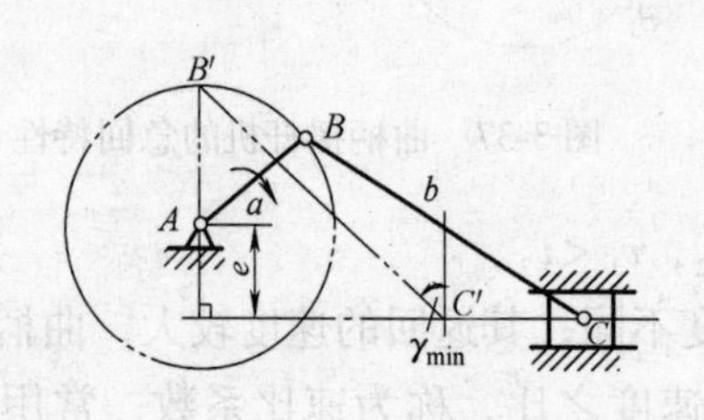


图 3-39　曲柄滑块机构传动角

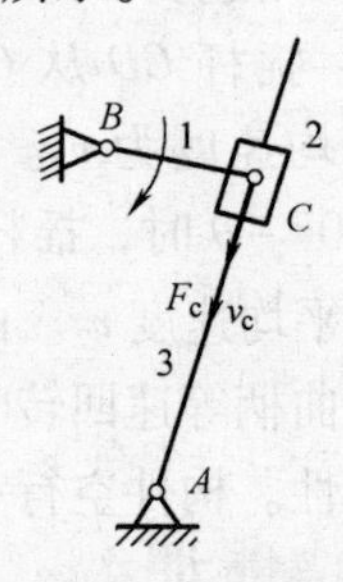


图 3-40　导杆机构传动角

**4. 死点位置**

在如图 3-41 所示的曲柄摇杆机构中，如果曲柄为从动件，在曲柄 $AB$ 与连杆 $BC$ 共线的两个位置上，出现机构的传动角 $\gamma=0$，压力角 $\alpha=90°$ 的情况，这时连杆 $BC$ 对从动曲柄 $AB$ 的作用力 $F$ 恰好通过其回转中心 $A$，因此不能推动曲柄转动，机构的这种位置称为死点位置。

在死点位置上，从动件的转动方向不能确定，既可能正转也可能反转，还可能静止。例如，在使用家用缝纫机时，踩动踏板通过连杆使曲轴转动，有时会出现脚踏板蹬踏不动的现象，这是由于机构处于死点位置引起的。

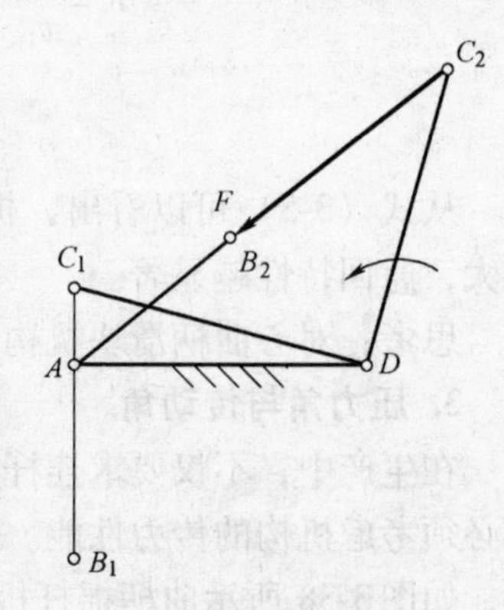


图 3-41　死点位置

一般情况下，死点对于传动的机构是不利的，工程上，常

利用飞轮的惯性越过机构的死点位置，如缝纫机中的大带轮等，也可以利用机构的错位排列克服死点问题，如火车车轮联运机构（图3-42）、多缸内燃机等。

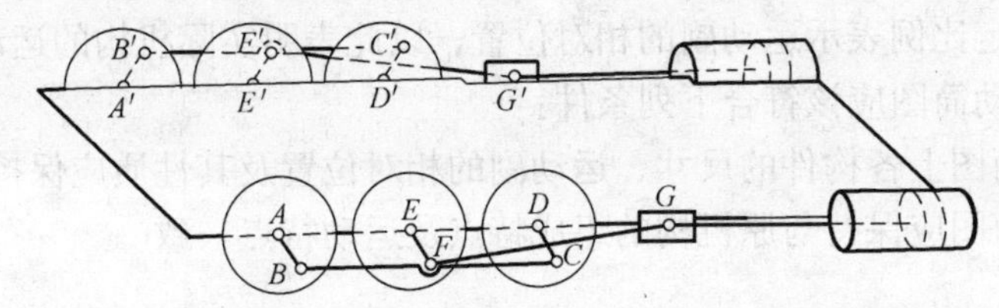


图3-42　车轮机构错位排列度过死点

在工程实际中，有时机构的死点位置也可以被利用来实现某些特定的工作要求，比如对某些装置，可利用死点来达到防松的目的。

如图3-43所示的飞机起落机构，当起落架放下时，*BC*与*CD*杆共线，机构处于死点位置，地面对机轮的作用力不会使*CD*杆转动，从而保证飞机起落可靠。又如图3-44所示的夹紧机构，当夹紧工件后，*BC*与*CD*杆共线，机构处于死点位置，当去掉施加在手柄上的外力之后，无论工件上的反作用力*F*有多大，都不能使构件*CD*转动，因此，夹紧机构能可靠地夹紧工件。

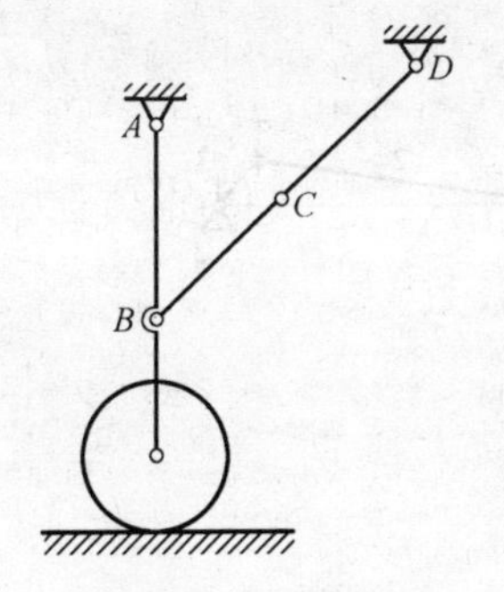


图3-43　飞机起落架

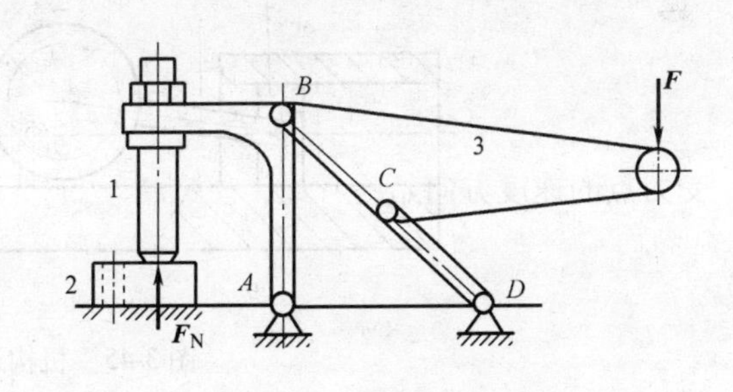


图3-44　夹具夹紧机构

## 3.3　基本技能训练——平面机构运动简图识读和绘制

### 一、实验目的

掌握根据实际机构或模型的结构测绘平面机构运动简图的基本方法。

掌握平面机构自由度的计算及验证机构具有确定运动的条件。

掌握对机构进行分析的方法。

### 二、设备和工具

各种机器实物或机构模型。

卷尺。

自备绘图工具。

### 三、原理和方法

#### 1. 测绘原理

从运动的观点来看，各种机构都是由构件通过各种运动副的连接所组成的，机构运动仅与组成机构的构件数目和构件所组成的运动副的类型、数目、相对位置有关。因此，在测绘机构运动简图时可以撇开构件的复杂外形和运动副的具体构造，而用简略的符号来代表构件和运动副，并按一定比例表示运动副的相对位置，以此表明实际机构的运动特征。

正确的机构运动简图应该符合下列条件：

1）机构运动简图上各构件的尺寸、运动副的相对位置及其性质应保持与原机构一致。

2）机构运动简图应保持与原机构的组成特点及运动特点一致。

**2. 测绘方法**

1）分析机构的运动，认清固定件、原动件和从动件。

2）由原动件出发，按照运动传递的顺序，仔细分析相连接的两构件间的接触方式及相对运动的性质，从而确定构件数目、运动副的类型和数目。

3）合理选择投影面。一般选择机构多数构件的运动平面作为投影面，如果一个投影面不能将机构的运动情况表达清楚，可另行补充辅助投影面。

4）适当确定原动件的位置，选定适当的比例，定出各运动副之间的相对位置，并用构件和运动副的符号绘制机构运动简图。

**3. 示例**

绘制图3-45a所示偏心轮机构的运动简图。

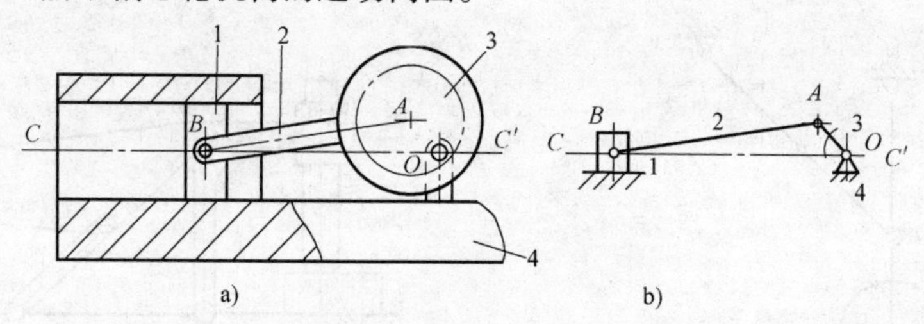


图3-45　机构运动简图识绘

1）当使原动件（偏心轮）运动时可发现机构具有四个运动单元：机架4——相对静止；偏心轮3——相对机架做回转运动；连杆2——相对机架做平面运动；滑块1——相对机架做直线运动。

2）根据各相互连接的构件间的接触情况可知，全部四个运动副均系低副：构件3相对机架4绕$O$点回转，组成一个转动副，其轴心在$O$点；构件2相对构件3绕$A$点回转，组成第二个转动副，其轴心在$A$点；构件1相对构件2绕$B$点回转，组成第三个转动副，其轴心在$B$点；构件1相对机架4沿$C$-$C'$做直线移动，组成一个移动副，其导路方向同$C$-$C'$。

3）该机构为平面机构，选择构件的运动平面为投影面。

4）适当确定原动件3相对机架4的位置（图3-45a），首先画出偏心轮3与机架4组成的转动副$O$以及滑块1与机架4组成移动副的导路$C$-$C'$，然后以一定比例画出连杆2与偏心轮3组成的转动副轴心$A$（$A$是偏心轮的几何中心）。线段$OA$称为偏心距，即曲柄的长度。再用同一比例画出滑块1与连杆2组成的转动副轴心$B$，$B$应在$C$-$C'$上。线段$AB$代表连杆2的长度。最后用构件和运动副的符号相连接，并用数字标注各构件，如图3-45b所示。

5）计算机构自由度$F$。机构自由度计算公式

$$F = 3n - 2P_L - P_H$$

式中　$n$—活动构件数，$P_L$—低副数目，$P_H$—高副数目。

**四、注意事项**

画机构运动简图，必须按照一定的比例。画机构简图的长度比例意义如下：

$\mu_L$ = 实际长度 $L_{AB}$（m）/图上表示长度 $AB$（mm）——即1mm线段代表实际机构中的长度。

例如：某一构件的长度 $L_{AB} = 1\text{m}$，绘在图纸上的长度 $AB = 100\text{mm}$，则长度比例为 $\mu_L = L_{AB}/AB = 1/100 = 0.01\text{m/mm}$。

固定件即机架要画斜线，以便同活动构件相区别。

原动件需画上箭头表示运动方向，以便与从动件相区别。

机构运动简图上的构件必须用数字标出（包括固定件）。

机构运动简图上的运动副必须用英文字母标明。

注意正确定出转动副的位置，充分理解下面一句话“回转件的回转中心是它相对回转表面的几何中心”。

在自由度的计算中，应该注意虚约束、局部自由度、复合铰链的问题。

**五、实验步骤**

在草稿纸上徒手绘制指定的若干机构的简图（运动副的相对位置只需目测，使图形与实物大致成比例）。每人必须画指定的模型。

对其中一个机构按一定比例绘制。

计算各机构的自由度数，并将结果与实际机构相对照，说明此机构是否具有确定运动。

**六、思考题**

机构运动简图应包括哪些必要的内容？原动件的位置对机构运动简图有何影响？为什么？

自由度大于或小于原动件的数目时，会产生什么结果？

计算机构自由度应注意哪些问题？本实验中有无遇到此类问题？若有你是如何处理的？

## 3.4　拓展练习

**一、单选题**

3-1　平面连杆机构的行程速度变化系数 $K$ ____ 1时，机构具有急回特性。

A. 大于　　B. 小于　　C. 等于　　D. 远远小于

3-2　曲柄摇杆机构中，曲柄的长度为____。

A. 最长　　B. 最短　　C. 大于连杆长度　　D. 大于摇杆长度

3-3　曲柄摇杆机构中，若曲柄为主动件时，其最小传动角的位置在____位置之一。

A. 曲柄与机架的两个共线　　B. 摇杆的两个极限

C. 曲柄与连杆的两个共线　　D. 曲柄与摇杆的两个共线

3-4　工程中常借用____使机构克服死点。

A. 飞轮　　B. 某机构　　C. 带轮　　D. 棘轮

3-5　四杆机构处于死点时，其传动角为____。

A. 介于0°~90°之间 B. 0° C. 90° D. 45°

3-6 在曲柄摇杆机构中，只有当____为主动件，才会出现死点位置。

A. 曲柄 B. 摇杆 C. 连杆 D. 机架

3-7 平面四杆机构中，最长杆与最短杆长度之和大于其余两杆长度之和，只能得到____机构。

A. 双摇杆 B. 双曲杆 C. 曲柄摇杆 D. 双曲柄

3-8 平面连杆机构的急回特性可以缩短____，提高生产效率。

A. 非生产时间 B. 生产时间 C. 工作时间 D. 非工作时间

二、判断题

3-9 机构中只能有一个主动件。 ( )

3-10 虚约束条件对运动不起独立限制作用。 ( )

3-11 机构具有确定运动的条件为自由度数等于主动件数。 ( )

3-12 一个做平面运动的构件有2个独立运动的自由度。 ( )

3-13 在平面连杆机构中，以最短杆为机架，就能得到双曲柄机构。 ( )

3-14 利用选择不同构件作机架的方法，可以把曲柄摇杆机构改变为双摇杆机构。 ( )

3-15 双曲柄机构没有死点位置。 ( )

3-16 在曲柄摇杆机构中，当曲柄和连杆共线就是死点位置。 ( )

3-17 平面连杆机构的基本形式是铰链四杆机构。 ( )

3-18 在实际生产中，机构的死点位置对工作都是不利的。 ( )

3-19 双摇杆机构没有急回特性。 ( )

3-20 偏置曲柄滑块机构没有急回特性。 ( )

3-21 机构的效率为0，则机构处于自锁状态。 ( )

三、填空题

3-22 机械具有确定的相对运动的条件（ ）。

3-23 实际中的各种形式的四杆机构，都可看成是由改变某些构件的（ ）、（ ），或选择不同构件作为（ ）等方法所得到的铰链四杆机构的演化形式。

3-24 曲柄摇杆机构的（ ）不等于0，则急回特性系数就（ ），机构就具有急回特性。

3-25 曲柄摇杆机构出现急回运动特性的条件是：摇杆为（ ）件，曲柄为（ ）件或者是把（ ）运动转换成（ ）。

3-26 铰链四杆机构的曲柄存在的条件是：（ ）。

3-27 对曲柄摇杆机构，当曲柄为主动件时，其最小传动角的位置在（ ）。

3-28 在曲柄摇杆机构中，当曲柄为原动件并做等速回转时，摇杆做（ ）。当摇杆处于两极限位置时，曲柄所在直线之间所夹的锐角称为（ ），它是衡量机构（ ）的参数。

3-29 四杆机构在运动过程中是否存在死点，取决于（ ）。

3-30 由于传动角便于观察和测量，工程上常以传动角来衡量连杆机构的（ ）。传动角越大，对机构传动（ ）。

3-31　平面四杆机构的基本形式是（　　）。其中，固定的构件称为（　　）；与之相连的构件称为（　　）；与之相对的构件称为（　　）。

3-32　摆动导杆机构中，其最小传动角为（　　）。

3-33　四杆机构处于死点时，其传动角$\gamma$为（　　）。

3-34　曲柄为主动件的对心曲柄滑块机构，其行程速度变化系数为（　　）。

3-35　平面连杆机构是由一些刚性构件用（　　）副和（　　）副相互连接而组成的机构。

**四、简答题**

3-36　什么是运动副？它在机构中起什么作用？转动副和移动副各约束了构件哪些自由度？

3-37　区别高副和低副的依据是什么？

3-38　试说明机构自由度与构件自由度有何异同。

3-39　机构运动简图有何作用？绘制机构运动简图应注意哪些问题？

3-40　计算机构自由度时，需要注意哪些问题？

3-41　机构具有确定运动的条件是什么？

3-42　虚约束在机构中起什么作用？怎样才能保证虚约束不成为有效约束？

3-43　什么是平面连杆机构？它有哪些优缺点？

3-44　铰链四杆机构有哪几种类型？应怎样判别？它们各有何运动特点？

3-45　试准确描述极位夹角、压力角、传动角的概念。它们对机构的传动特性有何影响？

3-46　什么是机构的死点位置？机构在死点位置时，有何办法可以使机构越过死点？

3-47　铰链四杆机构中曲柄存在的条件是什么？曲柄是否一定是最短杆？

3-48　什么是连杆机构的急回特性？在什么条件下机构才具有急回特性？

# 第4章　间歇运动机构

## 知识目标

✧ 熟悉凸轮从动件运动规律及作图方法，掌握反转法设计凸轮轮廓曲线的原理。

✧ 了解其他常用间歇运动机构的类型、运动传递方式及应用。

## 能力目标

✧ 能运用反转法设计凸轮轮廓曲线。

间歇运动就是当主动件做连续运动时，从动件做周期性的运动和停歇。实现这种运动的机构，称为间歇运动机构。最常见的间歇运动机构有凸轮机构、棘轮机构、槽轮机构、不完全齿轮机构等。

## 4.1　凸轮机构

### 4.1.1　实例

实例1　在图4-1a所示的绕线机排线机构中，在绕线轴均匀快速转动时，通过一对蜗轮蜗杆啮合将运动传递给构件3，使得构件3绕其转动中心转动，构件3的外轮廓上各点到转动中心的距离均不同，从而推动排线杆往复摆动，使线均匀地缠绕在绕线轴上。

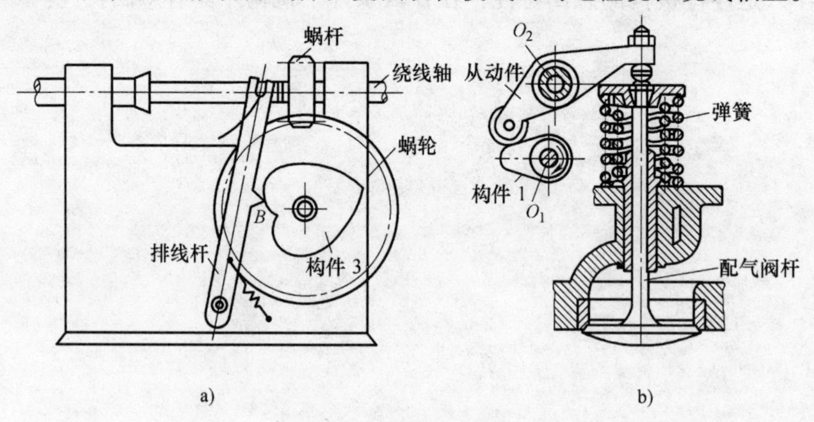


图4-1　凸轮实例1

a）绕线机构　b）内燃机配气机构

实例2　如图4-1b所示的内燃机配气机构中，当构件1绕其转动中心 $O_1$ 连续转动时，因其外轮廓上各点距转动中心的距离均不同，从而带动从动件绕其运动中心 $O_2$ 摆动，进一步带动配气阀杆断续地做往复移动，实现控制阀门的开闭的目的。

实例3　图4-2a所示为自动车床的横向进刀机构，构件2通过滚子推动扇形齿轮摆动，扇形齿轮再推动齿条带动刀架移动。

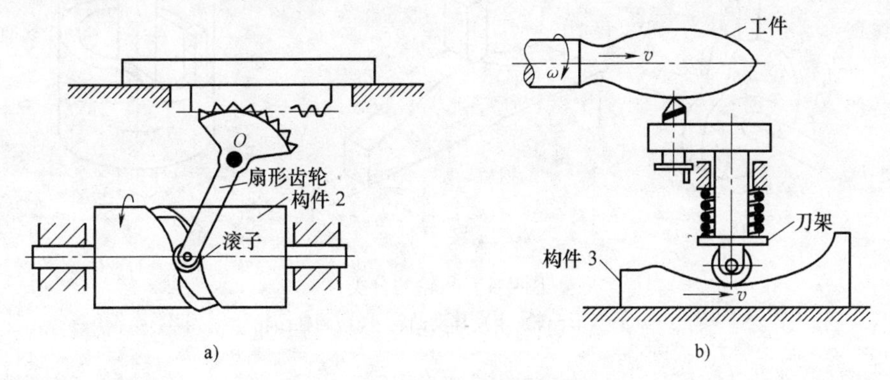


图 4-2　凸轮实例 2
a）进刀机构　b）靠模机构

实例 4　如图 4-2b 所示的靠模机构中，当刀架左右移动时，在弹簧力作用下，滚子始终与构件 3 的工作曲面接触，使刀尖按靠模曲线的形状运动，从而加工出和靠模曲线相同的工件轮廓。

在上述实例中，均是利用了实例 1 中的构件 3、实例 2 中的构件 1、实例 3 中的构件 2、实例 4 中构件 3 轮廓上各点与运动中心间的距离不等来推动从动件运动的，这种构件称为凸轮，这种机构称为凸轮机构。凸轮机构是机械中的常用机构，在自动化和半自动化机械中应用非常广泛。

### 4.1.2　凸轮机构的组成与分类

**1. 凸轮机构的组成**

如图 4-3 所示，凸轮机构主要由凸轮、从动件、机架三个基本构件及锁合装置（图 4-3 中的弹簧）组成。凸轮机构是一种高副机构。凸轮是一个具有曲线轮廓或凹槽的构件，通常做连续等速转动，从动件则在凸轮轮廓的控制下按预定的运动规律运动（移动或摆动）。

**2. 凸轮机构的分类**

凸轮的种类很多，分类方法也多，通常按以下三种方法分类：

（1）按凸轮的形状分类

1）盘形凸轮，如图 4-4a 所示。盘形凸轮是凸轮的最基本形式，是一个绕固定轴线转动并且具有变化向径的盘形零件。

2）移动凸轮，如图 4-4b 所示。移动凸轮可看作是回转半径无限大的盘形凸轮，凸轮相对机架做往复直线移动。

3）圆柱凸轮，如图 4-4c 所示。圆柱凸轮可看成是移动凸轮卷成圆柱体演化而成。

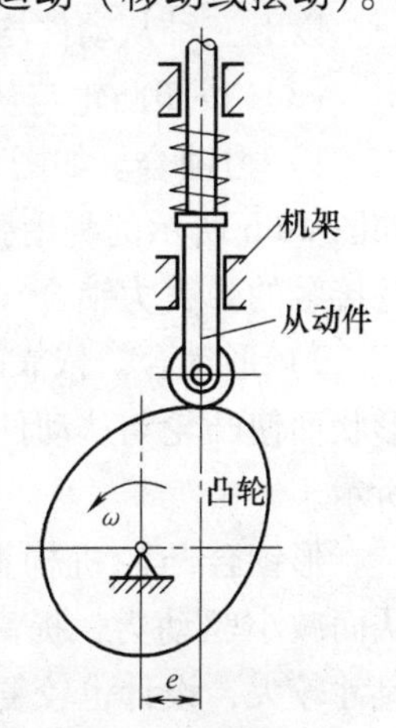


图 4-3　凸轮机构的组成

（2）按从动件的形式分类

1）尖顶从动件（图 4-5a）。结构简单，能与复杂的凸轮轮廓各点保持接触，从动件可实现各种复杂的运动规律，但尖顶易磨损，只适宜用于轻载低速凸轮机构中。

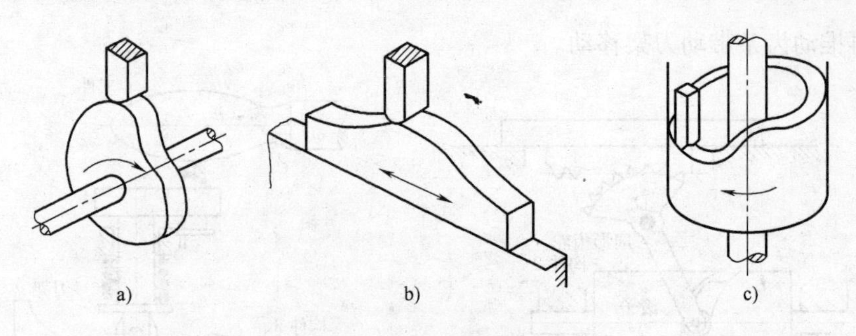

图4-4　凸轮的分类

a）盘形凸轮　b）移动凸轮　c）圆柱凸轮

2）滚子从动件（图4-5b）。与凸轮间的摩擦小，不易磨损，应用最广泛。

3）平底从动件（图4-5c）。若不计摩擦，凸轮对从动件的作用力始终垂直于平底，压力角始终为0°，传力性能良好；在高速工作时较易与凸轮间形成油膜而减少摩擦、磨损，效率高，故可用于高速。缺点是不能用于凸轮轮廓有内凹的情况。

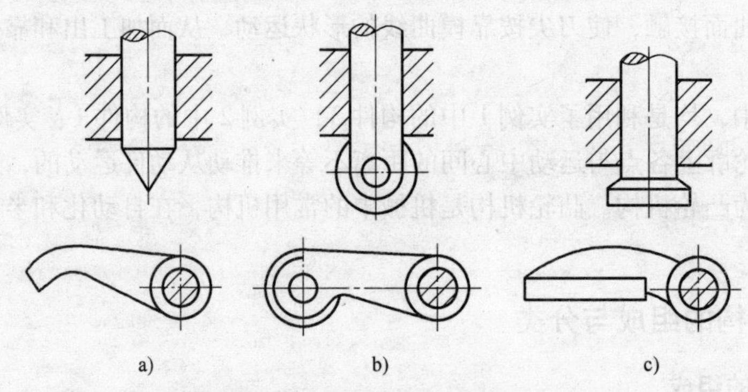

图4-5　从动件的分类

a）尖顶从动件　b）滚子从动件　c）平底从动件

以上三种从动件均可相对机架移动或摆动。

（3）按照凸轮与从动件保持接触（锁合）的方式分类

1）力锁合。如图4-6a所示的利用从动件的重量使从动件与凸轮保持接触的重力锁合；如图4-6b所示的利用弹簧力使从动件与凸轮保持接触的弹簧力锁合。

2）形锁合。依靠凸轮和从动件的特殊几何形状而使凸轮与从动件始终保持接触，如图4-7所示。

形锁合凸轮机构避免了弹簧附加的阻力，从而减小驱动力，提高效率；缺点是机构外廓尺寸较大，设计也较复杂。

凸轮机构的优点是结构简单、紧凑、设计方便，只要设计出适当的凸轮轮廓，就可以使

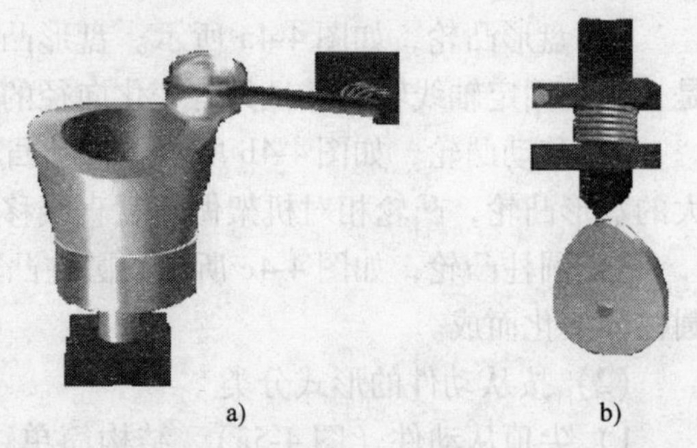

图4-6　力锁合

a）重力锁合　b）弹簧力锁合

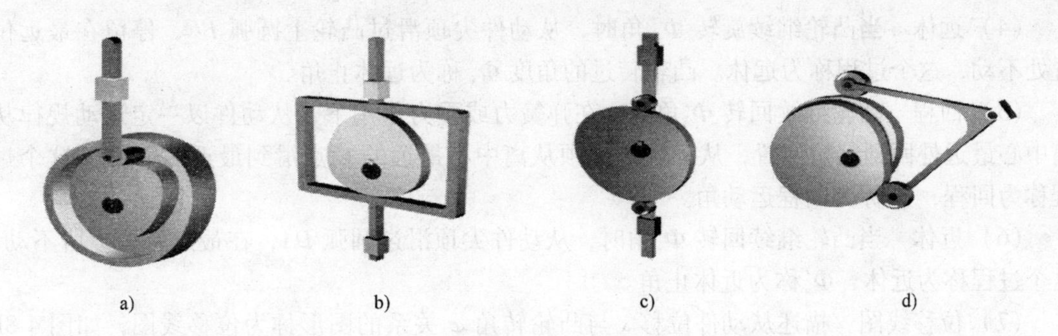


图4-7　形锁合
a）凹槽凸轮机构　b）等宽凸轮机构　c）等径凸轮机构　d）共轭凸轮机构

从动件按所需的运动规律运动。其缺点是：由于它是高副机构，凸轮与从动件为点或线接触，接触点压强高，较易磨损。

凸轮机构因其特有的优缺点，在自动机构中得到广泛的应用，主要用于受力不大的控制和调节机构，如自动机床的进刀机构、上料机构，机床的分度机构，内燃机的配气机构以及印刷机、插秧机、纺织机、闹钟和各种电气开关的控制机构。

## 4.1.3　从动件的运动规律

**1. 凸轮机构的工作循环与基本的名词术语**

以对心尖顶移动凸轮机构为例，其工作循环如图4-8所示。当凸轮连续回转时，从动件重复升—停—降—停的运动循环。在这个循环过程中，有几个名词、概念需要了解。

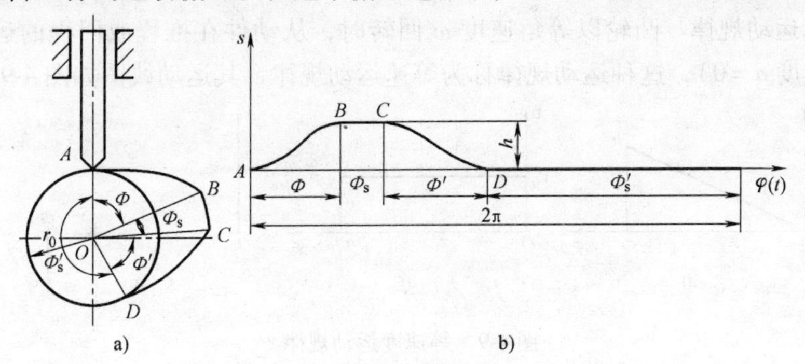


图4-8　凸轮机构的工作循环
a）凸轮机构的名词、概念　b）凸轮机构的位移线图

（1）基圆　凸轮轮廓的最小向径 $r_0$ 为半径的圆称为基圆。

（2）推程　当尖顶与凸轮轮廓上的 $A$ 点（基圆与轮廓 $AB$ 的连接点）相接触时，从动件处于上升的起始位置。当凸轮以 $\omega$ 等角速度顺时针方向转过 $\Phi$ 角时，从动件尖顶被凸轮轮廓推动，以一定运动规律由离回转中心最近位置 $A$ 到达最远位置 $B$，这个过程称为推程。这一过程对应的凸轮转角 $\Phi$ 称为推程运动角。

（3）行程　在推程过程中，从动件所走过的距离 $h$ 称为从动件的行程。

（4）远休　当凸轮继续旋转 $\Phi_s$ 角时，从动件尖顶滑过凸轮上圆弧 $BC$，停留在最远位置处不动，这个过程称为远休。凸轮转过的角度 $\Phi_s$ 称为远休止角。

（5）回程　凸轮继续回转 $\Phi'$ 角时，在弹簧力或重力作用下，从动件以一定运动规律从离中心最远处回到起始位置，从动件的尖顶从离中心最远的 $C$ 点滑到最近的 $D$ 点，这个过程称为回程，$\Phi'$ 称为回程运动角。

（6）近休　当凸轮继续回转 $\Phi'_s$ 角时，从动件尖顶滑过圆弧 $DA$，在最近位置停留不动，这个过程称为近休，$\Phi'_s$ 称为近休止角。

（7）位移线图　描述从动件位移 $s$ 与凸轮转角 $\varphi$ 关系的图形称为位移线图，如图 4-8b 所示。纵坐标表示从动件位移，横坐标表示凸轮的转角 $\varphi$。由于大多数凸轮做匀速转动，其转角与时间成正比，因此该线图的横坐标也可代表时间 $t$。位移线图以一定的比例，清楚地标明了从动件的最大位移即行程 $h$，推程角 $\Phi$，远休止角 $\Phi_s$，回程角 $\Phi'$，近休止角 $\Phi'_s$ 等。

由从动件的运动循环可知，从动件的运动规律，取决于凸轮的轮廓曲线的形状，即从动件不同运动规律，要求凸轮具有不同的轮廓形状。凸轮机构设计的首要任务，是根据选定的从动件运动规律设计出凸轮应有的轮廓曲线。所以根据工作要求选定从动件的运动规律，乃是凸轮轮廓曲线设计的前提。

**2. 从动件常用运动规律**

所谓从动件的运动规律是指从动杆在运动时，其位移 $s$、速度 $v$ 和加速度 $a$ 随时间 $t$ 变化的规律。因凸轮一般为等速转动，即其转角 $\varphi$ 与时间 $t$ 成正比，所以从动杆的运动规律更常表示为从动杆的运动参数随凸轮转角 $\varphi$ 变化的规律。

凸轮机构从动件常用的运动规律有等速运动规律、等加速等减速运动规律、余弦加速度运动（也称简谐运动）规律等。

（1）等速运动规律　凸轮以等角速度 $\omega$ 回转时，从动件在推程或回程的运动速度等于常数 $v_0$（加速度 $a=0$），这种运动规律称为等速运动规律，其运动线图如图 4-9 所示。

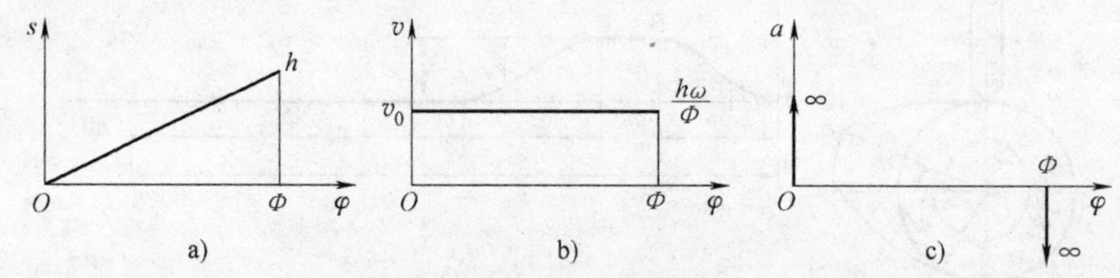


图 4-9　等速度运动规律

a）位移　b）速度　c）加速度

$s$—从动件的位移　$v$—从动件运动速度　$a$—从动件运动加速度　$\varphi$—凸轮的转角　$\omega$—凸轮角速度

由从动件运动线图可以看出，等速运动从动件在行程的起始及终了位置速度有突变，理论上该处加速度为无穷大，会产生极大的惯性力，导致机构产生强烈的刚性冲击。因此，这种运动规律只适合于低速、轻载的传动场合。

（2）等加速等减速运动规律　凸轮以等角速 $\omega$ 回转时，从动件以等加速度 $a=a_0$ 运动。通常在凸轮机构的推程（或回程）的前半程做等加速运动，后半程做等减速运动，且加速度和减速度绝对值相等，这样的从动件运动规律称为等加速等减速运动规律，其运动线图如图 4-10 所示。

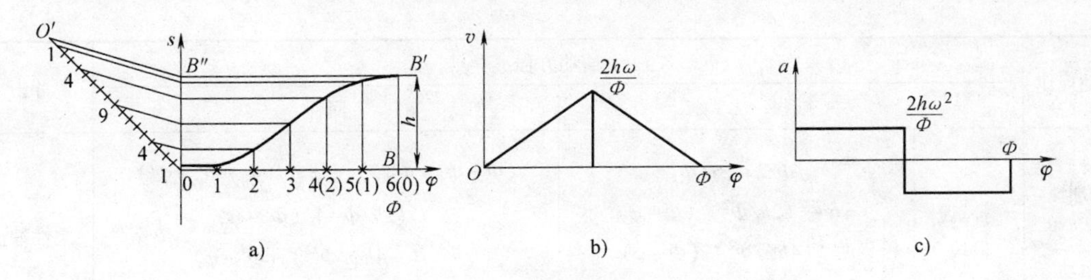


图 4-10　等加速等减速运动规律

a）位移　b）速度　c）加速度

从图 4-10 所示的运动线图可以看出，按等加速等减速运动规律运动的从动件在行程起始、中点以及行程终点三个位置上，其加速度有有限值的突变，使机构产生柔性冲击，因此，等加速等减速运动规律适用于中速、轻载场合。

（3）余弦加速度运动规律（也称简谐运动规律）　当一点在圆周上做匀速运动时，它在这个圆的直径上的投影所构成的运动，称为简谐运动，因为其 $a$-$\varphi$ 线图是一条余弦曲线，如图 4-11 所示，故称为余弦加速度运动规律。

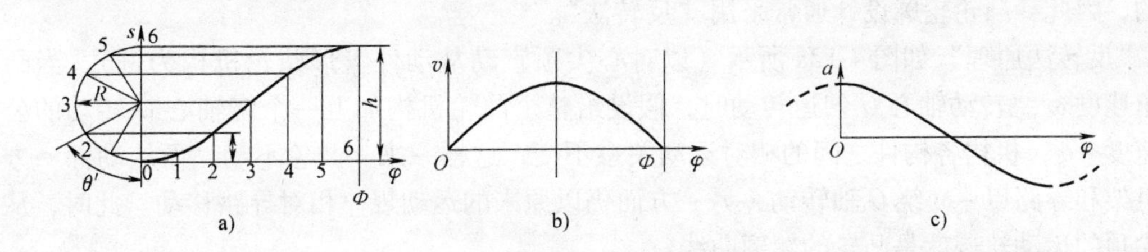


图 4-11　余弦加速度运动规律

a）位移　b）速度　c）加速度

从加速度运动图上可以看出，在行程始末端加速度有有限值的突变，也会产生柔性冲击，因此，余弦加速度运动规律也只适用于中速场合。

常用的从动件运动规律的方程见表 4-1。

**表 4-1　常用的从动件运动规律方程**

<table>
<tr><th rowspan="2" colspan="2">运动规律</th><th colspan="2">运动方程</th><th rowspan="2">冲击</th></tr>
<tr><th>推程</th><th>回程</th></tr>
<tr><td colspan="2">等速运动</td><td>$s=(h/\Phi)\varphi$<br>$v=h\omega/\Phi$<br>$a=0$</td><td>$s=h-(h/\Phi')(\varphi-\Phi-\Phi_s)$<br>$v=-h\omega/\Phi'$<br>$a=0$</td><td>刚性冲击</td></tr>
<tr><td>等加速等减速运动</td><td>等加速阶段</td><td>$0\leqslant\varphi\leqslant\Phi/2$<br>$s=(2h/\Phi^2)\varphi^2$<br>$v=(4h\omega/\Phi^2)\varphi$<br>$a=4h\omega^2/\Phi^2$</td><td>$(\Phi+\Phi_s)\leqslant\varphi\leqslant(\Phi+\Phi_s+\Phi'/2)$<br>$s=h-(2h/\Phi'^2)\varphi^2$<br>$v=(-4h\omega/\Phi'^2)\varphi$<br>$a=-4h\omega^2/\Phi'^2$</td><td>柔性冲击</td></tr>
</table>

（续）

| 运动规律 | | 运动方程 推程 | 运动方程 回程 | 冲击 |
|---|---|---|---|---|
| 等加速等减速运动 | 等减速阶段 | $\Phi/2 \leqslant \varphi \leqslant \Phi$<br>$s=h-(2h/\Phi^2)(\Phi-\varphi)^2$<br>$v=(4h\omega/\Phi^2)(\Phi-\varphi)$<br>$a=-4h\omega^2/\Phi^2$ | $(\Phi+\Phi_s+\Phi'/2) \leqslant \varphi \leqslant (\Phi+\Phi_s+\Phi')$<br>$s=(2h/\Phi'^2)(\Phi'-\varphi)^2$<br>$v=(-4h\omega/\Phi'^2)(\Phi'-\varphi)$<br>$a=4h\omega^2/\Phi'^2$ | 柔性冲击 |
| 简谐运动（余弦运动） | | $s=(h/2)[1-\cos(\pi/\Phi)\varphi]$<br>$v=\frac{h\pi\omega}{2\Phi}\sin\frac{\pi}{\Phi}\varphi$<br>$a=\frac{h\pi^2\omega^2}{2\Phi^2}\cos\frac{\pi}{\Phi}\varphi$ | $s=(h/2)[1+\cos(\pi/\Phi')(\varphi-\Phi-\Phi_s)]$<br>$v=-\frac{h\pi\omega}{2\Phi'}\sin\frac{\pi}{\Phi'}(\varphi-\Phi-\Phi_s)$<br>$a=-\frac{h\pi^2\omega^2}{2\Phi'^2}\cos\frac{\pi}{\Phi'}(\varphi-\Phi-\Phi_s)$ | 柔性冲击 |

## 4.1.4 图解法设计凸轮轮廓

凸轮是运动的，而在纸上设计的凸轮是静止的，在进行凸轮设计时，必须假设凸轮是静止的，因此，凸轮轮廓设计通常采用“反转法”。

“反转法原理”如图4-12a所示（以对心尖顶直动从动件盘形凸轮机构为例），当凸轮以角速度$\omega$绕转动轴心$O$匀速转动时，假设给整个凸轮机构加上一个绕轴心$O$转动的公共角速度$-\omega$，机构各构件之间的相对运动关系不变，这样一来，凸轮不动，而从动件一方面随机架和导路以$-\omega$绕$O$轴转动，另一方面仍以原来的运动规律相对导路移动。此时，从动件尖顶的运动轨迹就是凸轮的轮廓曲线。

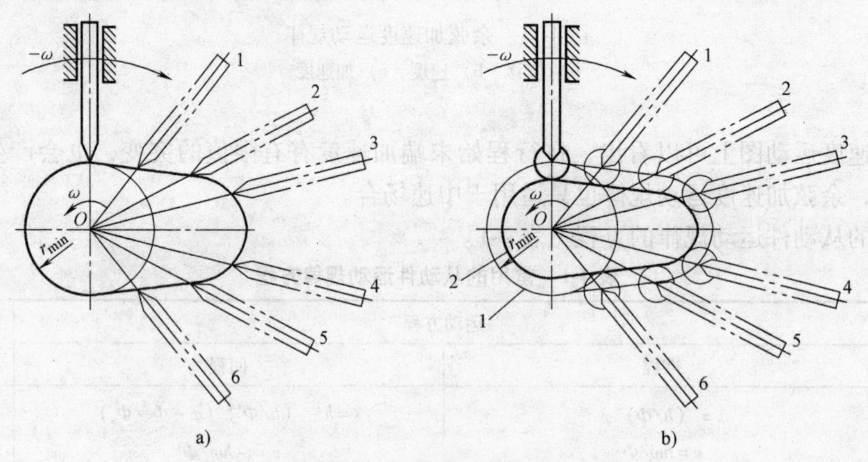


图4-12　凸轮反转法绘图原理

a）对心尖顶直动从动件盘形凸轮　b）对心滚子直动从动件盘形凸轮

若凸轮机构是滚子从动件，则滚子回转中心可以看作尖顶从动件的尖顶，其运动轨迹就是凸轮的理论轮廓曲线，如图4-12b中曲线1；凸轮的实际轮廓曲线是与理论轮廓曲线相距滚子半径$r_T$的一条等距曲线，如图4-12b中曲线2。

**例4-1**　已知一尖顶直动件盘形凸轮，其理论轮廓基圆半径 $r_0=50\text{mm}$，当凸轮逆时针方向转过 $\Phi=180°$ 时，从动件等速上升 $h=30\text{mm}$（推程），再转过 $\Phi_s=30°$ 时，从动件静止不动（远休），继续转过 $\Phi'=90°$ 时，从动件等速下降回到原位（回程），凸轮转过其余 $\Phi_s'=60°$ 时，从动件静止不动（近休），设计该凸轮的轮廓曲线。如果为滚子从动件，滚子半径为 $r_T=15\text{mm}$，其余条件相同，设计凸轮的轮廓曲线。

**解：** 凸轮的轮廓曲线设计步骤如下。

（1）如图4-13所示，选取适当的长度比例 $\mu$，根据已知条件绘出从动件的 $s$-$\varphi$ 位移曲线图，如图4-13a所示。

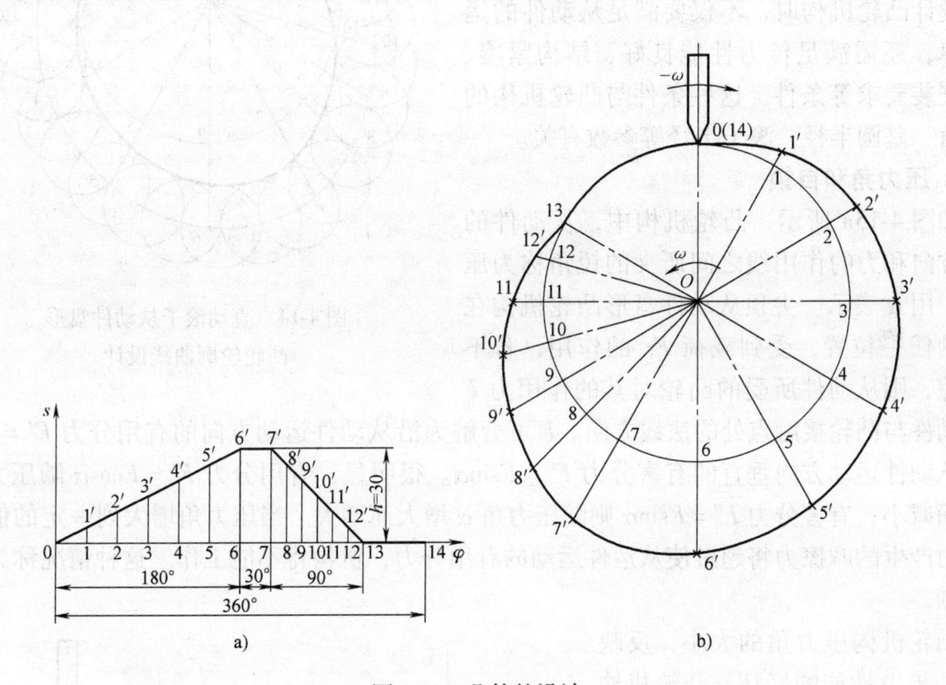


图4-13　凸轮的设计

（2）作出凸轮机构的初始位置。选取适当的长度比例 $\mu$（取与位移曲线图中相同的比例）。确定凸轮的回转中心 $O$，以 $r_0=50\text{mm}$ 为半径画出基圆，并确定从动件的初始位置0。

（3）确定凸轮转角与从动件位移的对应关系。在 $s$-$\varphi$ 位移曲线图上，将凸轮的推程角分为若干等分（图中为6等分，每等分为30°，等分数越多越精确）；回程角分为若干等分（图中为6等分，每等分为15°），过等分点作纵坐标的平行线与 $s$-$\varphi$ 位移曲线相交，并将各等分点和交点编号，如图4-13b所示。截取图中凸轮转角 $\varphi$ 的各等分点到相应的位移曲线上交点的距离（图中11′、22′、33′…）即为凸轮上对应轮廓点的从动件升程。

（4）作出从动件尖端相对于凸轮的各个点。在基圆上，从0点开始，依次按 $s$-$\varphi$ 位移曲线图上凸轮转角的等分位置取点0，1，2，…，14（14点与0点重合），从圆心 $O$ 连接各等分点并延长，则 $O0$、$O1$、$O2$、…、$O14$ 分别代表了机构反转后从动件移动导路的位置线。在各位置线上分别截取从动件尖端所对应的位移量（从 $s$-$\varphi$ 位移曲线图上量取）11′、22′、33′…、1212′，便可以得到从动件尖端一系列位置点1′、2′、3′、…、12′、13。

（5）绘出凸轮轮廓曲线：将上步得到的1′、2′、3′、…、12′、13及0点连接成光滑的曲线，这条封闭的曲线即为所求的凸轮轮廓曲线。

（6）如果是滚子从动件，则设计方法与前述相同，所作曲线 $\alpha$ 为滚子中心轨迹，如图4-14所示。再以曲线 $\alpha$ 上各点为圆心，以滚子半径 $r_T=15\text{mm}$ 为半径画一系列的圆。最后作这一系列圆的内包络线 $\alpha'$，$\alpha'$即为滚子从动件凸轮的实际轮廓曲线。

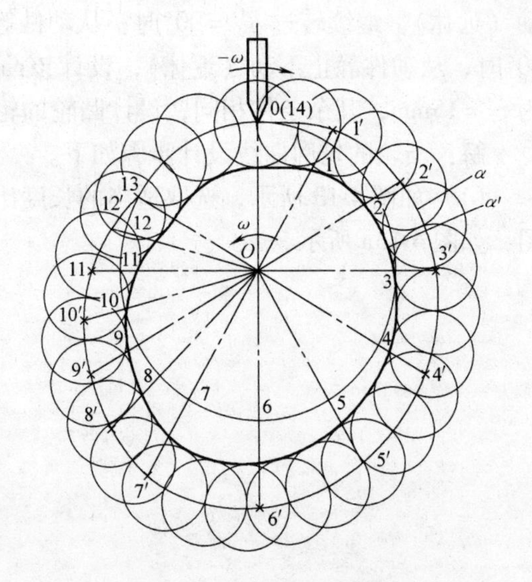


图4-14 直动滚子从动件盘形凸轮轮廓曲线设计

## 4.1.5 盘形凸轮机构基本尺寸的确定

设计凸轮机构时，不仅要满足从动件的运动规律，还需满足传力性能良好、结构紧凑、满足安装要求等条件。这些条件与凸轮机构的压力角、基圆半径、滚子半径等参数有关。

**1. 压力角和自锁**

如图4-15a所示，凸轮机构中，从动件的运动方向和力的作用线之间所夹的锐角称为压力角，用 $\alpha$ 表示。尖顶从动件盘形凸轮机构在推程的任一位置，受到载荷 $F_Q$ 的作用，若不计摩擦，则从动件所受的凸轮对其的作用力 $F$ 沿从动件与凸轮接触点处的法线方向。$F$ 可分解为沿从动件运动方向的有用分力 $F'=F\cos\alpha$ 和与从动件运动方向垂直的有害分力 $F''=F\sin\alpha$。很明显，有用分力 $F'=F\cos\alpha$ 随压力角 $\alpha$ 增大而减小；有害分力 $F''=F\sin\alpha$ 则随压力角 $\alpha$ 增大而增大。当压力角增大到一定的值，有害分力产生的摩擦力将超过使从运件运动的有用分力，机构将不能工作。这种情况称为凸轮的自锁。

凸轮机构压力角的大小，反映了机构传力性能的好坏。凸轮机构工作过程中的压力角 $\alpha$ 是变化的，如图4-15b所示。为了使凸轮机构在工作行程有较好的传力性能，必须使凸轮机构的最大压力角 $\alpha_{max}$ 不大于许用压力角［$\alpha$］。对于移动从动件的推程，［$\alpha$］≤30°～40°。摆动从动件推程，［$\alpha$］≤40°～50°。因回程时多为空行程，许用压力角可以大些，可取［$\alpha$］≤70°～80°。

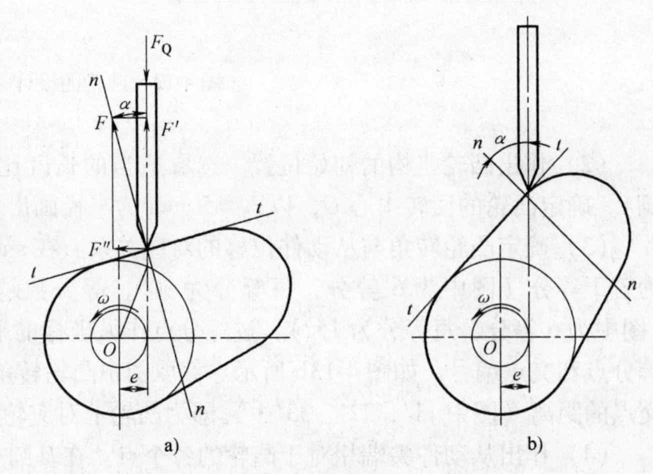


图4-15 凸轮的压力角与自锁现象

凸轮轮廓曲线设计出来后必须进行压力角校核。滚子从动件凸轮机构的压力角校核可在理论轮廓上进行。

**2. 基圆半径的确定**

压力角的大小与基圆半径及从动件与凸轮转动中心之间的偏置距离 $e$（图4-15）有关。

当偏置距离 $e$ 一定时，基圆半径越大，压力角 $\alpha$ 越小。在确定基圆半径时，在满足凸轮的最大压力角 $\alpha_{max} \leqslant [\alpha]$ 的条件下，尽可能取小值，以使机构结构紧凑。

**3. 滚子半径的确定**

对滚子从动件凸轮机构来说，随滚子半径的增大，机构的接触强度和耐磨性都将有所提高，但滚子的半径增大也受到凸轮轮廓曲线的限制。如果滚子半径选择不当，其实际轮廓会出现过度切割而导致运动失真。如图4-16所示，$\rho$ 为凸轮理论轮廓轮曲线上某点的曲率半径，$\rho'$ 为实际轮廓曲线对应点的曲率半径，$r_T$ 为滚子半径。当理论轮廓线内凹时，如图中 $A$ 点处，$\rho'=\rho+r_T$，可以得到正常实际轮廓曲线，当理论轮廓曲线外凸时，如图中点 $B$ 所示，$\rho'=\rho-r_T$，它可分为三种情况：

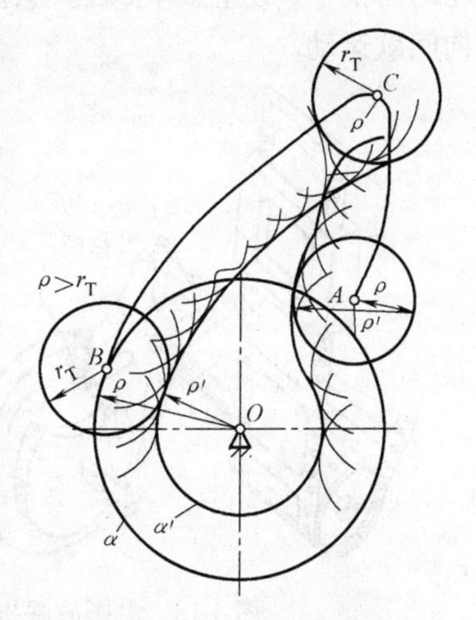

图4-16　滚子半径的选择

1）$\rho > r_T$，$\rho' > 0$，这时，也得到正常实际轮廓曲线，如图4-16中 $B$ 点所示。

2）$\rho = r_T$，$\rho' = 0$，凸轮实际轮廓变尖，极易磨损，磨损后，使运动规律失真。

3）当 $\rho < r_T$ 时，$\rho' < 0$，滚子包络线将产生交叉，交点以外的曲线在加工中被切掉，造成从动件运动规律失真，如图4-16中 $C$ 点所示。实际设计时，为保证凸轮轮廓曲线不失真，一般要求 $r_T < \rho - 3\text{mm}$。

## 4.2　其他间歇运动机构

观察牛头刨床的进给过程（图4-17）：当刨刀完成一次切削工作后，工作台下的丝杠（螺杆）转过一定的角度，通过与工作台连成一体的螺母带动工作台左（右）移动一定距离，完成一次进给。牛头刨床的进给运动是间歇性的。牛头刨床的这种间歇性运动是通过棘轮机构来实现的。

在电影放映的过程中，每一张电影胶片在通过放映镜头前短暂停留，通过视觉暂留反映到我们眼睛中，形成了一种连续的图像。原动机一般都提供连续的旋转运动，胶片的停留则必须通过将连续旋转运动转换为间歇运动的槽轮机构来实现，如图4-18所示。

### 4.2.1　棘轮机构

棘轮机构常应用于各种机床中，以实现进给、转位或分度、止逆等功能。

（1）棘轮机构的组成　棘轮机构的组成如图4-19所示，主要由摇杆、棘轮、棘爪和机架组成。摇杆空套在棘轮轴上，当摇杆逆时针摆动时，带

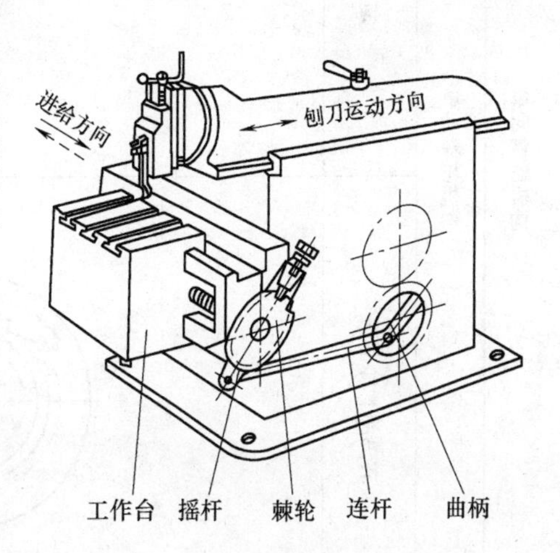

图4-17　牛头刨床进给机构

动棘爪插入棘轮齿槽中，推动棘轮转过一定的角度，止动爪则在棘轮齿背表面滑过；当摇杆顺时针摆动时，带动棘爪在棘轮的齿背表面滑过，而止动爪则在止动弹簧的作用下，插入棘轮的齿槽中，阻止棘轮跟随摇杆和棘爪做顺时针转动，实现摇杆连续往复摆动时，棘轮做单向间歇运动。

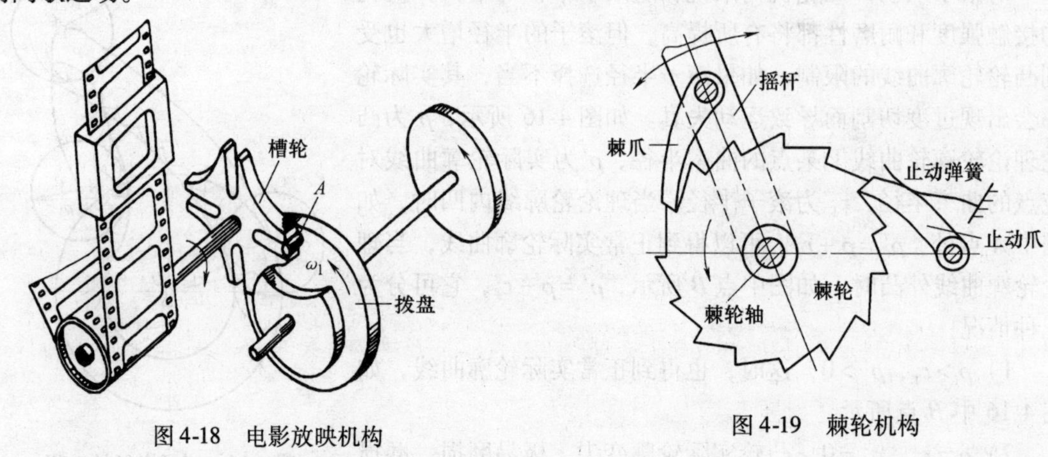


图4-18　电影放映机构　　　　图4-19　棘轮机构

（2）常用棘轮机构的类型

常用棘轮机构的类型见表4-2。

**表4-2　棘轮机构的类型**

| 机构类型 | | | 示意图 | 说　明 |
|---|---|---|---|---|
| 单向棘轮机构 | 单动棘轮机构 | 外啮合棘轮机构 | | 棘爪2装在棘轮3的外部。摇杆1顺时针摆动时，棘爪2插入棘轮3的齿槽中，推动棘轮转动；摇杆1逆时针摆动时，带动棘爪2划过棘轮齿背，止动爪4在弹簧6的作用下，插入棘轮的齿槽，防止棘轮反转，实现棘轮的单向间歇运动 |
| | | 内啮合棘轮机构 | | 棘爪2装在从动棘轮3的内部。当主动轮1逆时针转动时，通过棘爪2带动从动棘轮3逆时针转动；当主动轮1顺时针转动时，带着棘爪2从从动棘轮齿背划过，从动棘轮静止不动 |

（续）

| 机构类型 | | 示意图 | | 说　明 |
| --- | --- | --- | --- | --- |
| 单向棘轮机构 | 双动棘轮机构 | 钩头双动棘轮机构 | 直头双动棘轮机构 | 棘轮机构在一个摇杆上具有两个棘爪，摇杆往复摆动时都可以推动棘轮机构转动 |
| 双向（可变向）棘轮机构 | | | | 通过翻转或回转棘爪，改变棘爪工作面与棘轮接触的方向，从而推动棘轮朝不同的方向转动 |

（3）棘轮机构的特点

1）结构简单、制造方便、运动可靠。

2）棘轮的转角在一定的范围内可调，调整转角的方法有两种：

①通过调节摆杆摆动角度的大小，控制棘轮的转角，如图4-20a所示。

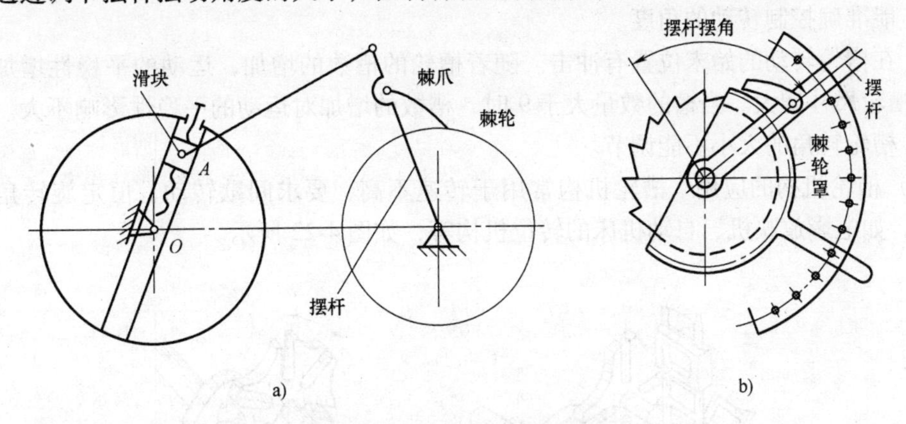


图4-20　棘轮转动角度调整

a）调整摆杆摆角　b）调整棘轮罩的位置

②改变棘轮罩的角度，使棘爪的部分行程在棘轮罩上划过，改变棘轮转动角度，如图4-20b所示。

3）工作时有较大的冲击和噪声，棘爪易磨损，只适用于低速、轻载的场合。

## 4.2.2 槽轮机构

棘轮机构因其工作时的冲击和噪声，在某些特定的场合不适用，比如电影放映机，这种情况下，需要采用运动平稳、角度转动准确的间歇运动机构——槽轮机构，如图4-21所示。

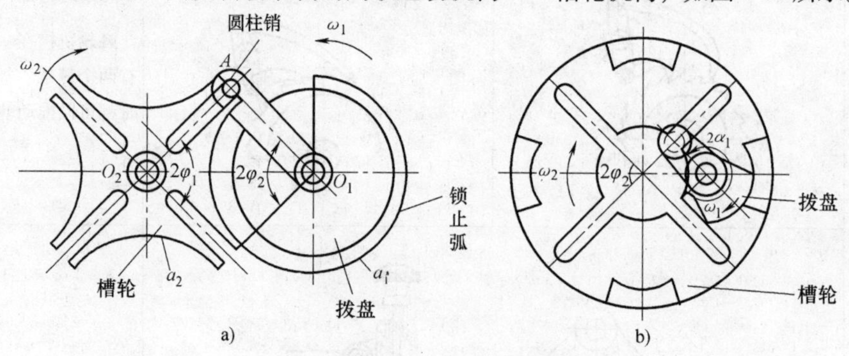


图4-21 槽轮机构

a）外槽轮机构 b）内槽轮机构

槽轮机构由带圆柱销的拨盘、带径向槽的槽轮以及机架等组成。工作时，拨盘以等角速$\omega_1$回转，当圆柱销$A$没有进入槽轮直槽时，拨盘上的外凸锁止弧$a_1$将槽轮的内凹锁止弧$a_2$锁住，槽轮不能转动。在图示位置圆柱销$A$进入槽轮的径向直槽，锁止弧松开，圆柱销拨动槽轮顺时针转动。当槽轮转动$2\varphi_2$角后，拨盘继续转动则圆柱销离开槽轮直槽，锁止弧重新锁住槽轮直到圆柱销下次再从$A$点进入直槽。重复这些运动循环即将拨盘的连续回转变成了槽轮的单向间歇回转运动。

（1）槽轮机构的特点

1）结构简单，工作可靠，机械效率高。

2）能准确控制转动的角度。

3）在槽轮转动的始末位置有冲击。随着槽轮的槽数的增加，运动的平稳性增加，但是会造成槽轮尺寸增大。当槽的数量大于9时，槽数的增加对运动的平稳性影响不大。

4）槽轮转角的大小不能调节。

（2）槽轮机构的应用 槽轮机构常用于转速不高、要求间歇转动、恒定旋转角的自动机械中，如电影放映机、自动机床的转位机构等，如图4-22所示。

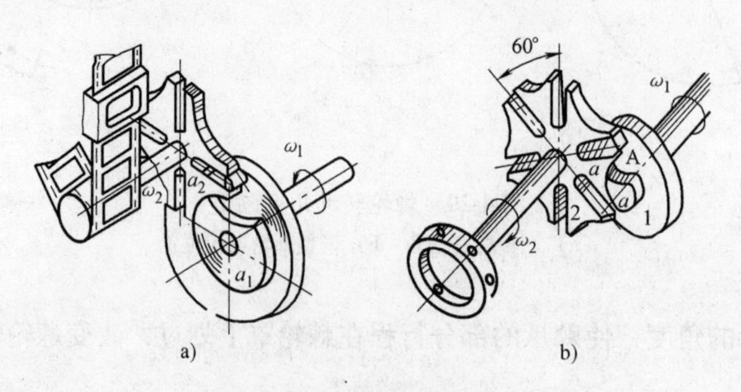


图4-22 槽轮机构的应用

a）电影机送片机构 b）转塔车床刀架转位机构

## 4.3　拓展练习

**一、单选题**

4-1　某凸轮机构的滚子损坏后换上一个较大的滚子，则该机构的____。

A. 压力角变，运动规律变　B. 压力角不变，运动规律不变

C. 压力角变，运动规律不变　D. 压力角不变，运动规律变

4-2　压力角增大，对凸轮机构的工作____。

A. 有利　B. 不利　C. 无影响　D. 非常有利

4-3　为避免凸轮机构发生自锁，必须使压力角值____。

A. 大于许用压力角　B. 小于许用压力角

C. 任意值　D. 等于许用压力角

4-4　____是影响凸轮机构尺寸大小的主要参数。

A. 压力角　B. 基圆半径　C. 滚子半径　D. 凸轮尺寸

4-5　凸轮机构转速较高时，为避免刚性冲击，从动件应采用____运动规律。

A. 等加速等减速　B. 等速　C. 等加速　D. 等减速

4-6　凸轮与从动件接触的运动副属于____。

A. 移动副　B. 点接触高副　C. 转动副　D. 低副

4-7　间歇运动机构____把间歇运动转换成连续运动。

A. 不能　B. 能　C. 偶尔能　D. 偶尔不能

4-8　槽轮机构的槽轮槽数至少应取____。

A. 1　B. 2　C. 3　D. 4

4-9　棘轮机构的主动件是做____运动的。

A. 往复运动　B. 直线往复　C. 等速旋转　D. 变速旋转

4-10　槽轮机构主动件的锁止圆弧是____的。

A. 凸形　B. 凹形　C. 圆形　D. 楔形

**二、判断题**

4-11　当凸轮的压力角增大到临界值时，不论从动件是什么形式的运动，都会出现自锁。（　）

4-12　压力角的大小影响从动件正常工作。（　）

4-13　盘形凸轮的基圆半径越大，行程也越大。（　）

4-14　尖顶从动件的凸轮，是没有理论轮廓曲线的。（　）

4-15　凸轮机构工作时，从动件的运动规律与凸轮的转向无关。（　）

4-16　压力角的大小影响从动件的运动规律。（　）

4-17　锯齿形棘轮的转向必定是单一的。（　）

4-18　槽轮机构和棘轮机构一样，可以方便地调节槽轮转角的大小。（　）

4-19　槽轮机构必须要有锁止圆弧。（　）

4-20　止回棘爪和锁止圆弧的作用是相同的。（　）

## 三、填空题

4-21 滚子式从动杆的滚子（ ）选用得过大，将会使运动规律“失真”。

4-22 凸轮机构中的压力角是指（ ）间所夹的锐角。

4-23 以凸轮的理论轮廓的最小向径为半径所做的圆称为凸轮的（ ）。

4-24 在凸轮机构中，从动杆的（ ）称为行程。

4-25 在凸轮机构中，从动件采用（ ）运动规律产生刚性冲击；采用（ ）运动规律产生柔性冲击。

4-26 凸轮机构从动杆的运动规律，是由凸轮（ ）决定的。

4-27 凸轮机构中，从动件在推程时按等速运动规律上升时，在（ ）位置发生刚性冲击。

4-28 凸轮机构常用的从动件运动规律有（ ）、（ ）、（ ）及（ ）。

4-29 棘轮机构的主动件做（ ）运动，从动件做（ ）性的停、动间歇运动。

4-30 调整棘轮机构转角的方法有（ ）。

4-31 常见的间歇运动机构有（ ）。

## 四、简答题

4-32 凸轮机构中，凸轮形状和从动件的结构形式各有哪几种？各有何特点？

4-33 凸轮机构中，常用的从动件运动规律有哪几种？各有何特点？如何选用？

4-34 图解法设计凸轮轮廓的基本原理是什么？

4-35 凸轮的轮廓设计应注意哪些问题？

4-36 棘轮机构和槽轮机构实现间歇传动的原理有何不同？两类机构各有何特点？

# 第 5 章　螺纹联接和螺旋传动

## 知识目标

✧ 了解螺纹的类型、参数和常用螺纹联接件及应用。
✧ 了解螺旋副的受力分析、效率及自锁条件。
✧ 掌握螺纹联接的类型、预紧及防松方法。
✧ 熟悉螺旋传动的类型和应用。

## 能力目标

✧ 能对螺纹联接进行受力分析、结构分析，并进一步进行强度校核或者进行强度设计。
✧ 能看懂螺纹联接的结构图及其说明，并能正确地画出螺纹联接的结构图。对螺旋传动要会分析几种不同的运动转换形式。

## 5.1　螺纹的应用和螺纹的形成

螺纹联接是机械制造中应用极其广泛的联接方式，在机器中广泛利用具有内、外螺纹的联接件来紧固被联接件。螺纹联接结构简单，互换性好，装拆方便，制造便利，工作可靠。螺旋传动则是利用具有内、外螺纹零件的相对运动来传递运动或动力，螺旋传动可将旋转运动变为直线运动。

### 5.1.1　螺纹的应用

螺纹联接在生产中的应用实例很多，如图 5-1 所示。图 5-1a 为起重滑轮的松螺栓联接；图 5-1b 为固定机器的地脚螺栓联接；图 5-1c 为用于联接两半联轴器的普通螺栓联接；图 5-1d 为用于夹具的螺栓联接；图 5-1e 为用于压力容器的紧螺栓联接。螺旋传动的应用实例很多，如图 5-2 所示。图 5-2a 为螺旋千斤顶，用于升举重物；图 5-2b 为车床溜板箱的传动丝杠；图 5-2c 为用于精密机械（如数控机床、机器人等）的滚珠丝杠。

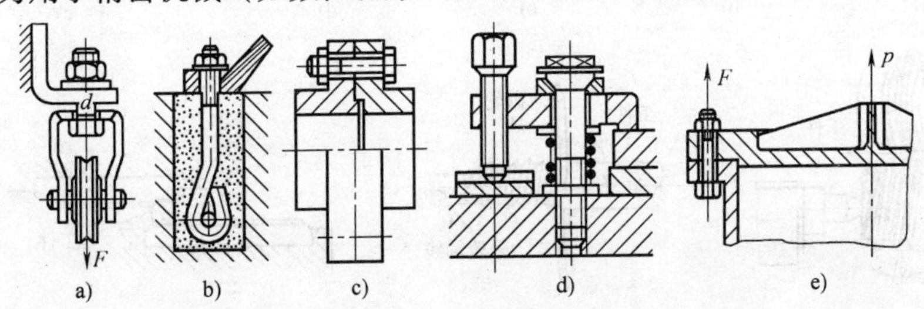


图 5-1　螺纹联接

在生活中也有许多螺纹的应用实例，例如自行车、缝纫机等家用机械中有许多螺纹联接

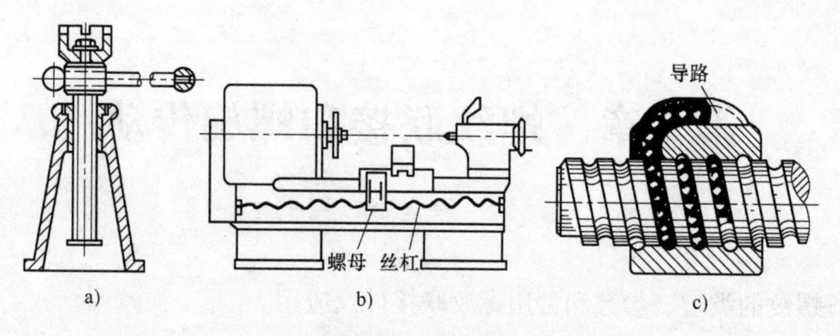


图5-2　螺旋传动

的应用实例。读者可根据对实物的观察找出螺纹的应用实例。

## 5.1.2　螺纹的形成

如图5-3所示，将一直角三角形绕在直径为$d_2$的圆柱体表面上，使三角形底边与圆柱体的底边重合，则三角形的斜边在圆柱体表面形成一条螺旋线。若取一平面图形，例如图5-3中的三角形$abc$，使其以$ab$边与圆柱素线贴合，并沿着螺旋线上升（保持三角形平面始终位于圆柱体的轴线平面内），三角形在空间的轨迹为三角形牙型的螺纹。若取不同的平面图形，可得到不同牙型的螺纹。三角形螺纹多用于联接，其余多用于传动。

在实际生产中，螺纹的加工成形方法很多。一般螺纹可以在车床上加工出来，如图5-4所示。图5-4a为车外螺纹；图5-4b为车内螺纹；图5-4c为丝锥攻内螺纹（内孔尺寸小的螺纹）；图5-4d为板牙套外螺纹；图5-4e为梳形刀车外螺纹。

大批量生产可在铣床上铣削，图5-4f为用盘铣刀铣螺纹。精密螺纹可在专用螺纹磨床磨削，图5-4g为用单线砂轮磨削螺纹。图5-4h为在搓丝机上滚压螺纹。

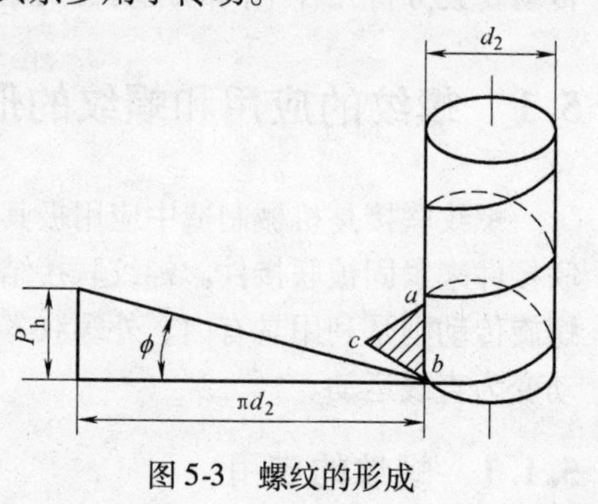


图5-3　螺纹的形成

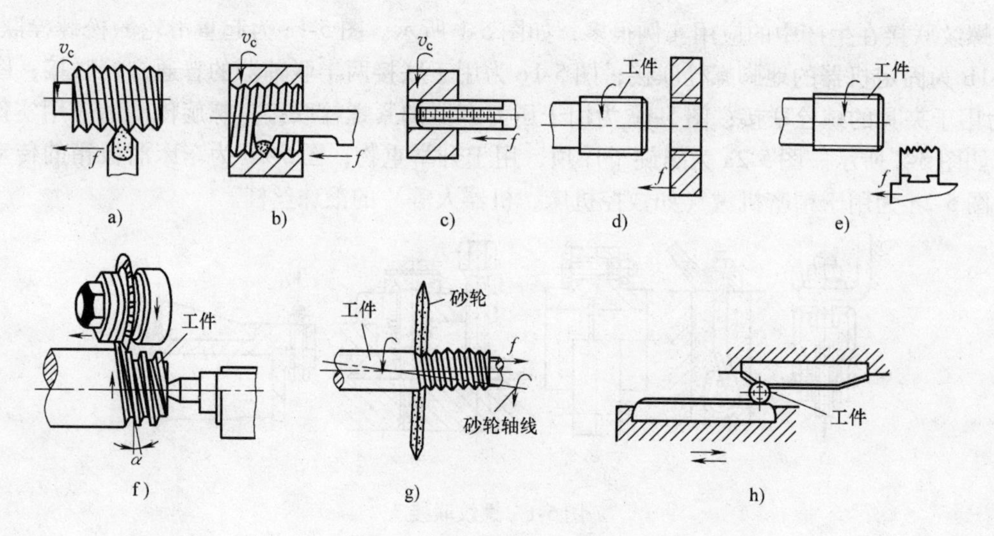


图5-4　螺纹的成形加工方法

# 5.2　螺纹的类型和螺纹的参数

## 5.2.1　螺纹的分类

螺纹有外螺纹和内螺纹之分，共同组成螺纹副。起联接作用的螺纹称为联接螺纹，起传动作用的螺纹称为传动螺纹。螺纹分布在圆柱体的外表面，称为外螺纹；螺纹分布在圆柱体的内表面，称为内螺纹。在圆锥外表面（或内表面）上的螺纹，称为圆锥外螺纹（或圆锥内螺纹）。

根据螺旋线绕行的方向，螺纹可分为右旋螺纹和左旋螺纹，如图5-5所示。常用右旋螺纹，特殊需要时才采用左旋螺纹，例如家用煤气罐与阀的联接螺纹即为左旋螺纹。

按螺纹的线数（头数），可分为单线螺纹、双线螺纹和多线螺纹，如图5-6所示。双线螺纹有两条螺旋线，线头相隔180°，依此类推。多线螺纹由于加工制造的原因，线数一般不超过4线。

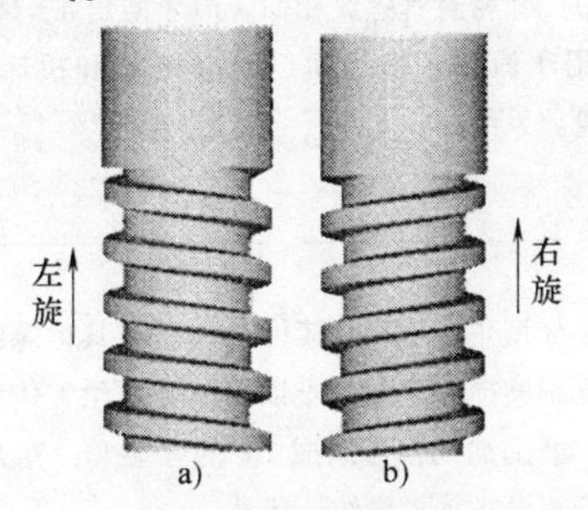


图5-5　螺纹的旋向

a）左旋　b）右旋

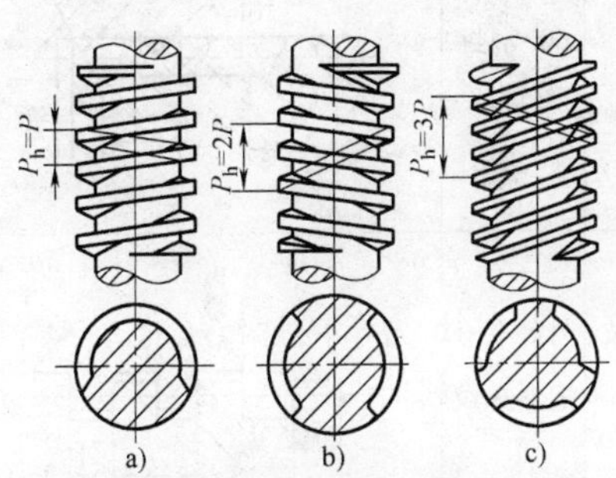


图5-6　螺纹的线数、螺距和导程

a）单线　b）双线　c）三线

螺纹又分为米制和寸制两类，我国除管螺纹外，一般都采用米制螺纹。

螺纹根据牙型可分为三角形螺纹、矩形螺纹、梯形螺纹、锯齿形螺纹。三角形螺纹多用于联接，其他螺纹多用于传动。标准螺纹的基本尺寸，可查阅有关标准。常用螺纹的类型、特点和应用见表5-1。

**表5-1　常用螺纹的类型、特点和应用**

| 螺纹类型 | | | 牙型图 | 特点和应用 |
|---|---|---|---|---|
| 联接螺纹 | 普通螺纹 | 粗牙 | 内螺纹 60° $d$ $d_2$ $d_1$ $t$ 外螺纹 | 牙型为等边三角形，牙型角 $\alpha=60°$，内外螺纹旋合后留有径向空隙。外螺纹牙根允许有较大的圆角，以减小应力集中。同一公称直径按螺距大小，分为粗牙和细牙。细牙螺纹的螺距小，螺纹升角小，自锁性较好，强度高，但不耐磨，容易滑扣。一般联接多用粗牙螺纹，细牙螺纹常用于细小零件，薄壁管件或受冲击、振动和变载荷的联接中，也可作为微调机构的调整螺纹用 |
| | | 细牙 | 内螺纹 60° $d$ $d_2$ $d_1$ $t$ 外螺纹 | |

（续）

| 螺纹类型 | | 牙型图 | 特点和应用 |
|---|---|---|---|
| 联接螺纹 | 55°非密封管螺纹 | 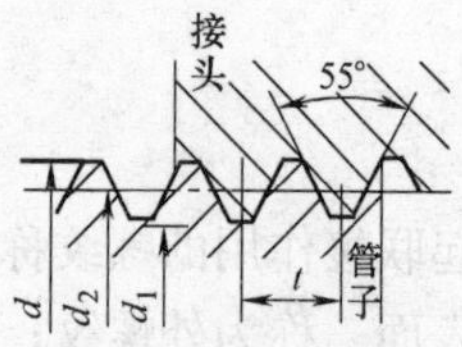 | 牙型为等腰三角形，牙型角 $\alpha=55°$，牙顶有较大的圆角，内外螺纹旋合后无径向间隙，以保证配合的紧密性。管螺纹为英制细牙螺纹<br>适用于压力为1.6MPa以下的水、煤气管路，润滑和电缆管路系统 |
| | 55°密封管螺纹 | 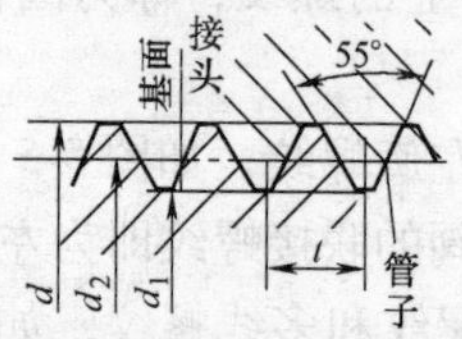 | 牙型为等腰三角形，牙型角 $\alpha=55°$，螺纹分布在锥度为1∶16（$\varphi=1°47'24''$）的圆锥管壁上。螺纹旋合后，利用本身的变形就可以保证联接的紧密性，不需要任何填料，密封简单<br>适用于高温，高压或密封性要求高的管路系统 |
| | 60°密封管螺纹 | 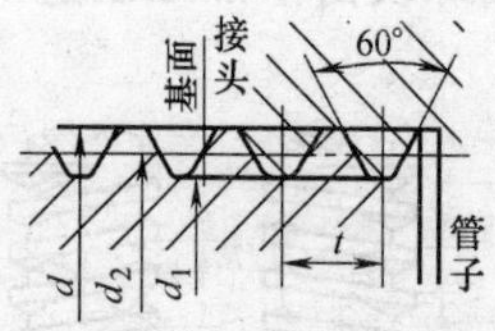 | 牙型与 $\alpha=55°$ 的55°密封管螺纹相似，但牙型角 $\alpha=60°$，螺纹牙顶为平顶。多用于汽车、拖拉机、航空机械和机床的燃料、油、水、气输送管路系统 |
| 传动螺纹 | 矩形螺纹 | 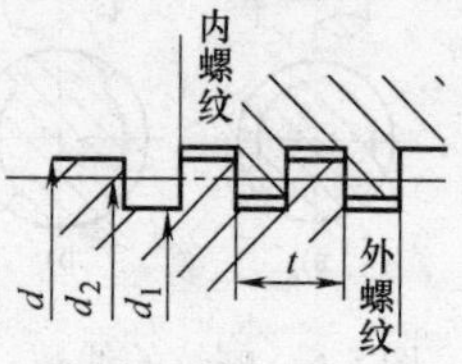 | 牙型为正方形，牙型角 $\alpha=0°$，其传动效率较其他螺纹高。但牙根强度弱，螺旋副磨损后，间隙难以修复和补偿，传动精度降低。为了便于铣、磨削加工，可制成10°的牙型角。矩形螺纹尚未标准化，目前已逐渐被梯形螺纹所代替 |
| | 梯形螺纹 | 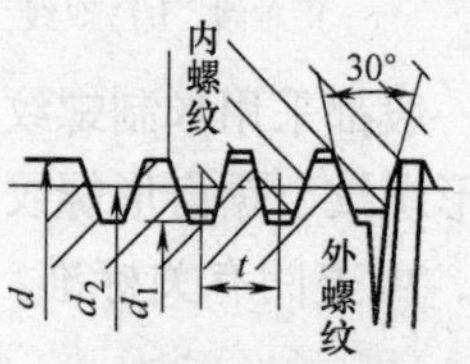 | 牙型为等腰梯形，牙型角 $\alpha=30°$，内外螺纹以锥面贴紧不易松动。与矩形螺纹相比，传动效率略低，但工艺性好，牙根强度高，对中性好。如用剖分螺母，还可以调整间隙。梯形螺纹是最常用的传动螺纹 |
| | 锯齿形螺纹 | 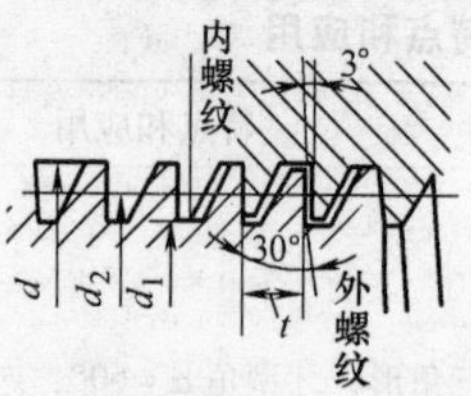 | 牙型为不等腰梯形，工作面的牙型斜角为3°，非工作面的牙型斜角为30°。外螺纹牙根有较大的圆角，以减小应力集中，内、外螺纹旋合后，大径处无间隙，便于对中。这种螺纹兼有矩形螺纹传动效率高、梯形螺纹牙根强度高的特点。但只能用于单向受力的传力螺旋中 |

### 5.2.2　螺纹的主要参数

圆柱螺纹的主要参数如图5-7所示。

（1）大径 $d$（$D$）　大径是与外螺纹牙顶或内螺纹牙底相重合的假想圆柱的直径，一般定为螺纹的公称直径。

（2）小径 $d_1$（$D_1$）　小径是与外螺纹牙底或内螺纹牙顶相重合的假想圆柱的直径，一般取为外螺纹危险剖面的计算直径。

（3）中径 $d_2$（$D_2$） 它是一个假想圆柱的直径，该圆柱的素线通过牙型上的沟槽和凸起宽度相等的地方。对于矩形螺纹，$d_2=(d+d_1)/2$，其中 $d \approx 1.25d_1$。

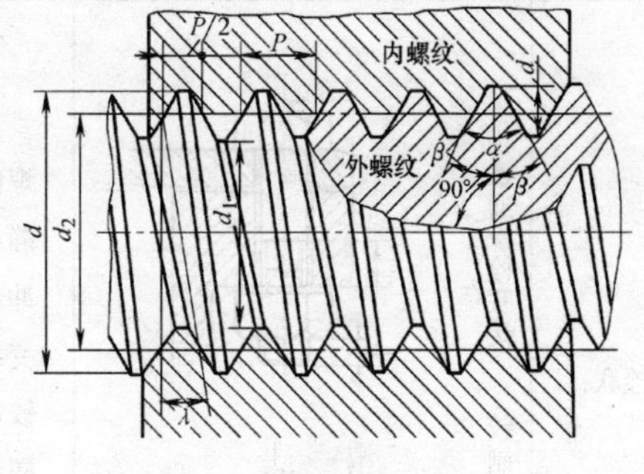


图5-7 圆柱螺纹的主要参数

（4）螺距 $P$ 相邻牙在中径线上对应两点间的轴向距离称为螺距 $P$。

（5）导程 $P_h$ 同一螺旋线上的相邻两牙在中径线上对应两点间的轴向距离。导程与螺距的关系为：$P_h=nP$，式中 $n$ 为螺纹线数。

（6）螺纹升角 $\varphi$ 在中径圆柱面上螺旋线展开后与底面的夹角（见图5-8），其计算公式为

$$\varphi=\arctan\frac{P_h}{\pi d_2}=\arctan\frac{nP}{\pi d_2} \quad (5\text{-}1)$$

（7）牙型角 $\alpha$ 在轴向剖面内螺纹牙型两侧之间的夹角。

管螺纹的主要参数中，其尺寸代号不是螺纹大径，而是近似等于管子内径。具体尺寸可查阅有关标准。

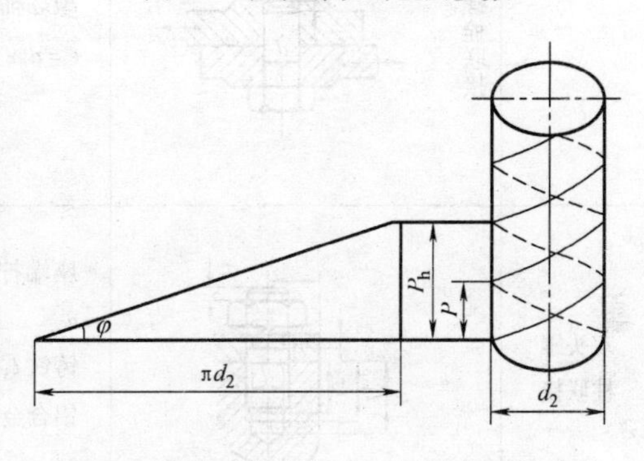


图5-8 螺纹升角与导程、螺距之间的关系

螺纹副的效率为

$$\eta=\frac{\tan\varphi}{\tan(\varphi+\varphi_v)} \quad 拧紧时 \quad (5\text{-}2a)$$

$$\eta=\frac{\tan(\varphi-\varphi_v)}{\tan\phi} \quad 松开时 \quad (5\text{-}2b)$$

自锁条件为

$$\varphi \leqslant \varphi_v \quad (5\text{-}3)$$

式中 $\varphi_v$——当量摩擦角，可根据摩擦因数 $f$ 和牙型半角 $\beta$ 确定，$\varphi_v=\arctan\frac{f}{\cos\beta}$。

一般情况下，$\varphi<6°$ 就可获得自锁。普通联接用的三角形螺纹，其升角 $\varphi=1.5°\sim3.5°$，所以在静载荷下都能自锁。

## 5.3 螺纹联接

### 5.3.1 螺纹联接的主要类型

螺纹联接的主要类型有：螺栓联接、双头螺柱联接、螺钉联接、紧定螺钉联接。其中螺栓联接还可分为普通螺栓联接（螺栓与孔之间留有间隙）和铰制孔螺栓联接（孔与螺栓杆之间没有间隙，常采用基孔制过渡配合）两种结构。螺纹联接的主要类型的结构、尺寸关系、特点和应用见表5-2。

**表 5-2 螺纹联接的主要类型**

| 类型 | 结构 | 主要尺寸关系 | 应用 |
| --- | --- | --- | --- |
| 螺栓联接 | 普通螺栓联接<br>铰制孔螺栓联接 | 螺纹余留长度 $l_1$<br>静载荷 $l_1 \geqslant (0.3 \sim 0.5)\ d$<br>冲击载荷或弯曲载荷 $l_1 \geqslant d_1$<br>变载荷 $l_1 \geqslant 0.75d$<br>铰制孔用螺栓 $l_1$ 尽可能小<br>螺纹伸出长度 $l_2 \approx (0.2 \sim 0.3)\ d$<br>螺栓轴线到边缘的距离<br>$e = d + (3 \sim 6)$ mm | 用于通孔，螺栓损坏后容易更换 |
| 双头螺柱联接 | | 座端拧入深度 $l_3$，当螺纹孔为钢或青铜 $l_3 \approx d$<br>铸铁 $l_3 = (1.25 \sim 1.5)\ d$<br>铝合金 $l_3 = (1.5 \sim 2.5)\ d$ | 多用于不通孔，被联接件需经常拆卸时 |
| 螺钉联接 | | 螺纹孔深度 $l_4 = l_3 + (2 \sim 2.5)\ P$（$P$ 为螺距）<br>钻孔深度 $l_5 = l_4 + (0.5 \sim 1)\ d$<br>$l_1$、$l_2$、$e$ 值同螺栓联接 | 多用于不通孔，被联接件很少拆卸时 |
| 紧定螺钉联接 | | | 用以固定两个零件的相对位置，可传递不大的力和转矩 |

螺纹联接除上述主要类型外，还有地脚螺栓联接（图 5-9）、吊环螺栓联接（图 5-10）等。

### 5.3.2 标准螺纹联接件

常用的标准螺纹联接件有螺栓、双头螺柱、螺钉、螺母、垫圈等。这些标准螺纹联接件的品种、类型很多，其结构、形式和尺寸都已标准化，设计时可根据有关标准选用。

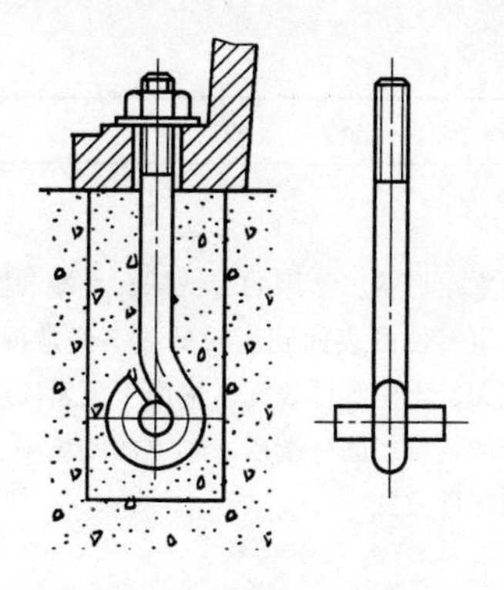

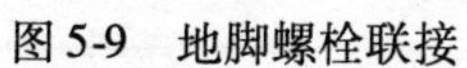

图5-9　地脚螺栓联接

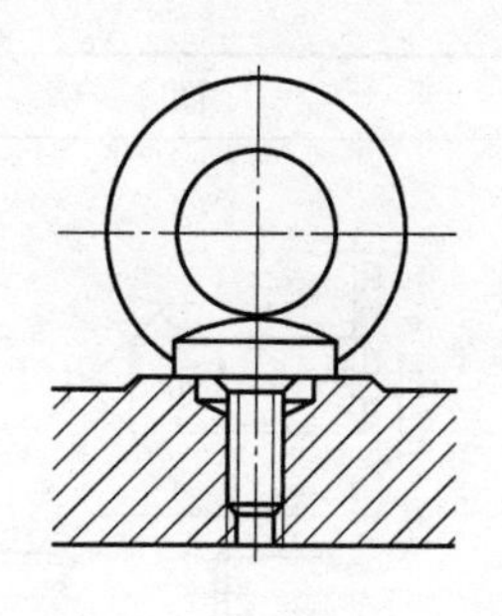

图5-10　吊环螺栓联接

常用的标准螺纹联接件的结构特点、尺寸关系和应用见表5-3。

表5-3　常用标准螺纹联接件

| 类型 | 图　例 | 结构特点和应用 |
| --- | --- | --- |
| 六角头螺栓 | | 螺栓头部形状很多，其中以六角头螺栓应用最广。六角头螺栓又分为标准头、小头两种。小六角头螺栓尺寸小，重量轻，但不宜用于拆装频繁、被联接件抗压强度较低或易锈蚀的场合<br>按加工精度不同，螺栓分为粗制和精制。在机械制造中精制螺栓用得较多<br>螺栓末端应制成倒角，倒角尺寸按GB/T 3—1997取定 |
| 双头螺柱 | | 双头螺柱两端都制有螺纹，在结构上分为A型（有退刀槽）和B型（无退刀槽）两种。根据旋入端长度又分为四种规格：$l_1=d$（用于钢或青铜制螺纹孔）；$l_1=1.25d$；$l_1=1.5d$（用于铸铁制螺纹孔）；$l_1=2d$（用于铝合金制螺纹孔） |
| 螺钉 | | 螺钉头部形状有半圆头、平圆头、六角头、圆柱头和沉头等。头部螺钉旋具槽有一字槽、十字槽和内六角孔三种形式。十字槽螺钉头部强度高，对中性好，便于自动装配。内六角孔螺钉能承受较大的扳手力矩，联接强度高，可代替六角头螺栓，用于要求结构紧凑的场合 |

（续）

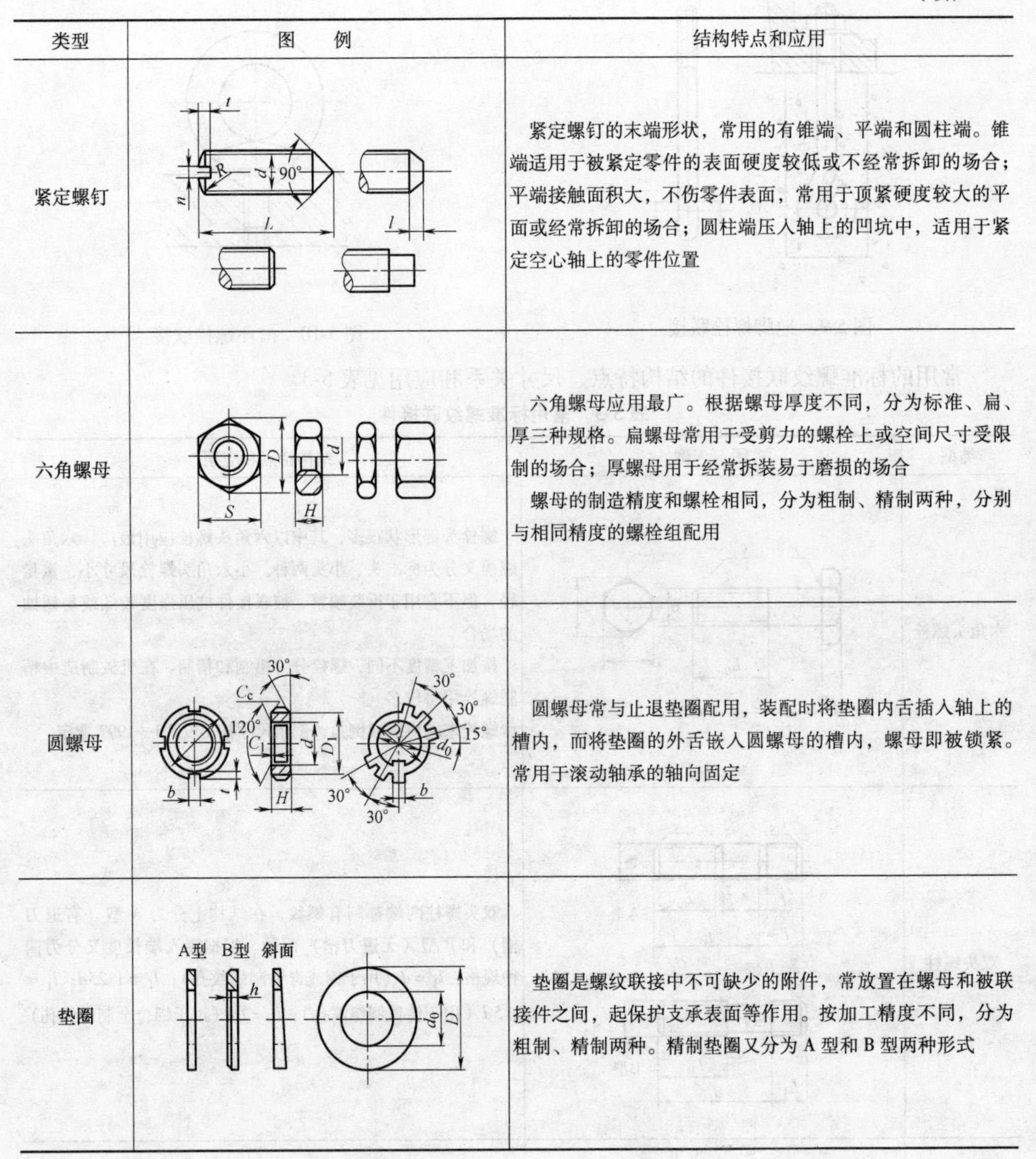

| 类型 | 图　　例 | 结构特点和应用 |
| --- | --- | --- |
| 紧定螺钉 | | 紧定螺钉的末端形状，常用的有锥端、平端和圆柱端。锥端适用于被紧定零件的表面硬度较低或不经常拆卸的场合；平端接触面积大，不伤零件表面，常用于顶紧硬度较大的平面或经常拆卸的场合；圆柱端压入轴上的凹坑中，适用于紧定空心轴上的零件位置 |
| 六角螺母 | | 六角螺母应用最广。根据螺母厚度不同，分为标准、扁、厚三种规格。扁螺母常用于受剪力的螺栓上或空间尺寸受限制的场合；厚螺母用于经常拆装易于磨损的场合<br>螺母的制造精度和螺栓相同，分为粗制、精制两种，分别与相同精度的螺栓组配用 |
| 圆螺母 | | 圆螺母常与止退垫圈配用，装配时将垫圈内舌插入轴上的槽内，而将垫圈的外舌嵌入圆螺母的槽内，螺母即被锁紧。常用于滚动轴承的轴向固定 |
| 垫圈 | | 垫圈是螺纹联接中不可缺少的附件，常放置在螺母和被联接件之间，起保护支承表面等作用。按加工精度不同，分为粗制、精制两种。精制垫圈又分为A型和B型两种形式 |

## 5.3.3　螺纹紧固件的材料及等级

螺纹紧固件有两类等级，一类是产品等级，另一类是力学性能等级。

**1. 产品等级**

产品等级表示产品的加工精度等级。根据国家标准规定，螺纹紧固件分为3个公差等级，其代号为A、B、C。A级精度最高，用于要求配合精确，防止振动等重要零件的联接；B级精度多用于受载较大且经常装拆或受变载荷的联接；C级精度多用于一般的螺纹联接。

**2. 力学性能等级和材料**

螺纹紧固件的常用材料为Q215钢、Q235钢、10钢、35钢和45钢；对于重要的螺纹紧固件，可采用15Cr钢、40Cr钢等。对于特殊用途（如防锈蚀、防磁、导电或耐高温等）的螺纹紧固件，可采用特种钢或铜合金、铝合金等。弹簧垫圈用65Mn钢制造，并经热处理和表面处理。螺纹联接件的常用材料见表5-4。

**表5-4 螺纹联接件的常用材料**

| 常用材料 | 适用场合 |
| --- | --- |
| Q215，Q235，10 | 一般不重要的螺栓 |
| 35，45 | 承受中等载荷和精密机械中的螺栓 |
| 40Cr调质等 | 重载、高速下工作的螺栓 |
| 06Cr13等 | 要求耐腐蚀的螺栓 |
| 35CrMo，35CrMoA等 | 要求耐高温的螺栓 |
| 铜、铝合金等 | 要求导电防磁的螺栓 |

螺纹联接件的力学性能等级表示联接件材料的力学性能，如强度、硬度的等级。国家标准规定，螺栓、螺柱、螺钉的力学性能等级标记代号由两个数字表示，中间用小数点隔开，小数点前的数字为$R_m$的1/100（$R_m$为抗拉强度）；小数点后的数字为$10 \times R_{eL}/R_m$或$10 \times R_{P0.2}/R_m$（$R_{eL}$为下屈服强度，$R_{P0.2}$为规定非比例延伸0.2%的应力）。例如级别4.6表示，$R_m = 400\text{MPa}$，$R_{eL}/R_m = 0.6$。公称高度≥0.8倍螺纹公称直径的螺母的性能等级，用螺栓性能等级标记的第一部分数字标记。选用时注意所用螺母的性能等级不能低于与其匹配螺栓的性能等级。表5-5、表5-6分别为螺栓和螺母的力学性能等级。

**表5-5 螺栓的力学性能等级**（摘自GB/T 3098.1—2010）

| 性能等级（标记） | 4.6 | 4.8 | 5.6 | 5.8 | 6.8 | 8.8 | 9.8 | 10.9 | 12.9 |
| --- | --- | --- | --- | --- | --- | --- | --- | --- | --- |
| 抗拉强度 $R_m$/MPa | 400 | 420 | 500 | 520 | 600 | 800 | 900 | 1040 | 1220 |
| 下屈服强度或规定非比例伸长应力 $R_{eL}$（$R_{P0.2}$）/MPa | 240 | 340 | 300 | 420 | 480 | 640 | 720 | 940 | 1100 |
| 硬度 $HBW_{min}$ | 114 | 124 | 147 | 152 | 181 | 238 | 276 | 304 | 366 |
| 推荐材料 | 低碳钢或中碳钢 | | | | | 中碳钢或低碳合金钢淬火并回火 | | 中碳钢，低、中碳合金钢，淬火并回火合金钢 | 合金钢，淬火并回火 |
| | 15 Q235 | 15 Q235 | 25 35 | 15 Q235 | 45 | 35 | 35 45 | | |

注：规定性能等级的螺栓、螺母在图样中只标出性能等级，不应标出材料牌号。

**表5-6 螺母的力学性能等级**（摘自GB/T 3098.2—2000）

| 性能等级（标记） | 4 | 5 | 6 | 8 | 9 | 10 | 12 |
| --- | --- | --- | --- | --- | --- | --- | --- |
| 保证应力 $S_p$/MPa | 510（$d$=16~39mm） | 520（$d$=3~4mm） | 600（$d$=3~4mm） | 800（$d$=3~4mm） | 900（$d$=3~4mm） | 1040（$d$=3~4mm） | 1150（$d$=3~4mm） |

（续）

| 性能等级（标记） | 4 | 5 | 6 | 8 | 9 | 10 | 12 |
|---|---|---|---|---|---|---|---|
| 推荐材料 | 易切削钢 | | 低碳钢或中碳钢 | 中碳钢，低、中碳合金钢，淬火并回火 | | | |
| 相配螺栓的性能等级 | 3.6，4.6，4.8（$d>16$mm） | 3.6，4.6，4.8，5.6，5.8（$d\leqslant16$mm） | 6.8（$d\leqslant39$mm） | 8.8（$d\leqslant39$mm） | 9.8（$d\leqslant16$mm） | 10.9（$d\leqslant39$mm） | 12.9（$d\leqslant39$mm） |

注：1. 均指粗牙螺母。

2. 性能等级为10、12的硬度最大值为38HRC，其余性能等级的硬度最大值为30HRC。

紧定螺钉依靠末端表面起紧定作用，垫圈也是依靠表面起作用，所以国家标准规定它们的力学性能等级代号由字母和数字两部分组成：数字表示最小维氏硬度（$HV_{min}$）的1/10；用字母H表示。例如14H表示紧定螺钉表面硬度为140HV。垫圈的力学性能等级代号则直接用维氏硬度表示。如表面硬度为140维氏硬度，便用140HV表示。

## 5.4 螺纹的预紧与防松

### 5.4.1 螺纹联接的预紧

绝大多数螺纹联接在装配时需要拧紧，使联接在承受工作载荷之前，预先受到力的作用，这个预加作用力称为预紧力。预紧的目的是为了提高联接的紧密性和可靠性。此外，适当地提高预紧力，还能提高螺栓的疲劳强度。

拧紧时，用扳手施加拧紧力矩 $M$，以克服螺纹副中的阻力矩 $M_1$ 和螺母支承面上的摩擦阻力矩 $M_2$，故拧紧力矩 $M=M_1+M_2$。

螺纹副间的摩擦力矩为

$$M_1=F'\frac{d}{2}\tan\ (\varphi-\varphi_v) \tag{5-4}$$

对于M10～M68的粗牙普通螺纹，无润滑时可取

$$M_1\approx0.2F'd \tag{5-5}$$

式中 $F'$——预紧力（N）；

$d$——螺纹公称直径（mm）。

为了保证预紧力 $F'$ 不至过小或过大，应在拧紧螺纹过程中控制拧紧力矩 $M$ 的大小，其方法有采用指针式扭力扳手（图5-11）、定力矩扳手（图5-12）及装配时测定螺栓伸长（图5-13）等。

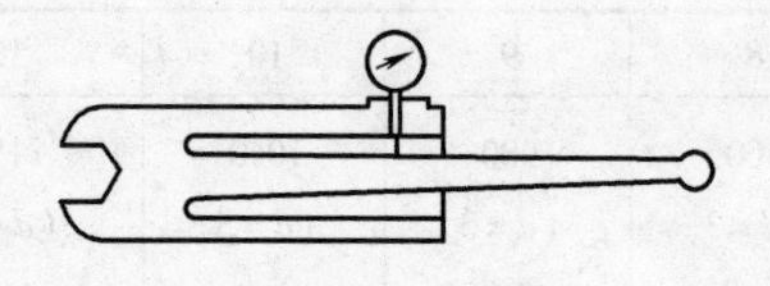

图5-11 指针式扭力扳手

图5-12 定力矩扳手

## 5.4.2　螺纹联接的防松

在静载荷作用下，联接螺纹升角较小，能满足自锁条件，但在受冲击、振动或变载荷以及温度变化大时，联接有可能自动松脱，容易发生事故。因此在设计螺纹联接时，必须考虑防松问题。

防松的根本问题在于防止螺纹副的相对转动。按工作原理有三种防松方式：利用摩擦力防松；利用机械元件直接锁住防松；破坏螺纹副的运动关系防松。常用的防松方法见表5-7。

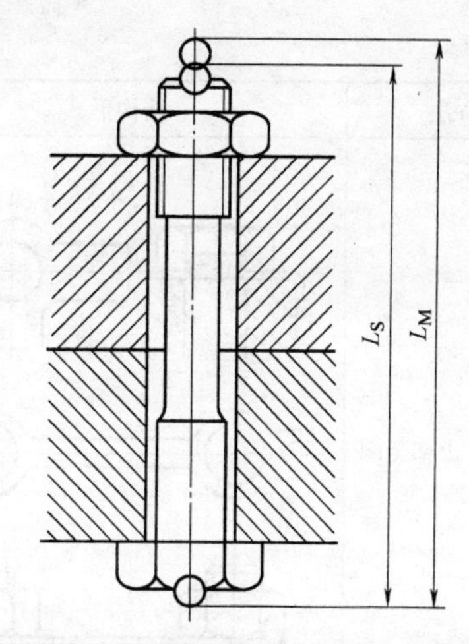


图5-13　测量螺纹螺栓伸长量的方法

表5-7　螺纹联接常用的防松方法

| 防松方法 | | 结构形式 | 特点和应用 |
|---|---|---|---|
| 摩擦防松 | 对顶螺母 | 上螺母<br>螺栓<br>下螺母 | 两螺母对顶拧紧后，使旋合螺纹间始终受到附加的压力和摩擦力的作用。工作载荷有变动时，该摩擦力仍然存在，旋合螺纹间的接触情况如图所示，下螺母螺纹牙受力较小，其高度可小些，但为了防止装错，两螺母的高度取成相等为宜<br>结构简单，适用于平稳、低速和重载的联接 |
| | 弹簧垫圈 | | 螺母拧紧后，靠垫圈压平而产生的弹性反力使旋合螺纹间压紧。同时垫圈斜口的尖端抵住螺母与被联接件的支承面也有防松作用<br>结构简单，防松方便，但由于垫圈的弹力不均，在冲击、振动的工作条件下，其防松效果较差，一般用于不甚重要的联接 |
| | 自锁螺母 | | 螺母一端制成非圆形收口或开缝后径向收口。当螺母拧紧后，收口涨开，利用收口的弹力使旋合螺纹间压紧<br>结构简单，防松可靠，可多次装拆而不降低防松性能。适用于较重要的联接 |
| 机械防松 | 开口销与槽形螺母 | | 槽形螺母拧紧后将开口销穿入螺栓尾部小孔和螺母的槽内，并将开口销尾部掰开与螺母侧面贴紧。也可用普通螺母代替槽形螺母，但需拧紧螺母后再配钻销孔<br>适用于较大冲击、振动的调速机械中的联接 |

（续）

| 防松方法 | | 结构形式 | 特点和应用 |
| --- | --- | --- | --- |
| 机械防松 | 止动垫圈 | | 螺母拧紧后，将单耳或双耳止动垫圈分别向螺母和被联接件的侧面折弯贴紧，即可将螺母锁住。若两个螺栓需要双联锁紧时，可采用双联止动垫圈，使两个螺母相互制动<br>结构简单，使用方便，防松可靠 |
| | 串联钢丝 | a) 正确<br>b) 错误 | 用低碳钢丝穿入各螺钉头部的孔内，将各螺钉串联起来，使其相互制动，使用时必须注意钢丝的穿入方向（图a正确、图b错误）<br>适用于螺钉组联接，防松可靠，但装拆不便 |
| 铆冲防松 | 端铆 | (1~1.5)P | 螺母拧紧后，把螺栓末端伸出部分铆死，防松可靠，但拆卸后联接件不能重复使用。适用于不需拆卸的特殊联接 |
| | 样冲 | 样冲 | 螺母拧紧后，利用样冲在螺栓末端与螺母的旋合缝处打样冲点，利用样冲点防松<br>防松可靠，但拆卸后联接件不能重复使用，适用于不需拆卸的特殊联接 |

## 5.5　螺栓的强度计算

螺栓联接的强度计算主要是根据联接的类型、联接的装配情况（是否预紧）和受载状态等条件，确定螺栓的受力，然后按相应的强度条件计算螺栓危险截面的直径（螺纹小径）或校核其强度。螺栓的其他部分（如螺纹牙、螺栓头和螺杆等）和螺母、垫圈的结构尺寸则是根据等强度条件及使用经验规定，通常不需要进行强度计算，可按螺纹的公称直径（螺纹大径）直接从标准中查找或选定。

螺栓联接强度计算的方法对双头螺柱和螺钉联接也同样适用。

## 5.5.1　普通螺栓联接的强度计算

### 1. 松螺栓联接

松螺栓联接在装配时不需要把螺母拧紧，在承受工作载荷之前螺栓并不受力，图5-14所示的螺纹联接就是松螺栓联接的一个实例。起重用滑轮用螺栓与支架联接，当滑轮起吊重物时，螺栓所受到的工作拉力就是工作载荷$F$，故螺栓危险截面的抗拉强度条件为

$$\sigma=\frac{F}{S}=\frac{F}{\frac{\pi d_1^2}{4}}\leqslant[\sigma] \tag{5-6}$$

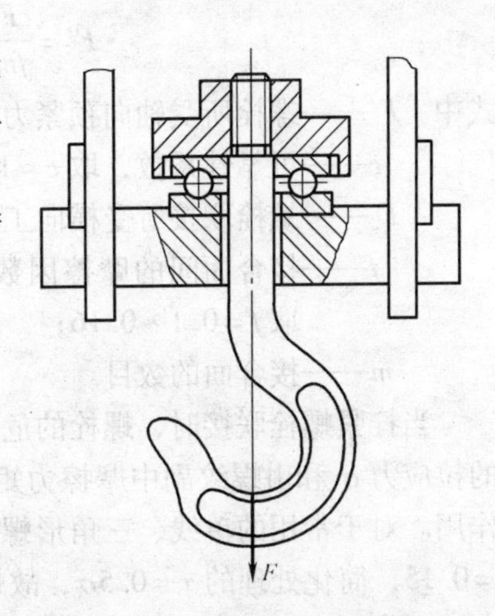

图5-14　起重滑轮的松螺栓联接

设计公式为

$$d_1\geqslant\sqrt{\frac{4F}{\pi[\sigma]}} \tag{5-7}$$

式中　$d_1$——螺纹小径（mm）；

$F$——螺栓承受的轴向工作载荷（N）；

$[\sigma]$——松螺栓联接的许用应力（N/mm²），见表5-8。

**表5-8　一般机械用螺栓联接在静载荷下的许用应力与安全系数**

| 类型 | 许用应力 | 相关因素 | | | 安全系数 |
|---|---|---|---|---|---|
| 普通螺栓联接（受拉） | 许用拉应力 $[\sigma]=\frac{R_{eL}}{[s]}$ | 松联接 | | | $[s]=1.2\sim1.7$ |
| | | 紧联接 | 控制预紧力 | 指针式扭力扳手或定力矩扳手 | $[s]=1.6\sim2$ |
| | | | | 测量螺栓伸长量 | $[s]=1.3\sim1.5$ |
| | | | 不控制预紧力 | 碳素钢 | $[s]=\frac{2200}{900-(70000-F')^2\times10^{-7}}$ |
| | | | | 合金钢 | $[s]=\frac{2750}{900-(70000-F')^2\times10^{-7}}$ |
| 铰制孔用螺栓联接（受剪及受挤） | 许用切应力 $[\tau]=\frac{R_{eL}}{[s_s]}$ | 紧联接 | 螺栓材料 | 钢 | $[s_s]=2.5$ |
| | | | | 钢 $\sigma_{lim}=\sigma_s$ | $[s_{jy}]=1\sim1.25$（孔壁$\sigma_s$可查手册） |
| | 许用挤压应力 $[\sigma_{jy}]=\frac{\sigma_{lim}}{[s_{jy}]}$ | | 螺栓或孔壁材料 | 铸铁 $\sigma_{min}=R_m$ | $[s_{jy}]=1.25$（$R_m$可查手册） |

注：$F'$为螺栓所受的轴向预紧力。

### 2. 紧螺栓联接

紧螺栓联接有预紧力$F'$，按所受工作载荷的方向分为两种情况：

（1）受横向工作载荷的紧螺栓联接　如图5-15所示，在横向工作载荷 $F_s$ 的作用下，被联接件的接合面间有相对滑移趋势。为防止滑移，由预紧力 $F'$ 所产生的摩擦力应大于等于横向工作载荷 $F_s$，即

$$F'fm \geqslant F_s \tag{5-8}$$

引入可靠性系数 $c$，整理得

$$F' = \frac{cF_s}{fm} \tag{5-9}$$

式中　$F'$——螺栓所受轴向预紧力（N）；

$c$——可靠性系数，取 $c=1.1\sim1.3$；

$F_s$——螺栓联接所受横向工作载荷（N）；

$f$——接合面间的摩擦因数，对于干燥的钢铁件表面，取 $f=0.1\sim0.16$；

$m$——接合面的数目。

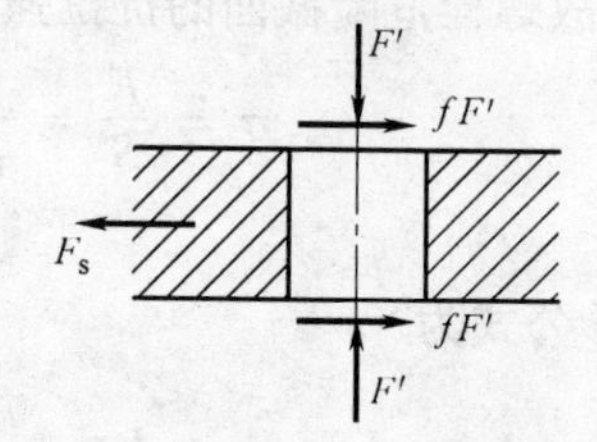


图5-15　只受预紧力的紧螺栓联接

当拧紧螺栓联接时，螺栓的危险截面上受由预紧力 $F'$ 引起的拉应力 $\sigma$ 和由螺纹副中摩擦力矩 $M_1$ 引起的切应力 $\tau$ 的复合作用。对于常用的单线、三角形螺纹的普通螺栓，取 $f_v=\tan\varphi_v=0.15$，简化处理的 $\tau=0.5\sigma$，故螺栓复合应力 $\sigma_v$ 为

$$\sigma_v = \sqrt{\sigma^2+3\tau^2} = \sqrt{\sigma^2+3\ (0.5\sigma)^2} \approx 1.3\sigma \tag{5-10}$$

由此可见，切应力对强度的影响在数学式上表现为将轴向拉应力增大30%，即 $\sigma_v = 1.3\sigma \leqslant [\sigma]$

即

$$\frac{1.3F'}{\frac{\pi d_1^2}{4}} \leqslant [\sigma] \tag{5-11}$$

设计公式为

$$d_1 \geqslant \sqrt{\frac{5.2F'}{\pi[\sigma]}} \tag{5-12}$$

式中　$[\sigma]$——螺栓的许用应力（MPa），见表5-8。

（2）受轴向工作载荷的紧螺栓联接　这种紧螺栓联接常见于对紧密性要求较高的压力容器中，如气缸、液压缸中的法兰联接。工作载荷作用前，螺栓只受预紧力 $F'$，接合面受压力 $F'$（图5-16a）；工作时，在轴向工作载荷 $F$ 作用下，接合面有分离趋势，该处压力由 $F'$ 减为 $F''$，称为残余预紧力，$F''$ 同时也作用于螺栓，因此，螺栓所受总拉力 $F_Q$ 应为轴向工作载荷 $F$ 与残余预紧力 $F''$ 之和（图5-16b），即

$$F_Q = F + F'' \tag{5-13}$$

为保证联接的紧固性与紧密性，残余预紧力 $F''$ 应大于零。表5-9中列出了 $F''$ 的推荐值。

螺栓的强度校核计算式为

$$\sigma_v = 1.3\frac{F_Q}{\frac{\pi d_1^2}{4}} \leqslant [\sigma] \tag{5-14}$$

表5-9　残余预紧力 $F''$ 的推荐值

| 联接性质 | | 残余预紧力 $F''$ 的推荐值 |
|---|---|---|
| 紧固联接 | $F$ 无变化 | $(0.2\sim0.6)F$ |
| | $F$ 有变化 | $(0.6\sim1.0)F$ |
| 紧密联接 | | $(1.5\sim1.8)F$ |
| 地脚螺栓联接 | | $\geqslant F$ |

设计计算式为

$$d_1 \geqslant \sqrt{\frac{5.2F_Q}{\pi[\sigma]}} \tag{5-15}$$

压力容器中的螺栓联接，除满足式（5-14）外，还要有适当的螺栓间距，间距太大会影响联接的紧密性。

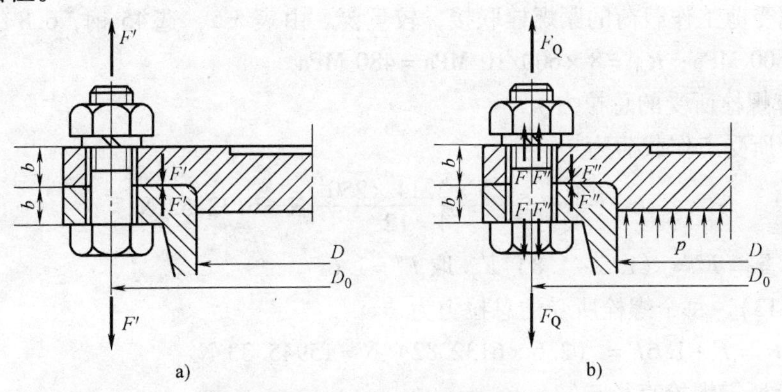


图5-16　受轴向载荷的普通螺栓联接

a）工作载荷作用前　b）工作载荷作用后

当轴向工作载荷在 $0\sim F$ 之间变化时，螺栓所受的总拉力将在 $F'\sim F_Q$ 之间变化。对于受轴向变载荷螺栓的粗略计算可按总拉力 $F_Q$ 进行，其强度条件仍为式（5-14），所不同的是许用应力应按变载荷查取（见有关手册）。

## 5.5.2　受剪螺栓联接的强度计算

在受横向载荷的铰制孔螺栓联接（图5-17）中，载荷是靠螺杆的剪切以及螺杆和被联接件间的挤压来传递的。这种联接的失效形式有两种：①螺杆受剪面的塑性变形或剪断；②螺杆与被联接件中强度小者的挤压面被压溃。

装配时只需对联接中的螺栓施加较小的预紧力，因此可以忽略接合面间的摩擦，故螺栓杆的抗剪强度条件为

$$\tau = \frac{F_s}{\frac{\pi d_s^2}{4}} \leqslant [\tau] \tag{5-16}$$

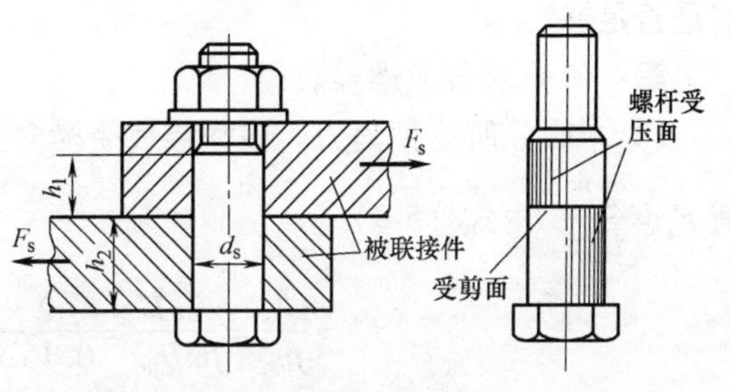


图5-17　受剪螺栓联接

螺栓杆与孔壁的挤压强度条件为

$$\sigma_{jy}=\frac{F_s}{d_s h_{min}}\leqslant[\sigma_{jy}] \tag{5-17}$$

式中 $F_s$——单个铰制孔用螺栓所受的横向载荷（N）；

$d_s$——铰制孔用螺栓剪切面直径（mm）；

$h_{min}$——螺栓杆与孔壁挤压面的最小高度（mm）；

$[\tau]$——螺栓许用切应力（MPa），查表5-8；

$[\sigma_{jy}]$——螺栓或被联接件的许用挤压应力（MPa），查表5-8。

**例5-1** 如图5-16所示，气缸盖与气缸体的凸缘厚度均为 $b=30$ mm，采用普通螺栓联接。已知气体的压强 $p=1.5$ MPa，气缸内径 $D=250$ mm，12个螺栓分布圆直径 $D_0=350$ mm，采用指针式扭力扳手装配。试选择螺栓的材料和性能等级，确定螺栓的直径。

**解**：（1）选择螺栓材料的性能等级

该联接属受剪工作载荷的紧螺栓联接，较重要。由表5-5，选45钢，6.8级，其 $R_m=6\times100$ MPa $=600$ MPa；$R_{eL}=8\times600/10$ MPa $=480$ MPa。

（2）计算螺栓所受的总拉力

每个螺栓所受工作载荷为

$$F=\frac{p\pi D^2}{4z}=\frac{1.5\times3.14\times250^2}{4\times12}\ \text{N}=6132.52\ \text{N}$$

由表5-9查得 $F''=(1.5\sim1.8)F$，取 $F''=1.6F$。

由式（5-13），每个螺栓所受的总拉力为

$F_Q=F+F''=F+1.6F=(2.6\times6132.82)\ \text{N}=15945.33\ \text{N}$

（3）计算所需螺栓直径

由表5-8查得 $[s]=2$，则

$$[\sigma]=R_{eL}/[s]=(480/2)\ \text{MPa}=240\ \text{MPa}$$

$$d_1\geqslant\sqrt{\frac{5.2F_Q}{\pi[\sigma]}}=\sqrt{\frac{5.2\times15945.33}{3.14\times240}}\ \text{mm}=10.49\ \text{mm}$$

查GB/T 196—2003，选用M12的螺栓。

**例5-2** 如图5-18所示钢制凸缘联轴器，用均布在直径为 $D_0=250$ mm圆周上的 $z$ 个螺栓将两个半凸缘联轴器紧固在一起，凸缘厚均为 $b=30$ mm。联轴器需要传递的转矩 $T=10^6$ N·mm，接合面间摩擦因数 $f=0.15$，可靠性系数 $c=1.2$。试求：（1）若采用6个普通螺栓联接，计算所需螺栓直径；（2）若采用与上相同公称直径的3个铰制孔用螺栓联接，强度是否足够？

**解**：（1）求普通螺栓直径

1）求螺栓所受预紧力。该联接属受横向工作载荷的紧螺栓联接，每个螺栓所受横向载荷 $F_s=\dfrac{2T}{D_0 z}$，由式（5-9）

$$F'=\frac{cF_s}{fm}=\frac{2cT}{fmD_0z}=\frac{2\times1.2\times10^6}{0.15\times1\times250\times6}\ \text{N}=10667\ \text{N}$$

也可直接由接合面间不打滑的条件 $F'fm\dfrac{D_0}{2}=cT$ 求得 $F'$。

2）选择螺栓材料，确定许用应力。由表5-5，选 Q235 钢，4.6 级，其 $R_m = 400$ MPa，$R_{eL} = 240$ MPa。由表5-8，当不控制预紧力时，对碳素钢

$$[s] = \frac{2200}{900 - (70000 - F')^2 \times 10^{-7}}$$

$$= \frac{2200}{900 - (70000 - 10667)^2 \times 10^{-7}} = 4$$

$$[\sigma] = \frac{\sigma_s}{[s]} = \frac{240}{4} \text{ MPa} = 60 \text{ MPa}$$

3）计算螺栓直径

$$d_1 \geqslant \sqrt{\frac{5.2F'}{\pi[\sigma]}} = \sqrt{\frac{5.2 \times 10667}{3.14 \times 60}} \text{ mm} = 17.159 \text{ mm}$$

查普通螺纹基本尺寸，取 $d = 20$ mm，$d_1 = 17.294$ mm，$P = 2.5$ mm。

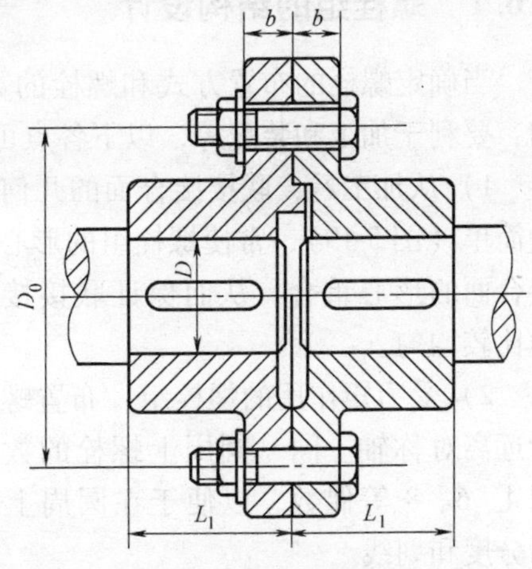


图 5-18　凸缘联轴器中的螺栓联接

（2）校核铰制孔用螺栓强度

1）求每个螺栓所受横向载荷

$$F_s = \frac{2T}{D_0 z} = \frac{2 \times 10^6}{250 \times 3} \text{ N} = 2667 \text{ N}$$

2）选择螺栓材料，确定许用应力。由表5-5，仍选 Q235 钢，4.6 级，其 $R_m = 400$ MPa，$R_{eL} = 240$ MPa. 由表5-8，$[s_{jy}] = 2.5$，$[s_{jy}] = 1.25$，有

$$[\tau] = \frac{R_{eL}}{[s_{jy}]} = \frac{240}{2.5} \text{ MPa} = 96 \text{ MPa}$$

$$[\sigma_{jy}] = \frac{R_{eL}}{[s_{jy}]} = \frac{240}{1.25} \text{ MPa} = 192 \text{ MPa}$$

3）校核螺栓强度。对 M20 的铰制孔用螺栓，由标准中查得 $d_s = 21$ mm，取公称长度 $l = 85$ mm，其中非螺纹段长度可查得为 53 mm，由分析可知

$$h_{min} = 53 - b = (53 - 30) \text{ mm} = 23 \text{ mm}$$

$$\tau = \frac{F_s}{\frac{\pi d_s^2}{4}} = \frac{2667}{\frac{3.14 \times 21^2}{4}} \text{ MPa} = 7.7 \text{ MPa} < [\tau]$$

则

$$\sigma_{jy} = \frac{F_s}{d_s h_{min}} = \frac{2667}{21 \times 23} \text{ MPa} = 5.5 \text{ MPa} < [\sigma_{jy}]$$

因此，采用 3 个铰制孔用螺栓强度足够。

## 5.6　螺栓联接的结构设计

一般情况下，大多数螺栓都是成组使用的，因此设计时应注意合理确定联接接合面的几何形状和螺栓的布置形式，全面考虑受力、装拆、加工、强度等方面的因素。

## 5.6.1　螺栓组的结构设计

当确定螺栓的布置方式和螺栓的数目时，应使联接结构受力合理，力求各螺栓受力均匀，要利于加工和装配等，以下各点可供结构设计时参考。

1）从加工看，联接接合面的几何形状尽量简单（图5-19），常使螺栓组的形心与联接接合面的形心重合，从而保证联接接合面受力比较均匀。

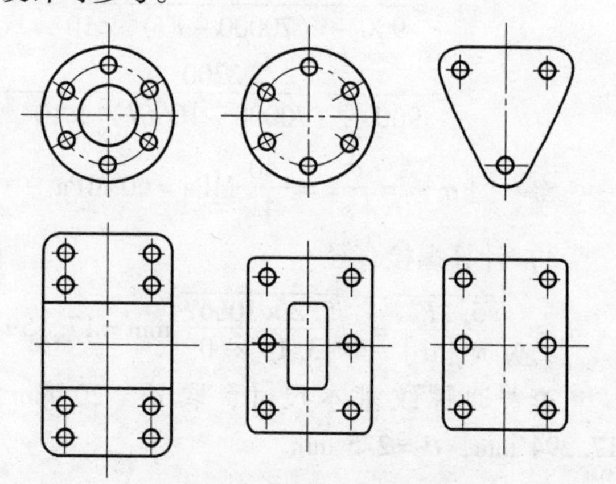

图5-19　常用螺栓组联接接合面

2）受力矩作用的螺栓组，布置螺栓应尽量远离对称轴。同一圆周上螺栓的数目应采用4、6、8等偶数，以便于在圆周上钻孔时的分度和划线。

3）应使螺栓受力合理。对于普通螺栓在同时承受轴向载荷和较大横向载荷时，应采用销、套筒、键等抗剪零件来承受横向载荷（图5-20），以减小螺栓预紧力及其结构尺寸。

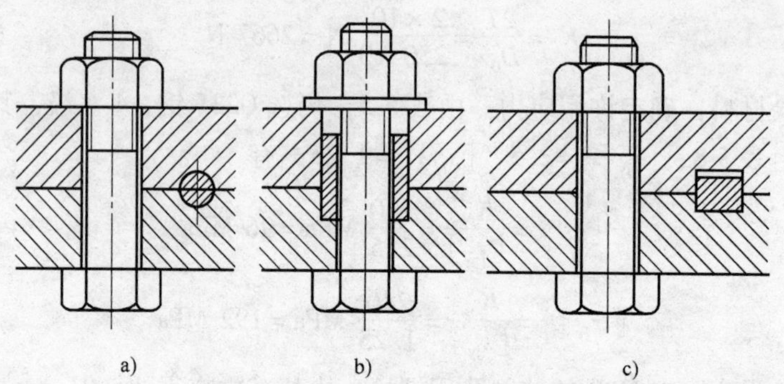


图5-20　承受横向载荷的减载装置
a）用减载销　b）用减载套筒　c）用减载键

4）螺栓的排列应有合理的间距、边距。布置螺栓时，各螺栓轴线间以及螺栓轴线和机体壁间的最小距离，应根据扳手所需活动空间的大小来决定，扳手空间的尺寸（图5-21）可查阅有关标准。对于压力容器等紧密性要求较高的重要联接，螺栓的间距 $t_0$ 不得大于表5-10所推荐的数值。

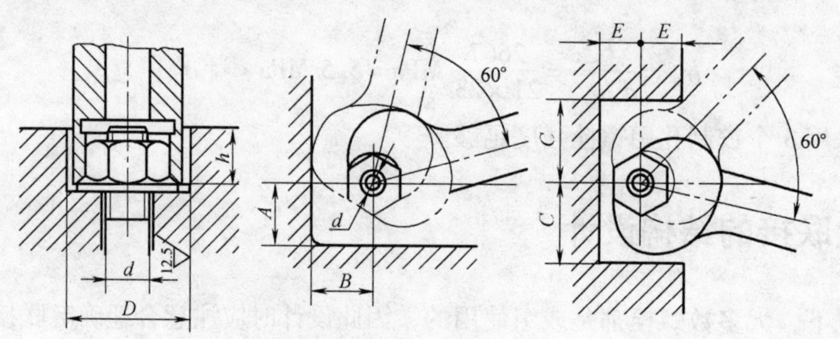


图5-21　扳手空间尺寸

表 5-10 螺栓间距 $t_0$

| | 工作压力/MPa | | | | | |
|---|---|---|---|---|---|---|
| | ≤1.6 | 1.6~4 | 4~10 | 10~16 | 16~20 | 20~30 |
| | $t_0$/mm | | | | | |
| | 7$d$ | 4.5$d$ | 4.5$d$ | 4$d$ | 3.5$d$ | 3$d$ |

注：表中 $d$ 为螺纹公称直径。

## 5.6.2 提高螺栓强度的措施

螺栓联接的强度主要取决于螺栓的强度。影响螺栓强度的主要因素有载荷分布、应力变化幅度、应力集中和附加应力以及材料的力学性能等几个方面。

**1. 减少应力集中的影响**

螺纹的牙根和收尾、螺栓头部与螺栓杆的过渡处以及螺栓横截面积发生变化的部位等，都会产生应力集中，是产生断裂的危险部位。为了减小应力集中，可增大过渡处圆角半径和采用卸载结构（图 5-22）。但应注意，对于一般用途的联接，不要随便采用卸载槽一类的结构。

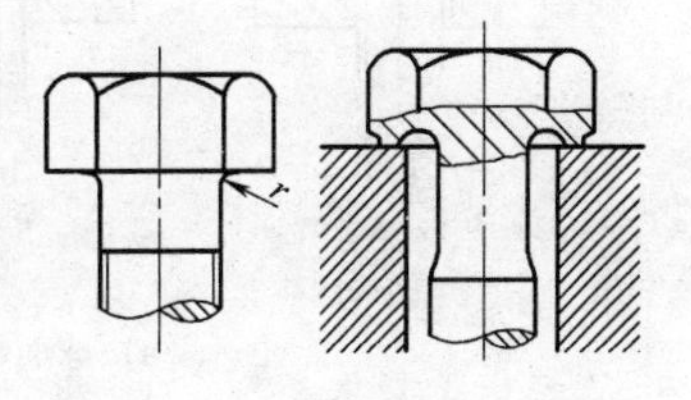


图 5-22 减小应力集中的方法

**2. 降低载荷变化量**

理论和实践表明，受轴向变载的紧螺栓联接在最小应力不变的情况下，载荷变化越大，则螺栓越易破坏，联接的可靠性越差。为了提高螺栓强度，可采用减小螺栓光杆部分直径的方法或采用空心杆结构（图 5-23a），以增大螺栓柔度，达到降低载荷变化量的目的；也可在螺母下面装弹性元件（图 5-23b），其效果与采用空心杆相似。

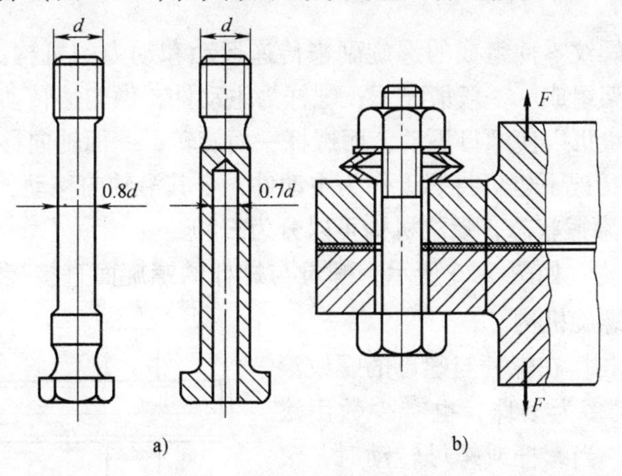


图 5-23 降低载荷变化量

a）减小直径或用空心杆 b）螺母下装弹性元件

**3. 避免附加弯曲应力**

除因制造和安装上的误差以及被联接部分的变形等原因可引起附加弯曲应力外，被联接件、螺栓头部和螺母等的支承面倾斜、螺纹孔不正也会引起弯曲应力（图5-24）。几种减小或避免弯曲应力的措施如图5-25所示。

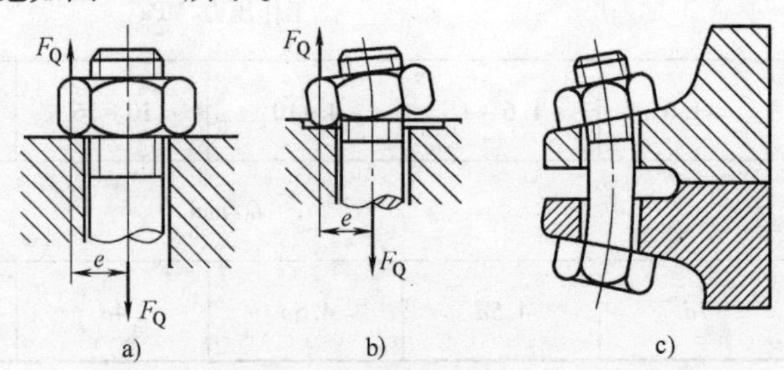


图5-24　螺栓的附加应力

a）支承面不平　b）螺母孔不正　c）被联接件刚度小

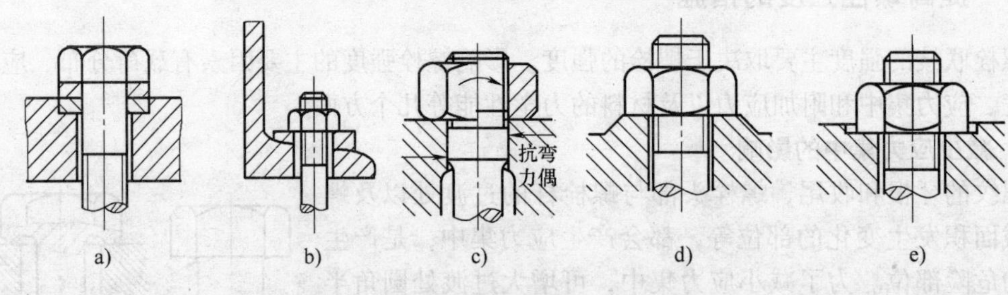


图5-25　减小或避免弯曲应力的措施

a）球面垫圈　b）斜垫圈　c）环腰　d）凸台　e）沉头座

## 5.7　螺旋传动

### 5.7.1　螺旋机构的工作原理和类型

螺旋机构是利用螺纹零件组成的螺旋副来传递运动和动力的机构。如图5-26所示，它是由螺母、螺杆和机架组成。一般情况下，螺杆为主动件，做匀速转动，螺母为从动件做轴向匀速直线移动。但也可以使螺母不动，而螺杆一面旋转，一面轴向移动。在螺纹升角$\phi > \varphi_v$（当量摩擦角）的情况下也可将螺母作为主动件，令其沿轴向移动，而迫使螺杆转动。

**1. 根据螺旋副的摩擦状态，螺旋机构可以分为三种**

（1）滑动螺旋机构　如图5-26所示，螺母与螺杆的螺旋面直接接触，摩擦状态为滑动摩擦，这是最常见的螺旋机构。

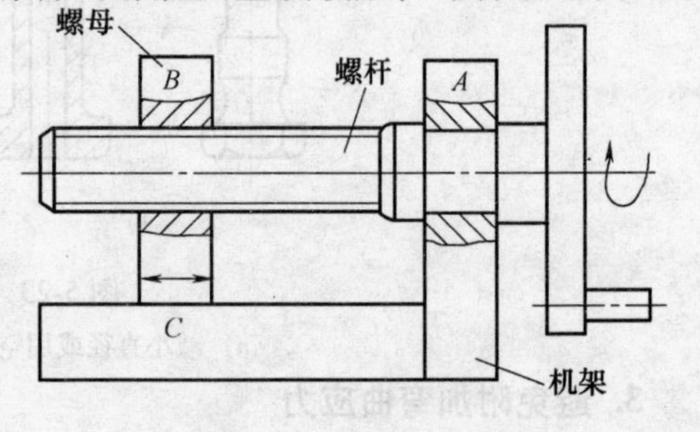


图5-26　滑动螺旋机构

（2）滚动螺旋机构　在螺杆与螺母的螺纹滚道间装有滚动体（大多为滚珠，也有少数用滚子），如图5-27所示。当螺杆或螺母转动时，滚动体在螺纹滚道内滚动，摩擦状态为滚动摩擦，其摩擦损失比滑动螺旋机构小，传动效率也比滑动螺旋机构高。

滚动螺旋机构按其滚动体的循环方式不同，

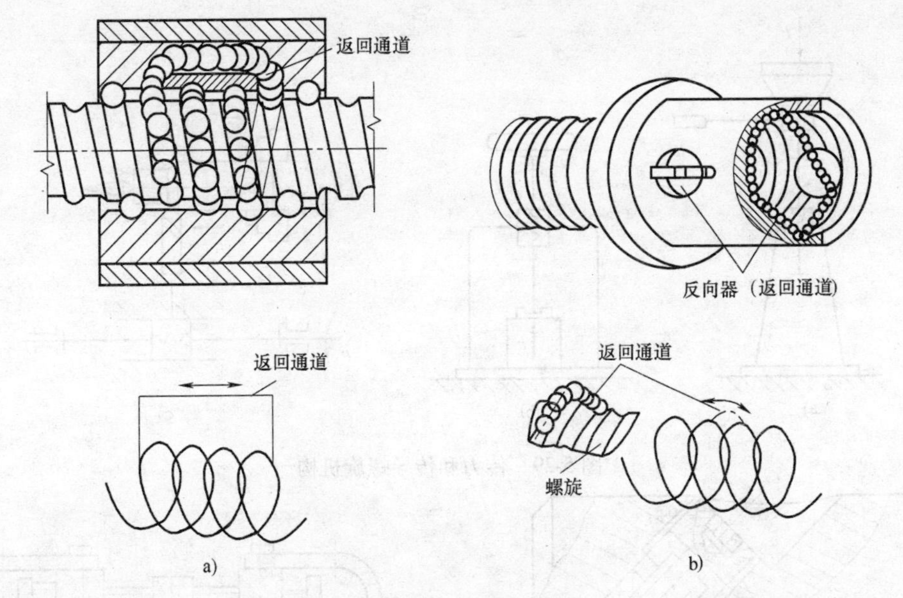


图5-27 滚动螺旋机构
a）外循环式 b）内循环式

可以分为外循环和内循环两种形式。

所谓外循环是指滚珠在回程时，脱离螺旋滚道，而在螺旋滚道外进行循环。所谓内循环是指滚珠在循环过程中始终和螺杆接触。内循环螺母上开有侧孔，孔内有反向器将相邻滚道联通，滚珠越过螺纹顶部进入相邻滚道，形成封闭循环回路。一个循环回路里只有一圈滚珠，设置有一个反向器，一个内循环螺母常装配2~4个反向器，这些反向器均匀分布在圆周上。外循环螺母只需前后设置一个反向器。

（3）静压螺旋机构　在螺杆与螺母的螺旋面间注入静压油，摩擦状态为液体摩擦。这种机构摩擦损失和磨损都很小，传动效率很高，但需要有一套供油系统，机构较为复杂，如图5-28所示。

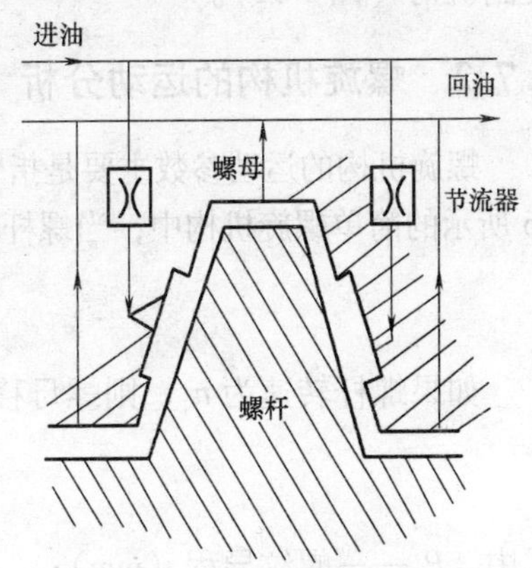


图5-28 静压螺旋机构

**2. 根据其用途不同，螺旋机构可以分为三种**

（1）传力螺旋机构　这种机构以传递动力为主，要求以较小的力矩转动螺杆（或螺母），使其产生轴向运动和较大的轴向力，用来做起重或加压工作，如图5-29a、图5-29b所示。传力螺旋机构主要是承受很大的轴向力，一般做间歇性工作，每次工作时间较短，工作速度不高，要求自锁。

（2）传导螺旋机构　这种机构以传递运动为主，有时也承受较大的轴向力，常用于机床刀架或工作台的进给机构，如图5-29c所示。传导螺旋机构一般在较长的时间内连续工作，速度较高，因此要求具有较高的传动精度。

（3）调整螺旋机构　这种机构是用来调整和固定零件的相对位置，如机床、仪器及测试装置中的微调机构。调整螺旋机构不经常转动，一般在空载下调整，图5-30所示为镗床调节镗刀进刀量用的调节螺旋机构；图5-31所示为用于车辆连接的调节螺旋机构。

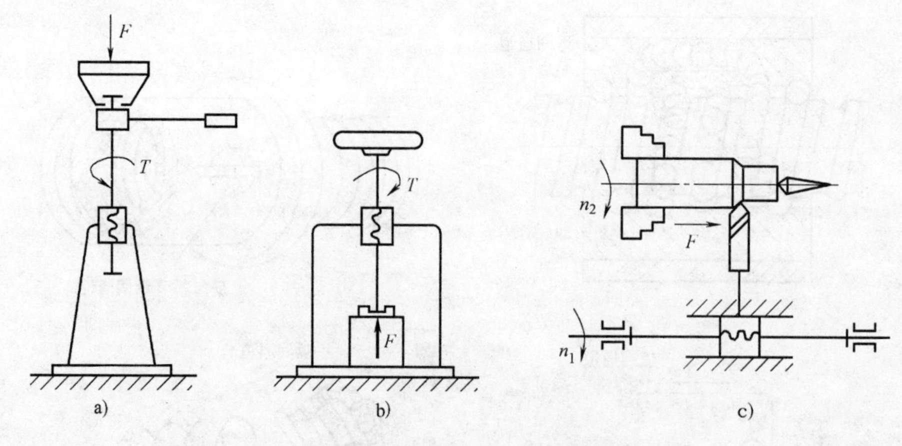


图 5-29 传力和传导螺旋机构

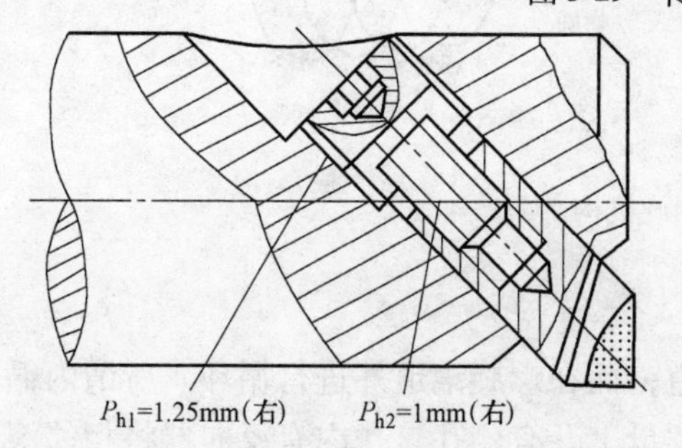


图 5-30 镗刀调节螺旋机构图

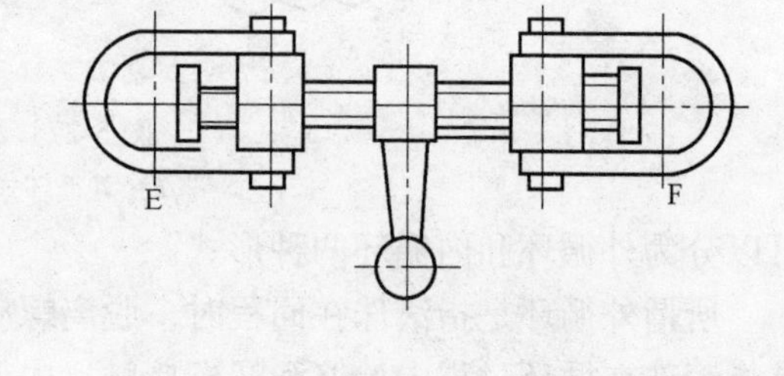


图 5-31 车辆连接的调节螺旋机构

根据螺旋机构中含几个螺旋副，还可将螺旋机构分为单螺旋副机构（图 5-26）和双螺旋副机构（图 5-31）。

### 5.7.2 螺旋机构的运动分析

螺旋机构的运动参数主要是指螺旋副的转角 $\varphi$ 和位移 $l$，或转速 $n$ 和移动速度 $v$。如图 5-26 所示的简单螺旋机构中，当螺杆转过角 $\varphi$ 时，螺母将沿螺杆的轴向移动一距离 $l$，其值为

$$l=\frac{\varphi}{2\pi}P_h \tag{5-18}$$

如果螺杆转速为 $n_1$，则螺母移动速度为

$$v=\frac{n_1P_h}{60} \tag{5-19}$$

式中 $P_h$——螺纹导程（mm）；

$n_1$——转速（r/min）；

$v$——螺母移动速度（mm/s）。

螺母的轴向位移方向与螺纹旋向有关，若为右旋螺纹，可用右手定则：右手握拳，拇指伸直，4 个手指所示方向表示螺杆转动方向，则拇指指向为螺杆的移动方向。若螺杆因结构限制不能移动，则螺母将沿拇指指向的反方向移动。若为左旋螺纹，可用左手定则，其判别方法相同。

利用螺旋机构的这一传动特性，可以设计出移动速度极慢的差动螺旋机构和移动速度极

快的复式螺旋机构。如将图5-26中的转动副$A$变成螺旋副便得到图5-32所示的双螺旋副螺旋机构。螺杆的$A$段螺旋在固定的螺母中转动，而$B$段螺旋在不能转动但能移动的螺母中转动。设$A$、$B$两段螺旋的导程分别为$P_{hA}$、$P_{hB}$，其旋向相同，$C$为移动副。

当螺杆转过角$\varphi$时，螺杆相对机架的位移为

$$l=\frac{\varphi}{2\pi}\left(P_{hA}-P_{hB}\right) \tag{5-20}$$

其移动方向用左右手定则确定。由此式可知，当$P_{hA}$、$P_{hB}$相差很小时，螺母的位移会很小。这种含双螺旋副且两螺旋副旋向相同的螺旋机构称为差动螺旋机构，常用于微量调节、测微和分度装置中。图5-30所示的镗床调节镗刀进刀量的螺旋机构，就是差动螺旋机构的实例。图中两螺旋副均为右旋，导程$P_{h1}=1.25\text{mm}$，$P_{h2}=1\text{mm}$，当螺杆转动一周，镗刀相对镗杆的位移仅为0.25mm，故可实现进刀量的微量调节，以保证加工精度。

在图5-32所示的螺旋机构中，若$A$、$B$两螺旋副旋向相反（一为左旋，一为右旋），当螺杆转过角$\varphi$时，螺母相对机架的位移为

$$l=\frac{\varphi}{2\pi}\left(P_{hA}+P_{hB}\right) \tag{5-21}$$

由上式可知，螺母可产生很快的移动。这种含双螺旋副且两螺旋副旋向相反的螺旋机构称为复式螺旋机构。图5-31所示的用于车辆连接的螺旋机构，就是复式螺旋机构的实例，它可以使车钩E和F较快地靠近或离开。

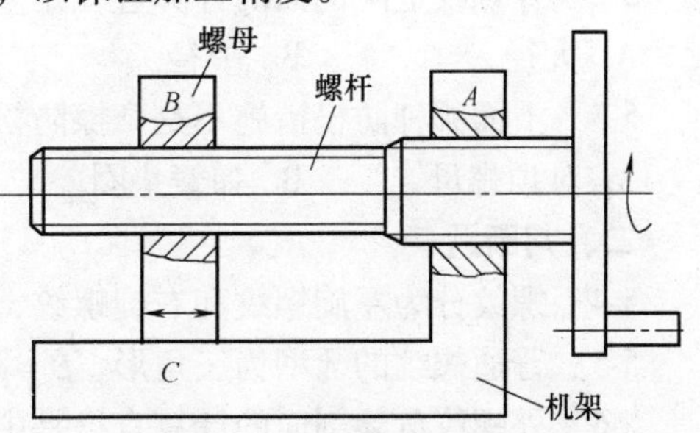

图5-32　双螺旋副螺旋机构

## 5.7.3　螺旋副的效率和自锁

螺旋副传动的效率可按照下式计算

$$\eta=\frac{\tan\phi}{\tan\left(\phi+\varphi_v\right)} \tag{5-22}$$

式中　$\phi$——螺纹升角；

$\varphi_v$——当量摩擦角，它与螺旋副当量摩擦因数$f_v$对应，$\varphi_v=\arctan f_v=\arctan\dfrac{f}{\cos\beta}$（$f$是螺旋副摩擦因数，$\beta$是螺纹的牙型半角）。

由上式可知，当量摩擦角$\varphi_v$一定时，效率$\eta$是螺纹升角$\phi$的函数。由此可作出效率曲线，如图5-33所示。令$\dfrac{d\eta}{d\phi}=0$，可得当$\phi=45°-\dfrac{\varphi_v}{2}$时，效率$\eta$最高。当$\phi<45°-\dfrac{\varphi_v}{2}$时，$\eta$随$\phi$的增大而增高。过大螺纹升角$\phi$的螺纹制造困难，且效率$\eta$增高也不显著，所以一般$\phi\leqslant25°$。

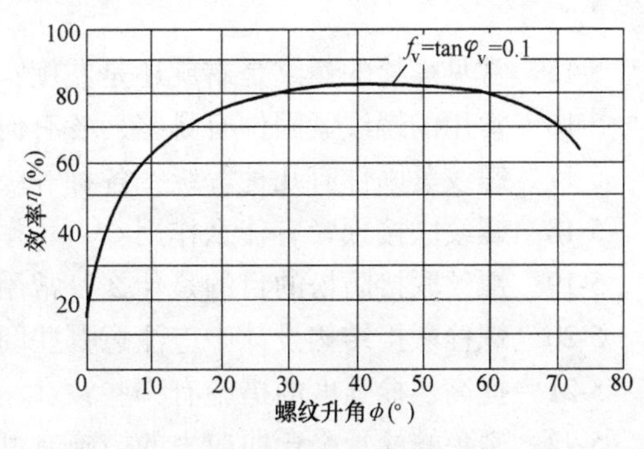

图5-33　螺旋副的效率曲线

螺旋副的自锁条件为

$$\phi \leqslant \varphi_v \tag{5-23}$$

普通螺纹、梯形螺纹、锯齿形螺纹和矩形螺纹的牙形半角 $\beta$ 分别等于 30°、15°、3°和 0°，可见普通螺纹的 $f_v$ 和 $\varphi_v$ 大，自锁性能好，牙根强度高，故常用于联接，而梯形螺纹、锯齿形螺纹和矩形螺纹的 $f_v$ 和 $\varphi_v$ 小，效率高，故常用于传动。

## 5.8　拓展练习

**一、选择填空**

5-1　螺纹联接常采用________。

A. 三角形螺纹　B. 矩形螺纹　C. 梯形螺纹　D. 锯齿形螺纹

5-2　外螺纹危险剖面的计算直径是________。

A. 大径　B. 中径　C. 小径　D. 公称直径

5-3　下面哪种防松措施不是摩擦防松________。

A. 对顶螺母　B. 弹簧垫圈　C. 自锁螺母　D. 止动垫圈

**二、判断题**

5-4　螺纹分为左旋螺纹和右旋螺纹，常采用左旋螺纹。（　）

5-5　普通螺纹的牙型为三角形，$\beta = 30°$，又称三角形螺纹。（　）

5-6　外螺纹危险剖面的计算直径是中径。（　）

5-7　螺纹联接常采用梯形螺纹。（　）

**三、填空题**

5-8　螺纹传动一般采用________、________、________。

5-9　圆柱螺纹主要参数分为________、________、________、________、________。

5-10　螺纹联接主要类型有________、________、________、________。

5-11　根据螺旋副的摩擦状态，螺旋机构可分为________、________、________。

5-12　根据其用途不同，螺旋机构可分为________、________、________、________。

5-13　提高螺栓强度的措施有________、________、________。

**四、简答题**

5-14　螺纹的主要参数有哪些？常用的螺纹牙型有哪几种？试说明各自的特点及主要用途。

5-15　常见螺栓的螺纹是右旋还是左旋？是单线还是多线？为什么？

5-16　常用的螺纹紧固件有哪些，各有何特点？

5-17　螺纹紧固件有几种等级？各种等级表示的意义是什么？

5-18　螺纹联接预紧有什么作用？

5-19　螺纹联接防松的目的是什么？常用的防松装置有哪些？

5-20　螺栓联接结构设计中应注意哪些问题？

5-21　提高螺栓强度的措施有哪些？

5-22　避免螺栓承受弯曲应力的措施有哪些？

5-23　紧螺栓联接强度计算公式中系数 1.3 的物理意义是什么？

5-24　观察减速器、机床及矿用空压机与底座相联接的螺栓组布置方式，并就承载、扳手空间、螺栓间隔等方面进行讨论和评价。

5-25　起重滑轮（图5-14）最大起重量 $F=20000$ N，螺栓由Q235钢制成，试确定螺纹直径。

5-26　如图5-34所示的螺栓组联接中，已知横向外载荷 $F=30000$ N，螺栓材料为Q235钢。被联接件接合面间的摩擦因数 $f=0.15$，两排共6个螺栓，试确定螺栓直径。

5-27　如图5-35所示用两个M10的螺钉固定一牵引环。若螺钉材料为Q235钢，装配时控制预紧力，接合面为毛面，摩擦因数 $f=0.3$，可靠性系数 $c=1.2$，求允许的牵引力 $F$ 为多少。

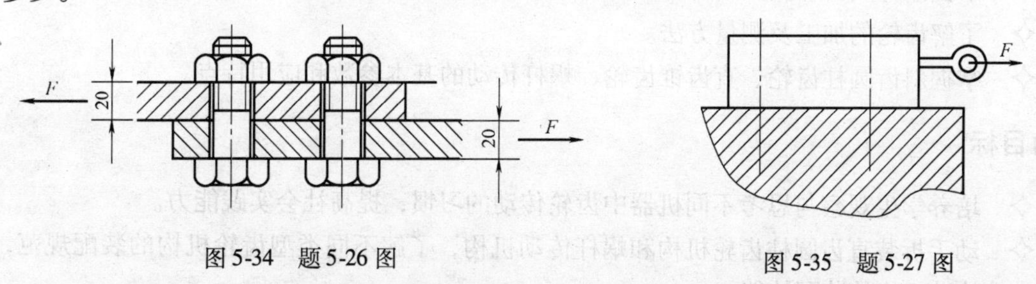


图5-34　题5-26图　　图5-35　题5-27图

5-28　试找出图5-36中螺纹联接结构设计中的错误，并就图改正。已知被联接件的材料均为Q235钢，标准联接零件（螺栓、螺母、垫圈等）的尺寸可查手册。

5-29　刚性凸缘联轴器（图5-18）用4个M10的普通螺栓联接。螺栓的力学性能等级为4.6，均布在直径 $D=80$ mm的圆周上。已知传递的转矩为 $T=50$ N·m，联轴器接触面间的摩擦因数 $f=0.15$。试验算其螺栓能否满足使用要求。

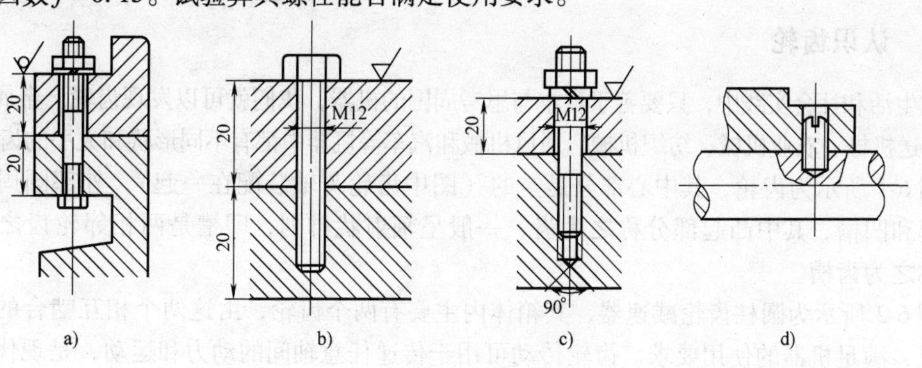


图5-36　题5-28图

5-30　将题5-27中的普通螺栓改为铰制螺栓。试根据抗剪强度条件求螺栓受剪截面的直径。

5-31　一压力容器的顶盖采用普通螺栓联接（图5-16），已知容器内径 $D=350$ mm，气压 $p=1.1$ MPa，螺栓数目 $z=16$，材料为45钢，装配时不控制预紧力，容器凸缘厚度和盖的厚度均为30 mm，试确定螺栓直径。

5-32　螺旋副的自锁条件是什么？

5-33　差动螺旋机构和复式螺旋机构有何差别？列举你所见到的这两种螺旋机构的应用实例。

# 第6章　齿 轮 传 动

## 知识目标

✧　熟悉齿轮传动的类型、特点和应用。

✧　掌握直齿圆柱齿轮的主要参数和几何尺寸计算。

✧　掌握渐开线齿廓及其啮合特性、齿轮正确啮合条件和连续传动条件。

✧　了解齿轮的加工及测量方法。

✧　掌握斜齿圆柱齿轮、直齿锥齿轮、蜗杆传动的基本参数和应用特点。

## 能力目标

✧　培养学生观察与思考不同机器中齿轮传动的习惯，提高社会实践能力。

✧　动手拆装直齿圆柱齿轮机构和蜗杆传动机构，了解不同类型齿轮机构的装配规范，提高齿轮传动机构的装配技能。

✧　能对直齿圆柱齿轮传动、斜齿圆柱齿轮传动、蜗杆传动等简单机构进行设计。

## 6.1　概述

### 6.1.1　认识齿轮

在生活和社会实践中，只要善于观察与思考周围的机器，我们就可以发现齿轮。金属切削机床、输送机械、农业机械、纺织机械、通风机械和汽车等机器中都有不同形状和大小的齿轮。

图6-1所示为齿轮，其中心部分是空的（图中齿轮与轴装配在一起），外部圆周分布很多凸起和凹槽，其中凸起部分称之为齿，一般呈辐射状排列，凹槽是两相邻轮齿之间的空间，称之为齿槽。

图6-2所示为圆柱齿轮减速器，其箱体内主要有两个齿轮，由这两个相互啮合的齿轮实现减速，满足机器的使用要求。齿轮传动可用于传递任意轴间的动力和运动，是现代机器中应用最广泛的机械传动之一。

图6-1　直齿圆柱齿轮

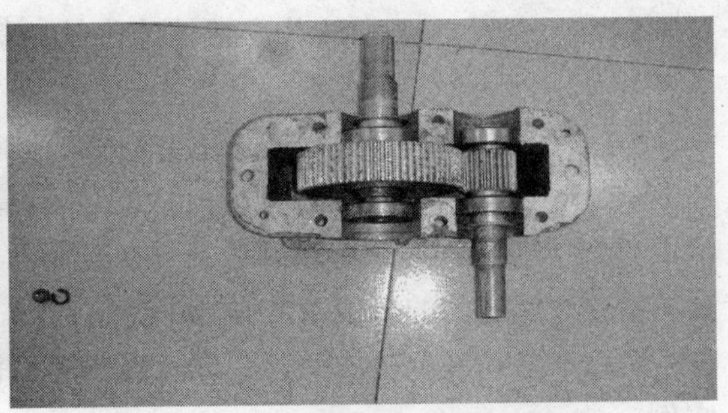

图6-2　一级圆柱齿轮减速器

图6-3所示为CA6140型卧式车床的主轴箱。CA6140车床的主轴箱是由多个齿轮（实际上是多级传动）和其他零部件组成的传动系统，它能把电动机的运动及能量传给主轴，使主轴带动工件完成主运动。主轴箱内有多对齿轮，可通过不同齿轮的啮合（即传动路线）获得多种主轴转速，也可通过不同齿轮的啮合改变主轴转向。

图6-3 CA6140型卧式车床主轴箱

### 6.1.2 齿轮传动概述

**1. 概念**

齿轮传动是指由齿轮副组成的传递运动和动力的一种装置。齿轮副是由两个相互啮合的齿轮组成的基本机构。图6-4所示为最简单的齿轮传动机构，由两个齿轮组成，两齿轮轴线相对位置不变，两齿轮各绕其轴线转动。

**2. 特点**

齿轮传动是通过轮齿的啮合来实现传动的，与带传动、链传动等传动相比，它具有如下特点：

图6-4 齿轮传动

1）能保证瞬时传动比恒定，传动平稳，传递运动准确可靠。

2）可实现任意位置的两轴传动。

3）适用的功率和圆周速度范围大。

4）结构紧凑，传动效率高，使用寿命长。

5）齿轮的制造、安装精度要求高。

**3. 对齿轮传动的基本要求**

（1）传动准确、平稳　齿轮在传动过程中，任何瞬时的传动比（即两轮角速度之比）保持恒定不变，以保持传动的平衡，避免或减小产生冲击、振动和噪声。

（2）承载能力强　要求齿轮尺寸小，重量轻，能传递较大的动力，寿命长。

### 6.1.3 齿轮传动的类型

齿轮传动的类型很多，按不同的方法分类如下。

1）按齿轮传动轴的相对位置，分为平面齿轮传动（两轴平行）和空间齿轮传动（相交轴传动和交错轴传动）。

2）按齿轮的啮合方式，分为外啮合齿轮传动、内啮合齿轮传动和齿条传动。

3）按轮齿的齿廓曲线，分为渐开线齿轮、摆线齿轮和圆弧齿轮等几种，其中渐开线齿轮应用最广。

4）按轮齿的齿向，分为直齿、斜齿和曲齿。

5）按齿轮传动的工作条件，分为闭式齿轮传动、开式齿轮传动和半开式齿轮传动。

6）按齿轮传动工作时的节圆上的线速度，分为低速传动（$v<3$ m/s）、中速传动（3 m/s$\leqslant v \leqslant$15 m/s）、高速传动（$v>15$ m/s）。

7）按轮齿齿面硬度值，分为软齿面传动（不大于350HBW或38HRC）和硬齿面传动（大于350HBW或38HRC）。

8）按传递功率的大小，分为轻载传动（$P<20$ kW）、中载传动（20 kW$\leqslant P \leqslant$50 kW）和重载传动（$P>50$ kW）。

综上所述，齿轮传动的主要类型、特点和应用见表6-1。

**表6-1　齿轮传动的主要类型、特点和应用**

| 分类 | 名称 | 示意图 | 特点和应用 |
|---|---|---|---|
| 平行轴齿轮传动 | 外啮合直齿圆柱齿轮传动 | | 两齿轮转向相反，轮齿与轴线平行，工作时无轴向力，重合度小，传动平稳性较差，承载能力较低，多用于速度较低的传动，尤其适用于变速器的换挡齿轮 |
| | 内啮合直齿圆柱齿轮传动 | | 两齿轮转向相同，重合度大，轴间距离小，结构紧凑，效率高 |
| | 齿轮齿条传动 | | 齿条相当于一个半径为无限大的齿轮，用于转动到往复移动的运动变换 |
| | 外啮合斜齿圆柱齿轮传动 | | 两齿轮转向相反，轮齿与轴线成一夹角，工作时存在轴向力，所需支承较复杂，重合度较大，传动较平稳，承载能力较高，适用于速度较高，载荷较大或要求结构紧凑的场合 |
| | 外啮合人字齿圆柱齿轮传动 | | 两齿轮转向相反，承载能力高，轴向力能抵消，多用于重载传动 |
| 相交轴齿轮传动 | 直齿锥齿轮传动 | | 两轴线相交，轴交角为90°的应用较广，制造和安装简便，传动平稳性较差，承载能力较低，轴向力较大，用于速度较低，载荷小而稳定的传动 |
| | 曲线齿锥齿轮传动 | | 两轴线相交，重合度大，工作平稳，承载能力高，轴向力较大，且与齿轮转向有关，用于速度较高及载荷较大的传动 |

（续）

| 分类 | 名称 | 示意图 | 特点和应用 |
|---|---|---|---|
| 交错轴齿轮传动 | 交错轴斜齿轮传动 | | 两轴线交错，两齿轮点接触，传动效率高，适用于载荷小，速度低的传动 |
| | 蜗杆传动 | | 两轴线交错，一般成90°，传动比较大，结构紧凑，传动平稳，噪声和振动小，传动效率低，易发热 |

## 6.2　标准直齿圆柱齿轮传动

### 6.2.1　直齿圆柱齿轮

**1. 概述**

直齿圆柱齿轮是使用最多的一类齿轮。图6-5所示为一实心式外啮合直齿圆柱齿轮，由圆柱体加工而成，其轮齿与齿轮轴线平行，齿廓以渐开线齿形应用最广。齿轮结构形式多样，与直径大小、材料、加工方法等因素有关。

**2. 直齿圆柱齿轮的主要参数和几何尺寸计算**

（1）主要参数　在一个齿轮上，模数、齿数和压力角是齿轮几何尺寸计算的主要参数和依据。

图6-5　直齿圆柱齿轮

1）齿数 $z$。在齿轮整个圆周上，均匀分布的轮齿数总和。

2）压力角 $\alpha$。渐开线齿廓与分度圆交点处的压力角 $\alpha$ 称为分度圆压力角，简称压力角，我国规定标准压力角 $\alpha=20°$。

压力角对齿形有影响。在分度圆半径不变的条件下，当压力角 $\alpha<20°$时，其基圆半径增大，齿顶变宽，齿根变瘦，轮齿的承载能力降低，反之相反，如图6-6所示。

3）模数 $m$。设分度圆直径为 $d$，相邻两齿同侧渐开线在分度圆上的弧长为齿距 $p$，则分度圆周长 $\pi d=zp$，$d=pz/\pi$。由于 $\pi$ 为无理数，给设计、制造、检验等工作带来不便，于是人为地把齿距 $p$ 除以圆周率 $\pi$ 所得的商规定为一系列较完整的数，称为

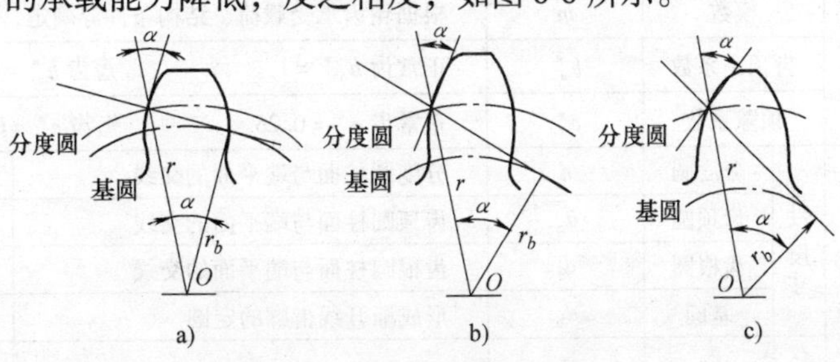


图6-6　压力角对齿形的影响
a）$\alpha<20°$　b）$\alpha=20°$　c）$\alpha>20°$

模数，用 $m$ 表示，单位是 mm。

国家对模数值规定了标准系列，如表 6-2 所示。在计算齿轮尺寸时，模数必须取标准值。

**表 6-2 标准模数系列**（摘自 GB/T 1357—2008） （单位：mm）

| 第一系列 | 1 1.25 1.5 2 2.5 3 4 5 6 8 10 12 16 20 25 32 40 50 |
|---|---|
| 第二系列 | 1.125 1.375 1.75 2.25 2.75 3.5 4.5 5.5 (6.5) 7 9 11 14 18 22 28 36 45 |

注：1. 本表适用于渐开线圆柱齿轮，对斜齿轮是指法向模数。

2. 选用模数时，优先采用第一系列，其次是第二系列，括号内的模数最好不用。

模数对齿轮有影响。对于相同齿数的齿轮，模数越大，齿轮的几何尺寸越大，承载能力越强。

（2）外啮合标准渐开线直齿圆柱齿轮各部分名称和符号及几何尺寸计算 为了便于设计计算，外啮合标准直齿圆柱齿轮各部分的名称、符号和几何尺寸计算如图 6-7、表 6-3 所示。

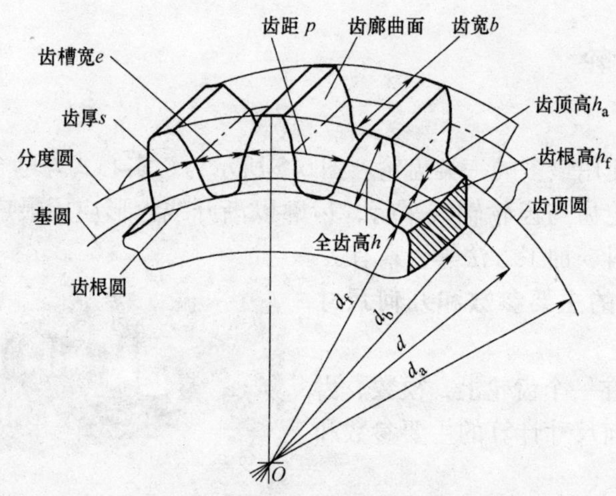


图 6-7 外啮合直齿圆柱齿轮各部分的名称及符号

**表 6-3 外啮合标准直齿圆柱齿轮计算公式**

| | | 名称 | 符号 | 概念 | | 计算公式 |
|---|---|---|---|---|---|---|
| 基本参数 | | 齿数 | $z$ | $z_1 \geqslant z_{min}$，$z_2 = iz_1$ | | |
| | | 压力角 | $\alpha$ | 取标准值，$\alpha = 20°$ | | |
| | | 模数 | $m$ | 根据轮齿承受载荷、结构条件等确定，按表 6-2 选取标准值 | | |
| | | 齿顶高系数 | $h_a^*$ | 正常齿 $h_a^* = 1$ | 短齿 $h_a^* = 0.8$ | |
| | | 顶隙系数 | $c^*$ | 正常齿 $c^* = 0.25$ | 短齿 $c^* = 0.3$ | |
| 几何尺寸 | 直径尺寸 | 分度圆 | $d$ | 分度圆柱面与端平面的交线 | | $d = mz$ |
| | | 齿顶圆 | $d_a$ | 齿顶圆柱面与端平面的交线 | | $d_a = d + 2h_a = m(z + 2h_a^*)$ |
| | | 齿根圆 | $d_f$ | 齿根圆柱面与端平面的交线 | | $d_f = d - 2h_f = m(z - 2h_a^* - 2c^*)$ |
| | | 基圆 | $d_b$ | 形成渐开线齿廓的定圆 | | $d_b = d\cos\alpha$ |
| | 径向尺寸 | 齿厚 | $s$ | 在圆柱齿轮的端平面上，一个齿两侧齿廓之间的分度圆弧长 | | $s = p/2$ |

（续）

| 名称 | | | 符号 | 概念 | 计算公式 |
|---|---|---|---|---|---|
| 几何尺寸 | 径向尺寸 | 齿槽宽 | $e$ | 在圆柱齿轮的端平面上，一个齿槽两侧齿廓之间的分度圆弧长 | $e=p/2$ |
| | | 齿距 | $p$ | 在圆柱齿轮的端面上，两相邻轮齿同侧齿廓之间弧长 | $p=m\pi$ |
| | | 基圆齿距 | $p_b$ | 在圆柱齿轮的端面上，基圆上两相邻轮齿同侧齿廓之间的分度圆弧长 | $p_b=p\cos\alpha$ |
| | 周向尺寸 | 齿顶高 | $h_a$ | 齿顶圆与分度圆之间的径向距离 | $h_a=h_a^* m$ |
| | | 齿根高 | $h_f$ | 齿根圆与分度圆之间的径向距离 | $h_f=m\ (h_a^*+c^*)$ |
| | | 齿高 | $h$ | 齿顶圆与齿根圆之间的径向距离 | $h=h_a+h_f=2.25m$ |
| | 齿宽 | | $b$ | 轮齿两个端面之间的距离 | $b=(6\sim12)m$ 常取 $b=10m$ |
| 啮合传动 | 顶隙 | | $c$ | 两齿轮装配后，两啮合齿沿径向留下的空隙距离 | $c=c^* m$ |
| | 中心距 | | $a$ | 平行轴或交错轴齿轮副的两轴线之间的最短距离 | $a=d_1/2+d_2/2=m(z_1+z_2)/2$ |
| | 传动比 | | $i_{12}$ | 主动轮转速与从动轮转速（角速度）之比 | $i_{12}=n_1/n_2=z_2/z_1$ |

**3. 齿条简介**

图6-8所示为齿条，它可以看作齿轮的一种特殊形式。当齿轮的直径为无穷大时，其圆心将位于无穷远处，这时齿轮各圆周均变成了直线，渐开线齿廓也变成了直线齿廓，这种齿数无穷多的齿轮称为齿条。齿条与齿轮相比有如下特点：

1）齿条齿廓是直线，齿廓上各点的法线是平行的，齿条齿廓上各点的压力角相等且等于标准值。齿条做直线移动，齿廓上各点的速度大小相等、方向相同。

2）齿条各圆演变为相互平行的直线，各齿同侧的齿廓相互平行，任何位置上的齿距相等。

齿条的基本尺寸可参照外齿轮几何尺寸的计算公式进行计算。

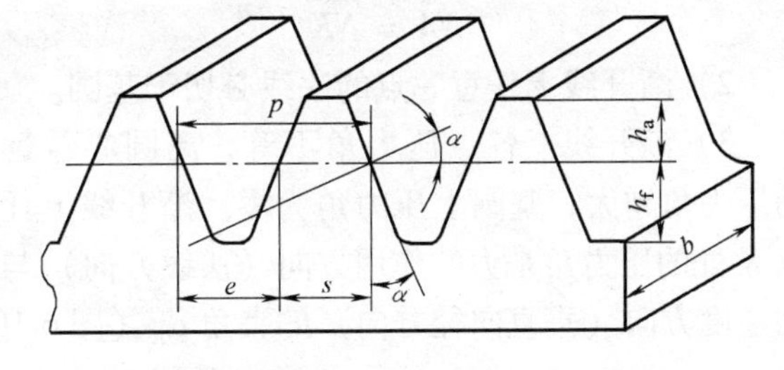


图6-8 齿条

**4. 内齿轮简介**

图6-9所示为内齿圆柱齿轮。由于内齿轮的轮齿是分布在空心圆柱体的内表面上，所以它与外齿轮比较有下列不同点：

1）内齿轮的齿厚相当于外齿轮的齿槽宽，内齿轮的齿槽宽相当于外齿轮的齿厚。

2）内齿轮的分度圆大于齿顶圆，而齿根圆又大于分度圆，即齿根圆大于齿顶圆。

3）为了使内齿轮齿顶的齿廓全部为渐开线，其齿顶圆必须大于基圆。

4）内齿轮的轮廓也是渐开线，但其齿轮的形状与外齿轮不同，外齿轮的轮廓是外凸的，而内齿轮的齿廓则是内凹的。

基于上述各点，内齿轮有些基本尺寸的计算，就不同于外齿轮。例如：

内齿轮的齿顶圆直径　　　$d_a = d - 2h_a = m\ (z - 2h_a{}^*)$

内齿轮的齿根圆直径　　　$d_f = d + 2h_f = m\ (z + 2h_a{}^* + 2c^*)$

中心距　$a = d_1/2 - d_2/2 = m\ (z_1 - z_2)\ /2$

**5. 径节制齿轮简介**

以模数为基本参数设计的齿轮，称模数制齿轮。而有的国家设计、制造的齿轮采用径节制，即以径节作为计算齿轮几何尺寸的基本参数。径节 $P$ 是齿数 $z$ 与分度圆直径 $d$ 之比（单位为 $\text{in}^{-1}$），即

$$P = z/d$$

径节与模数互为倒数，其换算关系为

$$m = 25.4/P$$

例如：有一径节制齿轮，径节 $P = 5/\text{in}$，换算为模数，则 $m = 25.4/5 = 5.08\text{mm}$，大致相当于模数等于5mm的模数制齿轮。

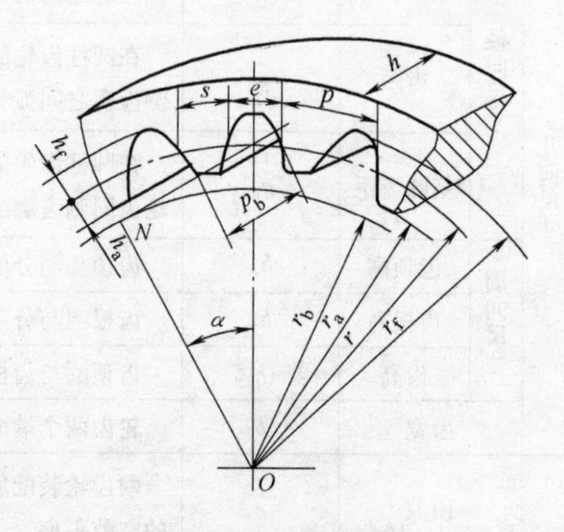


图6-9　内齿圆柱齿轮

## 6.2.2　齿轮传动的基本理论

齿轮传动是靠轮齿的齿廓相互推动来传递动力和运动的，如何保证瞬时传动比恒定，传动平稳，制造方便，其齿廓形状是关键因素。

**1. 渐开线的形成原理及基本性质**

如图6-10所示，在平面上当一条直线（称为发生线）沿着半径为 $r_b$ 的圆（称为基圆）做纯滚动时，直线上任意点 $K$ 的轨迹称为该圆的渐开线。

由渐开线的形成过程可知它具有以下特性：

1）发生线在基圆上滚动过的线段长度和基圆上被滚过的弧长相等，即

$$\overset{\frown}{NA} = \overline{NK}$$

2）渐开线上任意一点的法线必切于基圆。

3）渐开线上各点压力角不等，离圆心越远处的压力角越大，基圆上压力角为零。渐开线上任意点 $K$ 处的压力角是力的作用方向（法线方向）与运动速度方向（垂直向径方向）的夹角 $\alpha_K$（图6-10），由几何关系可推出

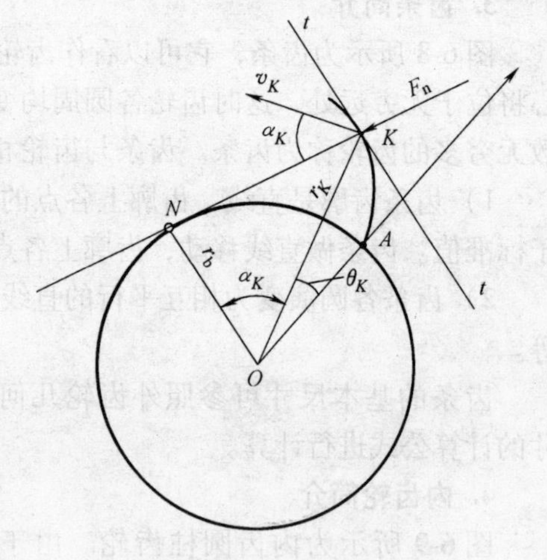


图6-10　渐开线的形成及压力角

$$\alpha_K = \arccos \frac{r_b}{r_K} \tag{6-1}$$

式中　$r_b$——基圆半径；

$r_K$——$K$ 点向径。

4）渐开线的形状取决于基圆半径的大小。基圆半径越大，渐开线越趋平直，如图6-11所示。

5）基圆内无渐开线。

**2. 渐开线齿廓的啮合特性**

（1）瞬时传动比恒定　如图6-12所示，两相互啮合的齿廓 $E_1$ 和 $E_2$ 在 $K$ 点接触，过 $K$ 点作两齿廓的公法线 $nn$，它与连心线 $O_1O_2$ 的交点 $C$ 称为节点。以 $O_1$、$O_2$ 为圆心，以 $O_1C$（$r'_1$）、$O_2C$（$r'_2$）为半径所作的圆称为节圆。两齿廓的接触点称为啮合点，啮合点形成的轨迹称为啮合线，啮合线与两节圆的公切线所夹的锐角称啮合角。

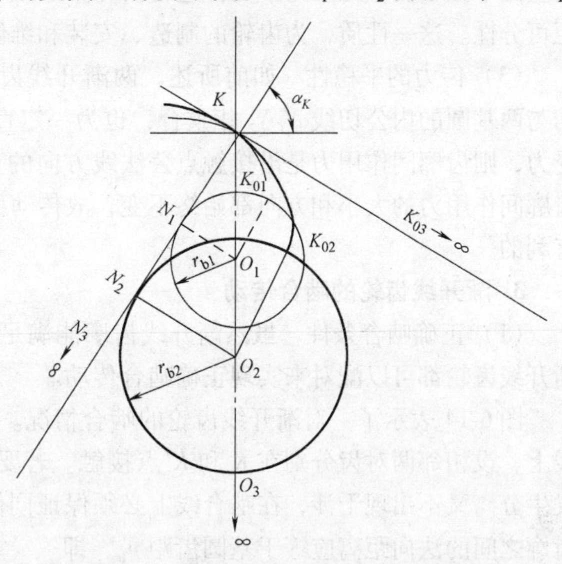


图6-11　渐开线形状与基圆大小的关系

如图6-13所示，两轮在 $K$ 点速度分别为 $v_{K1}=\omega_1\ \overline{O_1K}$ 和 $v_{K2}=\omega_2\ \overline{O_2K}$，为了使两轮连续且平稳地工作，$v_{K1}$ 和 $v_{K2}$ 在公法线 $nn$ 上的速度分量应相等，否则两齿廓将相互压入或分离。因而

$$v_{K1}\cos\alpha_{K1}=v_{K2}\cos\alpha_{K2}$$

$$\frac{\omega_1}{\omega_2}=\frac{\overline{O_2K}\cos\alpha_{K2}}{\overline{O_1K}\cos\alpha_{K1}}$$

令 $i=\dfrac{\omega_1}{\omega_2}=\dfrac{\overline{O_2K}\cos\alpha_{K2}}{\overline{O_1K}\cos\alpha_{K1}}=\dfrac{\overline{O_2N_2}}{\overline{O_1N_1}}=\dfrac{\overline{O_2C}}{\overline{O_1C}}$

由 $\triangle N_1O_1C\backsim\triangle N_2O_2C$，可推得

$$i=\frac{\omega_1}{\omega_2}=\frac{\overline{O_2C}}{\overline{O_1C}}=\frac{r_{b2}}{r_{b1}} \tag{6-2}$$

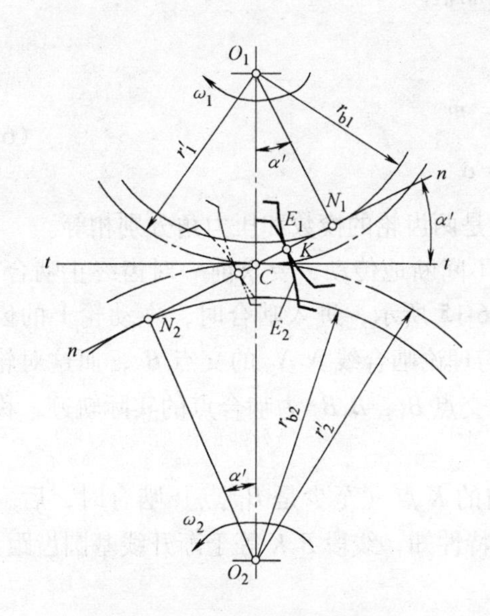


图6-12　渐开线齿廓的啮合传动

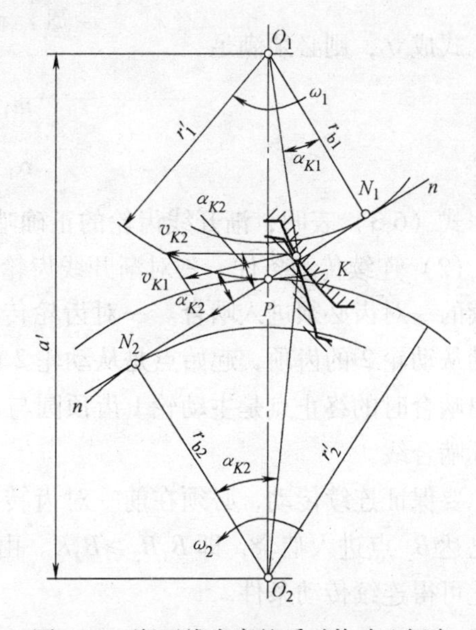


图6-13　渐开线齿廓的瞬时传动比恒定

渐开线齿轮制成后，基圆半径 $r_b$ 是定值，所以渐开线齿廓在任意点 $K$ 接触，两齿轮的瞬时传动比 $i$ 恒定，且与基圆半径成反比，满足齿轮传动的第一个要求。这一特性可减少因

从动轮的角速度变化而引起的动载荷、振动和噪声，提高传动精度和齿轮使用寿命。

（2）中心距可分性　两轮中心 $O_1$、$O_2$ 的距离称为中心距，用 $a'$表示，可知 $a'=r_1'+r_2'$，显然，渐开线齿轮传动的安装中心距略有变化，节圆半径也随之变化，但由式（6-2）可知，两基圆半径不变，传动比不变。这种两轮中心距稍有改变并不改变传动比的性质，称为中心距可分性。这一性质，为齿轮的制造、安装和维修带来方便。

（3）传力的平稳性　如前所述，两渐开线齿廓不论在哪一点接触，其接触点的公法线均与两基圆的内公切线 $N_1N_2$ 相重合，也为一定直线。因此，两齿廓传动时，如不考虑其他受力，则齿廓间作用力是沿接触点公法线方向的正压力，且始终不变。对于定转矩的传动，齿廓间作用力的大小和方向都始终不变，故传动稳定。这一特性对齿轮传动的平稳性是非常有利的。

**3. 渐开线齿轮的啮合传动**

（1）正确啮合条件　虽然渐开线齿廓能满足定传动比要求，但这并不意味着任意两个渐开线齿轮都可以配对来实现正确啮合传动。

图 6-14 表示了一对渐开线齿轮的啮合情况。各对轮齿的啮合点都落在两基圆的内公切线上，设相邻两对齿分别在 $K$ 和 $K'$点接触。若要保持正确啮合关系，使两对齿传动时既不发生分离又不出现干涉，在啮合线上必须保证同侧齿廓法向距离相等。由渐开线性质可知，齿廓之间的法向距离应等于基圆齿距 $p_b$，即

$$p_{b1}=p_{b2}$$

由 $p_b=\pi d_b/z$ 及 $\cos\alpha_K=r_b/r_K$ 推得 $p_b=\pi m\cos\alpha$

得

$$m_1\cos\alpha_1=m_2\cos\alpha_2$$

若上式成立，则必须满足

$$\begin{aligned} m_1 &= m_2 = m \\ \alpha_1 &= \alpha_2 = \alpha \end{aligned} \qquad (6\text{-}3)$$

式（6-3）表明，渐开线齿轮的正确啮合条件是两齿轮的模数和压力角分别相等。

（2）连续传动条件　一对渐开线齿轮若连续不间断地传动，要求前一对齿终止啮合前，后续的一对齿必须进入啮合。一对齿轮传动如图 6-15 所示，进入啮合时，主动轮 1 的齿根推动从动轮 2 的齿顶，起始点是从动轮 2 齿顶圆与理论啮合线 $N_1N_2$ 的交点 $B_2$，而这对轮齿退出啮合时的终止点是主动轮 1 齿顶圆与 $N_1N_2$ 的交点 $B_1$，$B_1B_2$ 为啮合点的实际轨迹，称为实际啮合线。

要保证连续传动，必须在前一对齿转到 $B_1$ 前的 $K$ 点（至少是 $B_1$ 点）啮合时，后一对齿已达 $B_2$ 点进入啮合，即 $B_1B_2\geqslant B_2K$。由渐开线特性知，线段 $B_2K$ 等于渐开线基圆齿距 $p_b$，由此可得连续传动条件

$$B_1B_2\geqslant p_b$$

重合度

$$\varepsilon=B_1B_2/p_b>1 \qquad (6\text{-}4)$$

由于制造安装的误差，为保证齿轮连续传动，重合度 $\varepsilon$ 必须大于1。$\varepsilon$ 大，表明同时参加啮合的齿对数多，传动平稳，且每对齿所受平均载荷小，从而能提高齿轮的承载能力。

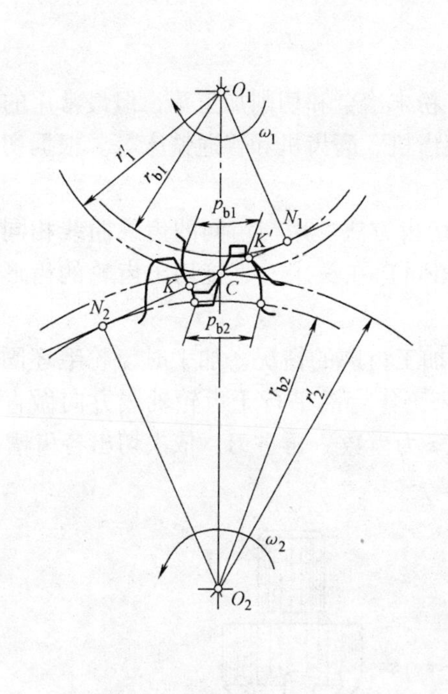


图 6-14 渐开线齿轮正确啮合

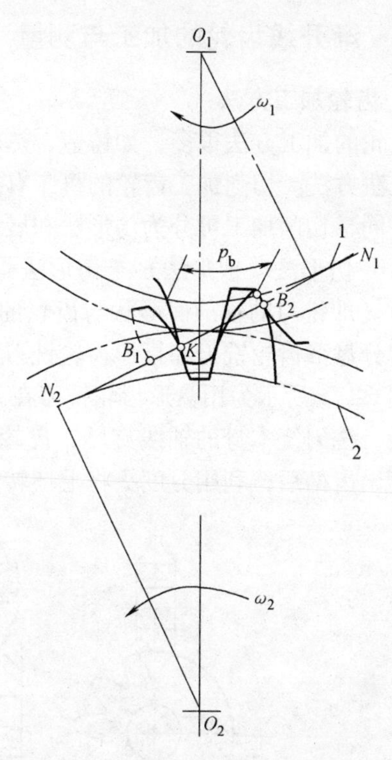


图 6-15 渐开线齿轮啮合的重合度

(3) 正确安装条件 一对齿轮啮合传动，理论上要求一齿轮节圆上的齿槽宽与另一齿轮节圆上的齿厚相等，即齿轮间隙（侧隙）等于零，以避免齿轮反向转动的空程和减少冲击。

如图 6-16 所示，由几何关系可知齿轮的啮合中心距为两节圆半径之和。

$$a = \frac{1}{2}(d'_1 + d'_2)$$

若将一对渐开线标准直齿圆柱齿轮安装成两分度圆相切的状态，齿轮的分度圆与节圆重合，啮合角 $\alpha' = \alpha = 20°$，则 $s_1 = e_1 = s_2 = e_2 = m\pi/2$，即能实现无侧隙啮合传动。这种无侧隙安装的中心距称为标准中心距

$$a = \frac{1}{2}(d'_1 + d'_2) = \frac{1}{2}(d_1 + d_2) = \frac{m}{2}(z_1 + z_2) \tag{6-5}$$

一对标准齿轮按中心距正确安装，侧隙为零，并具有标准顶隙。但实际上，由于不可避免的齿轮制造和安装误差，并考虑轮齿受热膨胀及润滑需要，实际齿侧将有微小间隙，其值由公差控制，齿轮尺寸仍按无侧隙啮合来计算。

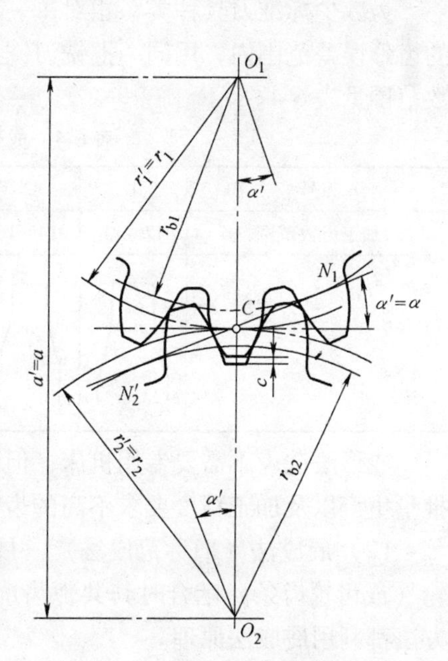


图 6-16 标准齿轮的标准安装尺寸

### 6.2.3　渐开线齿轮的加工与测量

**1. 齿轮加工方法**

齿轮的加工方法很多，如铸造、热轧、冲压、粉末冶金和切削加工等，但最常用的是切削加工法方法。切削加工齿轮的机床有插齿机、滚齿机、磨齿机和普通铣床等。根据切齿原理的不同，切削加工可分为仿形法和展成法两种。

（1）仿形法（成形法）　仿形法是最简单的切齿方法。用与齿间的齿廓曲线相同的成形刀具（即铣刀的轴剖面形状与齿轮的齿槽形状相同）在铣床上直接切出齿轮的齿形。成形铣刀分盘形齿轮铣刀和指形齿轮铣刀两种。

图6-17a所示为用盘形齿轮铣刀在万能铣床上加工齿廓的情况。加工时齿轮毛坯固定在铣床上，铣刀绕本身的轴线旋转，齿轮毛坯随机床工作台沿平行于齿轮轴线方向做直线移动，切出齿槽后，利用分度头将毛坯转过360°/$z$（$z$为齿数）再进刀，依次切出各齿槽。

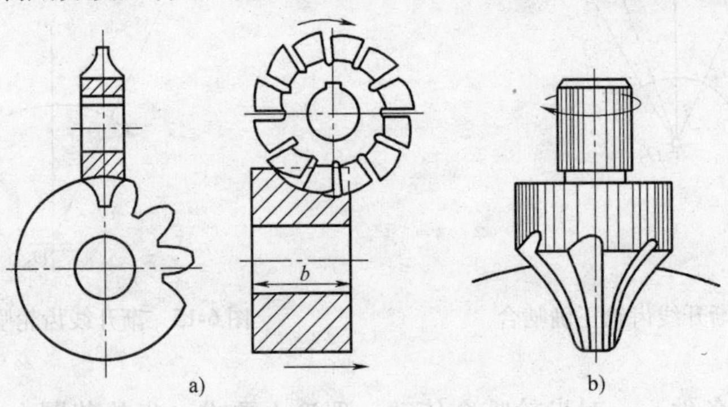


图6-17　成形法铣齿
a）盘形齿轮铣刀　b）指形齿轮铣刀

为减少标准刀具种类，相对每一种模数、压力角，设计8把或15把成形铣刀，在允许的齿形误差范围内，用同一把铣刀铣某个齿数相近的齿轮。8种成形铣刀与其对应的加工齿数范围见表6-4。

**表6-4　成形铣刀与其对应的加工齿数范围**

| 刀号 | 1 | 2 | 3 | 4 | 5 | 6 | 7 | 8 |
|---|---|---|---|---|---|---|---|---|
| 加工齿数范围 | 12~13 | 14~16 | 17~20 | 21~25 | 26~34 | 35~54 | 55~134 | 135以上 |
| 齿形 | | | | | | | | |

成形法铣齿不需要专用机床，但切削加工不连续，生产效率低，仅适用于修配或单件小批量生产以及加工精度要求不高的齿轮加工。

（2）展成法（旧称范成法）　展成法是齿轮加工最常用的一种方法。它是利用一对齿轮（或齿轮齿条）啮合时其共轭齿廓互为包络线的原理。插齿、滚齿、剃齿、磨齿等加工方法都利用展成法原理。

1）齿轮插刀插齿。插齿是利用一对齿轮啮合的原理进行展成加工的方法。

图6-18a所示为用齿轮插刀加工轮齿的情况。齿轮插刀实质上是一个淬硬的齿轮，齿部开出前、后角，具有切削刃，其模数和压力角与被加工齿轮相同。插齿时，将插刀和轮坯装在专用的插齿机床上，通过机床的传动系统使插刀与轮坯之间实现下列相对运动。

展成运动：齿轮插刀与齿坯以恒定的传动比 $i=\omega_0/\omega=z/z_0$ 做回转运动（相当于一对齿轮的啮合运动）。

切削运动：齿轮插刀沿着轮坯的齿宽方向做往复切削运动。

进给运动：齿轮插刀向轮坯的中心做径向移动，以切出轮齿的高度。

让刀运动：轮坯的径向退刀运动，以免擦伤已加工的齿面。

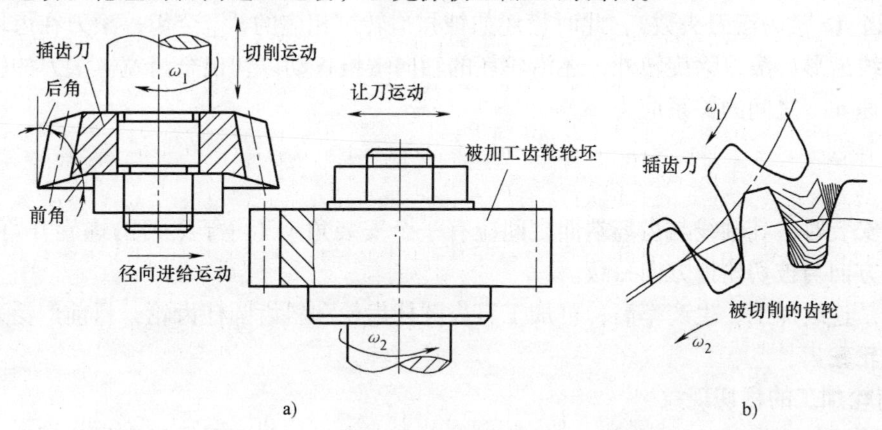


图6-18 齿轮插刀插齿

图6-18b所示包络线是刀具的渐开线齿廓在轮坯上包络出与其相共轭的渐开线齿廓。

2）齿条插刀插齿。图6-19所示为用齿条插刀加工轮齿的情况，其切齿原理与用齿轮插刀加工轮齿的相同，只是齿轮插刀换成了齿条插刀，将刀具的转动变成了移动，移动的速度为 $v=r\omega=mz\omega/2$。

插齿加工方法的切削是不连续的，生产率较低。

3）齿轮滚刀滚齿。滚齿是利用齿轮齿条啮合的原理进行展成加工的方法。

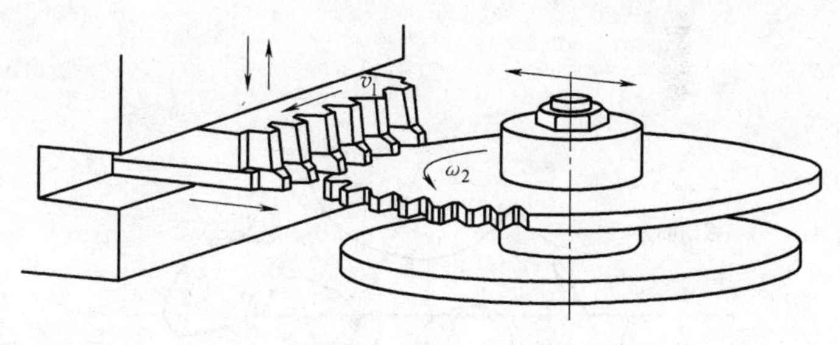


图6-19 齿条插刀插齿

齿条的齿廓是直线，可认为是基圆无限大的渐开线齿廓的一部分。如图6-20所示齿条与齿轮啮合传动，其运动关系是齿条的移动速度与齿轮分度圆的线速度相等。

模数、压力角相等的渐开线齿轮与齿条啮合时，齿条齿廓上各点在啮合线 $NN_1$ 上与齿轮齿廓上各点依次啮合，齿条齿形侧边在啮合过程中的运动轨迹正好包络出齿轮的渐开线齿形。由此可知，如将齿条做成刀具，让它有上下往复的切削运动，并强制齿条刀具的移动速度与齿轮分度圆线速度相等，即保持对滚运动，齿条刀具就能切出齿轮的渐开线齿形。

实际加工时，往往利用有切削刃的螺旋状滚刀代替齿条刀。滚刀的轴向剖面形同齿条（图6-20），当其回转时，轴向相当于有一无穷长的齿条向前移动。滚刀每转一圈，齿条移

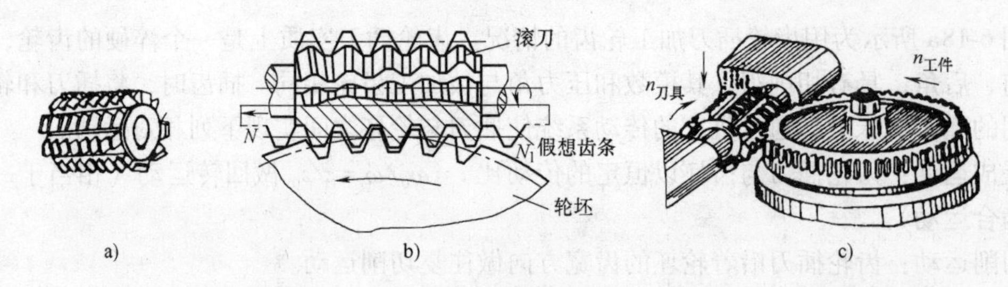


图6-20　滚齿加工

a）滚刀　b）滚切原理　c）滚削加工

动$z_{刀具}$个齿（$z_{刀具}$为滚刀头数），此时齿坯如被强迫转过相应的$z_{刀具}$个齿，滚刀在齿坯上包络切出渐开线齿形。滚刀除旋转外，还沿轮坯的轴向缓慢移动以切出全齿宽。滚刀的转速$n_{刀具}$与工件转速$n_{工件}$之间的关系应为

$$\frac{n_{刀具}}{n_{工件}}=\frac{z_{工件}}{z_{刀具}}$$

滚刀安装时，其轴线与齿坯端面之间应有一个安装角$\gamma$（等于滚刀的螺旋升角），以使滚刀螺旋方向与被切轮齿方向一致。

滚齿是连续加工，生产率高，可加工直齿圆柱齿轮和斜齿圆柱齿轮，目前广泛采用该方法加工齿轮轮齿。

**2. 齿轮加工的根切现象**

用展成法加工齿轮的齿廓时，若齿轮齿数太少，刀具将与渐开线齿廓发生干涉，把轮齿根部渐开线切去一部分，产生根切现象（图6-21a）。根切使轮齿齿根削弱，影响其承载能力，重合度减小，传动不平稳。应该避免根切。

（1）根切产生的原因　研究表明，在展成加工时，刀具的齿顶线超过了啮合线与被切齿轮基圆的切点$N_1$是产生根切现象的根本原因，如图6-21b所示。

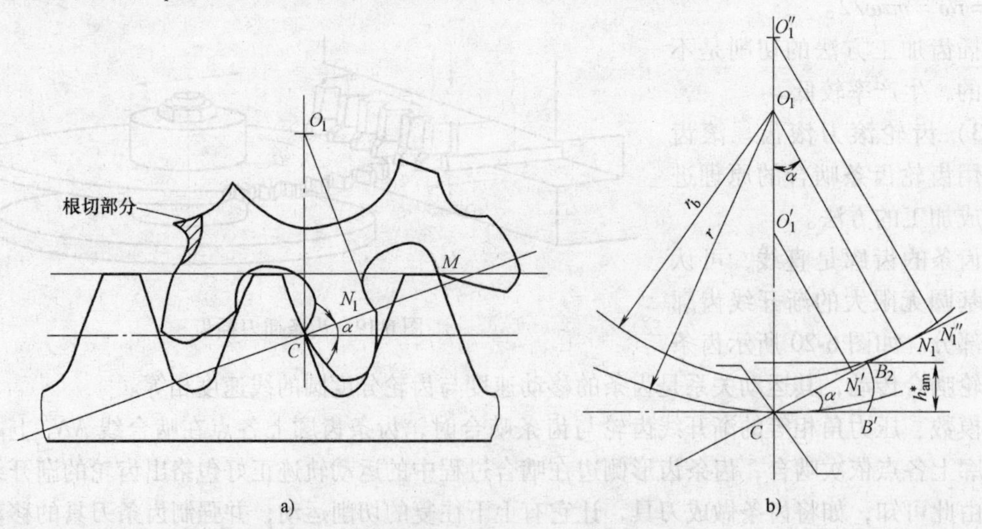


图6-21　根切现象与切齿干涉的参数关系

（2）最少齿数$z_{min}$　如图6-21b所示，当用标准齿条刀具切制标准齿轮时，刀具的分度线应与被切齿轮的分度圆相切。为了避免产生根切，必须使刀具的顶线不超过$N_1$点，即满

足条件：$N_1C \geqslant h_a^* m$，由几何关系不难推得

$$z_{\min} = \frac{2h_a^*}{\sin^2\alpha} \tag{6-6}$$

式中 $z_{\min}$——不发生根切的最少齿数。

当 $\alpha = 20°$、$h_a^* = 1$ 时，$z_{\min} = 17$；当 $\alpha = 20°$、$h_a^* = 0.8$ 时，$z_{\min} = 14$。

**3. 变位齿轮的加工**

（1）变位齿轮的切制　用展成法加工齿轮时，当齿条刀具的基准平面与被加工齿坯的分度圆柱面相切时，加工出的齿轮为标准齿轮，其分度圆的齿厚与齿槽宽相等。若改变齿条刀具与齿坯的相对位置，使基准平面与分度圆柱面分离或相交时，加工出来的齿轮称为变位齿轮，如图6-22所示。这种改变刀具与轮坯相对位置的切齿方法称为变位法。刀具中线（或分度线）相对齿坯移动的距离称为变位量（或移距）$xm$，$x$ 称为变位系数。刀具移离齿坯称正变位，$x>0$；刀具移近齿坯称负变位，$x<0$。

与标准齿轮相比，变位齿轮的分度圆不变，基圆也不变，齿形有所变化。分度圆的齿厚与齿槽宽不相等，正变位齿轮分度圆齿厚和齿根圆齿厚增大，轮齿强度增大；负变位齿轮齿厚的变化恰好相反，轮齿强度削弱。

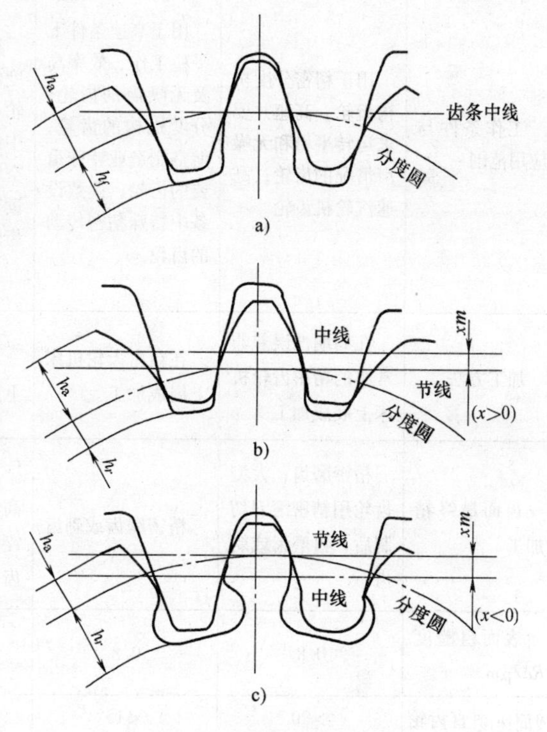


图6-22　变位齿轮的加工方法
a）标准齿轮　b）刀具中线与分度圆分离
c）刀具中线与分度圆相交

（2）变位齿轮传动的类型　按照一对齿轮的变位系数之和 $x_\Sigma = x_1 + x_2$ 的取值情况不同，可将变位齿轮传动分为三种基本类型。

1）零传动。若一对齿轮的变位系数之和为零（$x_1 + x_2 = 0$），则称为零传动。零传动又可分为两种情况。一种是两齿轮的变位系数都等于零（$x_1 = x_2 = 0$）。这种齿轮传动就是标准齿轮传动。为了避免产生根切，两轮齿数均需大于 $z_{\min}$。另一种是两齿轮变系数的绝对值相等，即 $x_1 = -x_2$。这种齿轮传动称为高度变位齿轮传动。采用高度变位必须满足齿数和条件：$z_1 + z_2 \geqslant 2z_{\min}$。

高度变位可以在不改变中心距的前提下合理协调大小齿轮的强度，有利于提高传动的工作寿命。

2）正传动。若一对齿轮的变位系数之和大于零（$x_1 + x_2 > 0$），则这种传动称为正传动。因为正传动时实际中心距 $a' > a$，因而啮合角 $\alpha' > \alpha$，因此也称为正角度变位。正角度变位有利于提高齿轮传动的强度，但使重合度略有减少。

3）负传动。若一对齿轮的变位系数之和小于零（$x_1 + x_2 < 0$），则这种传动称为负传动。负传动时实际中心距 $a' < a$，因而啮合角 $\alpha' < \alpha$，因此也称为负角度变位。负角度变位使齿轮传动强度削弱，只用于安装中心距要求小于标准中心距的场合。为了避免根切，其齿数和

条件为：$z_1+z_2\geqslant 2z_{\min}$。

**4. 齿轮加工精度及精度等级选用**

齿轮传动的工作性能、承载能力及使用寿命都与齿轮制造精度有关。

在国家标准GB/T 10095.1—2008中规定单个渐开线齿轮有13个精度等级，用数字0～12由低到高顺序排列，0级最高，12级最低。常用6～9级精度。两个相互啮合的齿轮，其精度等级一般相同。齿轮精度等级的高低直接影响着齿轮传动的运动精度、工作平稳性和接触均匀性。齿轮精度低，则齿轮传动振动和噪声大，影响传动质量和寿命；精度高，可有效减少振动和噪声，提高齿轮的强度，但又会增加制造成本。一般的精度等级与应用范围见表6-5。

**表6-5　常用精度等级圆柱齿轮的应用范围和加工方法**

| 精度等级 | | 5（高精度级） | 6 | 7 | 8 | 9（低精度级） |
|---|---|---|---|---|---|---|
| | | | （中等精度级） | | | |
| 工作条件与应用范围 | | 用于精密分度机构齿轮；高速并要求运转平稳和无噪声情况的齿轮；高速汽轮机齿轮 | 用于高速条件下平稳工作、效率高及无噪声的齿轮；分度机构的齿轮；航空制造业特殊重要的齿轮；读数设备中特殊精密传动的齿轮 | 用于具有一定速度的减速器中的齿轮；金属切削机床中的进给齿轮；航空制造业的齿轮；读数设备中的传动齿轮 | 用于机器制造业，不要求特殊精度的齿轮；分度以外的机床齿轮；航空与汽车拖拉机制造业中不重要的齿轮；起重机械、农业机械的齿轮；减速器齿轮 | 用于精度要求不高，低速条件下工作的齿轮；按照大载荷设计，且用于轻载的齿轮 |
| 加工方法 | | 在周期性误差非常小的精密齿轮机床上展成加工 | 在精密齿轮机床上展成加工 | 在精密齿轮机床上展成加工 | 用展成法或仿形法加工 | 用任意方法切齿 |
| 齿面最终精加工 | | 精密磨齿；大型齿轮用精密滚刀切制后，再磨齿或剃齿 | 精密磨齿或剃齿 | 不淬火的齿轮用高精度刀具切制，淬火的齿轮经过磨齿、研齿、珩齿等 | 不磨齿，必要时剃齿或研齿 | 不需要精加工 |
| 表面粗糙度 $Ra/\mu m$ | | 0.8 | 0.8 | 1.6 | 3.2～6.3 | 6.3 |
| 圆周速度/（m/s） | 直齿轮 | >20 | <15 | <10 | <6 | <2 |
| | 斜齿轮 | >40 | <30 | <10 | <10 | <4 |

在齿轮零件的工作图上应标注齿轮的精度。

**5. 齿轮尺寸的检测与误差分析**

齿轮是机械传动中的重要零件，测量及误差分析是齿轮加工的重要内容。齿轮加工测量的项目较多，涉及计算公式比较复杂，一般只进行常用参数的检测。

（1）公法线长度　公法线长度测量方法简单，结果准确，在齿轮加工中应用广泛。

所谓公法线长度，是指齿轮千分尺跨过$k$个齿所量得的齿廓间的法向距离。如图6-23所示，卡尺的两卡脚与齿廓相切于$A$、$B$两点，设卡尺的跨齿数为$k$（图中$k=3$），则$AB$的长度即为公法线长度，以$W_k$表示，单位mm。由图可得

$$W_k = (k-1)p_b + s_b$$

式中 $p_b$——齿轮的基圆齿距（mm）；

$s_b$——齿轮的基圆齿厚（mm）；

$k$——跨齿数。

经推导可得标准齿轮的公法线长度计算公式为

$$W_k = (k-1)\pi m\cos\alpha + m\cos\alpha(\pi/2 + z\mathrm{inv}\alpha)$$

经整理得

$$W_k = (k-1)\pi m\cos\alpha[(k-0.5)\pi + z\mathrm{inv}\alpha] = m[2.9521(k-0.5) + 0.014z]$$

对于压力角 $\alpha=20°$的标准齿轮，$W_k$ 和 $k$ 可按下式计算

$$W_k = m[2.9521(k-0.5) + 0.014z] \tag{6-7}$$

$$k = z/9 + 0.5 \tag{6-8}$$

式中 $m$——被测齿轮的模数（mm）；

$k$——被测齿轮的齿数。

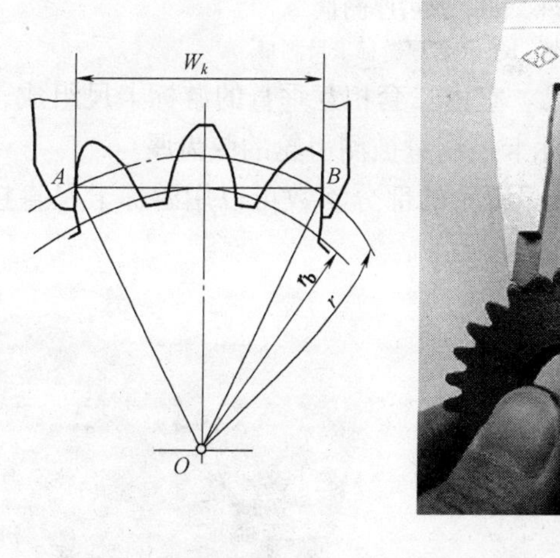


a)

b)

图6-23 公法线长度测量

a）测量原理 b）测量方法

为了便于应用，工程中已将 $m=1$、$\alpha=20°$的标准直齿轮的公法线长度 $W_k$ 和跨齿数 $k$ 列成表，供使用者参考。

（2）固定弦齿厚 如图6-24所示，标准齿条齿廓与标准齿轮齿廓对称相切时，两切点 $A$、$B$ 间的距离即为固定弦齿厚，以 $\bar{s}_c$ 表示，单位mm。两切点 $AB$ 连线至齿顶的径向距离称为固定弦齿高，以 $\bar{h}_c$ 表示，单位mm。

$\bar{s}_c$ 和 $\bar{h}_c$ 可用下列公式计算

$$\begin{cases} \bar{s}_c = \pi m\cos^2\alpha/2 \\ \bar{h}_c = m(h_a{}^* - \pi\sin^2\alpha/8) \end{cases} \tag{6-9}$$

当齿顶高系数 $h_a{}^*m=1$、$\alpha=20°$时，上式可简化为

$$\begin{cases} \bar{s}_c = 1.378m \\ \bar{h}_c = 0.7476m \end{cases} \tag{6-10}$$

由于公法线长度和固定弦齿厚都是检测齿厚的，所示在实际检测中只测量其中一个即可。

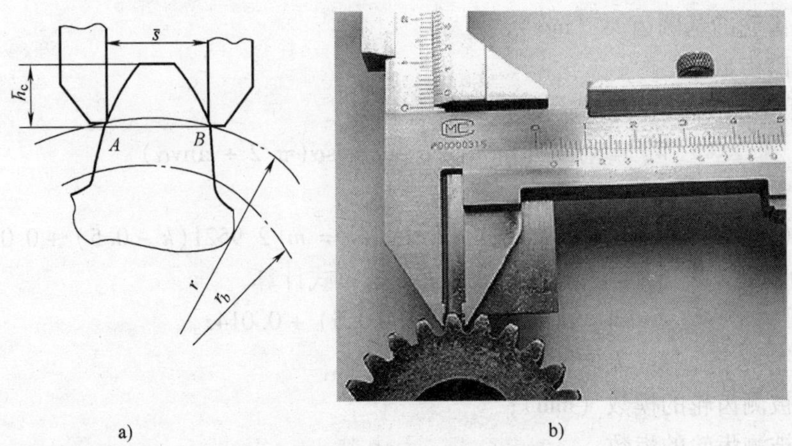

图6-24 固定弦齿厚测量

a）测量原理 b）用齿厚游标卡尺测量

图6-24b所示为测量齿厚的游标卡尺。它由二套相互垂直的游标卡尺组成，垂直游标卡尺用于测量被测齿轮的弦齿高，水平游标卡尺测量被测齿轮的弦齿厚。

（3）齿顶圆直径 $d_a$、齿根圆直径 $d_f$ 齿轮的部分参数可以用游标卡尺直接测量，如图6-25b、c所示齿顶圆和齿根圆直径的测量。

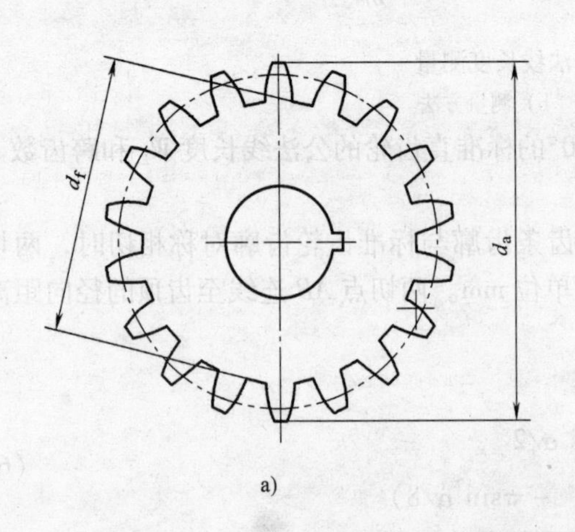

图6-25 齿顶圆、齿根圆直径的测量

a）齿顶圆直径和齿根圆直径 b）测量齿顶圆 c）测量齿根圆

此外基圆齿距、分度圆直径、齿顶高、齿根高、中心距、变位齿轮相关参数等尺寸测量不一一列举。

为了设计、修配和仿制，常常需要对齿轮进行测绘，我们应掌握测绘的程序和方法。

### 6.2.4　齿轮传动设计

齿轮的设计主要包括齿轮几何尺寸计算和齿轮的结构设计，此外，还涉及齿轮的材料选择及强度计算等诸多问题。

**1. 齿轮的失效形式及计算准则**

（1）齿轮的失效形式　齿轮传动的过程也是轮齿齿廓表面材料不断损失的过程，经过一定时期的使用，轮齿会逐渐丧失其正常传动的功能。齿轮传动的失效一般指轮齿的失效。

轮齿失效形式与齿轮的工作情况、载荷、转速和齿面硬度有关。开式传动是指传动裸露或只有简单的遮盖的情况，工作时环境中粉尘、杂物易侵入啮合齿间，润滑条件较差，失效形式以磨损及磨损后的折齿为主；闭式传动是指被封闭在箱体内，且润滑良好（常用浸油润滑）的齿轮传动，失效形式以疲劳点蚀或胶合为主；硬齿面齿轮在重载时易发生轮齿折断，高速、中小载荷时易发生疲劳点蚀；软齿面齿轮在重载、高速时易发生胶合，低速时则易产生塑性变形。

常见的轮齿失效形式及产生的原因和预防措施见表6-6。

表6-6　轮齿常见失效形式及产生原因和防止措施

| 失效形式 | 失效的原因及部位 | 简　图 | 后　果 | 工作环境 | 预防或改善措施 |
|---|---|---|---|---|---|
| 轮齿折断 | 当轮齿受外载荷作用时，在其根部产生的弯曲应力最大。在长期交变应力作用下，齿根会发生疲劳折断。轮齿短时过载或过大的冲击载荷也会发生突然折断。直齿轮齿的折断一般是全齿折断，斜齿和人字齿轮，一般是局部齿折断。 | 折断面<br>齿轮折断面 | 轮齿折断后不能正常工作 | 开式、闭式传动中 | 限制齿根危险截面上的弯曲应力；增大齿根圆角半径；降低齿根处的应力集中；强化处理和选择良好的热处理工艺 |
| 齿面点蚀 | 轮齿表面受载后，微小接触面积产生很大的接触应力。在载荷反复作用下，轮齿表面接触应力超过允许限度时，齿面金属脱落而形成麻点状凹坑的现象。疲劳点蚀首先出现在齿面节线附近的齿根部分。 | 出现麻坑、剥落 | 齿廓失去准确的形状，传动不平稳，噪声、冲击增大或无法工作 | 闭式传动中 | 限制齿面的接触应力；提高齿面硬度、降低齿面的表面粗糙度值；采用黏度高的润滑油及适宜的添加剂 |
| 齿面磨损 | 灰尘、砂粒、金属微粒等杂质落入轮齿间，会使齿面间产生摩擦磨损。靠近齿根和齿顶部位因啮合时滑动速度较大而磨损较严重 | 磨损部分 | | 主要发生在开式传动中和润滑油不洁的闭式传动中 | 注意润滑油的清洁；提高润滑油黏度，加入适宜的添加剂；选用合适的齿轮参数及几何尺寸、材质、精度和表面粗糙度；开式传动选用适当防护装置 |

（续）

| 失效形式 | 失效的原因及部位 | 简图 | 后果 | 工作环境 | 预防或改善措施 |
|---|---|---|---|---|---|
| 齿面胶合 | 高速重载传动中，齿面间压力大，瞬时温度高，润滑油膜被破坏，润滑失效，轮齿表面沿滑动方向出现条状伤痕的现象 | 齿面出现沟痕 | 齿廓失去准确的形状，传动不平稳，噪声、冲击增大或无法工作 | 高速重载或润滑不良的低速重载传动中 | 限制齿面温度；保证良好润滑，采用适宜的添加剂；降低齿面的表面粗糙度值 |
| 塑性变形 | 齿面较软的轮齿，频繁启动或过载传动中，在过大的压力作用下，使金属沿着摩擦力的方向产生塑性变形，主动轮形成凹沟、从动轮形成凸棱 | 从动轮<br>主动轮 |  | 低速重载和起动、过载频繁的传动中 | 提高齿面硬度和滑润油黏度，尽量避免频繁启动或过载 |

（2）计算准则　虽然轮齿的失效形式很多，但它们并不是同时发生，在一定条件下，必有一种为主要失效形式。在进行齿轮传动的设计计算时，应分析具体的工作条件，判断可能发生的主要失效形式，以确定相应的设计准则。

对于软齿面（不大于350HBW）的闭式齿轮传动，由于齿面抗点蚀能力差，润滑条件良好，齿面点蚀将是主要的失效形式。在设计计算时，通常按齿面接触疲劳强度设计，再做齿根弯曲疲劳强度校核。

对于硬齿面（大于350HBW）的闭式齿轮传动，齿面抗点蚀能力强，但易发生齿根折断，齿根疲劳折断将是主要失效形式。在设计计算时，通常按齿根弯曲疲劳强度设计，再做齿面接触疲劳强度校核。

开式齿轮传动或铸铁齿轮，仅按齿根弯曲疲劳强度设计计算，考虑磨损的影响可将模数加大10%～20%。

**2. 齿轮的常用材料及热处理方式**

为了保证齿轮工作的可靠性，提高其使用寿命，齿轮的材料及其热处理应根据工作条件和材料的特点来选取。

（1）齿轮的常用材料　对齿轮材料的基本要求：轮齿表面应有较高的硬度，以增强它的抗点蚀、抗磨损、抗胶合和抗塑性变形的能力；齿心具有足够的韧性，以增强它承受冲击载荷的能力。同时应具有良好的冷、热加工的工艺性，以达到齿轮的各种技术要求。

常用的齿轮材料为各种牌号的优质碳素结构钢、合金结构钢、铸钢、铸铁和非金属材料等。一般多采用锻件或轧制钢材。当齿轮结构尺寸较大，轮坯不易锻造时，可采用铸钢。开式低速传动时，可采用灰铸铁或球墨铸铁。低速重载的齿轮易产生齿面塑性变形，轮齿也易折断，宜选用综合性能较好的钢材。高速齿轮易产生齿面点蚀，宜选用齿面硬度高的材料。受冲击载荷的齿轮，宜选用韧性好的材料。对高速、轻载而又要求低噪声的齿轮传动，也可采用非金属材料，如夹布胶木、尼龙等。常用的齿轮材料见表6-7。

表6-7 常用的齿轮材料

| 类别 | 材料牌号 | 热处理方法 | 硬度 | | 应用 |
|---|---|---|---|---|---|
| | | | HBW | HRC | |
| 优质碳素钢 | 45 | 正火 | 170~200 | | 低速轻载（如通用机械的齿轮）；中、低速中载；高速中载、无剧烈冲击的齿轮（如机床变速箱的齿轮） |
| | | 调质 | 220~250 | | |
| | | 表面淬火 | | 45~50 | |
| 合金结构钢 | 40Cr | 调质 | 250~280 | | 低速中载；高速中载、无剧烈冲击的齿轮 |
| | | 表面淬火 | | 50~55 | |
| | 35SiMn<br>42SiMn | 调质 | 200~260 | | 可代替40Cr |
| | | 表面淬火 | | 50~55 | |
| | 20Cr<br>20CrMnTi | 渗碳、淬火、回火 | | 56~62<br>齿心28~33 | 高速中、重载，承受冲击载荷的齿轮（如汽车、拖拉机中的重要齿轮） |
| | 38CrMoAlA | 渗氮 | 齿心229 | HV>850 | 载荷平稳，润滑良好，无严重磨损的齿轮；难于磨削加工的齿轮（如内齿轮） |
| 铸钢 | ZG310~570 | 正火 | 163~179 | | 重型机械中的低速齿轮 |
| | ZG340~640 | 正火 | 179~207 | | |
| | ZG35SiMn | 正火 | 163~217 | | |
| | | 调质 | 197~248 | | 标准系列减速器的大齿轮 |
| 灰铸铁 | HT250 | 人工时效 | 171~241 | | 不受冲击的不重要齿轮；开式传动中的齿轮 |
| | HT300 | 低温退火 | 190~250 | | |
| 球墨铸铁 | QT400-15 | 正火 | 156~200 | | 可代替铸钢 |
| | QT600-3 | | 200~270 | | |
| 非金属 | 夹布胶木 | — | 30~40 | | 高速，轻载 |

（2）钢制齿轮的热处理方法　软齿面齿轮一般采用调质与正火，硬齿面齿轮一般采用表面淬火、表面渗碳淬火与渗氮等。

1）正火。正火能消除内应力，细化晶粒，改善力学性能和切削性能。机械强度要求不高的齿轮可采用中碳钢正火处理，大直径的齿轮可采用铸钢正火处理。

2）调质。调质一般用于中碳钢和中碳合金钢，如45钢、40Cr钢、35SiMn钢等。调质处理后齿面硬度一般为220~280HBW。因硬度不高，轮齿精加工可在热处理后进行。

3）表面淬火。常用于中碳钢和中碳合金钢，如45钢、40Cr钢等。表面淬火后，齿面硬度一般为40~55HRC。特点是抗疲劳点蚀、抗胶合能力高，耐磨性好。由于齿心部末淬硬，齿轮仍有足够的韧性，能承受不大的冲击载荷。

4）渗碳淬火。常用于低碳钢和低碳合金钢，如20钢、20Cr钢等。渗碳淬火后齿面硬度可达56~62HRC，而齿心部仍保持较高的韧性，轮齿的抗弯强度和齿面接触强度高，耐磨性较好，常用于受冲击载荷的重要齿轮传动。齿轮经渗碳淬火后，轮齿变形较大，应进行磨齿。

5）渗氮。渗氮是一种表面化学热处理。渗氮后不需要进行其他热处理，齿面硬度可达700~900HV。由于渗氮处理后的齿轮硬度高，工艺温度低，变形小，故适用于内齿轮和难以磨削的齿轮，常用于含铬、铜、铅等合金元素的渗氮钢，如38CrMoAlA钢。

（3）材料的许用应力

1）许用接触应力的计算

$$[\sigma_{\mathrm{H}}]=\frac{\sigma_{\mathrm{Hlim}}}{S_{\mathrm{Hmin}}} \tag{6-11}$$

式中 $\sigma_{\mathrm{Hlim}}$——齿轮的接触疲劳极限，按图6-26取值（MPa）；

$S_{\mathrm{Hmin}}$——齿面接触疲劳强度的最小安全系数，见表6-8。

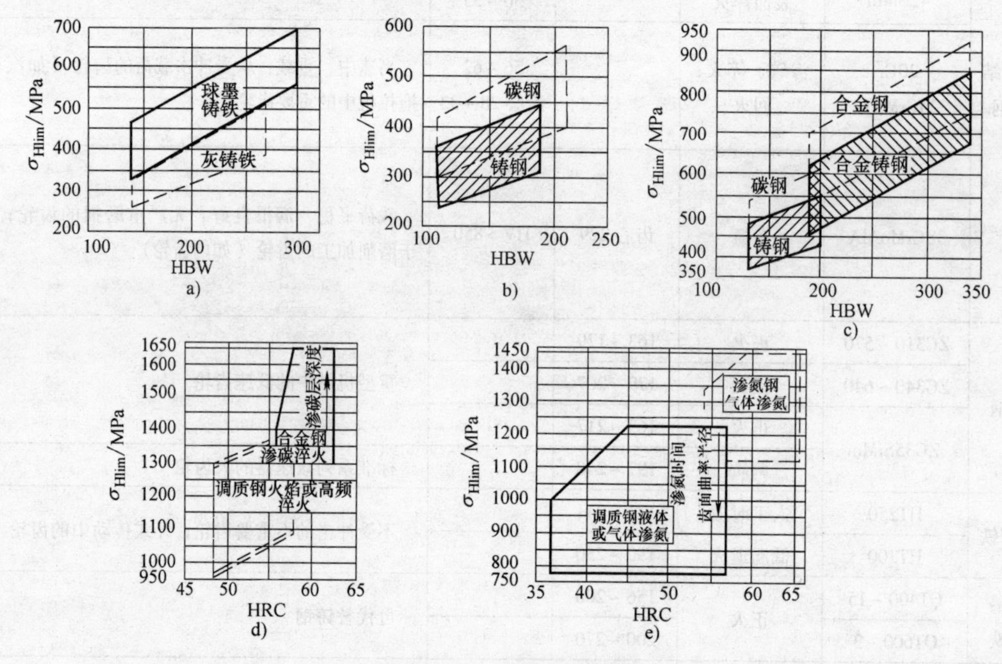


图6-26 材料的接触疲劳极限 $\sigma_{\mathrm{Hlim}}$

2）许用弯曲应力的计算

$$[\sigma_{\mathrm{F}}]=\frac{\sigma_{\mathrm{Flim}}}{S_{\mathrm{Fmin}}} \tag{6-12}$$

式中 $\sigma_{\mathrm{Flim}}$——齿轮的抗弯疲劳极限，按图6-27取值（MPa）；

$S_{\mathrm{Fmin}}$——齿面抗弯疲劳强度的最小安全系数，见表6-8。

$\sigma_{\mathrm{Hlim}}$和$\sigma_{\mathrm{Flim}}$分别根据齿轮材料和热处理方法从图6-26和图6-27中得到。如果齿轮双向长期工作（经常正、反转动的齿轮），$\sigma_{\mathrm{Flim}}$应取正常值的70%。

表6-8 最小安全系数

| 齿轮传动的重要性 | $S_{\mathrm{Hmin}}$ | $S_{\mathrm{Fmin}}$ |
|---|---|---|
| 一般 | 1 | 1 |
| 重要齿轮 | 1.25 | 1.5 |

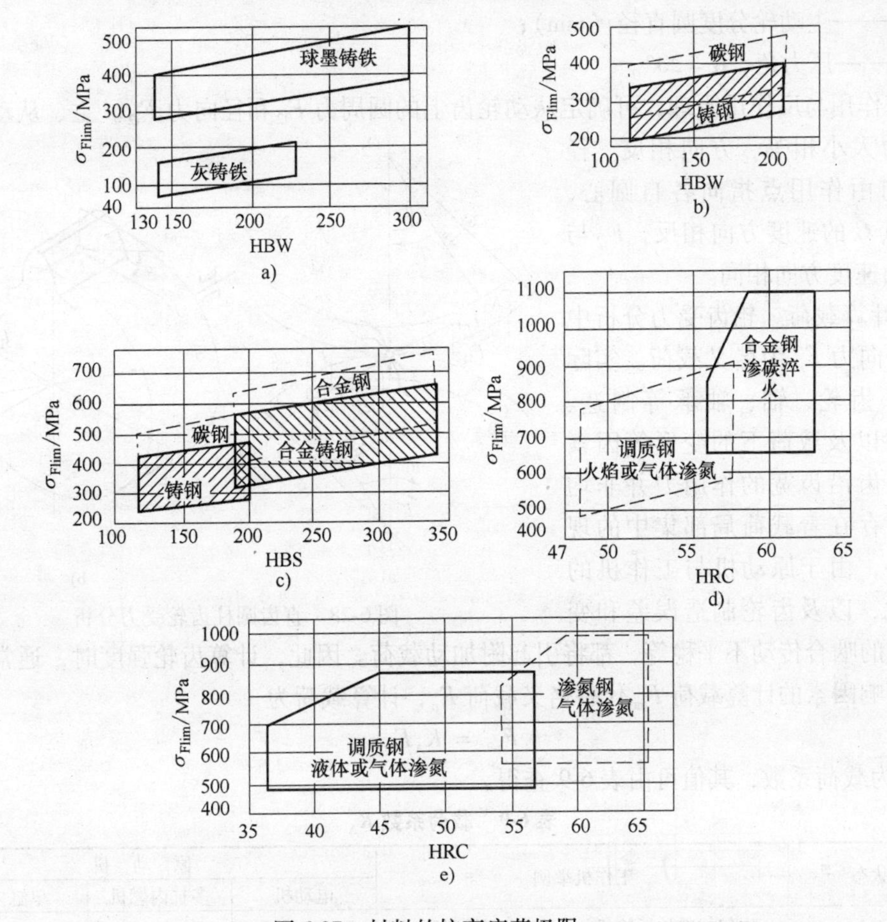


图 6-27 材料的抗弯疲劳极限 $\sigma_{Flim}$

### 3. 标准直齿圆柱齿轮传动的强度计算

（1）轮齿的受力分析和计算载荷

1）直齿圆柱齿轮受力分析。图 6-28a 所示为一对标准直齿圆柱齿轮传动。主动轮传递的转矩 $T_1$ 为

$$T_1 = 9549P/n_1$$

式中 $T_1$——主动轮传递的转矩（N·m）；

$P$——主动轮传递的功率（kW）；

$n_1$——主动轮转速（r/min）。

一对渐开线齿轮啮合，若不考虑齿面的摩擦力，则轮齿间相互作用的法向压力 $F_n$ 的方向，始终沿啮合线且大小不变。对于渐开线标准齿轮啮合，按在节点 $C$ 接触时进行力分析。法向力 $F_n$ 可分解为圆周力 $F_t$ 和径向力 $F_r$，如图 6-28b 所示，则

$$\begin{aligned} &\text{切向力} \quad F_t = \frac{2T_1}{d_1} \\ &\text{径向力} \quad F_r = F_t\tan\alpha \\ &\text{法向力} \quad F_n = \frac{F_t}{\cos\alpha} \end{aligned} \tag{6-13}$$

式中　$d_1$——主动轮分度圆直径（mm）；

$\alpha$——压力角，$\alpha=20°$。

根据作用与反作用原理，可确定从动轮齿上的圆周力 $F_{t2}$ 和径向力 $F_{r2}$。主、从动轮上各对应的力大小相等、方向相反。径向力方向由作用点指向各自圆心，$F_{t1}$ 与节点 $C$ 的速度方向相反，$F_{t2}$ 与节点 $C$ 的速度方向相同。

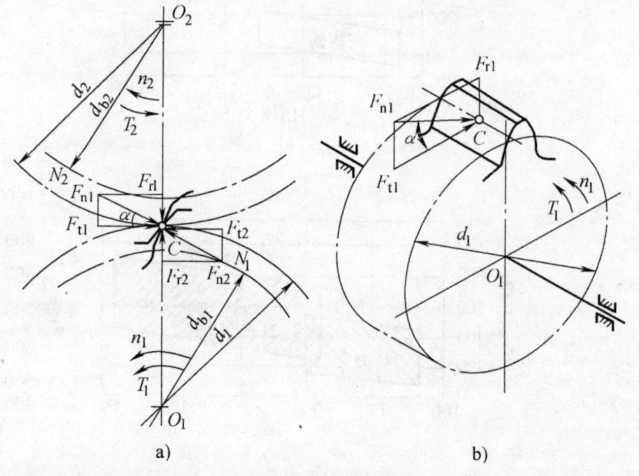


图6-28　直齿圆柱齿轮受力分析

2）计算载荷。轮齿受力分析中计算的法向力 $F_n$ 为名义载荷。实际上，由于齿轮、轴、轴承等制造、安装误差以及载荷下的变形等因素影响，轮齿沿齿宽的作用力并非均匀分布，存在着载荷局部集中的现象。此外，由于原动机与工作机的载荷变化，以及齿轮制造误差和变形所造成的啮合传动不平稳等，都将引起附加动载荷。因此，计算齿轮强度时，通常用考虑了各种影响因素的计算载荷 $F_{nc}$ 代替名义载荷 $F_n$，计算载荷为

$$F_{nc}=K_AF_n$$

式中 $K_A$ 为载荷系数，其值可由表6-9查得。

表6-9　载荷系数 $K_A$

| 载荷状态 | 工作机举例 | 原动机 | | |
|---|---|---|---|---|
| | | 电动机 | 多缸内燃机 | 单缸内燃机 |
| 均匀、轻微冲击 | 均匀加料的运输机、发电机、鼓风机、压缩机、机床辅助传动等 | 1～1.2 | 1.2～1.6 | 1.6～1.8 |
| 中等冲击 | 不均匀加料的运输机、重型卷扬机、球磨机、多缸往复式压缩机等 | 1.2～1.6 | 1.6～1.8 | 1.8～2.0 |
| 较大冲击 | 冲床、剪床、钻机、轧机、挖掘机、重型给水泵、破碎机、单缸往复式压缩机等 | 1.6～1.8 | 1.9～2.1 | 2.2～2.4 |

注：直齿：圆周速度高、传动精度低，齿宽系数大，齿轮在轴承间不对称布置，取大值。斜齿：圆周速度低、传动精度高、齿宽系数小，齿轮在轴承间对称布置，取小值。

（2）齿轮轮齿强度计算　为保证齿轮的承载能力，避免失效，一般需通过强度计算确定其主要参数，如模数、中心距、齿宽等。

1）齿面接触疲劳强度计算。齿面接触疲劳强度计算是限制齿面接触应力 $\sigma_H$，使 $\sigma_H\leqslant[\sigma_H]$，以避免出现点蚀失效。

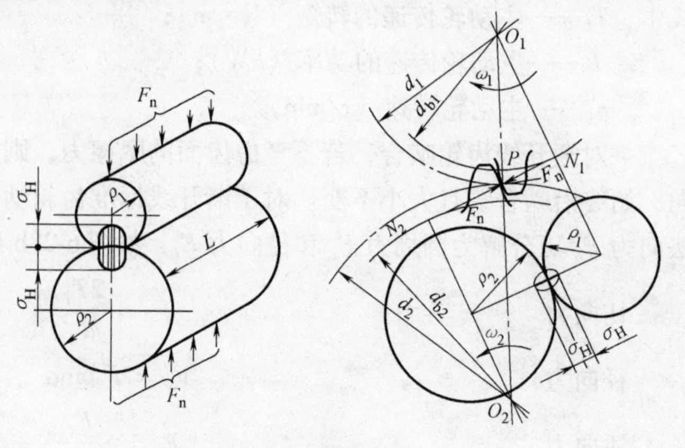


图6-29　齿面接触应力计算简图

如图6-29所示，一对啮合齿轮的轮齿，其齿廓在任一点的啮合都可以看成是两个圆柱体的接触。载

荷 $F_n$ 的作用使两圆柱体在较小区域内接触并产生较大的接触应力，其中接触区的中线上应力值最大。由于节点附近相对速度较小（节点处为零），不易形成油膜，导致点蚀常发生在齿面节线附近。故齿面接触疲劳强度一般按节点啮合时计算。根据弹性力学的赫兹公式（略），可得标准直齿圆柱齿轮齿面接触疲劳强度计算式，即

校核公式
$$\sigma_H = 671\sqrt{\frac{K_A T_1(i \pm 1)}{bd_1^2 i}} \leqslant [\sigma_H] \tag{6-14}$$

设计公式
$$d_1 \geqslant \sqrt[3]{\left(\frac{671}{[\sigma_H]}\right)^2 \frac{K_A T_1(i \pm 1)}{\psi_d i}} \tag{6-15}$$

式中 $i$——齿数比，$i = z_2/z_1$；

$b$——齿宽（mm）；

$d_1$——小齿轮分度圆直径（mm）；

$\psi_d$——齿宽系数，$\psi_d = b/d_1$，其值查表6-10；

“+”号用于外啮合齿轮，“-”号用于内啮合齿轮。

其他参数含义及单位如前所述。如果材料不全是钢，式中671应修正为 $671Z_E/189.8$，$Z_E$ 为齿轮材料弹性系数，见表6-11。

**表6-10 齿宽系数 $\psi_d$**

| 轮相对于轴承的位置 | 软齿面 | 硬齿面 |
|---|---|---|
| 对称布置 | 0.8~1.4 | 0.4~0.9 |
| 非对称布置 | 0.6~1.2 | 0.3~0.6 |
| 悬臂布置 | 0.3~0.4 | 0.2~0.25 |

**表6-11 材料弹性系数 $Z_E$**

| 小齿轮材料 | 大齿轮材料 | | | |
|---|---|---|---|---|
| | 钢 | 铸钢 | 球墨铸铁 | 铸铁 |
| 钢 | 189.8 | 188.9 | 181.4 | 162.0 |
| 铸钢 | — | 188.0 | 180.5 | 161.4 |
| 球墨铸铁 | — | — | 173.9 | 156.9 |
| 铸铁 | — | — | — | 143.7 |

2）齿根抗弯疲劳强度计算。齿根抗弯疲劳强度计算是限制齿根弯曲应力 $\sigma_F$，使 $\sigma_F \leqslant [\sigma_F]$，以避免轮齿疲劳折断。

一对相啮合的齿轮，其轮齿可看作受载荷作用的悬臂梁，并假设载荷 $F_n$ 全部由一对轮齿承担且作用于齿顶，轮齿的危险截面位于和齿宽对称中心线成30°角的直线与齿根圆角相切处，如图6-30所示。运用相关力学计算和分析，可得一对钢制标准直齿轮传动时齿根疲劳强度计算式，即

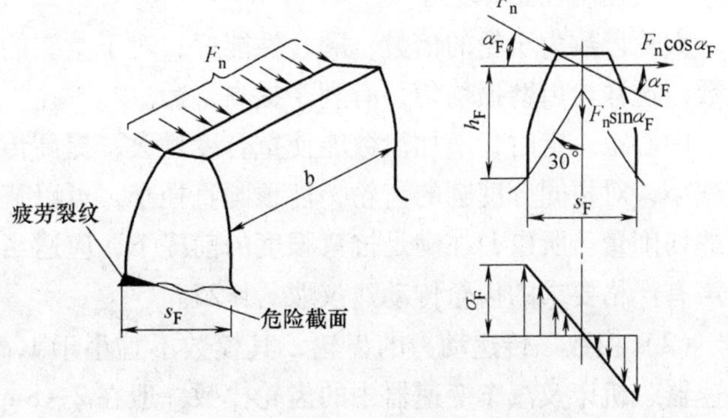

图6-30 齿根弯曲应力图

校核公式
$$\sigma_{\mathrm{F}}=\frac{2K_{\mathrm{A}}T_{1}Y_{\mathrm{FS}}}{bm^{2}z_{1}}\leqslant[\sigma_{\mathrm{F}}] \tag{6-16}$$

设计公式
$$m\geqslant\sqrt[3]{\frac{2K_{\mathrm{A}}T_{1}Y_{\mathrm{FS}}}{\psi_{\mathrm{d}}z_{1}^{2}[\sigma_{\mathrm{F}}]}} \tag{6-17}$$

式中　$\sigma_{\mathrm{F}}$——齿根最大弯曲应力（MPa）；

$K_{\mathrm{A}}$——载荷系数；

$T_1$——小齿轮传递的转矩（N·mm）；

$Y_{\mathrm{FS}}$——复合齿形因数，反映轮齿的形状对抗弯能力的影响，同时考虑齿根部应力集中的影响，由图6-31查得；

$b$——齿宽（mm）；

$m$——模数（mm）；

$z_1$——小轮齿数。

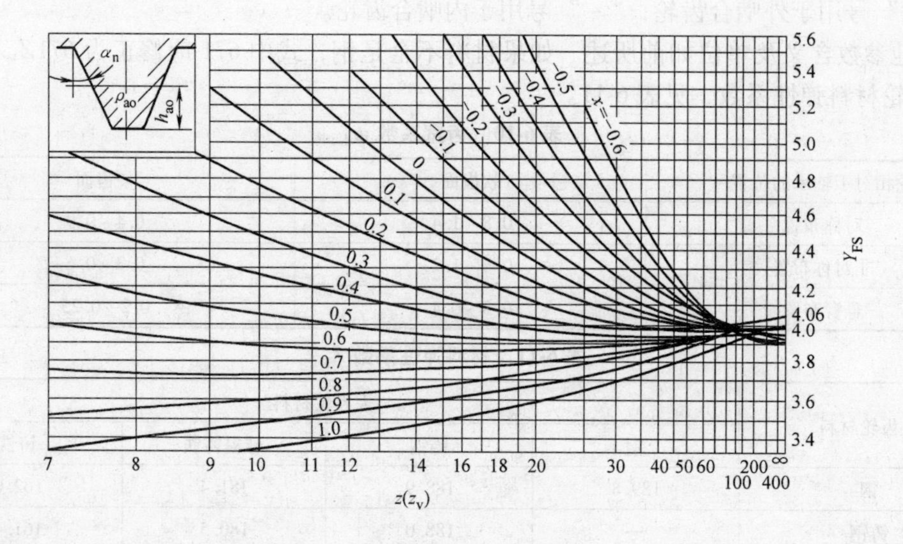


图6-31　外齿轮的复合齿形因数 $Y_{\mathrm{FS}}$

**4. 齿轮主要参数的选择**

（1）齿数　大小轮齿数选择应符合传动比 $i$ 的要求。齿数取整可能会影响传动比数值，误差一般控制在5%以内。

大轮齿数为小轮的倍数，磨合性能好；对于重要的传动或重载高速传动，大小轮齿互为质数，这样轮齿磨损均匀，有利于提高寿命。

中心距一定时，增加齿数能使重合度增大，提高传动平稳性；同时，齿数增多，相应模数减小，对相同分度圆的齿轮，齿顶圆直径小，可以节约材料，减轻重量，并能节省轮齿加工的切削量。所以，在满足抗弯强度的前提下，应适当减小模数，增大齿数。高速齿轮或对噪声有严格要求的齿轮传动建议取 $z_1\geqslant25$。

（2）模数　传递动力的齿轮，其模数不宜小于1.5mm。模数过小加工检验不便。普通减速器、机床及汽车变速器中的齿轮模数一般在2～8mm之间。

齿轮模数必须取标准值。为加工测量方便，一个传动系统中，齿轮模数的种类应尽量少。

(3) 齿宽 齿宽取大些，可提高齿轮承载能力，并相应减小径向尺寸，使结构紧凑；但齿宽越大，沿齿宽方向载荷分布越不均匀，使轮齿接触不良。

设计中常用齿宽系数 $\psi_d = b/a$ 对齿宽作必要的限制。一般减速器斜齿轮常取 $\psi_d = 0.4$；机床或汽车变速器齿轮往往为硬齿面，不利于磨合，由于一根轴上有多个滑动齿轮，为减小轴承跨距，齿宽宜小些，常取 $\psi_d = 0.1 \sim 0.2$（滑动齿轮取小值）。开式齿轮径向尺寸一般不受限制，且安装精度差，取较小齿宽 $\psi_d = 0.1 \sim 0.3$。

为保证接触齿宽，圆柱齿轮的小齿轮齿宽 $b_1$ 比大齿轮齿宽 $b_2$ 略大，$b_1 = b_2 +$（3 ~ 5）mm。

**5. 圆柱齿轮的结构设计**

齿轮的结构设计需要考虑强度、刚度、工艺和经济等诸多因素，主要按经验公式或数据来确定齿轮各部分的形状和尺寸。

(1) 齿轮轴 对于小直径的齿轮，当齿顶圆直径与键槽顶部的距离 $\delta < 2.5m$（$m$ 为模数）时，常将齿轮与轴做成一体，称为齿轮轴。如图6-32所示。

(2) 实心式齿轮 齿顶圆直径 $d_a \leqslant$ 200mm 的齿轮，可采用实心式结构。如图6-33所示。

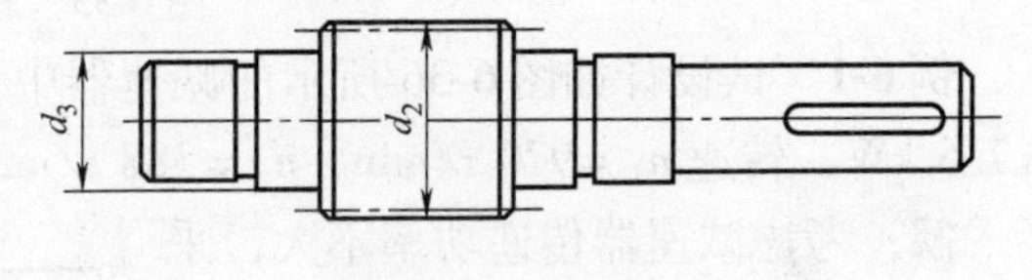


图6-32 齿轮轴

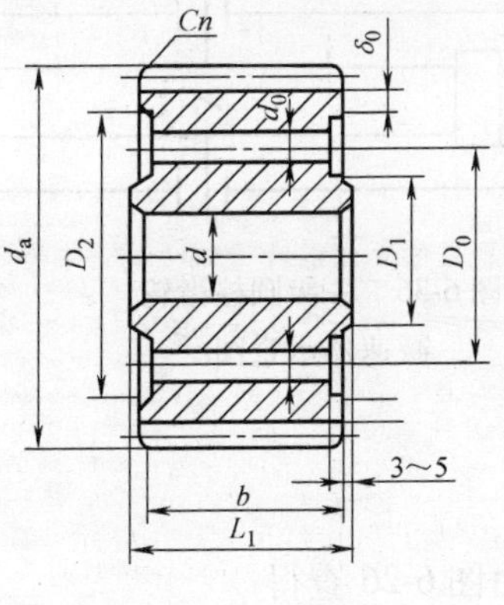

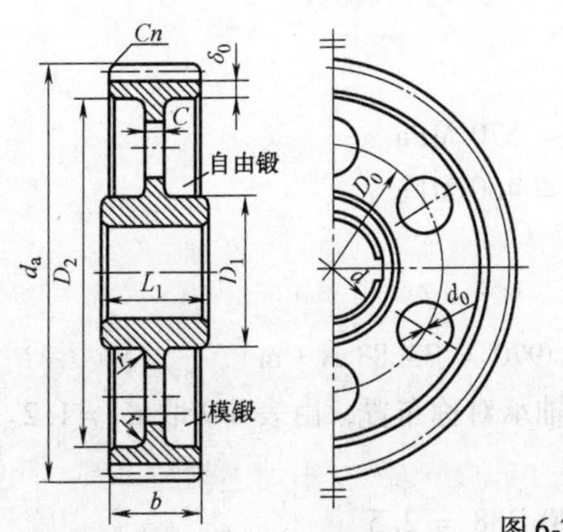


$D_1 = 1.6d$

$D_2 = d_a - 2(h + \delta_0)$

$D_0 = 0.5(D_2 + D_1)$

$d_0 = 0.25(D_2 - D_1)$

$1.5d \geqslant L_1 \geqslant b$

$\delta_0 = (2 \sim 5)\, m \nless 8\text{mm}$

$n = 0.5m$

图6-33 实心式齿轮

(3) 腹板式齿轮 齿顶圆直径 $d_a \leqslant 500$mm 的齿轮，一般采用腹板式结构，如图6-34所示。

$D_1 = 1.6d$（钢或铸钢） $D_1 = 1.8d$（铸铁）

$D_2 = d_a - 2(h + \delta_0)$

$D_0 = 0.5(D_2 + D_1)$

$d_0 = (0.25 \sim 0.35)(D_2 - D_1)$

$1.5d \geqslant L_1 \geqslant b$

$\delta_0 = (3 \sim 4)\, m \nless 8\text{mm}$

$n = 0.5m$

$C = 0.3b$

图6-34 腹板式齿轮

(4) 轮辐式齿轮 齿顶圆直径 $d_a > 400$mm 的齿轮，可采用轮辐式齿轮，如图6-35所示。

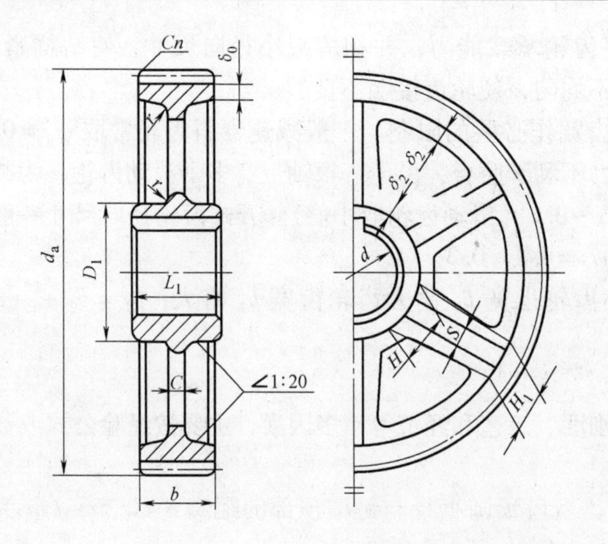


$D_1=1.6d$（铸钢） $D_1=1.8d$（铸铁）

$1.5d \geqslant L_1 \geqslant b$

$\delta_0=(3\sim4)\ m \not< 8\text{mm}$

$H=0.8d$（铸钢），$H=0.9d$（铸铁）

$H_1=0.8H$

$C=(1\sim1.3)\ \delta_0$

$S=0.8C$

$\delta_2=(1\sim1.2)\ \delta_0$

$n=0.5m$

$r\approx0.5C$

图 6-35 轮辐式齿轮

**例 6-1** 试设计如图 6-36 所示的减速器中一对标准直齿圆柱齿轮传动。已知传递功率 $P=7.5$ kW，转速 $n_1=970$ r/min，$n_2=388$ r/min，电动机驱动，载荷平稳，双向运转。

**解**：考虑减速器传递功率不大，采用软齿面钢制齿轮，按齿面接触疲劳强度设计，再按轮齿的抗弯疲劳强度校核。

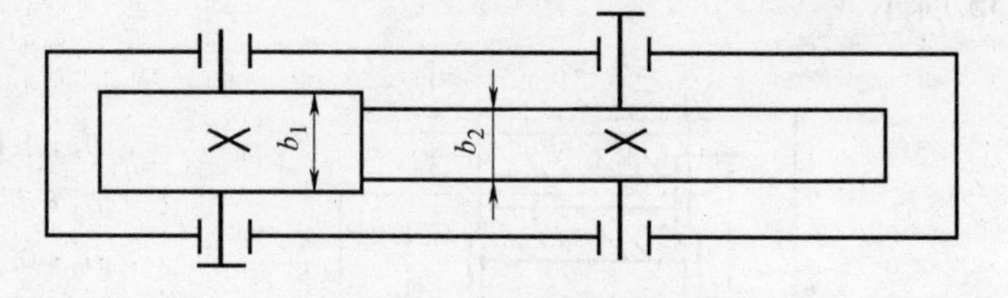


图 6-36 一级圆柱齿轮减速器示意图

（1）选择齿轮材料并确定许用应力

1）选用材料：按表 6-7 选用材料

小齿轮：45 钢，调质，硬度 HBW220～250。

大齿轮：45 钢，正火，硬度 HBW170～200。

2）确定齿面接触疲劳极限：按齿面硬度的中间值由图 6-26 查得

$$\sigma_{\text{Hlim1}}=570\ \text{MPa}、\sigma_{\text{Hlim2}}=460\ \text{MPa}$$

3）确定最小安全系数：根据通用齿轮和一般工业齿轮，按一般可靠度要求由表 6-8 查得安全系数 $S_{\text{Hmin}}=1.0$。

4）计算许用应力 $[\sigma_{\text{H}}]$：由式（6-11）得

$$[\sigma_{\text{H1}}]=\sigma_{\text{Hlim1}}/S_{\text{Hmin}}=570\ \text{MPa}$$

$$[\sigma_{\text{H2}}]=\sigma_{\text{Hlim2}}/S_{\text{Hmin}}=460\ \text{MPa}$$

（2）按齿面接触疲劳强度设计计算

1）计算小齿轮传递的转矩 $T_1$：

$$T_1=9549P_1/n_1=9549\times7.5/970=73.83\ \text{N}\cdot\text{m}$$

2）选定载荷系数 $K_{\text{A}}$：因载荷平稳，齿轮相对轴承对称布置，由表 6-9 取 $K_{\text{A}}=1.2$。

3）计算齿数比 $i$：

$$i=z_2/z_1=n_1/n_2=970/388=2.5$$

4）选择齿宽系数 $\psi_{\text{d}}$：由表 6-10 取 $\psi_{\text{d}}=0.9$。

5）计算小齿轮分度圆直径 $d_1$：

$$d_1 = \sqrt[3]{\left(\frac{671}{[\sigma_H]}\right)^2 \frac{K_A T_1 (i+1)}{\psi_d i}} = \sqrt[3]{\left(\frac{671}{570}\right)^2 \frac{1.2 \times 73.84(2.5+1)}{0.9 \times 2.5}} \times 10^3 \text{ mm} = 57.7 \text{ mm}$$

取 $d_1 = 60$ mm。

6）计算齿轮的模数 $m$：

中心距为

$$a = m\ (z_1 + z_2)\ /2 = d_1\ (1+i)\ /2 = [60\ (1+2.5)\ /2] \text{ mm} = 105 \text{ mm}$$

对于一般机械中的齿轮，按经验公式来确定

$$m = (0.007 \sim 0.02)a = (0.735 \sim 2.1)\text{mm}$$

按表6-2取标准值 $m = 2$mm。

7）确定齿数 $z_1$ 和 $z_2$：

$$z_1 = d_1/m = 60/2 = 30$$

$$z_2 = iz_1 = 30 \times 2.5 = 75$$

如果中心距按计算值不变，则

实际传动比 $i_0 = 75/30 = 2.5$，

传动比误差 $(i - i_0)\ /i = (2.5 - 2.5)\ /2.5 = 0\% < \pm 2.5\%$ 允许。

（3）计算齿轮参数及主要尺寸

分度圆直径

$$d_1 = mz_1 = 60 \text{ mm}$$

$$d_2 = mz_2 = 150 \text{ mm}$$

齿顶圆直径

$$d_{a1} = d_1 + 2m = 64 \text{ mm}$$

$$d_{a2} = d_2 + 2m = 154 \text{ mm}$$

齿根圆直径

$$d_{f1} = d_1 - 2h_f = 55 \text{ mm}$$

$$d_{f2} = d_2 - 2h_f = 145 \text{ mm}$$

齿顶高 $h_a = h_a^* m = 2$ mm

齿根高 $h_f = m\ (h_a^* + c^*) = 2.5$ mm

齿高 $h = 4.5$ mm

齿厚 $s = p/2 = 3.14$ mm

齿槽宽 $e = p/2 = 3.14$ mm

齿距 $p = \pi m = 6.28$ mm

齿宽 $b_2 = \psi_d d_1 = 54$ mm

$b_1 = b_2 + (5 \sim 10) = 59 \sim 64$ mm，取 60 mm

（4）校核齿根抗弯疲劳强度

1）确定许用弯曲应力 $[\sigma_F]$：由图6-27查得齿轮的抗弯疲劳极限为

$$\sigma_{Flim1} = 460 \text{ MPa} \quad \sigma_{Flim2} = 360 \text{ MPa}$$

由表6-8查得抗弯强度的最小安全系数 $S_{Fmin} = 1.0$。

由式（6-12）计算齿根的许用弯曲应力为。

$$[\sigma_{F1}] = \sigma_{Flim1}/S_{Fmin} = 460\ \text{MPa}$$

$$[\sigma_{F2}] = \sigma_{Flim2}/S_{Fmin} = 360\ \text{MPa}$$

2）计算齿轮的齿根弯曲应力：由图6-31查得复合齿形系数 $Y_{Fs1} = 4.12$　$Y_{Fs2} = 4.03$

$$\sigma_{F1} = \frac{2K_A T_1 Y_{FS1}}{b_1 m^2 z_1} = \frac{2 \times 1.2 \times 73.84 \times 10^3 \times 4.12}{54 \times 2^2 \times 30}\ \text{MPa} = 112.67\ \text{MPa} < [\sigma_{F1}]$$

$$\sigma_{F2} = \sigma_{F1} Y_{Fs2}/Y_{Fs1} = 110.21\ \text{MPa} < [\sigma_{F2}]$$

抗弯强度足够。

（5）确定齿轮精度

1）计算齿轮的圆周速度 $v$：

$$v = \pi d_1 n_1/(60 \times 1000) = 3.05\ \text{m/s}$$

2）确定齿轮精度：按表6-5选用8级精度。

（6）齿轮结构设计

小齿轮采用齿轮轴结构，大齿轮采用锻造毛坯的腹板式结构。

大齿轮有关尺寸：

轴孔直径　$d = 40$ mm

轮毂直径　$D_1 = 1.6d = 64$ mm

轮毂长度　$L = b_2 = 60$ mm

轮缘厚度　$\delta_0 = (3 \sim 4)\ m = 6 \sim 8$ mm 取 8 mm

轮缘内径　$D_2 = da_2 - 2h - 2\delta_0 = 129$ mm

腹板厚度　$c = 0.3B_2 = 18$ mm

腹板中心孔直径　$D_0 = 0.5\ (D_2 + D_1) = 96.5$ mm

腹板孔直径　$d_0 = 0.25\ (D_2 - D_1) = 16.25$ mm

齿轮倒角　$n = 0.5m = 1$ mm

（7）绘制齿轮零件图 （齿轮零件图略）。

## 6.2.5 齿轮传动机构的使用与维护

**1. 齿轮传动机构的装配与调试**

齿轮传动是机械传动中常用的传动方式之一，为了保证运动和动力的有效传递，要求齿轮有精确的孔与轴配合、准确的安装中心距、合理的齿侧间隙、一定的齿面接触面积和正确的接触位置。

圆柱齿轮传动机构的装配应先把齿轮装在轴上，然后把齿轮轴部件装入箱体。要注意装入箱体前的各项公差项目的检查和啮合质量的检查。

**2. 齿轮传动的润滑**

合理选择润滑油和润滑方式，可使齿轮之间形成一层很薄的油膜，以避免两齿轮直接接触，降低摩擦因数，减少磨损，提高传动效率，延长使用寿命，还能起到散热和防锈等作用。

（1）润滑油的选择　黏度是润滑油的主要性能指标，黏度的大小反映出油的稠稀。润滑油的黏度选择可根据齿轮材料及圆周速度查表，润滑油的牌号由黏度值确定。

（2）润滑方式　对于闭式齿轮传动的润滑方式，可根据齿轮圆周速度 $v$ 而定。当 $v \leq$

12m/s，可采用浸油（又称油浴）润滑，大齿轮浸油深度约一个齿高，但不小于10mm。当$v$ >12m/s时，采用喷油润滑，用压力油泵将油喷到啮合部位进行润滑。喷油润滑效果好，但需一套供油装置，费用较高。

对于开式齿轮传动，由于工作条件差，常采用手工定期加注润滑油，低速可用脂润滑。

**3. 齿轮传动的使用与维护**

（1）保持良好的工作环境　对闭式齿轮传动，要防止尘土和异物进入啮合表面；要防止酸、碱等腐蚀性介质接触齿轮；对有特殊或精密要求的传动，要防止高温、低温和潮湿的影响。

（2）遵守操作规程，严防超载使用　使用设备时，不得超速，超载；变速器应在空载时换挡，以免折断齿轮。有些设备，非规范操作时，会闪灯或发出蜂鸣声以示警告，这时必须停止运行，进行检查。

（3）经常观察，定期检修　传动失效或运行不正常一般都有预兆，齿形损坏和轮齿折断会产生冲击、振动和噪声，胶合会产生高温。要勤看、勤听、勤摸，发现故障及时排除，要定期进行检查、检修，及早排除故障隐患，确保正常生产。

## 6.3 标准斜齿圆柱齿轮传动

### 6.3.1 斜齿圆柱齿轮

**1. 概述**

斜齿圆柱齿轮是常见的一类齿轮。斜齿圆柱齿轮由圆柱加工而成，其轮齿与齿轮轴线倾斜，齿廓以渐开线齿面应用最广。图6-37所示为斜齿圆柱齿轮。

**2. 斜齿圆柱齿轮齿廓的形成**

从齿轮的端面来看，齿轮轮齿的齿廓是发生线绕基圆做纯滚动时，其上任一点$K$所形成的渐开线。但实际上齿轮是有宽度的，如图6-38a所示，基圆应是基圆柱，发生线应是发生面，点$K$应是一条平行于齿轮轴的直线$KK'$。直齿圆柱齿轮的齿廓是发生面$S$绕基圆柱做纯滚动时，发生面$S$上的直线$KK'$在空间形成的渐开线曲面。

图6-37　斜齿圆柱齿轮

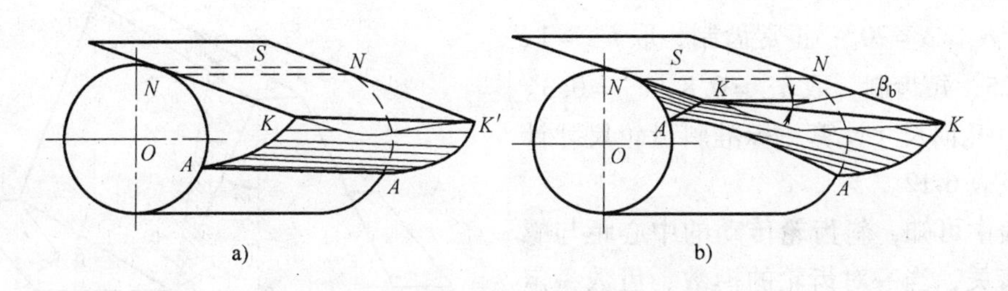


图6-38　斜齿圆柱齿轮齿面形成及接触线

斜齿圆柱齿轮齿面形成的原理和直齿轮类似，所不同的是形成渐开线齿面的直线 $KK'$ 与基圆轴线偏斜了一角度 $\beta_b$（图6-38b），$KK'$ 线展成斜齿轮的齿廓曲面，称为渐开线螺旋面。该曲面与任意一个以轮轴为轴线的圆柱面的交线都是螺旋线。由斜齿轮齿面的形成原理可知，在端平面上，斜齿轮与直齿轮一样具有准确的渐开线齿形。

**3. 斜齿圆柱齿轮的基本参数和几何尺寸计算**

（1）基本参数　斜齿轮的齿向是倾斜的，基本参数有端面（垂直于齿轮轴线的平面）参数和法向（垂直于轮齿齿线的方向）参数之分，分别用下角标 t、n 加以区别。

1）螺旋角 $\beta$。斜齿轮齿廓曲面与其分度圆柱面的交线为螺旋线，该螺旋线的切线与齿轮轴线的夹角 $\beta$ 称为螺旋角。把斜齿轮的分度圆柱面展开成矩形，如图6-39所示，分度圆柱面上的螺旋线就成了直线，它与分度圆柱母线的夹角 $\beta$ 就是螺旋角。

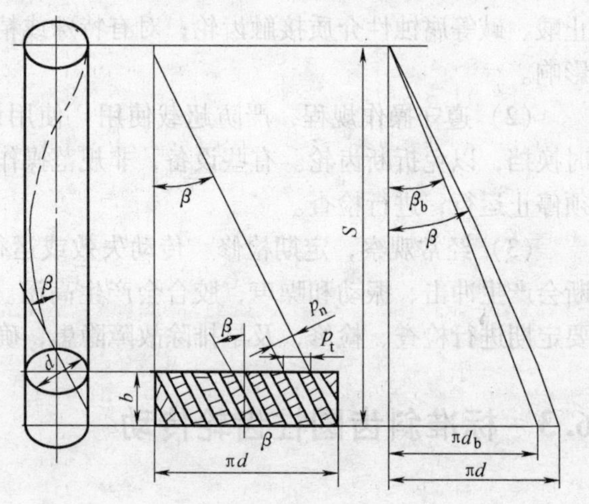

图6-39　斜齿圆柱齿轮分度圆柱面展开图

螺旋角用来衡量轮齿的倾斜程度。螺旋角 $\beta$ 越大，则传动平稳性越好，但轴向力也越大，一般取 $\beta=8°\sim20°$。对于人字齿轮，因其轴向力可以抵消，常取 $\beta=25°\sim45°$

根据螺旋线的方向，斜齿轮可分为右旋和左旋，如图6-40所示。

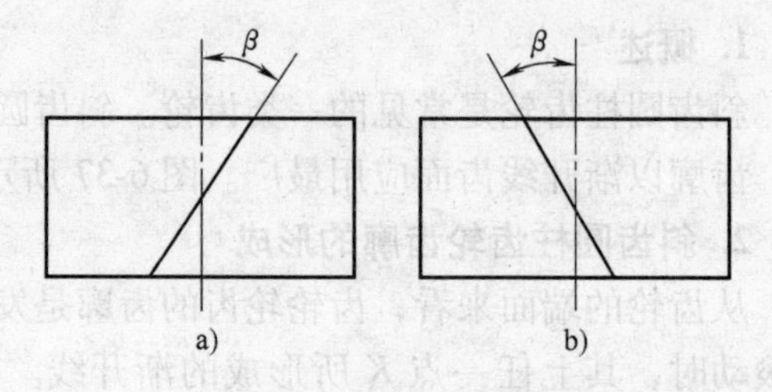

图6-40　斜齿轮的旋向

a）右旋　b）左旋

2）法向模数 $m_n$ 与端面模数 $m_t$。由图6-41可得

$$p_n = p_t\cos\beta \qquad (6\text{-}18)$$

两边同除以 $\pi$ 得

$$m_n = m_t\cos\beta \qquad (6\text{-}19)$$

3）法向压力角 $\alpha_n$ 与端面压力角 $\alpha_t$。

$$\tan\alpha_n = \tan\alpha_t\cos\beta \qquad (6\text{-}20)$$

4）齿顶高系数 $h_{an}^*$ 与顶隙系数 $c_n^*$。

由于切齿刀具齿形为标准齿形，所以斜齿轮的法向基本参数也为标准值，设计、加工和测量斜齿轮时均以法向为基准。规定：$m_n$ 为标准值，$\alpha_n=\alpha=20°$；正常齿制，取 $h_{an}^*=1$，$c_n^*=0.25$，短齿制，取 $h_{an}^*=0.8$，$c_n^*=0.3$。

（2）几何尺寸计算　标准斜齿轮尺寸计算公式见表6-12。

从表中可知，斜齿轮传动的中心距与螺旋角 $\beta$ 有关，当一对齿轮的模数、齿数一定时，可以通过改变螺旋角 $\beta$ 的方法来配凑中心距。

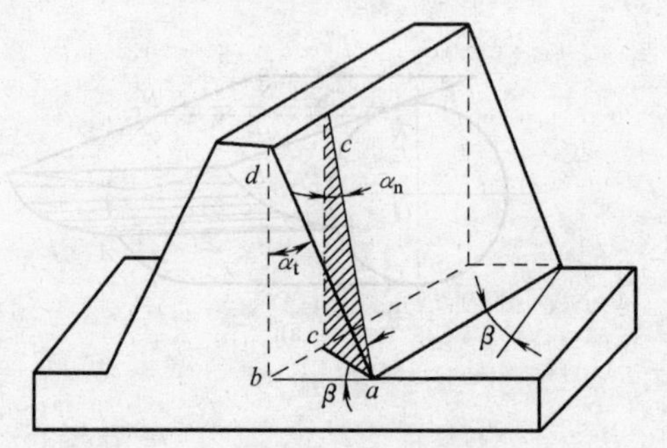

图6-41　端面压力角和法向压力角

表6-12 标准斜齿轮尺寸计算公式

| 名称 | | 符号 | 计算公式 |
|---|---|---|---|
| 基本参数 | 模数 | $m_n$ | 根据强度条件计算，并取标准值 |
| | 齿数 | $z$ | 由传动比和 $z \geqslant z_{min}$ 选定 |
| | 分度圆压力角 | $\alpha_n$ | $\alpha_n = 20°$ |
| | 螺旋角 | $\beta$ | $\beta$ 一般取 8°～20° |
| 几何尺寸 | 齿顶高 | $h_a$ | $h_a = h_{an}^* m_n$ |
| | 齿根高 | $h_f$ | $h_f = (h_{an}^* + c_n^*) \ m_n$ |
| | 全齿高 | $h$ | $h = (2h_{an}^* + c_n^*) \ m_n$ |
| | 分度圆直径 | $d$ | $d = m_t z = (m_n/\cos\beta) \ z$ |
| | 齿顶圆直径 | $d_a$ | $d_a = d + 2h_a = m_n \ (z/\cos\beta + 2h_{an}^*)$ |
| | 齿根圆直径 | $d_f$ | $d_f = d - 2h_f = m_n \ (z/\cos\beta - 2h_{an}^* - 2c_n^*)$ |
| | 基圆直径 | $d_b$ | $d_b = d\cos\alpha_t$ |
| 啮合传动 | 顶隙 | $c$ | $c = 0.25m_n$ |
| | 中心距 | $a$ | $a = m_n \ (z_1 + z_2) \ /2\cos\beta$ |

**4. 斜齿轮的当量齿数**

用仿形法加工斜齿轮时，盘状铣刀是沿螺旋线方向切齿的。因此，刀具需按斜齿轮的法向齿形来选择。如图6-42所示，用法截面截斜齿轮的分度圆柱得一椭圆，椭圆短半轴顶点 $C$ 处被切齿槽两侧为与标准刀具一致的标准渐开线齿形。工程中为计算方便，引入当量齿轮的概念。以椭圆最大曲率半径 $\rho$ 为分度圆半径，以斜齿轮的 $m_n$ 和 $\alpha_n$ 分别为模数和压力角作一虚拟的直齿轮，其齿形与斜齿轮的法向齿形最接近。这个齿轮称斜齿轮的当量齿轮，齿数 $z_v$ 称当量齿数。当量齿数 $z_v$ 由下式求得

$$z_v = \frac{z}{\cos^3\beta} \tag{6-21}$$

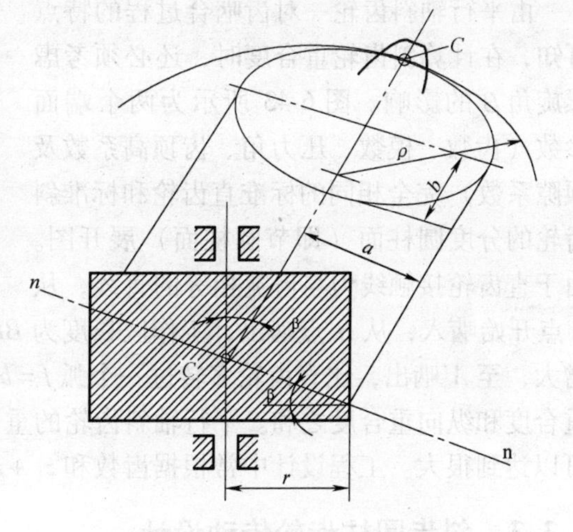

图6-42 斜齿轮的当量齿数

用仿形法加工时，应按当量齿数选择铣刀号码；进行强度计算时，可按一对当量直齿轮传动近似计算一对斜齿轮传动；在计算标准斜齿轮不发生根切的齿数时，可按下式求得

$$z_{min} = z_{vmin}\cos^3\beta = 17\cos^3\beta \tag{6-22}$$

## 6.3.2 斜齿圆柱齿轮的啮合传动

**1. 斜齿圆柱齿轮传动的特点**

与直齿圆柱齿轮传动比较，平行轴斜齿轮传动具有以下优点：

1）平行轴斜齿轮传动中齿廓接触线是斜直线，轮齿是逐渐进入和脱离啮合的，故工作

平稳，冲击和噪声小，适用于高速传动。

2）重合度较大，有利于提高承载能力和传动的平稳性，适用于大功率传动。

3）最少齿数小于直齿轮的最小齿数 $z_{\min}$。

4）产生轴向力。为了克服轴向力，可采用人字齿或能承受轴向力的轴承。

5）不能作变速滑移齿轮使用。

**2. 正确啮合条件**

平行轴斜齿轮传动在端面上相当于一对直齿圆柱齿轮传动，因此端面上两齿轮的模数和压力角应相等，从而可知，一对齿轮的法向模数和压力角也应分别相等。考虑到平行轴斜齿轮传动螺旋角的关系，正确啮合条件应为

$$\left.\begin{aligned} m_{n1} &= m_{n2} \\ \alpha_{n1} &= \alpha_{n2} \\ \beta_1 &= \pm\beta_2 \end{aligned}\right\} \tag{6-23}$$

式中表明，平行轴斜齿轮传动螺旋角相等，外啮合时旋向相反，取“-”号，内啮合时旋向相同，取“+”号。

**3. 重合度**

由平行轴斜齿轮一对齿啮合过程的特点可知，在计算斜齿轮重合度时，还必须考虑螺旋角 $\beta$ 的影响。图6-43所示为两个端面参数（齿数、模数、压力角、齿顶高系数及顶隙系数）完全相同的标准直齿轮和标准斜齿轮的分度圆柱面（即节圆柱面）展开图。

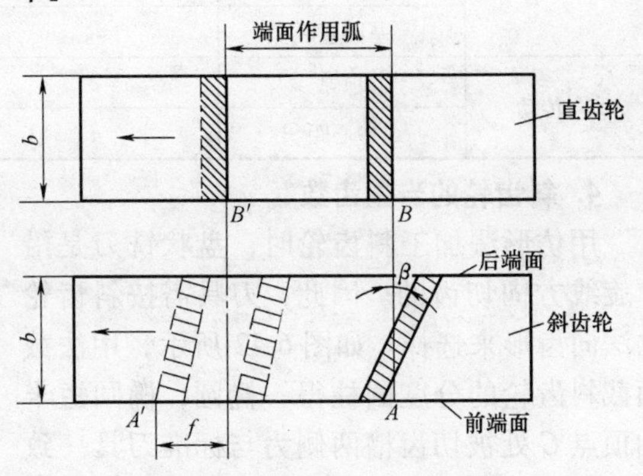

图6-43 斜齿圆柱齿轮的重合度

由于直齿轮接触线为与齿宽相等的直线，从 $B$ 点开始啮入，从 $B'$ 点啮出，工作区长度为 $BB'$；斜齿轮接触线，由点 $A$ 啮入，接触线逐渐增大，至 $A'$ 啮出，比直齿轮多转过一个弧 $f = b\tan\beta$，因此平行轴斜齿轮传动的重合度为端面重合度和纵向重合度之和。平行轴斜齿轮的重合度随螺旋角 $\beta$ 和齿宽 $b$ 的增大而增大，其值可以达到很大。工程设计中常根据齿数和 $z_1 + z_2$ 以及螺旋角 $\beta$ 查表求重合度。

## 6.3.3 斜齿圆柱齿轮传动设计

斜齿圆柱齿轮和直齿圆柱齿轮的设计基本相似，本节只介绍斜齿圆柱齿轮传动的强度计算。

**1. 渐开线斜齿圆柱齿轮受力分析**

图6-44所示为斜齿圆柱齿轮传动过程中轮齿受力情况，若不考虑摩擦力，轮齿所受法向力 $F_n$ 可分解为切向力 $F_t$、径向力 $F_r$ 和轴向力 $F_a$。

$$\left.\begin{aligned} &\text{切向力} \quad F_t = \frac{2T_1}{d_1} \\ &\text{径向力} \quad F_r = \frac{F_t\tan\alpha_n}{\cos\beta} \\ &\text{轴向力} \quad F_a = F_t\tan\beta \end{aligned}\right\} \tag{6-24}$$

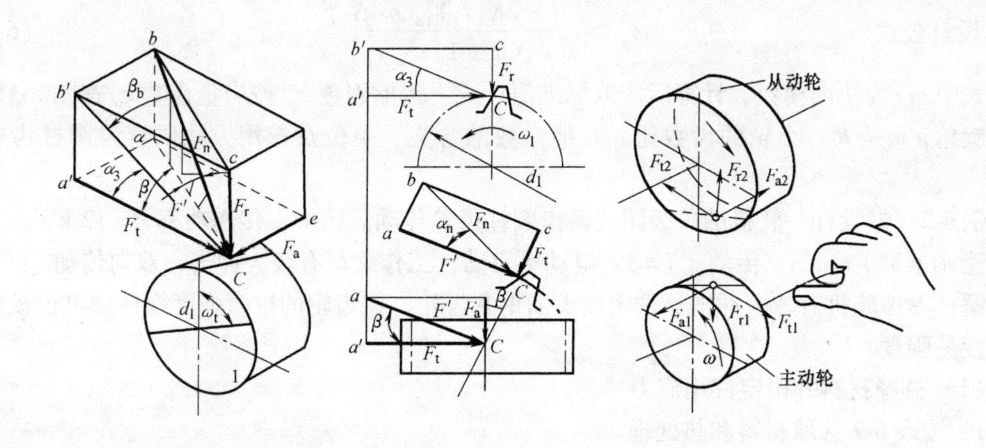


图6-44 渐开线斜齿圆柱齿轮受力分析

法向力
$$F_n = \frac{F_t}{\cos\beta\cos\alpha_n}$$

式中 $\alpha_n$——法向压力角；

$\beta$——螺旋角。

切向力的方向，在主动轮上与转动方向相反，在从动轮上与转动方向相同。径向力的方向均指向各自的轮心。轴向力的方向取决于齿轮的回转方向和轮齿的螺旋方向，可按“主动轮左、右手螺旋定则”来判断。

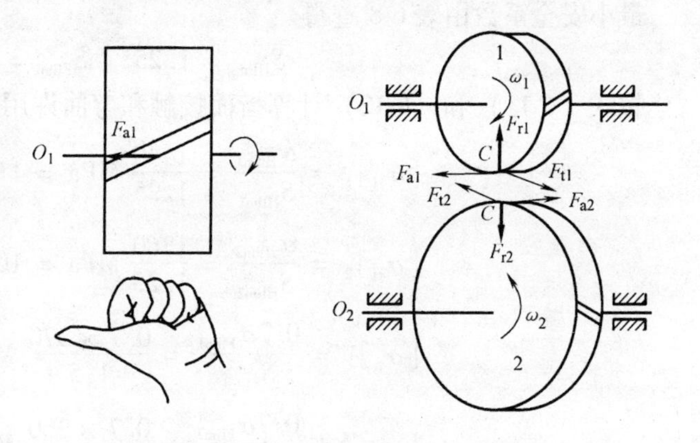


图6-45 主动齿轮轴向力方向判断

轴向力的方向，主动轮为右旋时，右手按转动方向握轴，以4个手指弯曲方向表示主动轴的回转方向，伸直大拇指，其指向即为主动轮上轴向力的方向；主动轮为左旋时，则应以左手用同样的方法来判断，如图6-45所示。主动轮上轴向力的方向确定后，从动轮上的轴向力则与主动轮上的轴向力大小相等、方向相反。

**2. 齿面接触疲劳强度计算**（钢制标准齿轮）

校核公式
$$\sigma_H = 305\sqrt{\frac{K_A T_1 (u \pm 1)^3}{a^2 bu}} \leqslant [\sigma_H] \tag{6-25}$$

设计公式
$$a \geqslant (u \pm 1)\sqrt[3]{\left(\frac{305}{[\sigma_H]}\right)^2 \frac{K_A T_1}{\psi_d u}} \tag{6-26}$$

式中参数的含义、单位及选用方法同直齿圆柱齿轮传动。

**3. 齿根弯曲疲劳强度计算**

校核公式
$$\sigma_F = \frac{1.6 K_A T_1 Y_{FS}\cos\beta}{b m_n^2 z_1} \leqslant [\sigma_F] \tag{6-27}$$

设计公式

$$m_n \geqslant \sqrt[3]{\frac{3.2K_A T_1 Y_{FS}\cos^2\beta}{\psi_d(u \pm 1)z_1^2[\sigma_F]}} \tag{6-28}$$

式中 $m_n$ 为法向模数，计算后应取标准值；式中齿形因数 $Y_{FS}$ 按当量齿数 $z_v$ 查图6-31；$\beta$ 为螺旋角；$u$ 是大、小轮的齿数比。其他参数的含义、单位及选用方法同直齿圆柱齿轮传动。

**例6-2**　试设计一轧机的单级闭式斜齿圆柱齿轮传动。已知：传递功率 $P=12$ kW，主动轮转速 $n_1=350$ r/min，传动比 $i=3$。电动机驱动，工作载荷有较大冲击，双向传动。

**解：** 考虑轧机有较大冲击，采用硬齿面钢制齿轮，按齿轮的抗弯强度设计，再校核齿面接触疲劳强度。

（1）选择材料并确定许用应力

1）按表6-7选取材料和热处理。

大齿轮：20CrMnTi，渗碳淬火，齿面硬度为56HRC。

小齿轮：20CrMnTi，渗碳淬火，齿面硬度为59HRC。

2）确定许用应力。齿面接触疲劳极限和弯曲疲劳极限由图6-26和图6-27查得

$$\sigma_{Hlim1} = 1440 \text{ MPa} \qquad \sigma_{Hlim2} = 1360 \text{ MPa}$$

$$\sigma_{Flim1} = 370 \text{ MPa} \qquad \sigma_{Flim2} = 360 \text{ MPa}$$

最小安全系数由表6-8查得

$$S_{Hlim} = 1.25, \quad S_{Flim} = 1.5$$

按式（6-11）和（6-12）计算齿面接触和弯曲许用应力为

$$[\sigma_H]_1 = \frac{\sigma_{Hlim1}}{S_{Hlim1}} = \frac{1440}{1.25} \text{ MPa} = 1152 \text{ MPa}$$

$$[\sigma_H]_2 = \frac{\sigma_{Hlim2}}{S_{Hlim2}} = \frac{1360}{1.25} \text{ MPa} = 1088 \text{ MPa}$$

$$[\sigma_F]_1 = \frac{0.7\sigma_{Flim1}}{S_{Flim1}} = \frac{0.7 \times 370}{1.5} \text{ MPa} = 172 \text{ MPa}$$

$$[\sigma_F]_2 = \frac{0.7\sigma_{Flim2}}{S_{Flim2}} = \frac{0.7 \times 360}{1.5} \text{ MPa} = 168 \text{ MPa}$$

（2）按抗弯强度设计

1）载荷系数 $K_A$。齿轮相对轴承对称布置，由表6-9选 $K_A=1.6$。

2）小齿轮转矩。

$$T_1 = 9.55 \times 10^6 \times \frac{12}{350} \text{ N} \cdot \text{mm} = 3.27 \times 10^5 \text{ N} \cdot \text{mm}$$

3）齿宽系数。取 $\psi_d=0.4$。

4）初选螺旋角。$\beta=15°$。

5）取 $z_1=20$，$i=u=3$，$z_2=uz_1=3\times20=60$。当量齿数

$$z_v = \frac{z}{\cos^3\beta}$$

$$z_{v1} = 22.19 \quad z_{v2} = 66.57$$

由图6-31查得 $Y_{FS1}=4.3$、$Y_{FS2}=4$。

比较 $Y_{FS}/[\sigma_F]$

$$Y_{FS1}/[\sigma_F]_1 = 4.3/172 = 0.025$$

$$Y_{FS2}/[\sigma_F]_2 = 4/168 = 0.024$$

因 $Y_{FS1}/[\sigma_F]_1$ 的数值大，代入公式，得法向模数

$$m_n \geqslant \sqrt[3]{\frac{3.2K_A T_1 Y_{FS}\cos^2\beta}{\psi_d(u\pm1)z_1^2[\sigma_F]}} = \sqrt[3]{\frac{3.2\times1.6\times3.27\times10^5\times4.3\times\cos^2 15^\circ}{0.4\times(3+1)\times20^2\times172}}\ \text{mm} = 3.97\ \text{mm}$$

由表6-2查标准模数，取 $m_n=4$ mm。

（3）确定基本参数，计算齿轮主要尺寸

1）试算中心距，由表6-12中公式 $a=m_n(z_1+z_2)/2\cos\beta$ 得

$$a_c = 165.6\ \text{mm}, \text{圆整取}\ a = 168\ \text{mm}$$

2）修正螺旋角：

$$\beta = \arctan\frac{m_n(z_1+z_2)}{2a} = \arctan\frac{4\times(20+60)}{2\times168} = 17.75^\circ$$

螺旋角在8°~25°之间，可用。

3）计算齿宽：

$$b = \psi_d a = 0.4\times168\ \text{mm} = 68\ \text{mm}$$

为补偿两轮轴向尺寸误差，取 $b_1=72$ mm，$b_2=68$ mm。

4）计算齿轮主要几何尺寸：

分度圆直径

$$d_1 = m_t z_1 = (m_n/\cos\beta)z_1 = 84\ \text{mm}$$

$$d_2 = m_t z_2 = (m_n/\cos\beta)z_2 = 252\ \text{mm}$$

齿顶圆直径

$$d_{a1} = m_n(z_1/\cos\beta + 2h_{an}^*) = 92\ \text{mm}$$

$$d_{a2} = m_n(z_2/\cos\beta + 2h_{an}^*) = 260\ \text{mm}$$

齿根圆直径

$$d_{f1} = d - 2h_f = m_n(z_1/\cos\beta - 2h_{an}^* - 2c_n^*) = 79\ \text{mm}$$

$$d_{f2} = d - 2h_f = m_n(z_2/\cos\beta - 2h_{an}^* - 2c_n^*) = 247\ \text{mm}$$

齿顶高　$h_a = h_{an}^* m_n = 4\ \text{mm}$

齿根高　$h_f = (h_{an}^* + c_n^*)m_n = 5\ \text{mm}$

全齿高　$h = (2h_{an}^* + c_n^*)m_n = 9\ \text{mm}$

（4）校核接触强度

$$\sigma_H = 305\sqrt{\frac{K_A T_1(u\pm1)^3}{a^2 bu}} = 305\sqrt{\frac{1.6\times3.27\times10^5\times(3+1)^3}{168^2\times68\times3}}\ \text{MPa} = 735.53\ \text{MPa} \leqslant [\sigma_H]_2$$

安全。

（5）计算齿轮的圆周速度并选择精度等级

齿轮的圆周速度　$v=\pi d_1 n_1/(60\times1000)=1.54$ m/s

按表6-5选用8级精度。

(6) 设计齿轮结构 绘制齿轮工作图（略）。

## 6.4 直齿锥齿轮传动

### 6.4.1 直齿锥齿轮

**1. 概述**

锥齿轮种类较多，按齿轮的外形可分为锥齿轮、准双曲面齿轮、冠轮和端面齿盘；按齿线的形状可分为直齿锥齿轮、斜齿锥齿轮、曲线齿锥齿轮和摆线锥齿轮等。其中直齿锥齿轮应用最广。

直齿锥齿轮的轮齿分布在圆锥面上，其齿形从大端到小端逐渐减小。与圆柱齿轮相似，有分度圆锥、齿顶圆锥、齿根圆锥和基圆锥。图6-46所示为直齿锥齿轮。

**2. 齿廓曲面**

直齿锥齿轮齿廓曲线是一条空间球面渐开线，其形成过程与圆柱齿轮类似。不同的是，锥齿轮的齿面是发生面在基圆锥上做纯滚动时，其上直线 $KK'$ 所展开的渐开线曲面 $AA'K'K$，如图6-47所示。因直线上任一点在空间所形成的渐开线距锥顶的距离不变，故称为球面渐开线。

图6-46 直齿锥齿轮

**3. 锥齿轮的当量齿数**

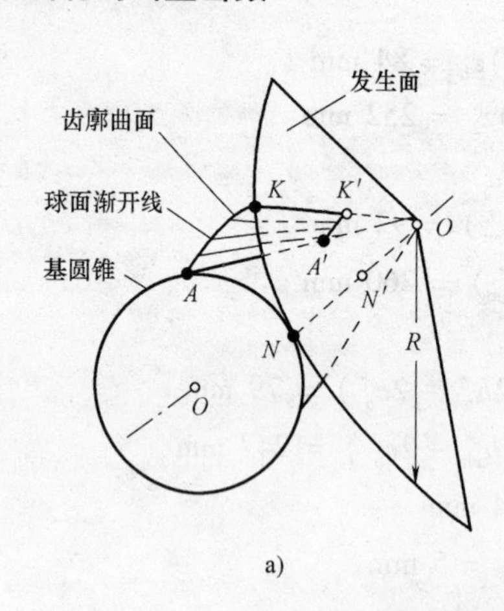


a)

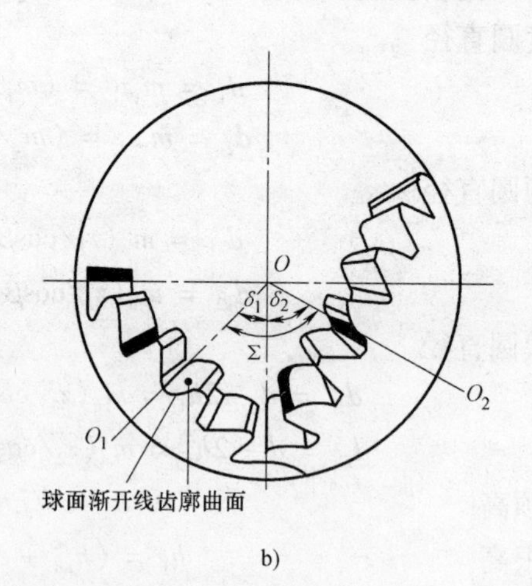


b)

图6-47 直齿锥齿轮的齿面形成和齿廓

a）齿面的形成 b）球面渐开线齿廓

由于球面无法展开成平面，使得锥齿轮设计和制造存在很大的困难，所以，实际上锥齿轮是采用近似的方法来进行设计和制造的。

图6-48所示为一具有球面渐开线齿廓的直齿锥齿轮。过分度圆锥上的点 $A$ 作球面的切线 $AO_1$，与分度圆锥的轴线交于 $O_1$ 点，以 $OO_1$ 为轴，$O_1A$ 为母线作一圆锥体，此圆锥面称

为背锥。背锥母线与分度圆锥上的切线的交点 $a'$、$b'$ 与球面渐开线上的 $a$、$b$ 点非常接近，即背锥上的齿廓曲线和齿轮的球面渐开线很接近。由于背锥可展成平面，其上面的平面渐开线齿廓可代替直齿锥齿轮的球面渐开线。

将展开背锥所形成的扇形齿轮（图6-49）补足成完整的齿轮，即为直齿锥齿轮的当量齿轮，当量齿轮的齿数称为当量齿数，即

$$\begin{cases} z_{v1} = \dfrac{z_1}{\cos\delta_1} \\ z_{v2} = \dfrac{z_2}{\cos\delta_2} \end{cases} \tag{6-29}$$

式中 $z_1$、$z_2$——两直齿锥齿轮的实际齿数；

$\delta_1$、$\delta_2$——两齿轮的分锥角。

选择齿轮铣刀的刀号、轮齿抗弯强度计算及确定不产生根切的最少齿数时，都是以 $z_v$ 为依据的。

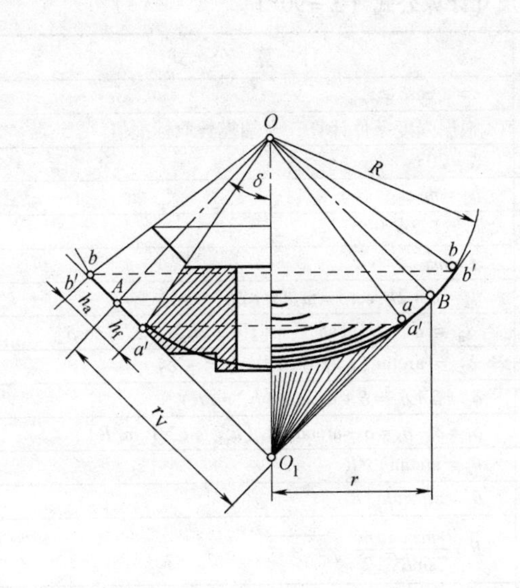


图6-48 具有球面渐线齿廓的直齿锥齿轮

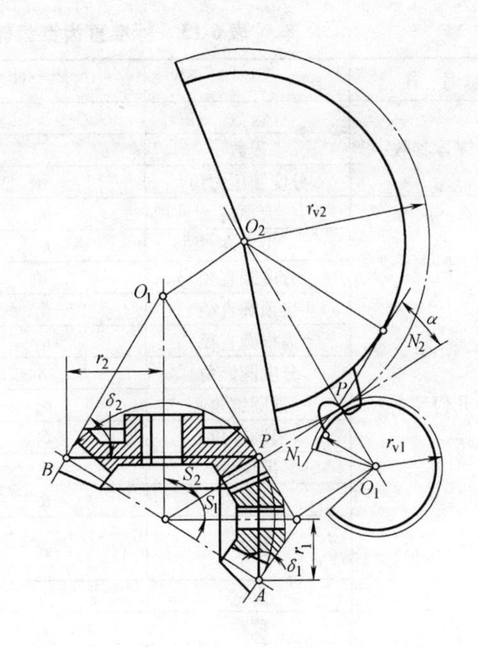


图6-49 背锥的展开

## 6.4.2 直齿锥齿轮的啮合传动

**1. 直齿锥齿轮传动的应用**

锥齿轮机构用于相交轴之间的传动，两轴的交角 $\Sigma=\delta_1+\delta_2$ 由传动要求确定，可为任意值，$\Sigma=90°$的锥齿轮传动应用最广泛。

**2. 基本参数与几何尺寸计算**

为了便于计算和测量，锥齿轮的参数和几何尺寸均以大端为准，取大端模数 $m$ 为标准值，大端压力角为 $\alpha=20°$，齿顶高系数 $h_a^*=1$，顶隙系数 $c^*=0.2$。标准直齿锥齿轮各部分名称如图6-50所示，几何尺寸计算公式见表6-13。

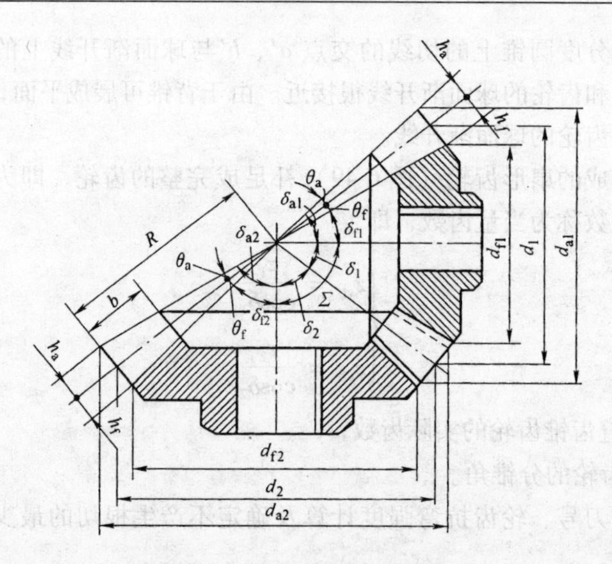


图6-50 标准直齿锥齿轮传动

**表6-13 标准直齿锥齿轮几何尺寸计算公式（$\Sigma=90°$）**

| 名称 | | 符号 | 计算公式 |
|---|---|---|---|
| | 齿数 | $z$ | $z=z_v\cos\delta\geqslant z_{min}$ |
| 基本参数 | 模数 | $m$ | 根据强度条件计算，大端模数取标准值 |
| | 分度圆压力角 | $\alpha$ | $\alpha=20°$ |
| | 齿顶高 | $h_a$ | $h_a=m$ |
| | 齿根高 | $h_f$ | $h_f=1.2m$ |
| | 分度圆直径 | $d$ | $d=mz$ |
| | 齿顶圆直径 | $d_a$ | $d_a=d+2h_a\cos\delta=m\ (z+2h_a^*\cos\delta)$ |
| | 齿根圆直径 | $d_f$ | $d_a = d-2h_f\cos\delta = m[z-(2h_a^*+c^*)\cos\delta]$ |
| | 分度圆锥角 | $\delta$ | $\delta_2 = \arctan(z_2/z_1),\delta_1 = 90°-\delta_2$ |
| 几何尺寸 | 顶圆锥角 | $\delta_a$ | $\delta_a=\delta+\theta_a=\delta+\arctan\ (h_a^*m/R)$ |
| | 根圆锥角 | $\delta_f$ | $\delta_f=\delta-\theta_f=\delta-\arctan\ [\ (h_{afg}^*+c^*)\ m/R]$ |
| | 齿顶角 | $\theta_a$ | $\theta_a=\arctan h_a/R$ |
| | 齿根角 | $\theta_f$ | $\theta_f=\arctan h_f/R$ |
| | 锥距 | $R$ | $R=\dfrac{mz}{2\sin\delta}=\dfrac{m}{2}\sqrt{z_1^2+z_2^2}$ |
| | 齿宽 | $b$ | $b\leqslant R/3$ |
| 啮合传动 | 顶隙 | $c$ | $c=0.2m$ |
| | 传动比 | $i$ | $i=z_2/z_1=\cos\delta_1=\tan\delta_2$ |

**3. 正确啮合条件**

直齿锥齿轮的正确啮合条件由当量圆柱齿轮的正确啮合条件得到，即两齿轮的大端模数和压力角分别相等，即有 $m_1=m_2=m$；$\alpha_1=\alpha_2=\alpha$。

## 6.4.3 直齿锥齿轮传动的强度计算

**1. 轮齿的受力分析**

现对图6-51所示的锥齿轮传动中的主动轮进行受力分析。作用在直齿锥齿轮齿面上的法向力 $F_n$ 可视为集中作用在齿宽中点分度圆直径上，即作用在齿宽中点的法向截面 $N$-$N$ 内。法向力沿切向、径向和轴向可分解为三个互成直角的分力，即切向力 $F_t$、径向力 $F_r$ 和轴向力$F_a$。

轮齿上的三个分力的大小，由图6-51分析得

$$\begin{cases} F_t = \dfrac{2T}{d_{m1}} \\ F_r = F'\cos\delta = F_t\tan\alpha\cos\delta \\ F_a = F'\sin\delta = F_t\tan\alpha\sin\delta \end{cases} \tag{6-30}$$

式中$d_{m1}$为小齿轮齿宽中点分度圆直径。

$$d_{m1} = d_1 - b\sin\delta_1 \tag{6-31}$$

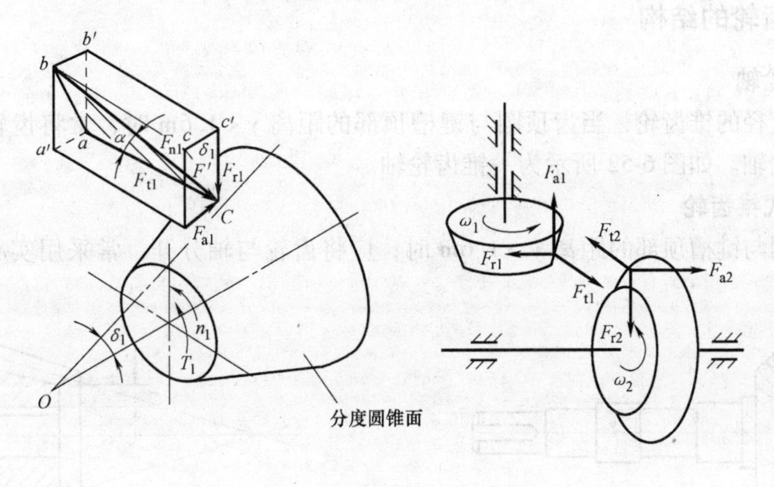


图6-51 直齿锥齿轮传动的受力分析

切向力和径向力方向的确定方法与直齿轮相同，两齿轮的轴向力方向都是沿各自的轴线指向大端。两轮的受力可根据作用与反作用原理确定：$F_{t1}=-F_{t2}$，$F_{r1}=-F_{a2}$，$F_{a1}=-F_{r2}$，负号表示二力的方向相反。

**2. 齿面接触疲劳强度**（钢制齿轮）

锥齿轮传动的强度按齿宽中点的一对当量直齿轮的传动作近似计算，当两轴交角$\Sigma=90°$时，齿面接触疲劳强度计算公式

校核公式
$$\sigma_H = \frac{334}{R-0.5b}\sqrt{\frac{(u^2+1)^3K_AT_1}{ub}} \leqslant [\sigma_H] \tag{6-32}$$

设计公式
$$R \geqslant \sqrt{u^2+1}\sqrt[3]{\left[\frac{334}{(1-0.5\psi_d)[\sigma_H]}\right]^2\frac{K_AT_1}{\psi_d u}} \tag{6-33}$$

式中$\psi_d$为齿宽系数，$\psi_d=b/R$，一般$\psi_d=0.25\sim0.3$，其余各项符号的意义与直齿轮相同。对所求得的锥距，需满足表中的几何关系，即

$$R = \frac{m}{2}\sqrt{z_1^2+z_2^2} \tag{6-34}$$

注意：所得锥距不可圆整。

**3. 齿根抗弯疲劳强度**

校核公式
$$\sigma_F = \frac{2K_AT_1Y_F}{bm^2z_1(1-0.5\psi_d)^2} \leqslant [\sigma_F] \tag{6-35}$$

设计公式 $$m \geqslant \sqrt[3]{\frac{4K_A T_1 Y_F}{\psi_d(1-0.5\psi_d)^2 z_1^2 [\sigma_F] \sqrt{u^2+1}}} \tag{6-36}$$

计算所得模数应按表 6-2 圆整为标准值。

锥齿轮的制造工艺复杂，大尺寸的锥齿轮加工更困难，因此在设计时应尽量减小其尺寸。如在传动中同时有锥齿轮传动和圆柱齿轮传动时，应尽可能将锥齿轮传动放在高速级，这样可使设计的锥齿轮的尺寸较小，便于加工。为了使大锥齿轮的尺寸不致过大，通常，齿数比取 $u<5$。

## 6.4.4 锥齿轮的结构

### 1. 锥齿轮轴

对于小直径的锥齿轮，当齿顶圆与键槽顶部的距离 $y<1.6\text{m}$ 时，常将齿轮与轴做成一体，称为齿轮轴。如图 6-52 所示为一锥齿轮轴。

### 2. 实心式锥齿轮

当齿顶圆与键槽顶部的距离 $y>1.6\text{m}$ 时，应将齿轮与轴分开，常采用实心式结构，如图 6-53 所示。

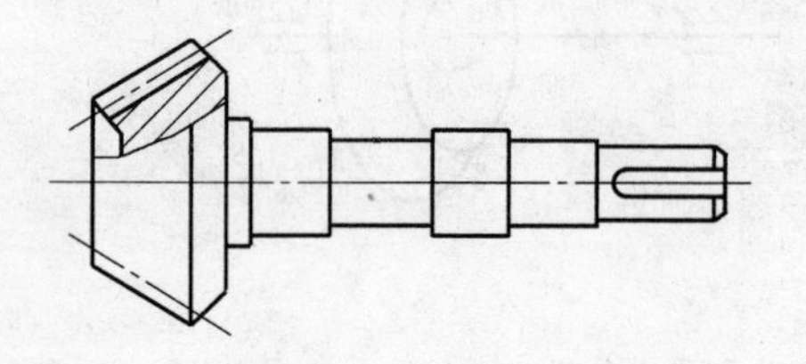

图 6-52 锥齿轮轴

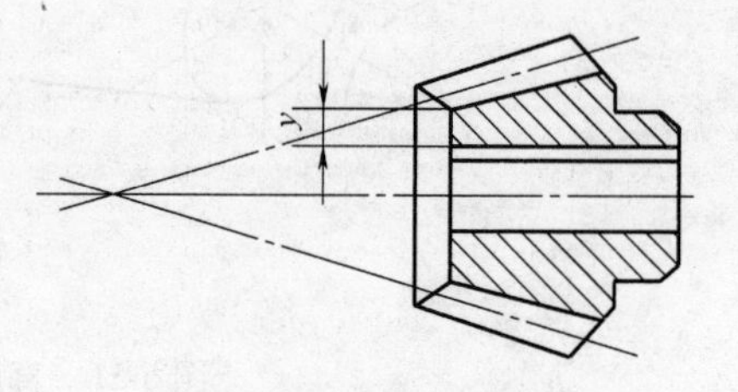


图 6-53 实心式锥齿轮

### 3. 腹板式锥齿轮

齿顶圆直径 $d_a \leqslant 500\text{mm}$ 的锻造齿轮，一般采用腹板式结构，如图 6-54 所示。

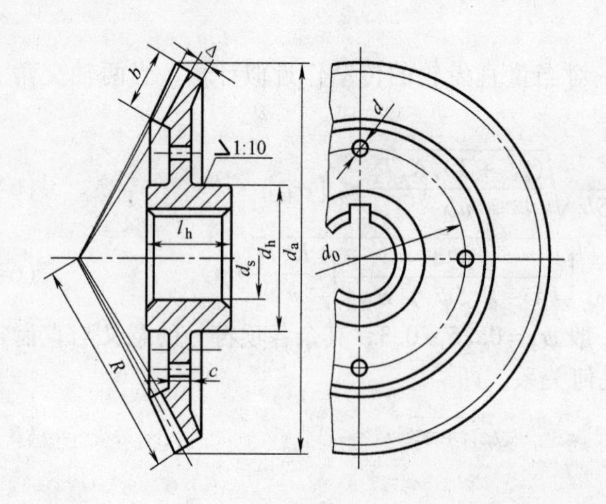


$d_h = 1.6d_s$
$l_h = (1.2 \sim 1.5)\ d_s$
$c = (0.2 \sim 0.3)\ b$
$\Delta = (2.5 \sim 4)\ m$，但 ≮10mm
$d_0$ 和 $d$ 按结构确定

图 6-54 腹板式齿轮

### 4. 带肋轮辐式锥齿轮

齿顶圆直径 $d_a > 300\text{mm}$ 的铸造齿轮，可采用带肋轮辐式结构，如图6-55所示。

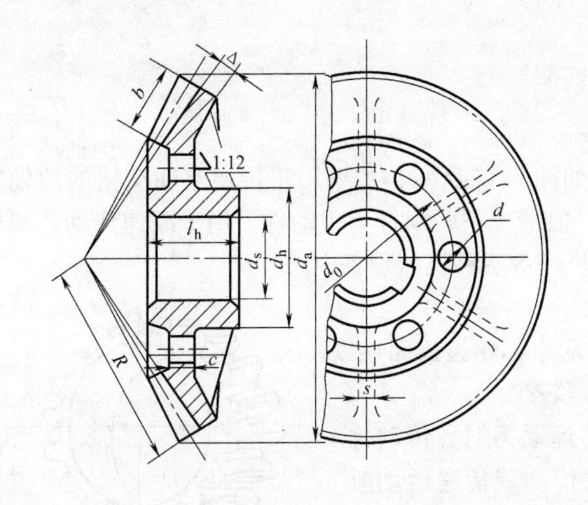


$d_h =$（1.6～1.8）$d_s$

$l_h =$（1.2～1.5）$d_s$

$c =$（0.2～0.3）$b$

$\Delta =$（2.5～4）$m$，但≥10$m$

$s = 0.8c$

$d_0$ 和 $d$ 按结构确定

图6-55　带肋轮辐式锥齿轮

# 6.5　蜗杆传动

## 6.5.1　蜗杆与蜗轮

### 1. 蜗杆

蜗杆从螺旋齿轮演变而来。一个齿轮，当只有一个或几个齿、直径较小、轴向长度较长并在分度圆柱面上形成完整的螺旋线，使得其外形如一螺旋，我们称之为蜗杆。

蜗杆形如螺杆，按轮齿的旋向，分为左旋蜗杆和右旋蜗杆，通常多用右旋蜗杆。按螺旋线的数目，分为单头蜗杆和多头蜗杆，只有一条螺旋线的称为单头蜗杆，有两条及以上螺旋线的称为多头蜗杆，一般常用单头蜗杆。按蜗杆的形状，分为圆柱蜗杆、环面蜗杆和圆弧圆柱蜗杆（其与相应蜗轮组成的传动见图6-56所示）。圆柱蜗杆加工方便，环面蜗杆承载能力强。按蜗杆螺旋面的形状，圆柱蜗杆又可分为阿基米德蜗杆、渐开线蜗杆和法向直廓蜗杆。其中阿基米德蜗杆应用广泛。

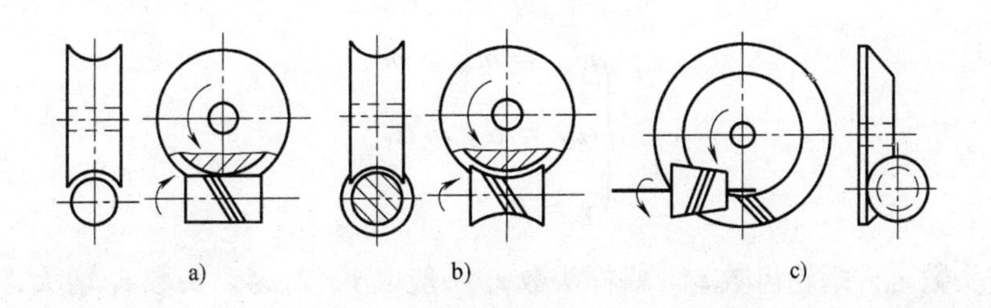


图6-56　蜗杆传动

a）圆柱蜗杆传动　b）环面蜗杆传动　c）圆弧圆柱蜗杆传动

**2. 蜗轮**

与蜗杆配对相啮合的称为蜗轮。蜗轮形如斜齿轮，为改善接触情况，将蜗轮圆柱表面的直母线改为圆弧形，可部分地包住蜗杆。

## 6.5.2 蜗杆传动

**1. 蜗杆传动的组成及应用**

蜗杆传动主要由蜗杆和蜗轮组成，如图6-57所示，主要用于传递空间交错的两轴之间的运动和动力，通常轴间交角为90°。一般情况下，蜗杆为主动件，用于减速传动。蜗杆传动广泛应用于机床、汽车、仪器及矿山机械等多种机械设备中。

**2. 蜗杆传动的特点**

（1）传动平稳、噪声小 在蜗杆传动中，轮齿齿面连续滑入啮合，传动平稳，振动、冲击和噪声较少。

（2）传动比大 单级蜗杆传动在传递动力时，传动比 $i=5\sim80$，常用的为 $i=15\sim50$。在分度传动或传递运动时 $i=300\sim1000$，结构紧凑。

（3）具有自锁性 当蜗杆的导程角小于轮齿间的当量摩擦角时，可实现自锁，只能以蜗杆为主动件。

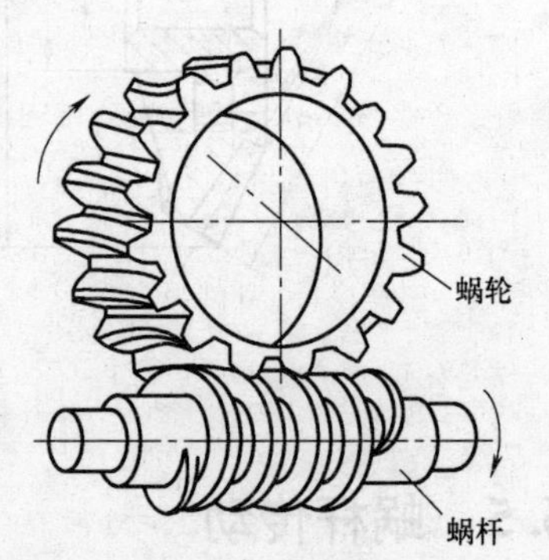

图6-57 蜗杆传动

（4）传动效率低 蜗杆传动由于齿面间相对滑动速度大，齿面摩擦严重，故在制造精度和传动比相同的条件下，蜗杆传动的效率比齿轮传动低，一般只有0.7~0.8。具有自锁功能的蜗杆机构，效率一般不大于0.5。

（5）制造成本高 为了降低摩擦，减小磨损，提高齿面抗胶合能力，蜗轮齿圈常用贵重的铜合金制造，成本较高。

**3. 蜗杆传动的主要参数和几何尺寸**

（1）主要参数 通过蜗杆轴线并与蜗轮轴线垂直的平面称为中间平面。在该平面上，蜗杆的齿廓为直线，蜗轮的齿廓为渐开线，故蜗杆蜗轮的啮合相当于齿轮齿条啮合。阿基米德蜗杆传动如图6-58所示。蜗杆、蜗轮都以中间平面内的参数为标准值。

1）模数和压力角。根据齿轮齿条正确啮合条件，蜗杆的轴向模数 $m_{x1}$ 等于蜗轮的端面模数 $m_{t2}$；蜗杆的轴向压力角 $\alpha_{x1}$ 等于蜗轮的端面压力角 $\alpha_{t2}$；蜗杆导程角 $\gamma$ 等于蜗轮螺旋角 $\beta$，且旋向相同，即

$$\begin{cases} m_{x1} = m_{t2} = m \\ \alpha_{x1} = \alpha_{t2} = \alpha \\ \gamma = \beta \end{cases} \tag{6-37}$$

2）蜗杆头数 $z_1$，蜗轮齿数 $z_2$。蜗杆头数 $z_1$ 一般取1、2、4。头数 $z_1$ 增大，可以提高传动效率，但加工制造难度增加。

蜗轮齿数一般取 $z_2=28\sim80$。若 $z_2<28$，传动的平稳性会下降，且易产生根切；若 $z_2$ 过大，蜗轮的直径 $d_2$ 增大，与之相应的蜗杆长度增加、刚度降低，从而影响啮合的精度。

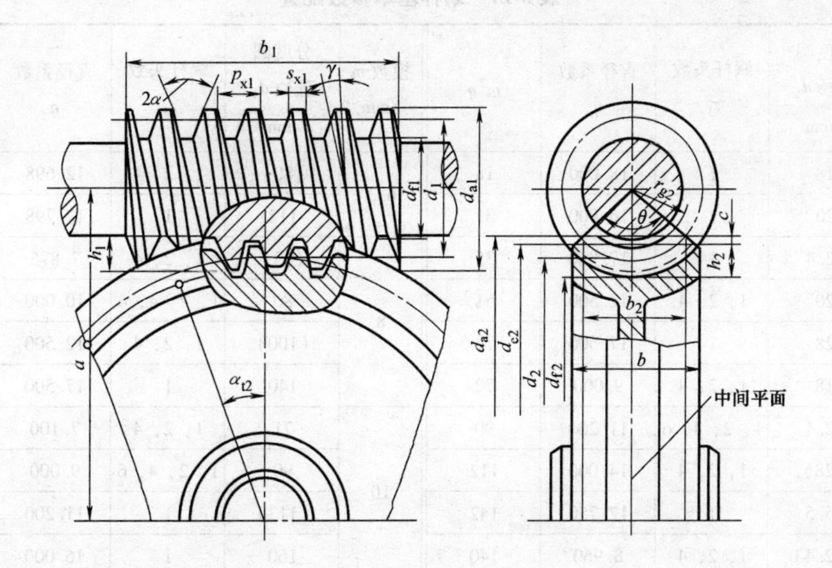


图6-58　阿基米德蜗杆传动

3）传动比。

传动比的计算式为
$$i=\frac{n_1}{n_2}=\frac{z_2}{z_1}$$

4）蜗杆分度圆直径 $d_1$ 和蜗杆直径系数 $q$。加工蜗轮时，用与蜗杆直径及齿形参数基本相同的蜗轮滚刀来加工。不同尺寸的蜗轮，就需要不同的滚刀，为限制滚刀的数量，并使滚刀标准化，对每一标准模数，规定了一定数量的蜗杆分度圆直径 $d_1$。蜗杆的直径系数 $q$ 为

$$q=\frac{d_1}{m} \tag{6-38}$$

模数一定时，$q$ 值增大则蜗杆的分度圆直径 $d_1$ 增大、刚度提高。因此，为保证蜗杆有足够的刚度，小模数蜗杆的 $q$ 值一般较大。

5）蜗杆导程角 $\gamma$。图6-59所示为蜗杆分度圆柱展开图，由图可得

$$\tan\gamma=\frac{p_z}{\pi d_1}=\frac{z_1\pi m}{\pi d_1}=\frac{z_1 m}{d_1}=\frac{z_1}{q} \tag{6-39}$$

式中　$p_z$——螺旋线的导程，$p_z=z_1p_{x1}=z_1\pi m$，其中 $p_{x1}$ 为轴向齿距。

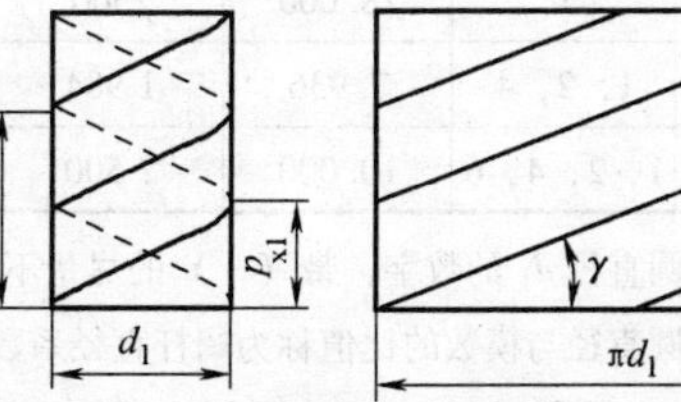


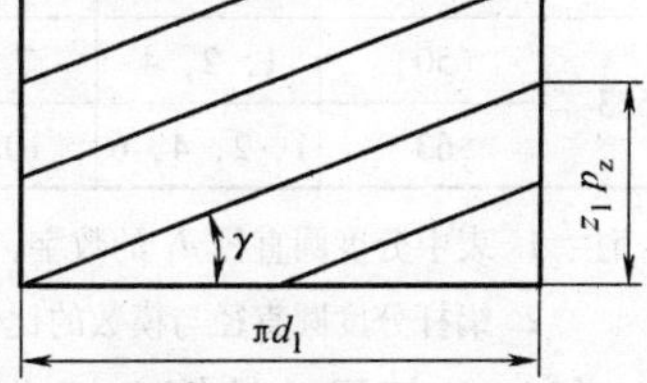


图6-59　蜗杆导程角

通常螺旋线的导程角 $\gamma=3.5°\sim27°$，导程角在 $3.5°\sim4.5°$ 范围内的蜗杆可实现自锁，升角大时传动效率高，但蜗杆加工难度大。

蜗杆基本参数配置见表6-14。

**表 6-14 蜗杆基本参数配置**

| 模数 $m$ /mm | 分度圆直径 $d_1$ /mm | 蜗杆头数 $z_1$ | 直径系数 $q$ | $m^3q$ | 模数 $m$ /mm | 分度圆直径 $d_1$ /mm | 蜗杆头数 $z_1$ | 直径系数 $q$ | $m^3q$ |
|---|---|---|---|---|---|---|---|---|---|
| 1 | 18 | 1 | 18.000 | 18 | 6.3 | (80) | 1, 2, 4 | 12.698 | 3 175 |
| 1.25 | 20 | 1 | 16.000 | 31 | | 112 | 1 | 17.798 | 4 445 |
| | 22.4 | 1 | 17.920 | 35 | 8 | (63) | 1, 2, 4 | 7.875 | 4 032 |
| 1.6 | 20 | 1, 2, 4 | 12.500 | 51 | | 80 | 1, 2, 4, 6 | 10.000 | 5 120 |
| | 28 | 1 | 17.500 | 72 | | (100) | 1, 2, 4 | 12.500 | 6 400 |
| 2 | 18 | 1, 2, 4 | 9.000 | 72 | | 140 | 1 | 17.500 | 8 960 |
| | 22.4 | 1, 2, 4, 6 | 11.200 | 90 | 10 | 71 | 1, 2, 4 | 7.100 | 7 100 |
| | (28) | 1, 2, 4 | 14.000 | 112 | | 90 | 1, 2, 4, 6 | 9.000 | 9 000 |
| | 35.5 | 1 | 17.750 | 142 | | (112) | 1 | 11.200 | 11 200 |
| 2.5 | (22.4) | 1, 2, 4 | 8.960 | 140 | | 160 | 1 | 16.000 | 16 000 |
| | 28 | 1, 2, 4, 6 | 11.200 | 175 | 12.5 | (90) | 1, 2, 4 | 7.200 | 14 062 |
| | (35.5) | 1, 2, 4 | 14.200 | 222 | | 112 | 1, 2, 4 | 8.960 | 17 500 |
| | 45 | 1 | 18.000 | 281 | | (140) | 1, 2, 4 | 11.200 | 21 875 |
| 3.15 | (28) | 1, 2, 4 | 8.889 | 278 | | 200 | 1 | 16.000 | 31 250 |
| | 35.5 | 1, 2, 4, 6 | 11.270 | 352 | 16 | (112) | 1, 2, 4 | 7.000 | 28 672 |
| | (45) | 1, 2, 4 | 14.286 | 447 | | 140 | 1, 2, 4 | 8.750 | 35 840 |
| | 56 | 1 | 17.778 | 556 | | (180) | 1, 2, 4 | 11.250 | 46 080 |
| 4 | (31.5) | 1, 2, 4 | 7.875 | 504 | | 250 | 1 | 15.625 | 64 000 |
| | 40 | 1, 2, 4, 6 | 10.000 | 640 | 20 | (140) | 1, 2, 4 | 7.000 | 56 000 |
| | (50) | 1, 2, 4 | 12.500 | 800 | | 160 | 1, 2, 4 | 8.000 | 64 000 |
| | 71 | 1 | 17.750 | 1 136 | | (224) | 1, 2, 4 | 11.200 | 89 600 |
| 5 | (40) | 1, 2, 4 | 8.000 | 1 000 | | 315 | 1 | 15.750 | 126 000 |
| | 50 | 1, 2, 4, 6 | 10.000 | 1 250 | 25 | (180) | 1, 2, 4 | 7.200 | 112 500 |
| | (63) | 1, 2, 4 | 12.600 | 1 575 | | 200 | 1, 2, 4 | 8.000 | 125 000 |
| | 90 | 1 | 18.000 | 2500 | | (280) | 1, 2, 4 | 11.200 | 175 000 |
| 6.3 | (50) | 1, 2, 4 | 7.936 | 1 984 | | 400 | 1 | 16.000 | 250 000 |
| | 63 | 1, 2, 4, 6 | 10.000 | 2 500 | | | | | |

注：1. 表中分度圆直径 $d_1$ 的数字，带（ ）的尽量不用。

2. 蜗杆分度圆直径与模数的比值称为蜗杆直径系数，用 $q$ 表示。

（2）几何尺寸计算　标准圆柱蜗杆传动的几何尺寸计算公式见表6-15。

**表 6-15 标准圆柱蜗杆传动几何尺寸计算公式**

| 名　称 | 计 算 公 式 | |
|---|---|---|
| | 蜗　杆 | 蜗　轮 |
| 模数 | 蜗杆轴面模数、蜗轮端面模数由强度条件确定，取标准值 | |

（续）

| 名　称 | 计算公式 | |
|---|---|---|
| | 蜗　杆 | 蜗　轮 |
| 齿顶高 | $h_a = m$ | $h_a = m$ |
| 齿根高 | $h_f = 1.2m$ | $h_f = 1.2m$ |
| 分度圆直径 | $d_1 = mq$ | $d_2 = mz_2$ |
| 齿顶圆直径 | $d_{a1} = m(q+2)$ | $d_{a2} = m(z_2+2)$ |
| 齿根圆直径 | $d_{f1} = m(q-2.4)$ | $d_{f2} = m(z_2-2.4)$ |
| 顶隙 | $c = 0.2m$ | |
| 蜗杆轴向齿距 蜗轮端面齿距 | $p = m\pi$ | |
| 中心距 | $a = m(q+z_2)/2$ | |
| 传动比 | $i = z_2/z_1$ | |
| 蜗杆分度圆柱的导程角 | $\tan\gamma = \dfrac{z_1}{q}$ | |
| 蜗杆螺纹部分长度 | $z_1 = 1、2, b_1 \geqslant (11+0.06z_2)m$ $z_1 = 4$　$b_1 \geqslant (12.5+0.09z_2)m$ | |
| 蜗轮分度圆上轮齿的螺旋角 | $\beta = \gamma$ | |
| 蜗轮咽喉母圆半径 | $r_{g2} = a - d_{a2}/2$ | |
| 蜗轮最大外圆直径 | $z_1 = 1$、$d_{e2} \leqslant d_{a2} + 2m$　$z_1 = 2$　$d_{e2} \leqslant d_{a2} + 1.5m$　$z_1 = 4$　$d_{e2} \leqslant d_{a2} + m$ | |
| 蜗轮轮缘宽度 | $z_1 = 1$、2，$b_2 \leqslant 0.75d_{a1}$　$z_1 = 4 \sim 6$，$b_2 \leqslant 0.67d_{a1}$ | |
| 齿宽角 | $\theta = 2\arcsin(b_2/d_1)$ 一般动力传动 $\theta = 70° \sim 90°$，高速动力传动 $\theta = 90° \sim 130°$，分度传动 $\theta = 45° \sim 60°$ | |

## 6.5.3 蜗杆传动设计

蜗杆传动的设计要求：①计算蜗轮接触强度；②计算蜗杆传动热平衡，限制工作温度；③必要时验算蜗杆轴的刚度。

**1. 蜗杆传动的失效及计算准则**

（1）失效形式　一般情况下，失效发生在强度较弱的蜗轮上。闭式蜗杆传动的主要失效形式是点蚀和胶合；开式传动主要是齿面磨损和因过度磨损引起的轮齿折断。

（2）计算准则　闭式蜗杆传动按蜗轮轮齿的齿面接触疲劳强度进行设计，按齿根抗弯疲劳强度校核，并进行热平衡验算；开式蜗杆传动按齿根抗弯疲劳强度进行设计。

**2. 蜗杆、蜗轮常用材料**

蜗杆和蜗轮的材料应有足够的强度，良好的减摩，耐磨性和抗胶合性。

（1）蜗杆材料　对高速重载的传动，常用低碳合金钢（如20Cr钢、20CrMnTi钢）经渗碳后，表面淬火使硬度达56～62HRC，再磨削。对中速中载传动，常用45钢、40Cr钢、35SiMn钢等，表面经高频淬火使硬度达45～55HRC，再磨削。对一般蜗杆可采用45钢、40钢等碳钢调质处理（硬度为210～230HBW）。

（2）蜗轮材料　常用的蜗轮材料为铸造锡青铜（ZCuSn10Pb1，ZCuSn6Zn6Pb3）、铸造铝青铜（ZCuAl10Fe3）及灰铸铁HT150、HT200等。锡青铜的抗胶合、减摩及耐磨性能最好，但价格较高，常用于 $v_s \geqslant 3m/s$ 的重要传动；铝青铜具有足够的强度，并耐冲击，价格便宜，但抗胶合及耐磨性能不如锡青铜，一般用于 $v_s \leqslant 6\text{m/s}$ 的传动；灰铸铁用于 $v_s \leqslant 2\text{m/s}$ 的不重要场合。

**3. 蜗杆传动精度等级的选择**

国家标准对蜗杆传动规定了12个精度等级，1级最高，12级最低。对于动力传动常采用6~9级精度，设计时根据蜗轮圆周速度及使用条件查表6-16确定。精度等级的标注方法与齿轮传动相同。

**表6-16　蜗杆传动精度等级**

| 第Ⅱ公差组精度等级 | 蜗轮圆周速度 $v_2$/（m/s） | 蜗杆齿面粗糙度 $Ra$/μm | 蜗轮齿面粗糙度 $Ra$/μm | 使用范围 |
|---|---|---|---|---|
| 7 | <7.5 | ≤0.8 | ≤0.8 | 中速动力传动 |
| 8 | <3 | ≤1.6 | ≤1.6 | 速度较低或短期工作的传动 |
| 9 | <1.5 | ≤3.2 | ≤3.2 | 不重要的低速传动或手动传动 |

**4. 蜗杆传动的强度计算**

（1）蜗杆传动的受力分析　在受力分析时，根据蜗杆的旋向和转向，应用“左、右手定则”判断蜗轮的旋向和转向。

蜗杆传动的受力分析与斜齿圆柱齿轮的受力分析相似，如图6-60所示。齿面上的法向力 $F_n$ 分解为三个相互垂直的分力：切向力 $F_t$、轴向力 $F_a$、径向力 $F_r$。

蜗杆受力方向：轴向力 $F_{a1}$ 的方向由左、右手定则确定。图6-60所示为右旋蜗杆，则用右手握住蜗杆，4个手指所指方向为蜗杆转向，拇指所指方向为轴向力 $F_{a1}$ 的方向；切向力 $F_{t1}$ 与主动蜗杆转向相反；径向力 $F_{r1}$ 指向蜗杆中心。

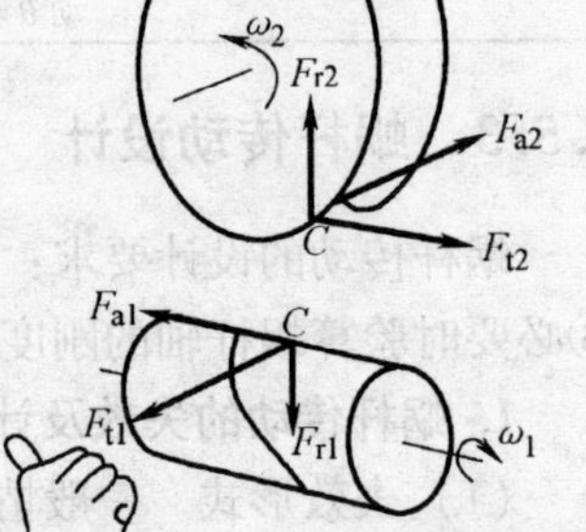

图6-60　蜗杆传动受力分析

蜗轮受力方向：因为 $F_{a1}$ 与 $F_{t2}$、$F_{t1}$ 与 $F_{a2}$、$F_{r1}$ 与 $F_{r2}$ 是作用力与反作用力，所以其值大小相等，方向相反。

力的大小为

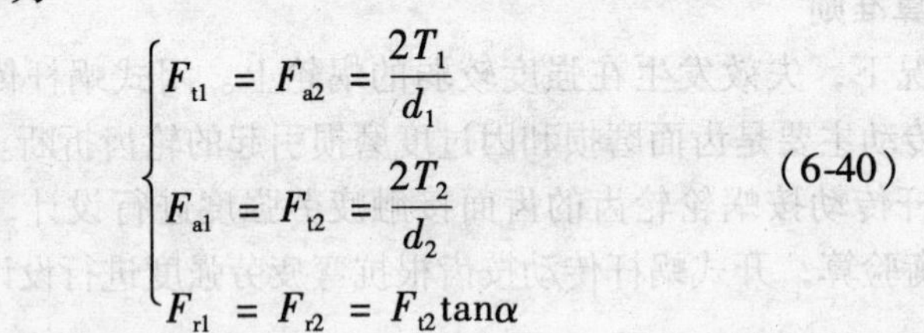

$$\begin{cases} F_{t1} = F_{a2} = \dfrac{2T_1}{d_1} \\ F_{a1} = F_{t2} = \dfrac{2T_2}{d_2} \\ F_{r1} = F_{r2} = F_{t2}\tan\alpha \end{cases} \tag{6-40}$$

式中　$T_1$——蜗杆转矩（N·mm）；

$T_2$——蜗轮转矩（N·mm），其中 $T_2 = T_1 i\eta$，$\eta$ 为蜗杆传动效率；

$\alpha$——压力角，$\alpha = 20°$。

（2）蜗杆传动的强度计算

1）蜗轮齿面接触疲劳强度计算。蜗轮齿面接触疲劳强度计算与斜齿轮相似，仍以赫兹公式为基础。对于钢制的蜗杆，与青铜或铸铁制的蜗轮配对，其蜗轮齿面接触强度计算公式如下：

校核公式
$$\sigma_H = \frac{50}{d_2}\sqrt{\frac{K_A T_2}{d_1}} \leqslant [\sigma_H] \tag{6-41}$$

设计公式　$$qm^3 \geqslant K_A T_2 \left(\frac{500}{z_2[\sigma_H]}\right)^2 \tag{6-42}$$

式中　$K_A$——载荷系数，引入是为了考虑工作时载荷性质、载荷沿齿向分布情况以及动载荷影响，一般取 $K_A = 1.1 \sim 1.3$；

$T_2$——蜗轮上的转矩（N·mm）；

$z_2$——蜗轮齿数；

$[\sigma_H]$——蜗轮许用接触应力，查表6-17、表6-18。

**表6-17　锡青铜蜗轮的许用接触应力 $[\sigma_H]$ 和许用弯曲疲劳应力 $[\sigma_F]$**

| 蜗轮材料 | 铸造方法 | 适用的滑动速度 $v_s$/(m/s) | $[\sigma_H]$/MPa | | $[\sigma_F]$/MPa | |
|---|---|---|---|---|---|---|
| | | | 蜗杆齿面硬度 | | 受载情况 | |
| | | | ≤350HBW | >45HRC | 单侧 | 双侧 |
| ZCuSn10Pb1 | 砂型 | ≤12 | 180 | 200 | 51 | 32 |
| | 金属型 | ≤25 | 200 | 220 | 70 | 40 |
| ZCuSn6Zn6Pb3 | 砂型 | ≤10 | 110 | 125 | 33 | 24 |
| | 金属型 | ≤12 | 135 | 150 | 40 | 29 |

**表6-18　铝青铜及铸铁蜗轮的许用接触应力 $[\sigma_H]$**　（单位：MPa）

| 蜗轮材料 | 蜗杆材料 | 滑动速度 $v_s$/(m/s) | | | | | | |
|---|---|---|---|---|---|---|---|---|
| | | 0.5 | 1 | 2 | 3 | 4 | 6 | 8 |
| ZCuAl10Fe3 | 淬火钢 | 250 | 230 | 210 | 180 | 160 | 120 | 90 |
| HT150<br>HT200 | 渗碳钢 | 130 | 115 | 90 | — | — | — | — |
| HT150 | 调质钢 | 110 | 90 | 70 | — | — | — | — |

注：蜗杆未经淬火时，需将表中许用应力值降低20%。

2）蜗轮齿根抗弯疲劳强度计算。

校核公式　$$\sigma_F = \frac{1.53 K_A T_2 Y_F \cos\gamma}{d_1 m^2 z_2} \leqslant [\sigma_F] \tag{6-43}$$

设计公式　$$m^2 d_1 \geqslant \frac{1.53 K_A T_2 Y_F \cos\gamma}{z_2 [\sigma_F]} \tag{6-44}$$

式中　$Y_F$——蜗轮齿形系数，按当量齿数 $z_v = z_2/\cos^3\beta$ 查表6-19。

**表6-19　蜗轮齿形系数**

| $z_v$ | 20 | 22 | 24 | 26 | 28 | 30 | 32 | 34 | 36 | 38 |
|---|---|---|---|---|---|---|---|---|---|---|
| $Y_F$ | 1.98 | 1.93 | 1.88 | 1.85 | 1.80 | 1.76 | 1.71 | 1.67 | 1.63 | 1.59 |
| $z_v$ | 40 | 45 | 50 | 60 | 70 | 80 | 90 | 100 | 150 | 200 |
| $Y_F$ | 1.55 | 1.48 | 1.45 | 1.40 | 1.37 | 1.34 | 1.32 | 1.30 | 1.27 | 1.26 |

其他符号的意义和单位同前。

**5. 蜗杆传动的热平衡分析与计算**

（1）蜗杆传动时的滑动速度　蜗杆和蜗轮啮合时，齿面间有较大的相对滑动，相对滑动速度的大小对齿面的润滑情况、齿面失效形式及传动效率有很大影响。相对滑动速度越大，齿面间越容易形成油膜，则齿面间摩擦因数越小，当量摩擦角也越小。但另一方面，由于啮合处的相对滑动，加剧了接触面的磨损，因而应选用恰当的蜗轮蜗杆的配对材料，并注意蜗杆传动的润滑条件。

滑动速度计算公式为

$$v_s = \frac{\pi d_1 n_1}{60 \times 1000\cos\gamma} \tag{6-45}$$

式中　$\gamma$——普通圆柱蜗杆分度圆上的导程角；

$n_1$——蜗杆转速（r/min）；

$d_1$——普通圆柱蜗杆分度圆上的直径。

（2）蜗杆传动的效率　闭式蜗杆传动的功率损失包括：啮合摩擦损失、轴承摩擦损失和润滑油被搅动的油阻损失。因此总效率为啮合效率 $\eta_1$、轴承效率 $\eta_2$、油的搅动和飞溅损耗效率 $\eta_3$ 的乘积，其中啮合效率 $\eta_1$ 是主要的。总效率为

$$\eta = \eta_1\eta_2\eta_3$$

当蜗杆主动时，啮合效率 $\eta_1$ 为

$$\eta_1 = \frac{\tan\gamma}{\tan(\gamma + \rho_v)}$$

式中　$\gamma$——普通圆柱蜗杆分度圆上的导程角；

$\rho_v$——当量摩擦角，可按蜗杆传动的材料及滑动速度查表6-20得出。

由于轴承效率 $\eta_2$、油的搅动和飞溅损耗时的效率 $\eta_3$ 影响不大，一般取 $\eta_2\eta_3 = 0.95 \sim 0.97$，在开始设计时，为了近似地求出蜗轮轴上的转矩 $T_2$，则总效率 $\eta$ 常按以下数值估取：

当蜗杆齿数 $z_1 = 1$ 时，总效率估取 $\eta = 0.7$。

当蜗杆齿数 $z_1 = 2$ 时，总效率估取 $\eta = 0.8$。

当蜗杆齿数 $z_1 = 4$ 时，总效率估取 $\eta = 0.9$。

表6-20　当量摩擦因数 $f_v$ 及当量摩擦角 $\rho_v$

| 蜗轮材料 | 锡青铜 | | | | 无锡青铜 | |
|---|---|---|---|---|---|---|
| 蜗杆齿面硬度 | >45HRC | | ≤350HBW | | >45HRC | |
| 滑动速度 $v_s$/（m/s） | $f_v$ | $\rho_v$ | $f_v$ | $\rho_v$ | $f_v$ | $\rho_v$ |
| 1.00 | 0.045 | 2°35′ | 0.055 | 3°09′ | 0.07 | 4°00′ |
| 2.00 | 0.035 | 2°00′ | 0.045 | 2°35′ | 0.055 | 3°09′ |
| 3.00 | 0.028 | 1°36′ | 0.035 | 2°00′ | 0.045 | 2°35′ |
| 4.00 | 0.024 | 1°22′ | 0.031 | 1°47′ | 0.04 | 2°17′ |
| 5.00 | 0.022 | 1°16′ | 0.029 | 1°40′ | 0.035 | 2°00′ |
| 8.00 | 0.018 | 1°02′ | 0.026 | 1°29′ | 0.03 | 1°43′ |

注：1. 蜗杆齿面粗糙度 $Ra = 0.8 \sim 0.2\mu m$。

2. 蜗轮材料为灰铸铁时，可按无锡青铜查取 $f_v$、$\rho_v$。

（3）蜗杆传动的热平衡计算　由于蜗杆传动的效率低，发热量大，在闭式传动中，如果不及时散热，将使润滑油温度升高，黏度降低，油被挤出，加剧齿面磨损，甚至引起胶合。因此，对闭式蜗杆传动要进行热平衡计算，以便在油的工作温度超过许可值时，采取有效的散热方法。

摩擦损耗的功率变为热能，借助箱体外壁散热，当发热速度与散热速度相等时，就达到

了热平衡。通过热平衡方程，可求出达到热平衡时，润滑油的温度。该温度一般限制在60~70℃，最高不超过80℃。

热平衡方程为

$$1000(1-\eta)P_1 = \alpha_t A(t_1 - t_0)$$

式中 $P_1$——蜗杆传递的功率（kW）；

$\eta$——传动总效率；

$A$——散热面积，可按长方体表面积估算，但需除去不和空气接触的面积，凸缘和散热片面积按50%计算；

$t_0$——周围空气温度，常温情况下可取20℃；

$t_1$——润滑油的工作温度，一般限制在60~70℃，最高不超过80℃；

$\alpha_t$——箱体表面传热系数，其数值表示单位面积、单位时间、温差1℃所能散发的热量，根据箱体周围的通风条件一般取 $\alpha_t = 10 \sim 17\text{W/(m}^2\text{℃)}$，通风条件好时取大值。

由热平衡方程得出润滑油的工作温度 $t_1$ 为

$$t_1 = \frac{1000P_1(1-\eta)}{\alpha_t A} + t_0 \tag{6-46}$$

也可以由热平衡方程得出该传动装置所必需的最小散热面积 $A_{min}$

$$A = \frac{1000(1-\eta)P_1}{\alpha_t(t_1 - t_0)}$$

如果实际散热面积小于最小散热面积 $A_{min}$，或润滑油的工作温度超过80℃，则需采取强制散热措施。

（4）蜗杆传动机构的散热　蜗杆传动机构的散热目的是保证油的温度在安全范围内，以提高传动能力。常用下面几种散热措施：

1）在箱体外壁加散热片以增大散热面积。

2）在蜗杆轴上装置风扇（图6-61a）。

3）采用上述方法后，如散热能力还不够，可在箱体油池内铺设冷却水管，用循环水冷却（图6-61b）。

4）采用压力喷油循环润滑。油泵将高温的润滑油抽到箱体外，经过滤器、冷却器冷却后，喷射到传动的啮合部位（图6-61c）。

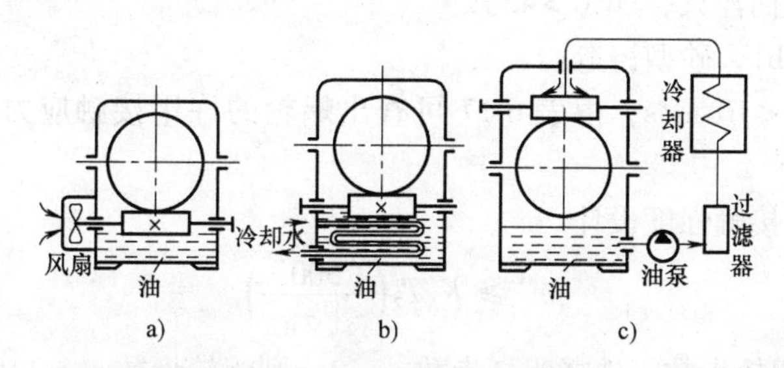


图6-61　蜗杆传动的散热方法

**6. 蜗杆、蜗轮的结构设计**

（1）蜗杆结构　蜗杆通常与轴制成一体，称为蜗杆轴。蜗杆轴分为车制和铣制两种形式，分别如图 6-62a、b 所示。

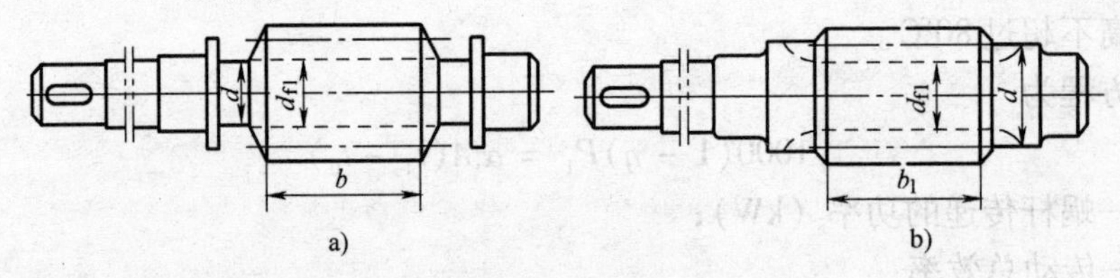


图 6-62 蜗杆结构

a) 车制 $d=d_n-(2\sim4)$ mm b) 铣制 $d>d_n$

（2）蜗轮结构 蜗轮直径较大，为了节约非铁金属，常采用组合式结构。齿圈用青铜，轮芯用铸铁或钢，其结构形式有以下几种：

1）齿圈压配式（如图 6-63a）。这种结构常由青铜齿圈与铸铁轮芯组成，多用于尺寸不大或工作温度变化较小的地方。

2）螺栓联接式（如图 6-63b）。这种结构装拆方便，多用于尺寸较大或磨损后需要换齿圈的场合。

3）整体式（如图 6-63c）。主要用于铸铁蜗轮或尺寸很小的青铜蜗轮。

4）浇铸式（如图 6-63d）。将青铜齿圈浇铸在铸铁轮芯上，仅用于成批生产的蜗轮。

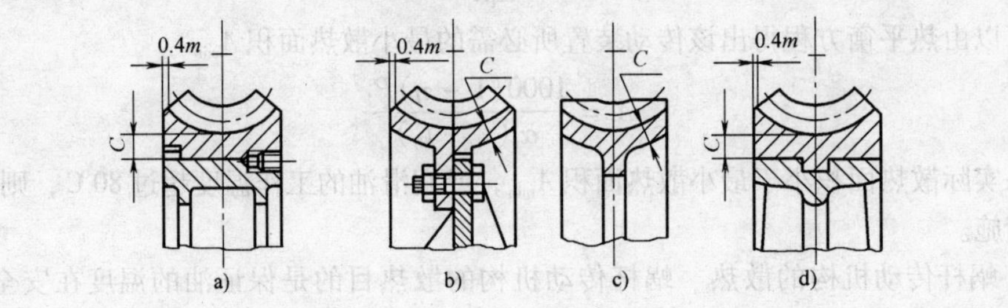


图 6-63 蜗轮

**例 6-3** 设计一起重机的闭式蜗杆传动。已知输入功率 $P_1=10$ kW，转速 $n_1=1450$ r/min，传动比 $i=20$，载荷稳定。

**解：** 起重机为短时间间歇性地工作，蜗杆传动按蜗轮齿面的接触疲劳强度进行设计，然后校核轮齿的弯曲疲劳强度，不必做热平衡计算。

（1）选择材料，并确定许用应力

蜗杆：45 钢，表面淬火，HRC＞45。

蜗轮：ZCuSn10Pb1，砂型铸造。

估计滑动速度 $v_s<10$ m/s，由表 6-17 可查出蜗轮的许用接触应力 $[\sigma_H]=200$ MPa，$[\sigma_F]=51$ MPa。

（2）按蜗轮齿面接触强度设计

$$qm^3 \geqslant K_A T_2\left(\frac{500}{z_2[\sigma_H]}\right)^2$$

1）确定蜗杆、蜗轮齿数。选择蜗杆齿数 $z_1=2$，则蜗轮齿数 $z_2=2\times20=40$。

由于起重机对传动比没有严格要求，为使蜗轮齿面磨损均匀，取 $z_2=41$，则实际传动比 $i=z_2/z_1=20.5$。

2）计算蜗轮转矩。估计总效率值 $\eta=0.8$，蜗轮转矩

$$T_2 = \frac{9.55\times10^3 P_1\eta}{n_1/i} = \frac{9.55\times10^3\times10\times0.8}{1450/20.5}\ \text{N}\cdot\text{m} = 1134\ \text{N}\cdot\text{m}$$

3）计算 $m^3q$，并查表确定模数 $m$ 及蜗杆直径系数 $q$ 值。因载荷平稳，取载荷系数 $K_A=1.1$。

$$m^3q \geqslant K_A T_2\left(\frac{500}{z_2[\sigma_H]}\right)^2 = 1.1\times1134\times\left(\frac{500}{41\times200}\right)^2\ \text{mm}^3 = 4744\ \text{mm}^3$$

查表6-14，取 $m^3q=5120\ \text{mm}^3$，得

$$m=8\ \text{mm},\ q=10$$

（3）验算滑移速度

$$v_s = \frac{\pi d_1 n_1}{60\times1000\cos\gamma} = \frac{3.14\times80\times1450}{60\times1000\times\cos\gamma} = 6.28\ \text{m/s}$$

在估算范围内，原设计合理（一般机器需要验算效率，本起重机设计可省略）。

（4）选择蜗杆传动的精度

1）蜗轮圆周速度。

$$v_2 = \pi d_2 n_2/(60\times1000) = [3.14\times328\times1451/(60\times1000\times20.5)]\ \text{m/s} = 1.2\ \text{m/s}$$

2）确定蜗杆传动的精度　选用8级精度。

（5）验算蜗轮弯曲疲劳强度

1）蜗轮的当量齿数。

$$z_v = \frac{z_2}{\cos^3\beta} = 43.5$$

由表6-19查得 $Y_F=1.501$。

2）校核弯曲疲劳强度。

$$\sigma_F = \frac{1.53K_A T_2 Y_F\cos\gamma}{d_1 m^2 z_2} = \frac{1.53\times1.1\times1134\times1.501\cos\gamma}{80\times10^{-3}\times8^2\times41} = 13.4\ \text{MPa} < [\sigma_{F1}]$$

抗弯强度足够。

（6）计算蜗轮、蜗杆主要尺寸

1）中心距。$a=m(q+z_2)/2=[8\times(10+41)/2]\ \text{mm}=204\ \text{mm}$

2）蜗杆尺寸。

齿顶高　$h_a=m=8\ \text{mm}$

齿根高　$h_f=1.2m=9.6\ \text{mm}$

分度圆直径　$d_1=mq=10\times8=80\ \text{mm}$

齿顶圆直径　$d_{a1}=d_1+2h_a=96\ \text{mm}$

齿根圆直径　$d_{f1}=d_1-2h_f=60.8\ \text{mm}$

轴向齿距　$p_{x1}=\pi m=25.12\ \text{mm}$

螺纹部分长度　$b_1\geqslant(11+0.06z_2)m=107.68\ \text{mm}$　取 $b_1=108\ \text{mm}$

蜗杆分度圆螺旋导程角

$$\gamma = \arctan(mz_1/d_1) = \arctan(8\times2/80) = 11°18'36''$$

3）蜗轮尺寸。

分度圆直径　$d_2=z_2m=41\times8\ \text{mm}=328\ \text{mm}$

齿顶圆直径　$d_{a2}=d_2+2h_a=344\ \text{mm}$

齿根圆直径 $d_{f2}=d_2-2h_f=308.8\ \text{mm}$

蜗轮外径 $d_{e2}\leqslant d_{a2}+1.5m=356\ \text{mm}$

齿宽 $b_2\leqslant 0.75d_{a1}=72\ \text{mm}$

轮缘宽度 $B\approx b_2+2m=88\ \text{mm}$

螺旋角 $\beta=\gamma=11°18'36''$

（7）蜗杆、蜗轮的结构设计及工作图

见图6-64和图6-65。

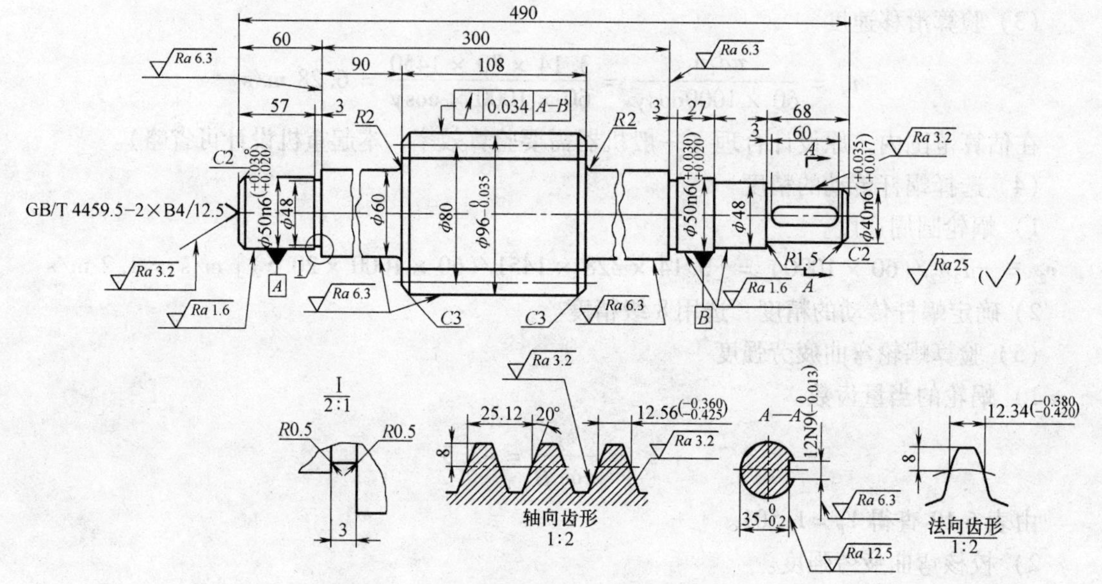


图6-64 蜗杆工作图

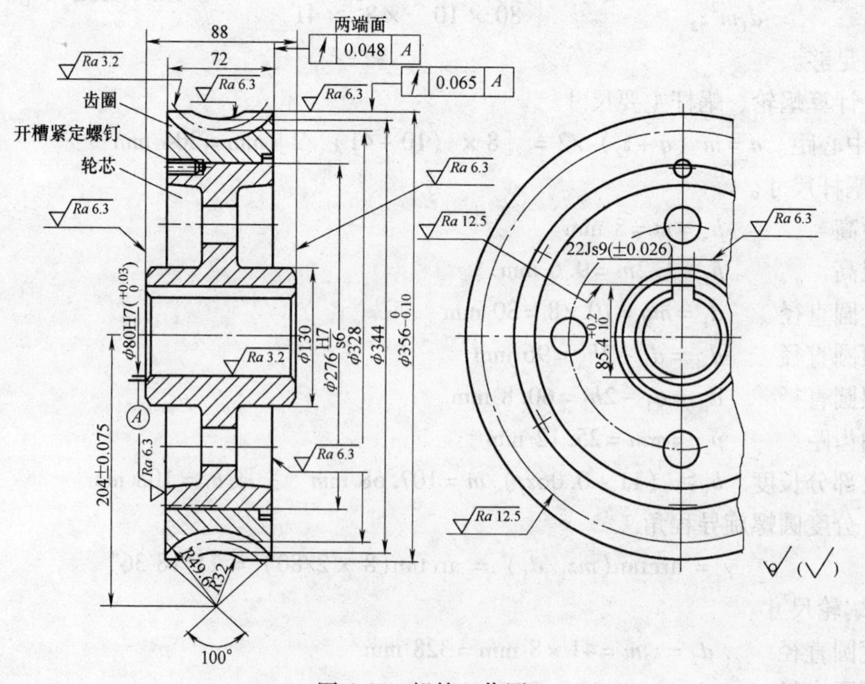


图6-65 蜗轮工作图

## 6.6　基本技能训练——齿轮的展成原理及齿轮的测量

### 实验一　齿轮展成原理实验

**一、实验目的**

掌握用展成法制造渐开线齿轮的基本原理。

了解渐开线齿轮产生根切现象的原因和避免根切的方法。

比较标准和变位齿轮的异同点。

**二、实验设备和工具**

三角尺。

齿轮展成仪。

圆规。

绘图纸（280mm×150mm）。

剪刀。

两种不同颜色的铅笔或圆珠笔。

**三、齿轮展成仪的技术规范**

齿条刀具的参数：模数 $m=25\text{mm}$；压力角 $\alpha=20°$；齿顶高系数 $h_a^*=1$；顶隙系数 $c^*=0.25$。

被加工齿轮的参数：分度圆直径 $d=200\text{mm}$，齿数 $z=d/m=8$。

仪器的最大移距量：$X_m=-5\text{mm}\sim+20\text{mm}$。

**四、实验方法及步骤**

**1. 实验原理**

展成法是利用一对齿轮互相啮合时其共轭齿廓互为包络线的原理来加工齿轮的。加工时其中一个齿轮为刀具，另一个齿轮为轮坯，如图 6-66 所示。它们仍保持固定的角速比传动，完全和一对实际的齿轮互相啮合传动一样。刀具同时还沿轮坯的轴向做切削运动，这样切制齿轮的齿廓就是刀具切削刃在各个位置上的曲线族的包络线。若用渐开线作为刀具齿廓，则其包络线也必为渐开线。

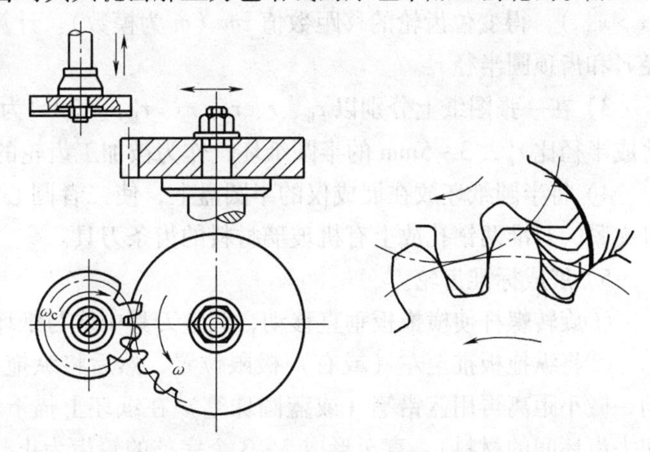

图 6-66　齿条插刀加工齿轮

齿轮展成仪的结构如图 6-67 所示。半圆盘可绕其固定的轴心 $O$ 转动，在半圆盘边缘上刻有代表分度圆的凹槽，槽内绕有钢丝，两端分别固定在半圆盘及纵拖板上。纵拖板可在机架上沿水平方向左右移动，并通过钢丝带动半圆盘相应地向左或向右转动，这与被加工齿轮相对于齿条刀具的运动过程相同。齿条刀具通过两销钉固定在横拖板上，横拖板装在纵拖板的径向导槽内，旋转螺杆，可使横拖板带着齿条刀具沿垂直方向相对于半圆盘的中心 $O$ 做径向移动，用以调节齿条中线与半圆盘中心之间的距离。

当齿条中线与被切齿轮分度圆相切时，齿条中线与节线重合，便能切制出标准齿轮。这时均匀地移动纵拖板，将切削刃各个位置的投影线用铅笔描绘在轮坯纸上，便能清楚地观察到齿轮的展成过程。

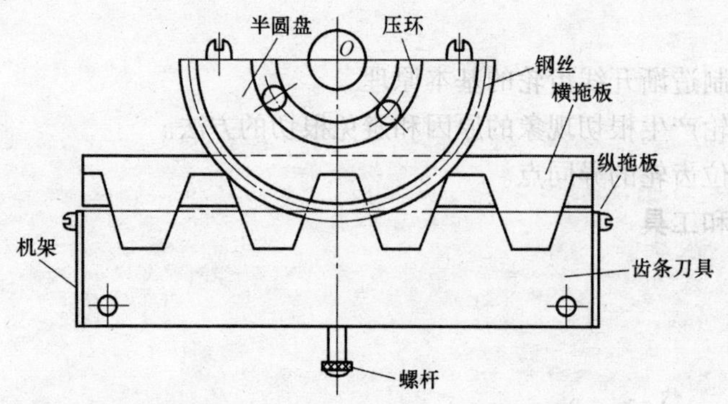


图 6-67 齿轮展成仪结构简图

若旋转螺杆，改变齿条中线与半圆盘中心 $O$ 的距离，使齿条中线与刀具节线分离，此时齿条中线与被切齿轮分度圆分离，但刀具节线仍与被切齿轮分度圆相切，这样便能切制出变位齿轮。这时均匀地移动纵拖板，将切削刃每个位置的投影线用铅笔描绘在轮坯纸上，便更能清楚地观察到变位齿轮的展成过程。

**2. 实验步骤**

1）根据刀具参数 $a$，$m$，$h_a^*$，$c^*$ 和被加工齿轮的分度圆半径 $r$，求出被加工齿轮的基圆半径 $r_b$、齿根圆半径 $r_f$ 和齿顶圆半径 $r_a$。

2）计算出不发生根切现象时的最小变位系数 $x_{min}$ =（17 - $z$）/17，然后取定变位系数 $x$（$x > x_{min}$），得变位齿轮的移距数值 $xm$（$m$ 为模数）。计算变位齿轮的节圆半径 $r'$、齿根圆半径 $r'_f$ 和齿顶圆半径 $r'_a$。

3）在一张图纸上分别以 $r_b$、$r$、$r_f$、$r_a$、$r'_f$、$r'_a$ 和 $r'$ 为半径画七个同心半圆，然后将图纸剪成半径比 $r'_a$ 大 3 ~5mm 的半圆纸坯，作为被加工齿轮的轮坯。

4）将半圆纸坯放在展成仪的半圆盘上，使二者圆心重合，然后用压环压住，并用两螺钉夹紧，对准两销孔放上有机玻璃材料的齿条刀具。

5）展成标准齿轮。

①旋转螺杆使横拖板垂直移动，调整刀具中线与纸坯的分度圆相切。

②将纵拖板推至左（或右）极限位置，然后将纵拖板均匀地向右（或左）移动，每移动一微小距离再用蓝铅笔（或蓝圆珠笔）在纸坯上描下齿条切削刃位置的投影线（相当于切去齿坯间的材料），直至形成 2 ~3 个完整的轮齿为止。

③用标准渐开线样板检验所绘得的渐开线齿廓，观察有无根切现象或观察刀具的齿顶线是否超过极限啮合点 $N$，以判别有无根切。

6）展成正变位齿轮。

①调整螺杆使横拖板垂直移动，调整刀具中线与齿坯的分度圆分离 $xm$ 值。

②将纵拖板推至左（或右）极限位置，然后将纵拖板均匀地向右（或左）移动，每移动一微小距离，用红铅笔（或红圆珠笔）在纸坯上描下齿条切削刃位置的投影线，直至形成2~3个完整的轮齿为止。

③检验变位齿轮的齿廓，观察有没有根切现象。

7）比较不同颜色绘出的齿廓，观察渐开线是否相同。注意齿顶圆齿厚与齿根圆齿厚的变化情况。

## 齿轮展成原理实验报告

### 一、实验目的

### 二、预习作业

1）简述齿轮展成仪齿坯部分和刀具部分的结构。

2）试述齿轮实验步骤。

### 三、实验记录和结果

**1. 原始数据**

| 项目 | 模数 $m$/mm | 压力角 $\alpha$（°） | 齿顶高系数 $h_a^*$ | 顶隙系数 $c^*$ | 分度圆直径 $d$/mm |
|---|---|---|---|---|---|
| 单位 | | | | | |
| 数值 | | | | | |

**2. 计算数据**

| 项　目 | 单　位 | 计算公式 | 计算结果 | |
|---|---|---|---|---|
| | | | 标准齿轮 | 变位齿轮 |
| 齿数 | | | | |
| 最小变位系数 | | | | |
| 变位系数 | | | | |
| 基圆半径 | | | | |
| 齿顶圆半径 | | | | |
| 齿根圆半径 | | | | |

**3. 实验结果比较**（只说明相对变化特点，不需要具体数字）

| 项 目 | 齿厚 | 齿间距 | 齿距 | 齿顶厚 | 基圆齿厚 | 齿根圆直径 | 齿顶圆直径 | 分度圆直径 | 基圆直径 |
|---|---|---|---|---|---|---|---|---|---|
| 标准齿轮 | | | | | | | | | |
| 变位齿轮 | | | | | | | | | |

**4. 齿廓图**（附图）

**四、思考讨论题**

1）用刀具加工标准齿轮时，刀具和轮坯之间的相对位置有何要求？

2）通过实验，说明你所观察到的根切现象，是由于什么原因引起的？避免根切的方法有哪些？

## 实验二 齿轮公法线长度的测量

**一、实验目的**

掌握测量齿轮公法线长度的方法。

加深理解齿轮公法线平均长度偏差及公法线变动量的定义。

**二、仪器简介**

齿轮公法线长度可根据精度高低，选择游标卡尺、公法线千分尺、公法线指示卡规和万能测齿仪等进行测量。本实验用公法线千分尺。

公法线千分尺和普通千分尺的构造和原理基本相同，不同之处是把量砧制成碟形，便于测量时测量面与被测量面接触。

公法线千分尺的分度值为0.01mm，测量范围根据被测量齿轮参数进行选择。

**三、测量原理**

本实验用公法线千分尺测公法线长度，属于一般精度齿轮的公法线测量。

公法线平均长度长度偏差$E_{wm}$是指在齿轮一周范围内，公法线实际长度的平均值与公称值之差，公法线变动量$E_{bn}$是实际公法线最大长度与最小长度之差。测量公法线长度时应在分度圆（或齿高中部）上进行测量，所以还必须计算跨齿数，用调整好的两个测量砧伸进齿槽内测量，如图6-68所示，公法线千分尺的读数就是实际公法线长度值$W$。

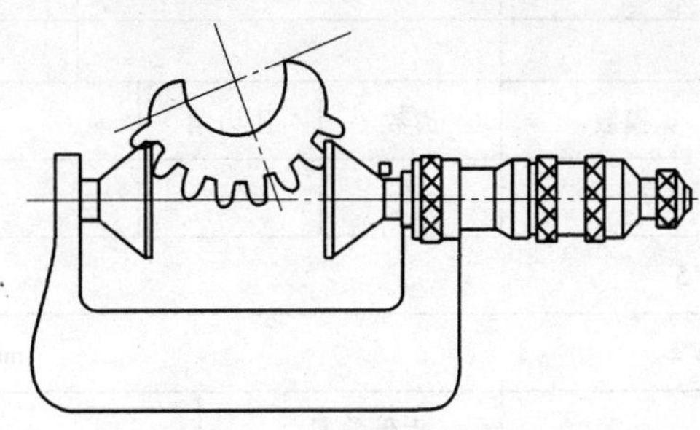

图6-68　用公法线千分尺测量齿轮的公法线

**四、实验步骤**

1）查表或计算跨齿数$n$（取整）

$$n = 0.111z + 0.5 \text{ 或 } n = z/9 + 0.5$$

式中　$z$——轮齿数。

2）将被测齿轮和公法线千分尺用汽油擦净。

3）调整公法线千分尺，对零。

4）测量出跨齿数$n$之间的公法线长度。分别测出6次不同的齿轮的公法线长度并记录在表中，然后与公法线的理论值比较，算出$\overline{W}$、$E_{wm}$和$E_{bn}$，有关计算公式如下

$$W = [1.476(2n-1) + 0.014z]$$

$$W_i = \frac{\sum W_{实i}}{6} \qquad E_{wm} = \overline{W} - W \qquad E_{bn} = W_{实max} - W_{实min}$$

5）将测量工具、被测工件擦净，放回原位。

**五、实验说明**

公法线变动量$E_{bn}$指在齿轮一周范围内，实际公法线长度的最大值与最小值之差。

公法线平均长度偏差$E_{wm}$指在齿轮一周范围内，公法线实际长度的平均值与公称值之差。

## 齿轮公法线长度的测量实验报告

**一、实验目的**

**二、预习作业**

1）试述测量步骤。

2）测量公法线长度需要测量多少次，为什么？

## 三、实验记录和结果

<table>
<tr><td colspan="8">实验内容：齿轮公法线长度的测量</td></tr>
<tr><td colspan="8"></td></tr>
<tr><td rowspan="2">仪器</td><td colspan="2">名称</td><td colspan="2">分度值/mm</td><td colspan="3">测量范围/mm</td></tr>
<tr><td colspan="2"></td><td colspan="2"></td><td colspan="3"></td></tr>
<tr><td rowspan="6">被测齿轮参数</td><td>件号</td><td>模数</td><td>齿数</td><td>压力角</td><td colspan="3">精度等级</td></tr>
<tr><td></td><td></td><td></td><td></td><td colspan="3"></td></tr>
<tr><td colspan="7">跨齿数：$n=z/9+0.5$</td></tr>
<tr><td colspan="7">公法线公称长度：$W=$ mm</td></tr>
<tr><td rowspan="2" colspan="2">公法线平均长度</td><td colspan="2">上偏差 $E_{wms}$</td><td colspan="3">μm</td></tr>
<tr><td colspan="2">下偏差 $E_{wmi}$</td><td colspan="3">μm</td></tr>
<tr><td rowspan="2">测量记录</td><td>序号<br>项目</td><td>1</td><td>2</td><td>3</td><td>4</td><td>5</td><td>6</td></tr>
<tr><td>公法线实际长度/mm</td><td></td><td></td><td></td><td></td><td></td><td></td></tr>
<tr><td rowspan="4">测量结果</td><td colspan="7">公法线变动量 $E_{bn}=W_{max}-W_{min}=$</td></tr>
<tr><td colspan="7">公法线平均长度 $\overline{W}=$</td></tr>
<tr><td colspan="7">公法线平均长度偏差 $E_{wm}=\overline{W}-W=$</td></tr>
<tr><td colspan="2">合格性结论</td><td colspan="2"></td><td colspan="2">理由</td><td></td></tr>
</table>

## 四、思考讨论题

1）测量公法线时，两测量头与齿面哪个部位相切最合理？为什么？

2）$E_{bn}$ 和 $E_{wm}$ 值各影响齿轮哪方面的性能？是什么原因造成的？

# 6.7 拓展练习

## 一、单选题

6-1 高速重载齿轮传动，当润滑不良时，最可能出现的失效形式是____。

A. 齿面胶合 B. 齿面疲劳点蚀 C. 齿面磨损 D. 轮齿疲劳折断

6-2 45钢齿轮，经调质处理后其硬度值约为____。

A. 45～50HRC B. 220～270HBW C. 160～180HBW D. 320～350HBW

6-3 齿面硬度为56～62HRC的合金钢齿轮的加工工艺过程为____。

A. 齿坯加工、淬火、磨齿、滚齿 B. 齿坯加工、淬火、滚齿、磨齿

C. 齿坯加工、滚齿、渗碳淬火、磨齿 D. 齿坯加工、滚齿、磨齿、淬火

6-4 齿轮传动中齿面的非扩展性点蚀一般出现在____。

A. 磨合阶段 B. 稳定性磨损阶段

C. 剧烈磨损阶段　　D. 齿面磨料磨损阶段

6-5　对于开式齿轮传动，在工程设计中，一般____。

A. 按接触强度设计齿轮尺寸，再校核抗弯强度

B. 按抗弯强度设计齿轮尺寸，再校核接触强度

C. 只需按接触强度设计

D. 只需按抗弯强度设计

6-6　一对标准直齿圆柱齿轮，已知 $z_1=18$，$z_2=72$，则作用在轮齿上的弯曲力____。

A. $F_1>F_2$　　B. $F_1<F_2$　　C. $F_1=F_2$　　D. $F_1\leqslant F_2$

6-7　在设计闭式硬齿面传动中，当直径一定时，应取较少的齿数，使模数增大以____。

A. 提高齿面接触强度　　B. 提高轮齿的抗弯疲劳强度

C. 减少加工切削量，提高生产率　　D. 提高抗塑性变形能力

6-8　在直齿圆柱齿轮设计中，若中心距保持不变，而把模数增大，则可以____。

A. 提高齿面接触强度　　B. 提高轮齿的抗弯强度

C. 抗弯与接触强度均可提高　　D. 抗弯与接触强度均不变

6-9　当____，则齿根抗弯强度增大。

A. 模数不变，增多齿数　　B. 模数不变，增大中心距

C. 模数不变，增大直径　　D. 齿数不变，增大模数

6-10　直齿锥齿轮强度计算时，是以____为计算依据的。

A. 大端当量直齿锥齿轮　　B. 齿宽中点处的直齿圆柱齿轮

C. 齿宽中点处的当量直齿圆柱齿轮　　D. 小端当量直齿锥齿轮

**二、判断题**

6-11　在变位齿轮接触强度计算中，因基圆不变，传递的转矩不变，因而可以用分度圆的圆周力来代替作用于节圆的圆周力，算出的 $d$ 也是分度圆直径。（　）

6-12　轮齿齿面的相对滑动所产生的摩擦力，对从动轮其摩擦力是背向节线的，因此塑性变形后出现凹痕。（　）

6-13　一对相啮合的齿轮，若大、小齿轮的材料、热处理情况相同，则它们的工作接触应力和许用接触应力均相等。（　）

6-14　钢制齿轮多用锻钢制造，只有在齿轮直径很大，形状复杂时才使用铸钢制造。（　）

6-15　齿轮传动中，经过热处理的齿面称为硬齿面，而未经热处理的齿面称为软齿面。（　）

6-16　对于软齿面闭式齿轮传动，若抗弯强度校核不足，较好的解决办法是保持 $d_1$ 和 $b$ 不变，减少齿数，增大模数。（　）

6-17　对于闭式硬齿面齿轮只可能产生轮齿折断，不会产生齿面点蚀。（　）

6-18　闭式传动润滑良好的齿轮主要失效形式是磨损；而开式传动的齿轮主要失效形式为齿面点蚀。（　）

6-19　所有齿轮传动中，若不计齿面摩擦力，一对齿轮的切向力都是一对大小相等、方向相反的作用力和反作用力。（　）

6-20　因闭式软齿面齿轮传动的齿面接触疲劳强度一般比齿根抗弯疲劳强度低，所以先

按接触强度设计，再进行抗弯强度校核。（　）

## 三、填空题

6-21　直齿圆柱齿轮齿面作接触强度计算时应取____处的接触应力为计算依据，其载荷由____对轮齿承担。

6-22　齿轮的齿形因数 $Y_{FS}$ 的大小与齿轮参数中的____无关，主要取决于____________。

6-23　在圆锥-圆柱两级齿轮传动中，如其中有一级用斜齿圆柱齿轮传动，另一级用直齿锥齿轮传动，则应将锥齿轮放在__________速级。

6-24　对于闭式软齿面齿轮传动，主要按________强度进行设计，这时影响齿轮强度的主要几何参数是____。

6-25　对于开式齿轮传动，虽然主要失效形式是磨损，但目前仅以________作为设计准则，这时影响齿轮强度的主要参数是____。

6-26　一对齿轮啮合时，其大、小齿轮的接触应力是____；而其许用接触应力是________；小齿轮与大齿轮的弯曲应力一般也是____________。

6-27　对于齿面硬度≤350HBW的齿轮传动，当两齿轮均采用45钢时，一般应采取的热处理方式为：小齿轮为____________，大齿轮为________。

6-28　在斜齿圆柱齿轮设计中，应取____模数为标准值；而直齿锥齿轮设计中，应取____模数为标准值。

6-29　在齿轮传动中，主动轮所受的切向力与啮合点处的速度方向______；而从动轮所受的切向力则与啮合点处的速度方向________。

## 四、简答题

6-30　常见的齿轮传动失效有哪些形式？

6-31　如何提高齿面抗点蚀的能力？

6-32　什么情况下工作的齿轮易出现胶合破坏？如何提高齿面抗胶合能力？

6-33　闭式齿轮传动与开式齿轮传动的失效形式和设计准则有何不同？

6-34　硬齿面与软齿面如何划分？其热处理方式有何不同？

6-35　一对圆柱齿轮传动，大齿轮和小齿轮的接触应力是否相等？如大、小齿轮的材料及热处理情况相同，则其许用接触应力是否相同？

6-36　齿轮传动的常用润滑方式有哪些？润滑方式的选择主要取决于什么因素？

6-37　齿形因数与模数有关吗？有哪些因素影响齿形因数的大小？

6-38　在直齿轮和斜齿轮传动中，为什么常将小齿轮设计得比大齿轮宽些？

6-39　斜齿圆柱齿轮传动中螺旋角 $\beta$ 太小或太大会怎样？应怎样取值？

## 五、计算题

6-40　某工人搞技术革新找到两个标准直齿圆柱齿轮，测得小齿轮齿顶圆直径 $d_{a1}=115$ mm，大轮太大，只测出全齿高 $h\approx11.3$ mm，测得 $z_1=21$，$z_2=98$，试帮助他判定此两轮能否正确啮合传动？

6-41　已知一对斜齿圆柱齿轮的齿数 $z_1=21$，$z_2=54$，模数 $m_n=3$ mm，螺旋角 $\beta=12°7'43''$，输入功率 $P=10$ kW，转速 $n_1=1450$ r/min。试求作用于轮齿上各力的大小。

6-42　一对标准直齿锥齿轮的 $m=3$ mm，$z_1=20$，$z_2=40$，试计算齿轮的主要尺寸。

6-43　已知蜗杆传动的 $z_1=2$，$z_2=80$，转速 $n_1=800$ r/min，请自己设置两个问题并加以解答。

6-44 设计图6-69所示带式运输机传动系统中的开式齿轮传动。已知：开式小齿轮传递功率 $P_1=4$ kW，转速 $n_1=180$ r/min，传动比 $i=3$，单向转动，载荷平稳，平均每天工作4h，使用寿命15年。

6-45 设计单级直齿圆柱齿轮减速器的齿轮传动。已知输入功率 $P_1=8$ kW，高速轴转速 $n_1=970$ r/min，传动比 $i=3.6$，单向传动，载荷平稳，电动机驱动，齿轮相对轴承对称布置。

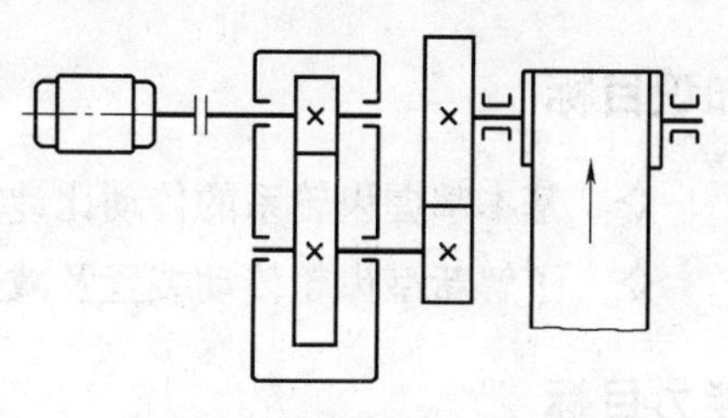

图6-69 题6-44图

6-46 设计减速器中的单级斜齿圆柱齿轮传动。已知：传递功率 $P_1=10$ kW，转速 $n_1=1450$ r/min，$n_2=340$ r/min，允许转速误差 ±3%，电动机驱动，单向转动，载荷有中等振动，两班制工作，要求使用寿命10年。

6-47 设计螺旋输送机的开式正交直齿锥齿轮传动。已知：传递功率 $P_1=2.8$ kW，转速 $n_1=250$ r/min，传动比 $i=2.3$，允许传动比误差 ±3%，电动机驱动，单向转动，大齿轮悬臂布置，每天两班制工作，使用寿命10年。

6-48 设计航空发动机中的直齿锥齿轮传动。已知：传递功率 $P_1=15$ kW，小齿轮转速 $n_1=15300$ r/min，大齿轮悬臂布置，工作寿命 $t_h=200$ h，载荷因数按 $K_A=1.25$ 考虑，已确定齿数 $z_1=17$，$z_2=65$。

6-49 设计混料机上的蜗杆传动。已知蜗杆轴输入功率 $P_1=5.5$ kW，转速 $n_1=1450$ r/min，传动比 $i=21$，载荷平稳。

# 第7章　齿　轮　系

**知识目标**

✧ 基本掌握齿轮系的传动比计算和转向确定。

✧ 了解新型齿轮传动装置及减速器。

**能力目标**

✧ 减速器的拆装及减速器的设计。

在复杂的现代机械中，为了满足各种不同的需要，常常采用一系列齿轮组成的传动系统。这种由一系列相互啮合的齿轮（蜗杆、蜗轮）组成的传动系统即齿轮系。本章主要讨论齿轮系的常见类型、不同类型齿轮系传动比的计算方法。

齿轮系可以分为两种基本类型：定轴齿轮系和行星齿轮系。

## 7.1　定轴齿轮系传动比的计算

如果齿轮系运转时各齿轮的轴线相对于机架保持固定，则称为定轴齿轮系，如图7-1所示。定轴齿轮系又分为平面定轴齿轮系（图7-1a）和空间定轴齿轮系（图7-1b）两种。

设齿轮系中首齿轮的角速度为 $\omega_A$，末齿轮的角速度为 $\omega_K$，$\omega_A$ 与 $\omega_K$ 的比值用 $i_{AK}$ 表示，即 $i_{AK}=\omega_A/\omega_K$，则 $i_{AK}$ 称为该齿轮系的传动比。

### 7.1.1　平面定轴齿轮系传动比的计算

如图7-1a所示的齿轮系，设齿轮1为首齿轮，齿轮5为末齿轮，$z_1$、$z_2$、$z_2'$、$z_3$、$z_3'$、$z_4$ 及 $z_5$ 分别为各齿轮的齿数，$\omega_1$、$\omega_2$、$\omega_2'$、$\omega_3$、$\omega_3'$、$\omega_4$ 及 $\omega_5$ 分别为各齿轮的角速度。该齿轮系的传动比 $i_{15}$ 可由各对齿轮的传动比求出。

一对齿轮的传动比大小为其齿数的反比。若考虑转向关系，外啮合时两齿轮的转向相反，传动比取“－”号；内啮合时两齿轮的转向相同，传动比取“＋”号，则各对齿轮的传动比为

$$i_{12}=\frac{\omega_1}{\omega_2}=-\frac{z_2}{z_1}\quad i_{2'3}=\frac{\omega_2'}{\omega_3}=\frac{z_3}{z_2'}$$

$$i_{3'4}=\frac{\omega_3'}{\omega_4}=-\frac{z_4}{z_3'}\quad i_{45}=\frac{\omega_4}{\omega_5}=-\frac{z_5}{z_4}$$

其中 $\omega_2=\omega_2'$，$\omega_3=\omega_3'$。将以上各式两边连乘可得

$$i_{12}i_{2'3}i_{3'4}i_{45}=\frac{\omega_1\omega_2'\omega_3'\omega_4}{\omega_2\omega_3\omega_4\omega_5}=(-1)^3\frac{z_2z_3z_4z_5}{z_1z_2'z_3'z_4}$$

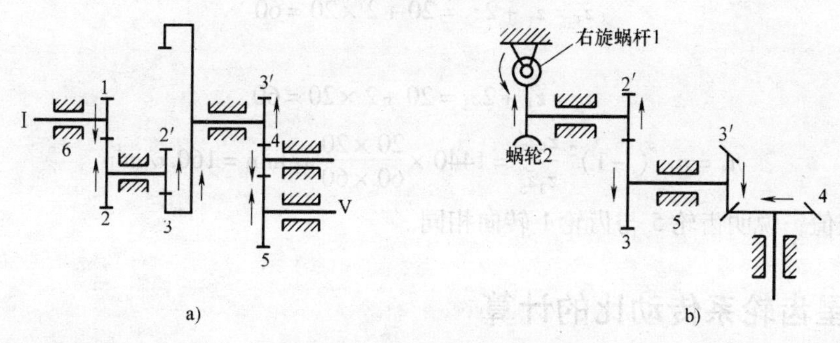


图 7-1 定轴齿轮系

所以 $$i_{15}=\frac{\omega_1}{\omega_5}=i_{12}i_{2'3}i_{3'4}i_{45}=(-1)^3\frac{z_2z_3z_5}{z_1z_2'z_3'}$$

上式表明，平面定轴齿轮系的传动比等于组成齿轮系的各对齿轮传动比的连乘积，也等于从动轮齿数的连乘积与主动轮齿数的连乘积之比。首末两齿轮转向相同还是相反，取决于齿轮系中外啮合齿轮的对数。

此外，在该齿轮系中齿轮4同时与齿轮3′和末齿轮5啮合，其齿数可在上述计算式中消去，即齿轮4不影响齿轮系传动比的大小，只起到改变转向的作用，这种齿轮称为惰轮。

将上述计算式推广，若以A表示首齿轮，K表示末齿轮，$m$表示圆柱齿轮外啮合的对数，则平面定轴齿轮系传动比的计算式为

$$i_{AK}=\frac{n_A}{n_K}=(-1)^m\frac{\text{所有从动轮齿数的连乘积}}{\text{所有主动轮齿数的连乘积}} \tag{7-1}$$

首末两齿轮转向可用$(-1)^m$来判别，$i_{AK}$为负号时，说明首、末齿轮转向相反；$i_{AK}$为正号时则转向相同。

### 7.1.2 空间定轴齿轮系传动比的计算

一对空间齿轮传动的传动比大小也等于两齿轮齿数的反比，故也可用式（7-1）来计算空间齿轮系传动比的大小。但由于各齿轮轴线不都互相平行，所以不能用$(-1)^m$的正负来

确定首末齿轮的转向，而要采用在图上画箭头的方法来确定，如图7-1b所示。

**例7-1** 图7-2所示的齿轮系中，已知 $z_1=z_2=z_3'=z_4=20$，齿轮1、3、3′和5同轴线，各齿轮均为标准齿轮。若已知轮1的转速为 $n_1=1440$ r/min，求轮5的转速。

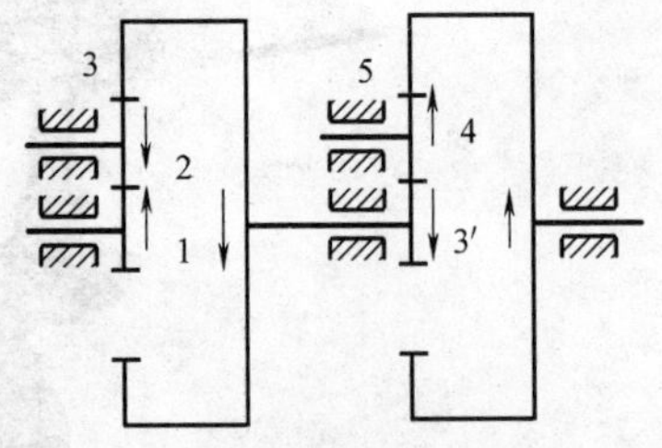

图7-2 定轴齿轮系传动比计算

**解**：由图知该齿轮系为一平面定轴齿轮系，齿轮2和4为惰轮，齿轮系中有两对外啮合齿轮，由式（7-1）得

$$i_{15}=\frac{n_1}{n_5}=(-1)^2\frac{z_3}{z_1}\frac{z_5}{z_3'}=\frac{z_3z_5}{z_1z_3'}$$

因齿轮1、2、3的模数相等，故它们之间的中心距关系为

$$\frac{m}{2}(z_1+z_2)=\frac{m}{2}(z_3-z_2)$$

此式中 $m$ 为齿轮的模数。由上式可得

$$z_3=z_1+2z_2=20+2\times20=60$$

同理可得

$$z_5=z_3'+2z_4=20+2\times20=60$$

所以
$$n_5=n_1(-1)^2\frac{z_1z_3'}{z_3z_5}=1440\times\frac{20\times20}{60\times60}\text{r/min}=160\text{ r/min}$$

$n_5$ 为正值，说明齿轮5与齿轮1转向相同。

# 7.2 行星齿轮系传动比的计算

## 7.2.1 行星齿轮系的分类

图7-3所示为平面行星齿轮系。在图7-3a中，齿轮1、3和构件H均绕固定的互相重合的几何轴线转动，齿轮2空套在构件H上，与齿轮1、3相啮合。齿轮2一方面绕其自身轴线 $O_1$-$O_1$ 转动（自转），同时又随构件H绕轴线 $O$-$O$ 转动（公转）。在图7-3b中，构件H固定不动。齿轮2称为行星轮，H称为行星架或系杆，齿轮1、3称为太阳轮。

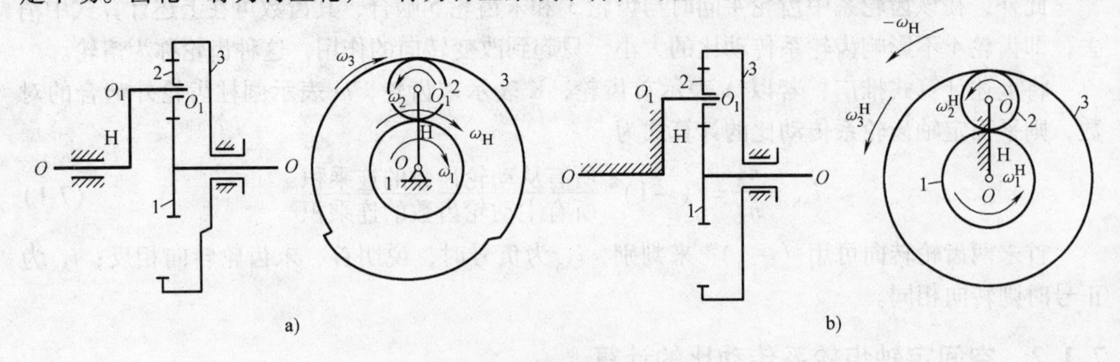

图7-3 平面行星齿轮系

通常将具有一个自由度的行星齿轮系称为简单行星齿轮系，如图7-4a所示；将具有两个自由度的行星齿轮系称为差动齿轮系，如图7-4b所示。

行星齿轮系也分为平面行星齿轮系和空间行星齿轮系两类，上述齿轮系均为平面行星齿轮系。

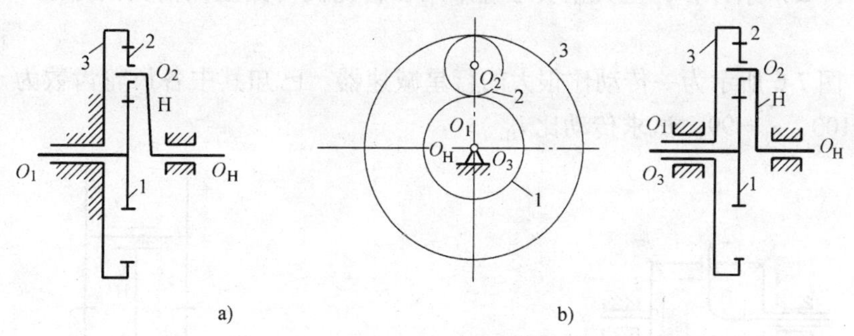


图7-4　行星齿轮系
a）简单行星齿轮系　b）差动齿轮系

## 7.2.2　计算行星齿轮系的传动比

平面行星齿轮系的传动比不能直接用定轴齿轮系传动比的公式计算。可应用转化机构法，即根据相对运动原理，假想对整个行星齿轮系加上一个绕主轴线 $O$-$O$ 转动的公共角速度 $-\omega_H$。显然各构件的相对运动关系并不变，但此时行星架 H 的角速度变为 $\omega_H-\omega_H=0$，即相对静止不动，而齿轮 1、2、3 则成为绕定轴转动的齿轮，于是原行星齿轮系便转化为假想的定轴齿轮系。该假想的定轴齿轮系称为原行星齿轮系的转化机构，如图 7-3b 所示。转化机构各构件的转速如下：

| 构件 | 原有的转速 | 转化后的转速 |
|---|---|---|
| 齿轮 1 | $\omega_1$ | $\omega_1^H=\omega_1-\omega_H$ |
| 齿轮 2 | $\omega_2$ | $\omega_2^H=\omega_2-\omega_H$ |
| 齿轮 3 | $\omega_3$ | $\omega_3^H=\omega_3-\omega_H$ |
| 行星架 H | $\omega_H$ | $\omega_H^H=\omega_H-\omega_H=0$ |

所以
$$i_{13}^H=\frac{\omega_1^H}{\omega_3^H}=\frac{\omega_1-\omega_H}{\omega_3-\omega_H}=-\frac{z_3}{z_1}$$

$i_{13}^H$表示转化后定轴齿轮系的传动比，即齿轮 1 与齿轮 3 相对于行星架 H 的传动比。将上式推广到一般情况，可得

$$i_{AK}^H=(-1)^m\frac{\text{所有从动轮齿数的连乘积}}{\text{所有主动轮齿数的连乘积}} \tag{7-2}$$

在使用上式时应特别注意：①A、K 和 H 三个构件的轴线应互相平行，而且将 $\omega_A$、$\omega_K$、$\omega_H$ 的值代入上式计算时，必须带正号或负号。对差动齿轮系，如两构件转速相反时，一构件用正值代入，另一构件则以负值代入，第三个构件的转速用所求得的正负号来判别；② $i_{AK}^H\neq i_{AK}$，$i_{AK}^H$是行星齿轮系转化机构的传动比，即齿轮 A、K 相对于行星架 H 的传动比，而行星齿轮系中 A、K 两齿轮的传动比 $i_{AK}=\dfrac{\omega_A}{\omega_K}$。

空间行星齿轮系的两齿轮A、K和行星架H的轴线互相平行时，其转化机构传动比的大小仍可用式（7-2）来计算，但其正负号应采用在转化机构图上画箭头的办法来确定，如图7-5所示。

**例7-2** 图7-6所示为一传动比很大的行星减速器。已知其中各齿轮齿数为$z_1=100$，$z_2=101$，$z_2'=100$，$z_3=99$。试求传动比$i_{H1}$。

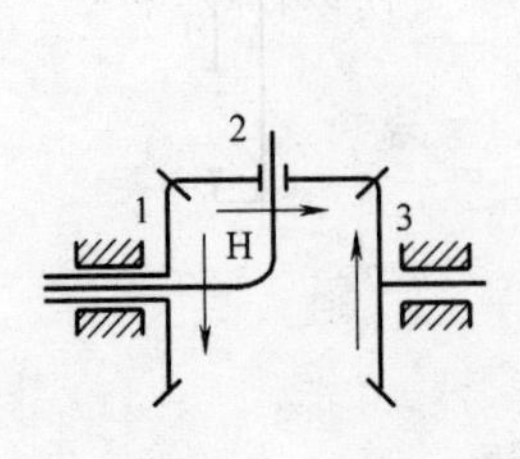


图7-5 空间行星齿轮系

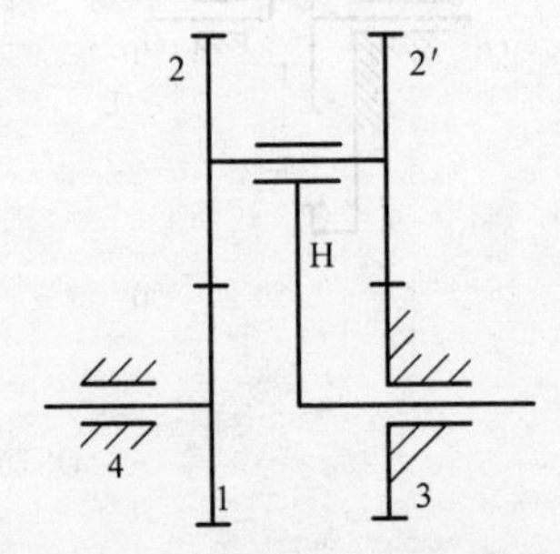


图7-6 行星减速器中的齿轮系

**解**：图示行星齿轮系中齿轮1为活动太阳轮，齿轮3为固定太阳轮，双联齿轮2-2′为行星轮，H为行星架。该齿轮系为仅有一个自由度的简单行星齿轮系。

由式（7-2）得
$$i_{13}^{H}=\frac{\omega_1-\omega_H}{\omega_3-\omega_H}=\frac{\omega_1-\omega_H}{-\omega_H}=1-\frac{\omega_1}{\omega_H}=1-i_{1H}$$

故
$$i_{1H}=1-i_{13}^{H}$$

又
$$i_{13}^{H}=(-1)^2\frac{z_2z_3}{z_1z_2'}=\frac{101\times99}{100\times100}$$

$$i_{1H}=1-i_{13}^{H}=1-\frac{101\times99}{100\times100}=\frac{1}{10000}$$

所以
$$i_{H1}=\frac{1}{i_{1H}}=10000$$

若将$z_3$由99改为100，则
$$i_{H1}=\frac{\omega_H}{\omega_1}=-100$$

若将$z_2$由101改为100，则
$$i_{H1}=\frac{\omega_H}{\omega_1}=100$$

即当行星架H转10000转时，齿轮1才转1转，且两构件转向相同。本例也说明，行星齿轮系用少数几个齿轮就能获得很大的传动比。

由此结果可见，同一种结构形式的行星齿轮系，由于某一齿轮的齿数略有变化（本例中仅差一个齿），其传动比则会发生巨大变化，同时转向可能也会改变。

### 7.2.3 计算复合齿轮系的传动比

如果齿轮系中既包含定轴齿轮系，又包含行星齿轮系，或者包含几个行星齿轮系，则称为复合齿轮系，如图7-7所示。

计算复合齿轮系的传动比时，不能将整个齿轮系单纯地按求定轴齿轮系或行星齿轮系传

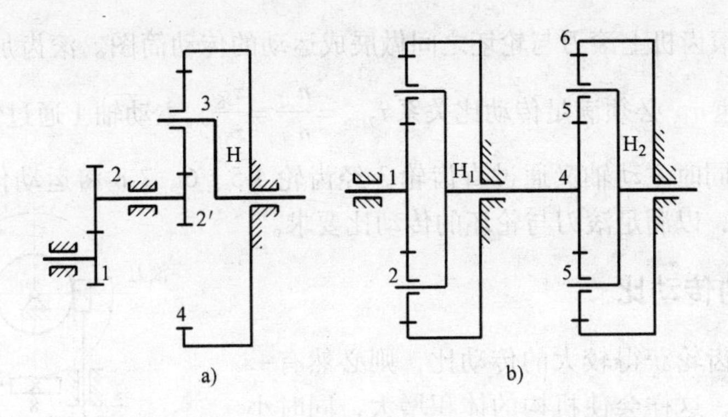


图 7-7 复合齿轮系

a) 包含 1 个行星齿轮系 b) 包含 2 个行星齿轮系

动比的方法来计算，而应将复合齿轮系中的定轴齿轮系和行星齿轮系区别开，分别列出它们的传动比计算公式，最后联立求解。

分析复合齿轮系的关键是先找出行星齿轮系。方法是先找出行星轮与行星架，再找出与行星轮相啮合的太阳轮。行星轮、太阳轮、行星架构成一个行星齿轮系。找出所有的行星齿轮系后，剩下的就是定轴齿轮系。

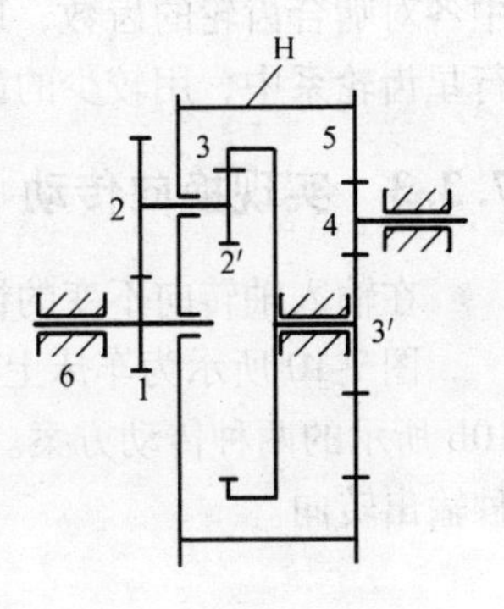


图 7-8 电动卷扬机的减速器

**例 7-3** 图 7-8 所示为电动卷扬机的减速器。已知各齿轮齿数为 $z_1=24$，$z_2=48$，$z_2'=30$，$z_3=90$，$z_3'=20$，$z_4=30$，$z_5=80$。试求传动比 $i_{1H}$。

**解**：该复合齿轮系由两个基本齿轮系组成。齿轮 1、2、2′、3、行星架 H 组成差动行星齿轮系；齿轮 3′、4、5 组成定轴齿轮系，其中 $\omega_H=\omega_5$，$\omega_3=\omega_3'$。

对于定轴齿轮系，$i_{3'5}=\dfrac{\omega_3'}{\omega_5}=-\dfrac{z_5}{z_3'}=-\dfrac{80}{20}=-4$

对于行星齿轮系，根据式（7-2）得

$$i_{13}^H=\frac{\omega_1-\omega_H}{\omega_3-\omega_H}=(-1)^1\frac{z_2z_3}{z_1z_2'}=-\frac{48\times90}{24\times30}=-6$$

联立方程式，并由 $\omega_3=\omega_3'$、$\omega_H=\omega_5$ 得

$$i_{1H}=\frac{\omega_1}{\omega_H}=31$$

$i_{1H}$为正值，说明齿轮 1 与构件 H 转向相同。

## 7.3 齿轮系的应用

### 7.3.1 实现分路传动

利用齿轮系可使一个主动轴同时带动若干从动轴转动，将运动从不同的传动路线传给执行机构，可实现机构的分路传动。

图7-9所示为滚齿机上滚刀与轮坯之间做展成运动的传动简图。滚齿加工要求滚刀的转速 $n_{刀}$ 与轮坯的转速 $n_{坯}$ 必须满足传动比关系 $i_{刀坯}=\frac{n_{刀}}{n_{坯}}=\frac{z_{坯}}{z_{刀}}$。主动轴Ⅰ通过锥齿轮Ⅱ经齿轮2将运动传给滚刀；同时主动轴又通过直齿轮3经齿轮4-5、6、7-8将运动传至蜗轮9，带动被加工的轮坯转动，以满足滚刀与轮坯的传动比要求。

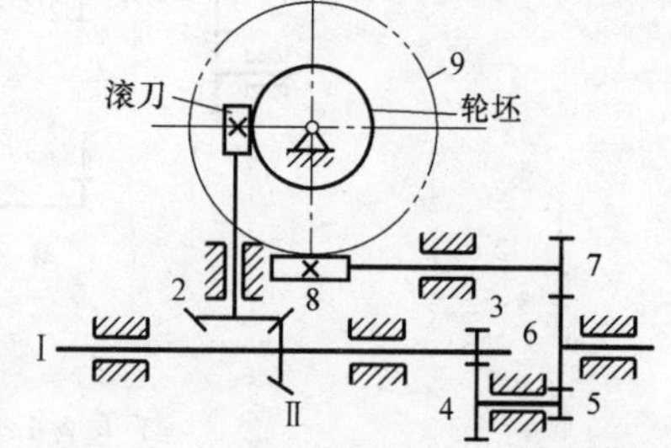

图7-9 滚齿机中的齿轮系

## 7.3.2 获得大的传动比

若想要用一对齿轮获得较大的传动比，则必然有一个齿轮要做得很大，这样会使机构的体积增大，同时小齿轮也容易损坏。如果采用多对齿轮组成的齿轮系，则可以很容易地获得较大的传动比。只要适当选择齿轮系中各对啮合齿轮的齿数，即可得到所要求的传动比。在行星齿轮系中，用较少的齿轮即可获得很大的传动比，如例7-2中的齿轮系。

## 7.3.3 实现换向传动

在输入轴转向不变的情况下，利用惰轮可以改变输出轴的转向。

图7-10所示为车床上进给丝杠的三星轮换向机构，扳动手柄A可实现如图7-10a、图7-10b所示的两种传动方案。由于两方案仅相差一次外啮合，故从动轮4相对于主动轮1有两种输出转向。

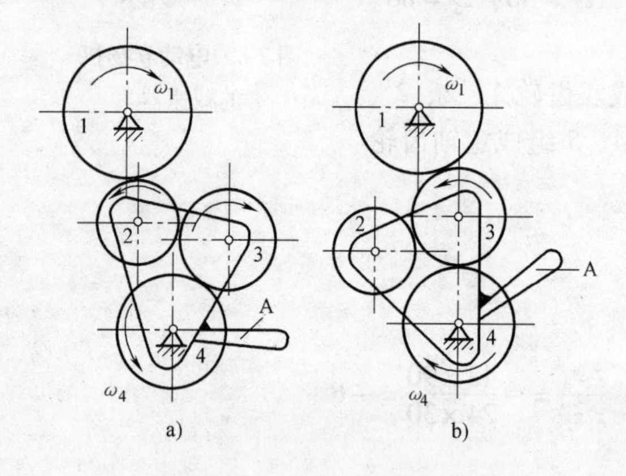

图7-10 可变向的齿轮系

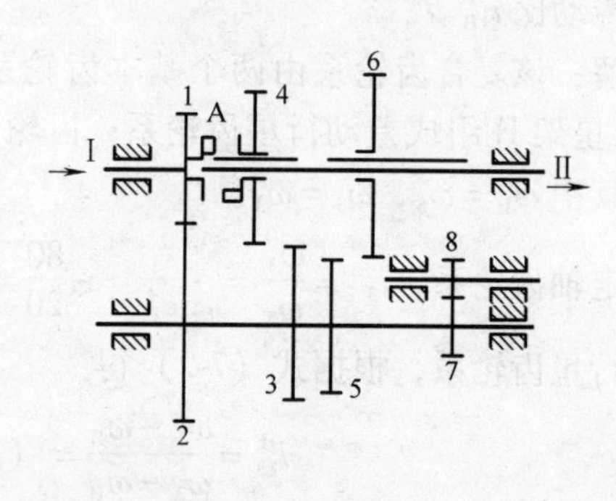

图7-11 汽车的变速器

## 7.3.4 实现变速传动

在输入轴转速不变的情况下，利用齿轮系可使输出轴获得多种工作转速。图7-11所示的汽车变速器，可使输出轴得到4个档次的转速。一般机床、起重等设备上也都需要这种变速传动。

## 7.3.5 实现运动的合成与分解

在差动齿轮系中，当给定两个基本构件的运动后，第三个构件的运动是确定的。换言之，第三个构件的运动是另外两个基本构件运动的合成。

同理，在差动齿轮系中，当给定一个基本构件的运动后，可根据附加条件按所需比例将该运动分解成另外两个基本构件的运动。

图7-12所示为滚齿机中的差动齿轮系。滚切斜齿轮时，由齿轮4传递来的运动传给太阳轮1，转速为$n_1$；由蜗轮5传递来的运动传给H，使其转速为$n_H$。这两个运动经齿轮系合成后变成齿轮3的转速$n_3$输出。因$z_1=z_3$，则

$$i_{13}^{H}=\frac{n_1-n_H}{n_3-n_H}=-\frac{z_3}{z_1}=-1$$

故 $n_3=2n_H-n_1$

图7-13所示的汽车后桥差速器即为分解运动的齿轮系。在汽车转向时它可将发动机传到齿轮5的运动以不同的速度分别传递给左右两个车轮，以维持车轮与地面间的纯滚动，避免车轮与地面间的滑动摩擦导致车轮过度磨损。

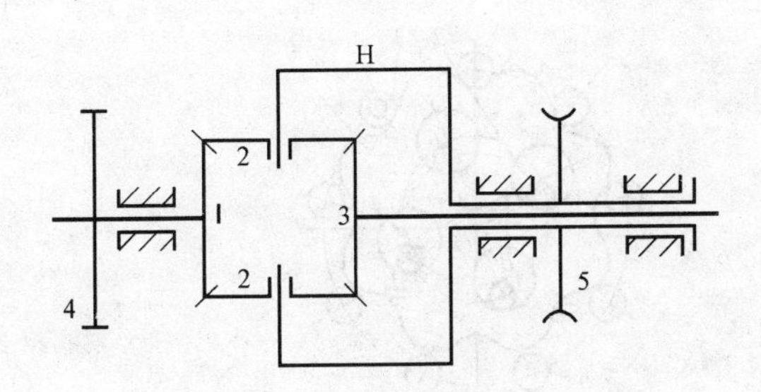


图7-12 使运动合成的齿轮系

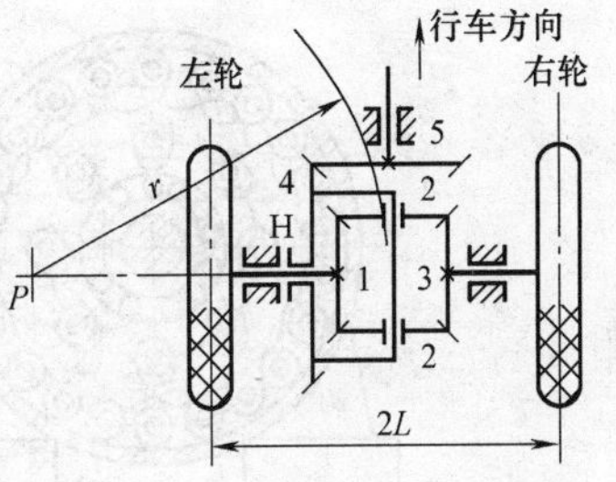

图7-13 汽车后桥差速器

若输入转速为$n_5$，两车轮外径相等，轮距为$2L$，两轮转速分别为$n_1$和$n_3$，$r$为汽车转弯半径。当汽车绕图示$P$点向左转弯时，两轮行驶的距离不相等，其转速比为

$$\frac{n_1}{n_3}=\frac{r-L}{r+L}$$

差速器中齿轮4、5组成定轴齿轮系，行星架H与齿轮4固连在一直，1-2-3-H组成差动齿轮系。对于差动齿轮系1-2-3-H，因$z_1=z_2=z_3$，有

$$i_{13}^{H}=\frac{n_1-n_H}{n_3-n_H}=-\frac{z_3}{z_1}=-1$$

$$n_H=\frac{n_1+n_3}{2}$$

即

$$n_4=n_H=\frac{n_1+n_3}{2}$$

联立求解两式得

$$n_1=\frac{r-L}{r}n_4$$

$$n_3=\frac{r+L}{r}n_4$$

若汽车直线行驶，因$n_1=n_3$，所以行星轮没有自转运动，此时齿轮1、2、3和4相当于一刚体做同速运动。

$$n_1 = n_3 = n_4 = \frac{n_5}{i_{54}} = n_5 \frac{z_5}{z_4}$$

由此可知，差动齿轮系可将一输入转速分解为两个输出转速。

## 7.4 其他新型齿轮传动装置简介

### 7.4.1 摆线针轮行星传动

图7-14a所示为摆线针轮传动机构的结构简图。它主要由与主动轴固连的偏心套7，滚动轴承6，齿数为 $z_1$ 并具有摆线齿形的摆线轮5，与壳体机架固连、数量为 $z_2$ 的针齿销4及其上面的针齿套3，等速传动机构2及机架1等组成。

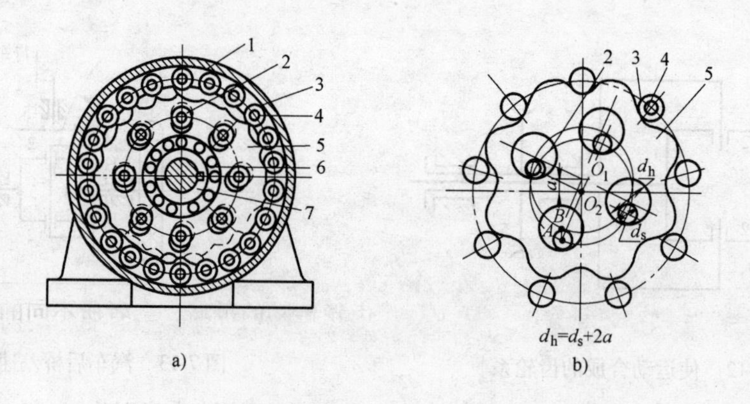


图7-14 摆线针轮传动机构

图7-14b所示为摆线针轮传动机构的啮合传动原理图。主动轴带动偏心套7转动，从而带动摆线轮5做公转，在针齿销4、针齿套3的约束下，摆线轮5反向做自转运动，因此摆线轮5可看作行星轮。针齿销4、针齿套3及壳体机架可看作太阳轮，称为针轮。偏心套7可看作转臂H。摆线轮5上的四个销孔与等速传动机构2上的四个销轴啮合，从而使摆线轮5的低速自转运动经有四个销轴的等速传动机构2输出。

可以证明，摆线针轮行星传动能保证传动比恒定不变，针齿销数（针轮齿数）与摆线轮齿数的齿数差（$z_2 - z_1$）只能为1，所以其传动比为

$$i_{13} = \frac{\omega_1}{\omega_3} = \frac{z_1}{z_1 - z_2} = -z_1$$

摆线针轮行星传动的特点是传动比范围较大，单级传动的传动比为9~87，两级传动的传动比可达121~7569。由于同时参加啮合的齿数多（理论上有一半的齿参加传递载荷），故承载能力较强，传动平稳。又由于针齿销可加套筒，使针轮与摆线轮之间的摩擦为滚动摩擦，故轮齿磨损小，使用寿命长，传动效率较高。摆线针轮行星传动在国防、冶金、矿山等部门得到广泛的应用。

### 7.4.2 谐波齿轮传动

谐波齿轮传动的工作原理不同于普通齿轮传动，它是通过波发生器所产生的连续移动变

形波使柔性齿轮产生弹性变形，从而产生齿间相对位移而达到传动的目的。

如图 7-15 所示，谐波齿轮传动由三个基本构件组成，即具有内齿的刚轮（它相当于太阳轮）、可产生较大弹性变形的柔轮（它相当于行星轮）及波发生器 H（其长度大于柔轮内孔直径，相当于行星架）。当波发生器装入柔轮内孔后，将使柔轮产生径向变形而成椭圆状。椭圆长轴两端的柔轮外齿与刚轮内齿啮合，短轴两端则与刚轮处于脱开状态，其他各点处于啮合与脱开的过渡阶段。一般刚轮固定不动，当波发生器回转时，柔轮产生的径向变形方向也不断变化，使柔轮与刚轮的啮合区跟着转动。由于柔轮比刚轮少（$z_1 - z_2$）个齿，故柔轮相对刚轮沿相反方向转动（$z_1 - z_2$）个齿的角度，即反转$\frac{z_1 - z_2}{z_2}$周，所以其传动比 $i_{H2}$ 为

$$i_{H2} = \frac{\omega_H}{\omega_2} = \frac{1}{(z_1 - z_2)/z_2} = -\frac{z_2}{z_1 - z_2}$$

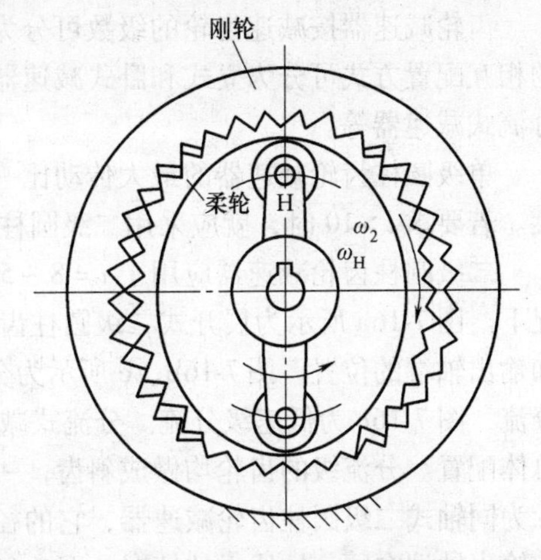

图 7-15 谐波齿轮传动

工作时柔轮的径向变形形成一种沿圆周方向周期性前进的变形波。如果采用直角坐标系把波形沿圆周方向展开，则它近似或恰好是一条正弦曲线，故称这种传动为谐波齿轮传动。

谐波齿轮传动与摆线针轮传动都属于行星齿轮传动的范畴，二者所不同的是，谐波齿轮传动借助于波发生器使柔轮产生可控的弹性变形而实现柔轮与刚轮的啮合及运动传递，取代了摆线针轮传动所需的等角速度输出机构，因而大大简化了结构，使传动机构体积小、重量轻、安装方便。同时，谐波齿轮传动同时啮合的齿数较多，且柔轮采用了高疲劳强度的特殊钢材，因而传动平稳，承载能力大。此外其摩擦损失也较小，故传动效率高。

谐波齿轮传动可获得较大的传动比，单级传动的传动比可达 70 ~ 320。但其缺点是使用寿命会受柔轮疲劳损伤的影响。目前，谐波齿轮传动已广泛应用于能源、造船、航空航天等部门。

## 7.5 减速器

减速器是一种由封闭在刚性壳体内的齿轮传动、蜗杆传动、齿轮-蜗杆传动所组成的独立部件，常用作原动机与工作机之间的减速传动装置。在少数场合该部件也用作增速的传动装置，这时就称为增速器。

减速器的种类很多。常用的齿轮及蜗杆减速器按其传动及结构特点，大致可分为三类。

（1）齿轮减速器 主要有圆柱齿轮减速器、锥齿轮减速器和锥齿轮-圆柱齿轮减速器三种。

（2）蜗杆减速器 主要有圆柱蜗杆减速器、圆弧圆柱蜗杆减速器、锥蜗杆减速器和蜗杆-齿轮减速器等。

（3）行星减速器 主要有渐开线行星齿轮减速器、摆线针轮减速器和谐波齿轮减速器等。

## 7.5.1 常用减速器的主要类型、特点和应用

### 1. 齿轮减速器

齿轮减速器按减速齿轮的级数可分为单级、二级、三级和多级减速器几种；按轴在空间的相互配置方式可分为立式和卧式减速器两种；按运动简图的特点可分为展开式、同轴式和分流式减速器等。

单级圆柱齿轮减速器的最大传动比一般为 $i_{max}=8\sim10$，做此限制主要为避免外廓尺寸过大。若要求 $i>10$ 时，就应采用二级圆柱齿轮减速器。

二级圆柱齿轮减速器应用于 $i=8\sim50$ 及高、低速级的中心距总和在 250～400mm 的情况下。图 7-16a 所示为展开式二级圆柱齿轮减速器，它结构简单，可根据需要选择输入轴端和输出轴端的位置。图 7-16b、c 所示为分流式二级圆柱齿轮减速器，其中图 7-16b 为高速级分流，图 7-16c 为低速级分流。分流式减速器的外伸轴可向任意一边伸出，便于传动装置的总体配置。分流级的齿轮均做成斜齿，一边左旋，另一边右旋，以抵消轴向力。图 7-16g 所示为同轴式二级圆柱齿轮减速器，它的径向尺寸紧凑，轴向尺寸较大，常用于要求输入轴端和输出轴端在同一轴线上的情况。图 7-16e、f 所示为三级圆柱齿轮减速器，用于要求传动比较大的场合。图 7-16d、h 所示分别为单级锥齿轮减速器和二级锥齿轮-圆柱齿轮减速器，用于需要输入轴与输出轴成 90°配置的传动中。因大尺寸的锥齿轮较难精确制造，所以锥齿轮-

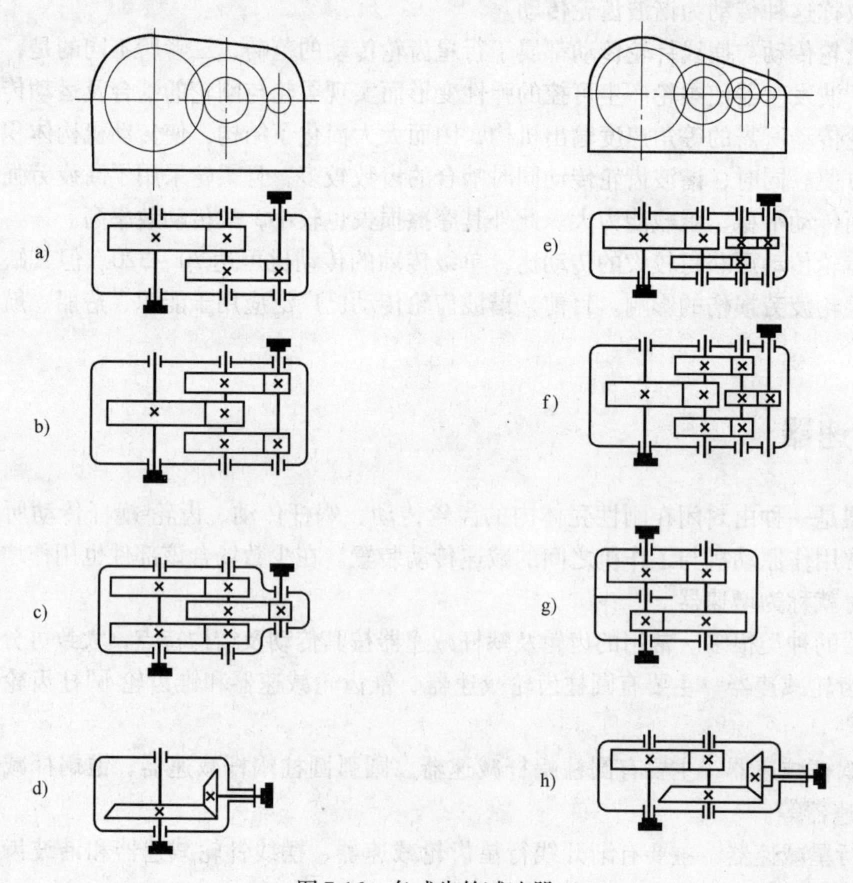


图 7-16 各式齿轮减速器

圆柱齿轮减速器的高速级总是采用锥齿轮传动，以减小尺寸，提高制造精度。

齿轮减速器的特点是效率高、寿命长、维护简便，因而应用极为广泛。

**2. 蜗杆减速器**

蜗杆减速器的特点是在外廓尺寸不大的情况下可以获得很大的传动比，同时工作平稳、噪声较小，但缺点是传动效率较低。蜗杆减速器中应用最广的是单级蜗杆减速器。

单级蜗杆减速器根据蜗杆的位置可分为上置蜗杆（图7-17a）、下置蜗杆（图7-17c）及侧蜗杆（图7-17b）三种，其传动比范围一般为 $i=10\sim70$。设计时应尽可能选用下置蜗杆的结构，以便于解决润滑和冷却问题。图7-17d 所示为二级蜗杆减速器。

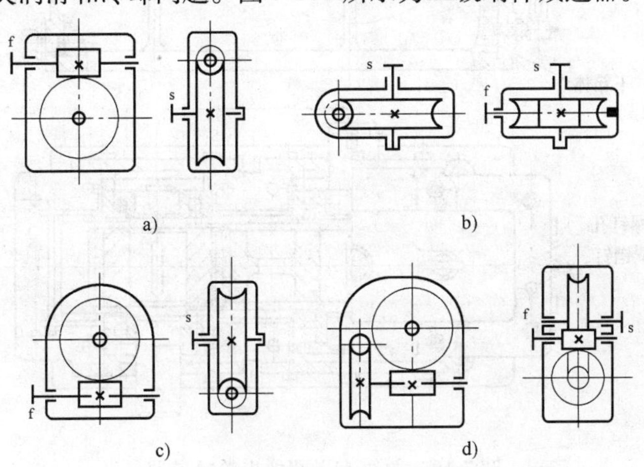


图7-17 各式蜗杆减速器

s—低速级 f—高速级

**3. 蜗杆-齿轮减速器**

这种减速器通常将蜗杆传动作为高速级，因为高速时蜗杆的传动效率较高。它适用的传动比范围为50～130。

## 7.5.2 减速器传动比的分配

由于单级齿轮减速器的传动比最大不超过10，故当总传动比要求超过此值时，应采用二级或多级减速器。此时就应考虑各级传动比的合理分配问题，否则将影响到减速器外形尺寸的大小、承载能力能否充分发挥等。根据使用要求的不同，可按下列原则分配传动比：

1）使各级传动的承载能力接近于相等。

2）使减速器的外廓尺寸和重量最小。

3）使传动具有最小的转动惯量。

4）使各级传动中大齿轮的浸油深度大致相等。

## 7.5.3 减速器的结构

图7-18 所示为单级直齿圆柱齿轮减速器，它主要由齿轮（或蜗杆）、轴、轴承和箱体等组成。箱体必须有足够的刚度。为保证箱体的刚度及散热，常在箱体外壁上制有加强肋。为方便减速器的制造、装配及使用，还在减速器上设置一系列附件，如检查孔盖、透气孔、油标尺或油面指示器、吊钩及起盖螺钉等。

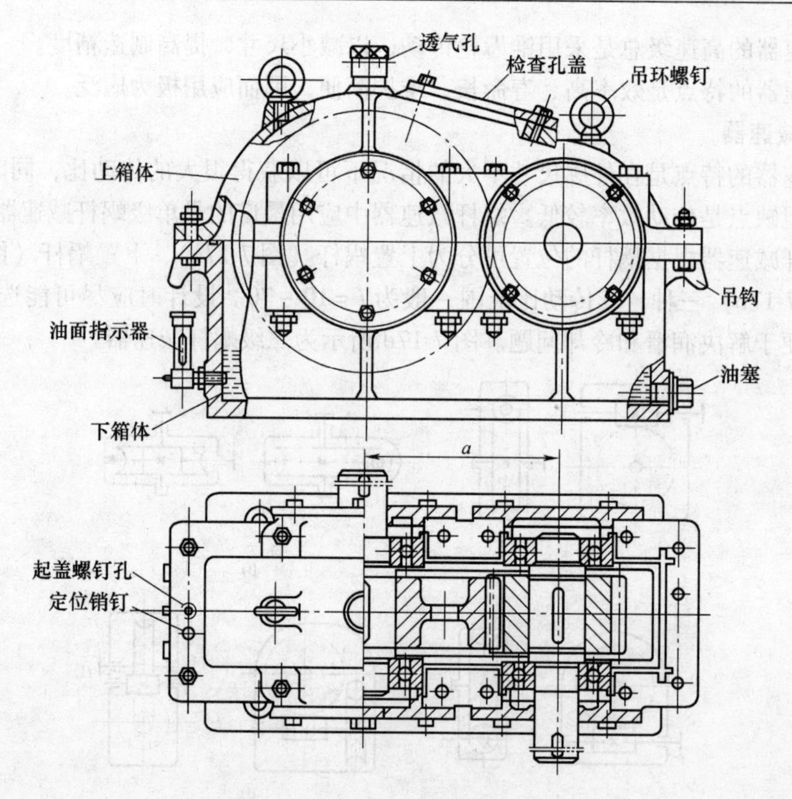


图7-18　单级直齿圆柱齿轮减速器

## 7.6　基本技能训练——减速器拆装

**一、实验目的**

通过对减速器的拆装，达到对下列内容的了解，为课程设计打下良好基础：

整个减速器的概貌；

减速器上装有哪些附件，各自的功用如何及其布置情况；

减速器内部结构情况；

有关测量方法。

**二、实验设备及用具**

减速器若干台。

装拆用工具一套。

铅笔、橡皮及三角板（学生自备）。

游标卡尺、塞尺、金属直尺，铅丝、涂料等。

**三、实验方法及步骤**

（1）准备工作　打开减速器前，先对减速器的外形进行观察。

1）了解减速器的名称、类型、总减速比；了解输入、输出轴伸出端的结构，用手转动减速器的输入轴，看减速器转动是否灵活。

2）了解减速器的箱体结构，注意下列名词各指减速器上的哪一部分，并观察其结构形状、尺寸关系和作用：

箱体凸缘、轴承旁螺栓、凸台、加强肋。

箱体凸缘联接螺栓、启盖螺钉、定位销钉、地脚螺栓通孔。

轴承盖、轴承盖螺钉。

3）了解减速器上装有哪些附件，有何功能及其布置情况；并注意下列名词各指减速器上的哪些部位：

观察孔、观察孔盖、透气器。

吊环螺钉、箱钩。

油面指示器、放油孔螺塞。

4）根据实验实训报告的要求，测量有关尺寸，并记录于表中。

（2）打开减速器　按下列顺序打开减速器，取下的零件要注意按次序放好，配套的螺钉、螺母、垫圈应该套在一起，以免丢失。在装拆时要注意安全，避免压伤手指。

1）取下定位销钉。

2）取下上、下箱体的各个联接螺栓。

3）用启盖螺钉顶起箱盖。

4）取下上箱盖。

（3）观察减速器内部结构情况

1）轴承类型，轴和轴承的布置情况。

2）轴和轴承在减速器中的轴向固定方式，轴向间隙的调整方法。

3）了解如何用塞尺测量轴承轴向间隙。

4）固定中间轴，用手左右扭动输入轴，观察齿轮的齿侧间隙。

5）了解测量高、低速级齿侧间隙的方法。

齿侧间隙是指一对相互啮合齿轮的非工作表面沿法线方向的距离。如图7-19所示，齿侧间隙用$C_n$表示，其功用是补偿装配或制造的不精确，传递载荷时受温度影响的变形和弹性变形，并可在其中储存一定的润滑油，以改善齿表面的摩擦条件。

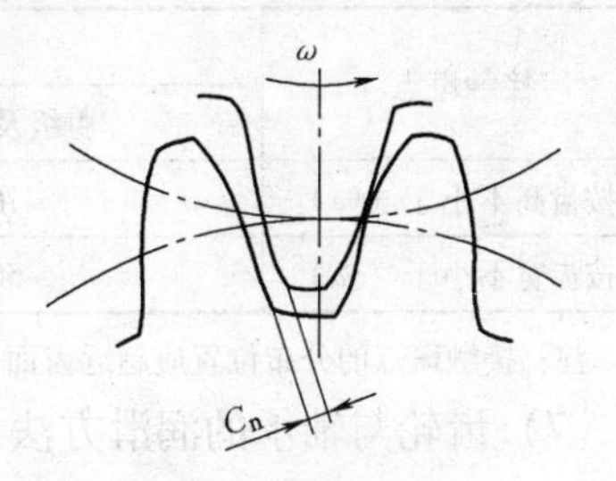


图7-19　齿轮啮合时的齿侧间隙

齿侧间隙测量方法：

①压铅法。如图7-20所示，这是测量齿侧间隙常用和可靠的方法。在齿轮上放置1～3条铅丝，铅丝的直径根据间隙的大小来选定。铅丝的长度要以压上三个齿为好，压铅时应均匀转动啮合的齿轮，铅丝脱出后，可以看出铅条上分成大小交替、厚度不同的各段。对一个轮齿来说，很明显的分为三部分，第一部分厚度小是工作侧间隙，第二部分最厚为齿顶间隙，第三部分为非工作侧间隙。齿的工作侧和非工作侧的厚度和即为齿侧间隙。铅丝厚度应用千分尺来测量。

②塞尺法。测量方法比较方便，但不及压铅法精确。

6）了解测量齿的接触斑点的方法。

齿轮啮合时，齿的工作表面因互相滚压而留有可见的痕迹，由这些痕迹所显示的接触斑点，可以判断齿轮的传动装配质量。

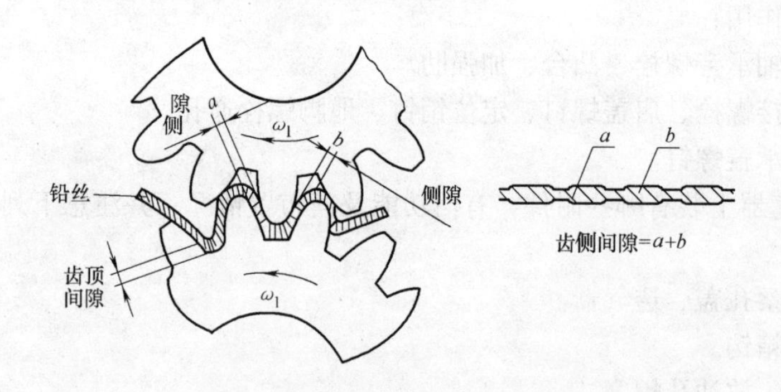


图 7-20 压铅法测量齿侧间隙

仔细擦净每个轮齿，在主动轮的 3～4 个轮齿上均匀地涂上一薄层涂料，运转后齿面上分布着接触擦亮痕迹，接触痕迹的大小在齿面展开图上用百分比计算，如图 7-21 所示。

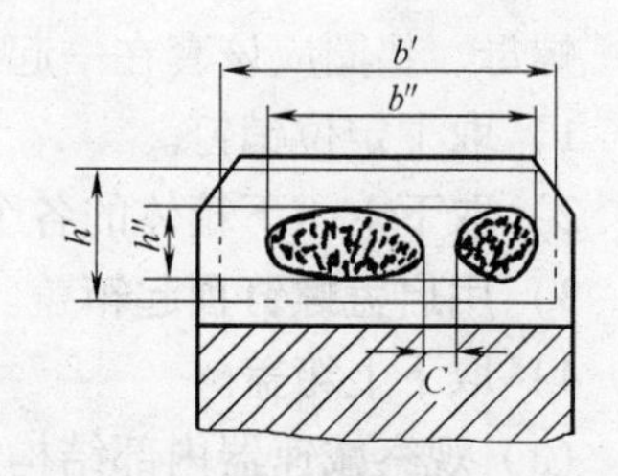


图 7-21 齿轮啮合接触斑点

沿齿宽方向：接触痕迹的长度 $b''$（扣除断开部分 $C$）与工作长度 $b'$之比，即$\dfrac{b''-c}{b'}\times 100\%$。

沿齿高方向：接触痕迹的平均高度 $h''$与工作高度 $h'$之比，即$\dfrac{h''}{h'}\times 100\%$。

直轮齿的接触精度见表 7-1。

**表 7-1 直轮齿的接触精度**（GB/T 18620.4—2008）

| 接触斑点 | 齿轮精度等级 | | | | | | | | |
|---|---|---|---|---|---|---|---|---|---|
| | 4 级及更高 | 5 | 6 | 7 | 8 | 9 | 10 | 11 | 12 |
| 按齿高不小于（%） | 70 | 50 | 50 | 50 | 50 | 50 | 50 | 50 | 50 |
| 按齿宽不小于（%） | 50 | 45 | 45 | 35 | 35 | 25 | 25 | 25 | 25 |

注：接触斑点的分布位置应趋近齿面中部。齿顶和两端部棱边处不允许接触。

7）齿轮与轴承的润滑方法；在箱体的剖分面上是否有集油槽或排油槽。

8）伸出轴的密封方式，轴承是否有内密封。

（4）拆卸零件 从减速器上取下轴，依次取下轴上各零件，并按取下顺序依次放好。

1）了解轴上各零件的周向固定和轴向固定的方式。

2）了解轴的结构，注意下列各名词各指轴上的哪一部分，各有何功用：

轴颈、轴肩、轴肩圆角，轴环、倒角、键槽、螺纹、退刀槽、越程槽、配合面，非配合面。

3）绘一根轴及轴上零件的装配草图。

（5）装配减速器 按下列次序装好减速器

1）将轴上零件依次装回。

2）将轴装回减速器。

3）装轴承盖及调整垫圈。

4）盖好箱盖，打上定位销。

5）拧紧上、下箱体的联接螺栓。

6）用手转动输入轴，看减速器是否转动灵活，若有故障应排除。

## 减速器装拆实验实训报告

### 一、实验目的

### 二、预习作业

1）减速器装有哪些附件？各有什么作用？

2）试述减速器的拆装步骤。

### 三、实验结果

1）减速器名称：

类型：

总减速比：$i_{总} =$ $i_1 =$ $i_2 =$

2）画出减速器传动示意图。

3）减速器箱体有关尺寸测量结果。

| 序号 | 名　称 | 尺寸/mm |
|---|---|---|
| 1 | 地脚螺钉孔直径 | |
| 2 | 轴承旁联接螺栓孔直径 | |
| 3 | 箱盖与箱座联接螺栓孔直径 | |
| 4 | 箱座壁厚 | |
| 5 | 箱座凸缘厚度 | |
| 6 | 箱座底部凸缘厚度 | |
| 7 | 轴承旁凸台高度 | |
| 8 | 箱体外壁至轴承座端面距离 | |
| 9 | 下箱座肋板厚度 | |
| 10 | 轴承端盖外径 | |
| 11 | 轴承旁联接螺栓距离 | |

四、思考题

1. 轴承座孔两侧的凸台为什么比箱盖与座的连接凸缘高？
2. 减速器的轴承用何种方式润滑？如何防止箱体的润滑油混入轴承中？
3. 减速器轴和轴承的轴向定位是如何考虑的？轴向间隙是如何调整的？
4. 为什么小齿轮的宽度往往做得比大齿轮宽一些？
5. 原减速器的设计在哪些地方不合理？

## 7.7 拓展练习

一、单选题

7-1 简单行星齿轮系的自由度数为________。

A. 2 个 B. 1 个 C. 不变 D. 零

7-2 为了获得大的传动比，可采用________。

A. 行星齿轮系 B. 减速器 C. 固定齿轮系 D. 惰轮

7-3 传递平行轴运动的轮系，若外啮合齿轮为偶数对时，首末两轮转向________。

A. 相同 B. 相反 C. 有时相同 D. 有时相反

7-4 齿轮系中应用惰轮可________。

A. 变速 B. 变向 C. 改变传动比 D. 改变功率

二、判断题

7-5 蜗杆的旋向和蜗轮的旋向必须相反。 ( )

7-6 行星齿轮系可获得大的传动比。 ( )

7-7 齿轮系可以实现变速和变向要求。 ( )

7-8 惰轮可以改变齿轮系的传动比。 ( )

7-9 行星齿轮系的传动比，等于该齿轮系的所有从动轮齿数连乘积与所有主动轮齿数连乘积之比。 ( )

三、填空题

7-10 加惰轮的齿轮系只能改变（ ）的旋转方向，不能改变齿轮系的（ ）。

7-11 定轴齿轮系的传动比，等于组成该齿轮系的所有（ ）轮齿数连乘积与所有（ ）轮齿数连乘积之比。

四、简答题

7-12 齿轮系的作用有哪些？

7-13 什么叫行星齿轮系的“转化机构”？它在计算行星齿轮系传动比中起什么作用？

7-14 定轴齿轮系与行星齿轮系有何区别？

7-15 行星齿轮系有几种？它们的区别在哪里？

7-16 在定轴齿轮系中，如何来确定首、末两轮转向间的关系？

7-17 平面定轴齿轮系传动比的正负号有什么意义？

五、计算题

7-18 在图 7-22 所示的齿轮系中，已知各齿轮齿数（括号内为齿数），3′为单头右旋蜗杆，求传动比 $i_{15}$。

7-19 图7-23所示为车床溜板箱手动操纵机构。已知齿轮1、2的齿数 $z_1=16$，$z_2=80$，齿轮3的齿数 $z_3=13$，模数 $m=2.5$ mm，与齿轮3啮合的齿条被固定在床身上。试求当溜板箱移动速度为1 m/min时的手轮转速。

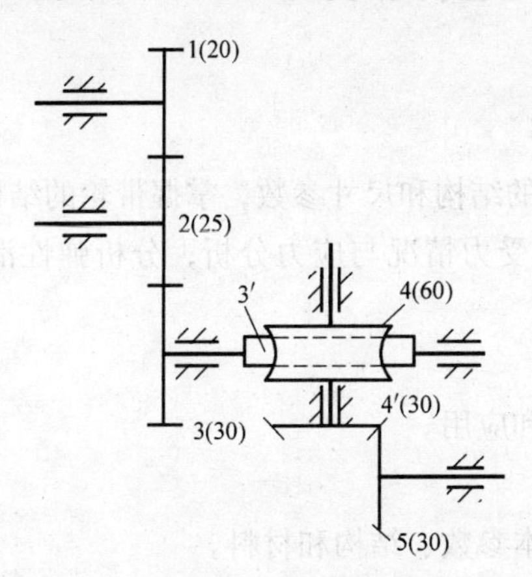


图7-22 题7-18图

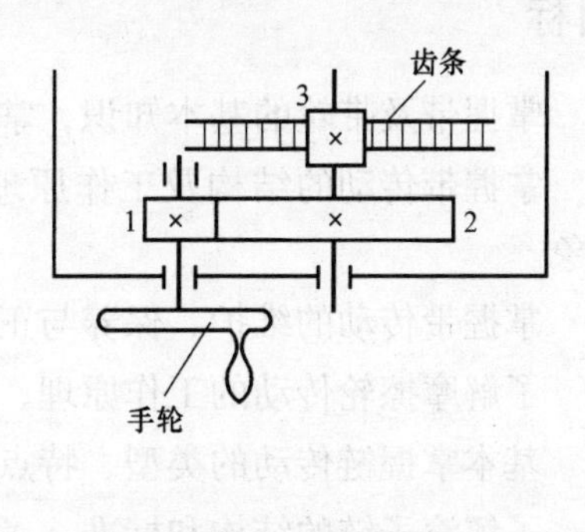


图7-23 题7-19图

7-20 图7-24所示为汽车起重机主卷筒的齿轮传动系统，已知各齿轮齿数 $z_1=20$，$z_2=30$，$z_6=33$，$z_7=57$，$z_3=z_4=z_5=28$，蜗杆8的头数 $z_8=2$，蜗轮9的齿数 $z_9=30$。试计算 $i_{19}$，并说明双向离合器的作用。

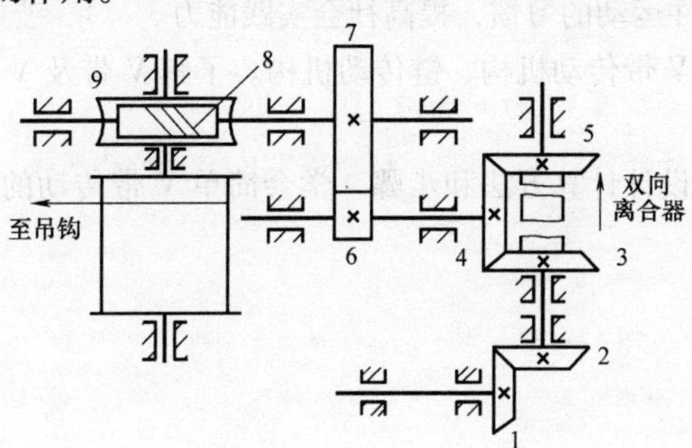


图7-24 题7-20图

7-21 在图7-25所示的差速器中，已知 $z_1=48$，$z_2=42$，$z_2'=42$，$z_3=21$，$n_1=100$ r/min，$n_3=80$ r/min，其转向如图所示，求 $n_H$。

7-22 在图7-26所示齿轮系中，已知 $z_1=22$，$z_3=88$，$z_3'=z_5$，试求传动比 $i_{15}$。

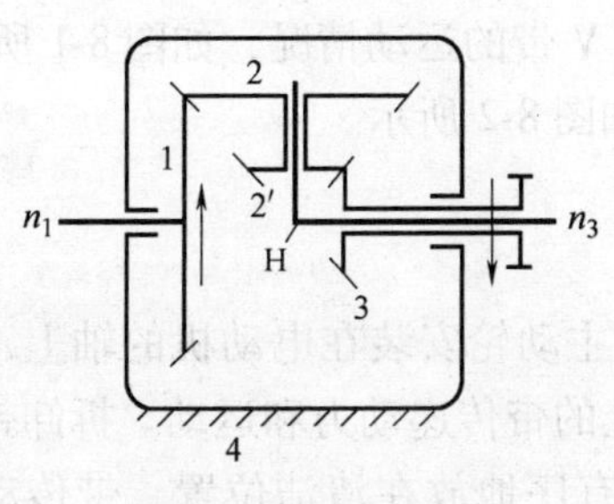


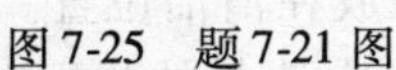


图7-25 题7-21图

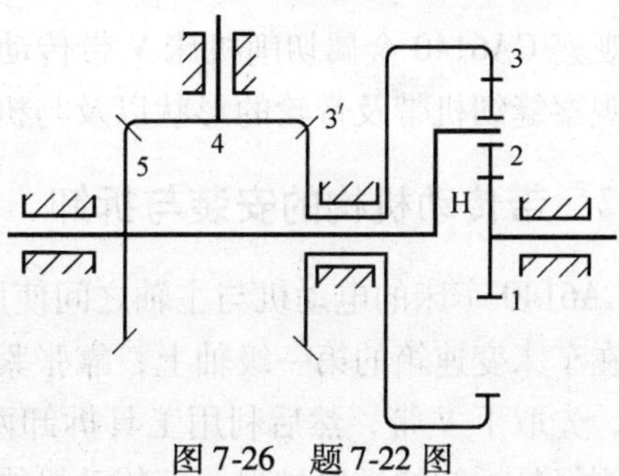


图7-26 题7-22图

# 第 8 章　其他机械传动

## 知识目标

✧　掌握带及带轮的基本知识，掌握普通 V 带的结构和尺寸参数，掌握带轮的结构。

✧　掌握带传动的结构及工作原理、带传动的受力情况与应力分析，分析弹性滑动与打滑现象。

✧　掌握带传动的维护、保养与正确使用。

✧　了解摩擦轮传动的工作原理、类型、特点和应用。

✧　基本掌握链传动的类型、特点和应用。

✧　了解滚子链的结构和标准，了解链轮的基本参数、结构和材料。

✧　基本掌握链传动的安装、使用和维护。

## 能力目标

✧　观察机械中不同类型的带传动、摩擦轮传动、链传动，使学生养成善于观察与思考身边机械的组成与部件运动的习惯，提高社会实践能力。

✧　动手安装拆卸 V 带传动机构、链传动机构。了解 V 带及 V 带轮装配规范，提高带传动机构的装配技能。

✧　了解 V 带传动设计计算方法和步骤，学会简单 V 带传动的设计，提高自我探究及创新能力。

## 8.1　带传动

### 8.1.1　带传动的认识

在生活和工作中，我们通常会发现不同的机器中有不同类型的带传动：家用缝纫机的圆带传动、普通机床的 V 带传动、汽车发动机的同步带传动、港口运输机的特宽带传动等。

观察 CA6140 金属切削机床 V 带传动的防护装置、V 带的运动情况，如图 8-1 所示。

观察缝纫机带及带轮的形状以及与机构的连接，如图 8-2 所示。

### 8.1.2　带传动机构的安装与拆卸

CA6140 车床的电动机与主轴之间使用 V 带传动，主动轮安装在电动机的轴上，从动轮安装在车床变速箱的第一级轴上，靠张紧在两个带轮上的带传递动力和运动。拆卸带传动机构时，先取下 V 带，然后利用工具拆卸两个带轮，并有序地放在清洁位置。带传动机构的安装刚好是拆卸的逆序过程。带传动机构的安装维护应注意带与带轮的装配方法、张紧力的控制。带轮装在轴上后，要检查带轮的径向圆跳动量和轴向圆跳动量、两带轮的中心平面是否在同一个平面上。安装V带时，应先将带套在小带轮轮槽中，然后套在大带轮上，边转动大带轮，边用螺钉旋具或铜棒将带拨入带轮槽中。V带在槽中的位置要正确、张紧程度要适当。

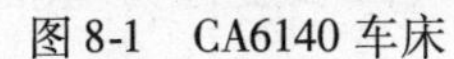

图8-1　CA6140车床

图8-2　缝纫机

## 8.2　带的类型

### 8.2.1　V带

V带的截面形状为梯形，如图8-3所示，两侧面为工作面，带轮的轮槽截面也为梯形。根据斜面的受力分析可知，在相同张紧力和相同摩擦因数的条件下，V带产生的摩擦力要比平带的摩擦力大，所以，V带传动能力强、结构更紧凑，在机械传动中应用最广泛。

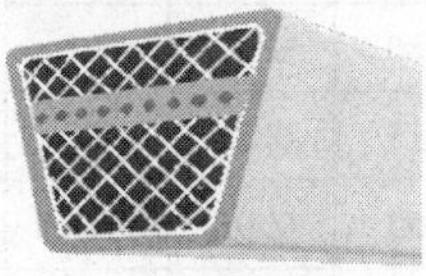

图8-3　V带截面形状

V带有普通V带、窄V带、齿形V带、大楔角V带、宽V带、联组V带等多种类型，其中普通V带应用最广。

标准普通V带是没有接头的环形带，截面呈等腰梯形，V带的横截面结构如图8-4所示，其中图8-4a是帘布结构，图8-4b是线绳结构，均由下面几部分组成：

1）包布层：由胶帆布制成，起保护作用。

2）伸张层：由橡胶制成，当带弯曲时承受拉伸。

3）压缩层：由橡胶制成，当带弯曲时承受压缩。

4）强力层：由几层挂胶的帘布或浸胶的棉线（或尼龙）绳构成，承受基本拉伸载荷。

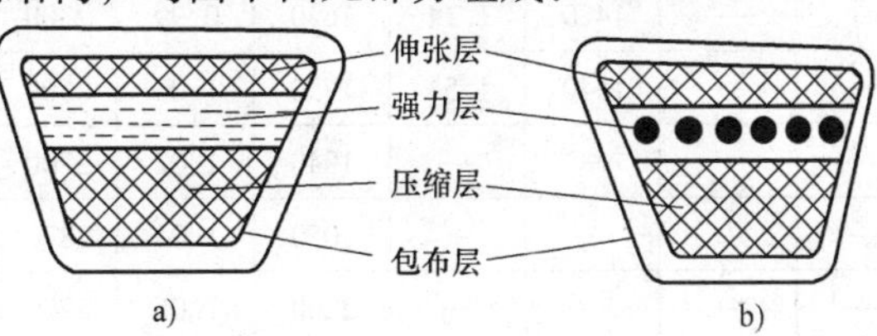


图8-4　V带结构
a）帘布结构　b）线绳结构

V带已标准化，按其截面大小分为Y、Z、A、B、C、D、E七种型号，其截面尺寸见表8-1。Y型V带的截面积最小，E型V带的截面积最大。V带截面积越大，其传递的功率越大。

表8-1　普通V带截面尺寸（GB/T 11544—2012）

| | 型号 | Y | Z | A | B | C | D | E |
|---|---|---|---|---|---|---|---|---|
| | 顶宽 $b$/mm | 6.0 | 10.0 | 13.0 | 17.0 | 22.0 | 32.0 | 38.0 |
| | 节宽 $b_p$/mm | 5.3 | 8.5 | 11.0 | 14.0 | 19.0 | 27.0 | 32.0 |
| | 高度 $h$/mm | 4.0 | 6.0 | 8.0 | 11.0 | 14.0 | 19.0 | 23.0 |
| | 楔角 $\alpha$（°） | 40 | | | | | | |
| | 每米质量 $q$/（kg/m） | 0.023 | 0.060 | 0.105 | 0.170 | 0.300 | 0.630 | 0.970 |

当带受纵向弯曲时，在带中保持原长度不变的任一条周线称为节线，由全部节线构成的面称为节面，带的节面宽度称为节宽（$b_p$）。当带受纵向弯曲时，节宽保持不变。在V带轮上，与所配用的节宽 $b_p$ 相对应的带轮直径称为节径 $d_p$，通常它又是基准直径 $d_d$。

V带在规定的张紧力下，位于带轮基准直径上的周线长度称为基准长度 $L_d$。普通V带的长度系列见表8-2。

表8-2　普通V带的长度系列和带长修正系数 $K_L$（GB/T 13575.1—2008）

| Y | | Z | | A | | B | | C | | D | | E | |
|---|---|---|---|---|---|---|---|---|---|---|---|---|---|
| $L_d$/mm | $K_L$ | $L_d$/mm | $K_L$ | $L_d$/mm | $K_L$ | $L_d$/mm | $K_L$ | $L_d$/mm | $K_L$ | $L_d$/mm | $K_L$ | $L_d$/mm | $K_L$ |
| 200 | 0.81 | 405 | 0.87 | 630 | 0.81 | 930 | 0.83 | 1565 | 0.82 | 2740 | 0.82 | 4660 | 0.91 |
| 224 | 0.82 | 475 | 0.90 | 700 | 0.83 | 1000 | 0.84 | 1760 | 0.85 | 3100 | 0.86 | 5040 | 0.92 |
| 250 | 0.84 | 530 | 0.93 | 790 | 0.85 | 1100 | 0.86 | 1950 | 0.87 | 3330 | 0.87 | 5420 | 0.94 |
| 280 | 0.87 | 625 | 0.96 | 890 | 0.87 | 1210 | 0.87 | 2195 | 0.90 | 3730 | 0.90 | 6100 | 0.96 |
| 315 | 0.89 | 700 | 0.99 | 990 | 0.89 | 1370 | 0.90 | 2420 | 0.92 | 4080 | 0.91 | 6850 | 0.99 |
| 355 | 0.92 | 780 | 1.00 | 1100 | 0.91 | 1560 | 0.92 | 2715 | 0.94 | 4620 | 0.94 | 7650 | 1.01 |
| 400 | 0.96 | 920 | 1.04 | 1250 | 0.93 | 1760 | 0.94 | 2880 | 0.95 | 5400 | 0.97 | 9150 | 1.05 |
| 450 | 1.00 | 1080 | 1.07 | 1430 | 0.96 | 1950 | 0.97 | 3080 | 0.97 | 6100 | 0.99 | 12230 | 1.11 |
| 500 | 1.02 | 1330 | 1.13 | 1550 | 0.98 | 2180 | 0.99 | 3520 | 0.99 | 6840 | 1.02 | 13750 | 1.15 |
| — | — | 1420 | 1.14 | 1640 | 0.99 | 2300 | 1.01 | 4060 | 1.02 | 7620 | 1.05 | 15280 | 1.17 |
| — | — | 1540 | 1.54 | 1750 | 1.00 | 2500 | 1.03 | 4600 | 1.05 | 9140 | 1.08 | 16800 | 1.19 |
| — | — | — | — | 1940 | 1.02 | 2700 | 1.04 | 5380 | 1.08 | 10700 | 1.13 | — | — |
| — | — | — | — | 2050 | 1.04 | 2870 | 1.05 | 6100 | 1.11 | 12200 | 1.16 | — | — |
| — | — | — | — | 2200 | 1.06 | 3200 | 1.07 | 6815 | 1.14 | 13700 | 1.19 | — | — |
| — | — | — | — | 2300 | 1.07 | 3600 | 1.09 | 7600 | 1.17 | 15200 | 1.21 | — | — |
| — | — | — | — | 2480 | 1.09 | 4060 | 1.13 | 9100 | 1.21 | — | — | — | — |
| — | — | — | — | 2700 | 1.10 | 4430 | 1.15 | 10700 | 1.24 | — | — | — | — |
| — | — | — | — | — | — | 4820 | 1.17 | — | — | — | — | — | — |
| — | — | — | — | — | — | 5370 | 1.20 | — | — | — | — | — | — |
| — | — | — | — | — | — | 6070 | 1.24 | — | — | — | — | — | — |

### 8.2.2　其他带

除了V带之外，在工业、农业等行业中还普遍应用其他类型的带，根据实际需要还可开发和设计特殊带。

（1）平带　平带的截面形状为矩形，如图8-5a所示，内表面为工作面，主要用于两轴平行，转向相同的较远距离的传动。

（2）圆形带　圆形带的截面形状为圆形，如图8-5b所示，仅用于如缝纫机、仪器等低速小功率的传动。

（3）多楔带　多楔带是平带基体上有若干纵向楔形凸起，如图8-5c所示，它兼有平带和V带的优点且弥补其不足，多用于结构紧凑的大功率传动中。

（4）同步带　同步带即为啮合型传动带，如图8-5d所示。同步带内周有一定形状的齿。

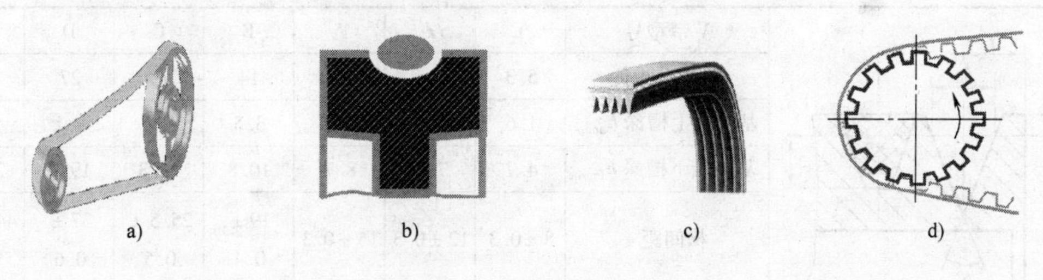

图8-5　其他带的类型

## 8.3　带轮的结构

### 8.3.1　V带轮的结构

V带轮是普通V带传动的重要零件，它必须具有足够的强度，但又要重量轻、质量分布均匀，轮槽的工作面对带必须有足够的摩擦，又要减少对带的磨损。V带轮的结构如图8-6所示。

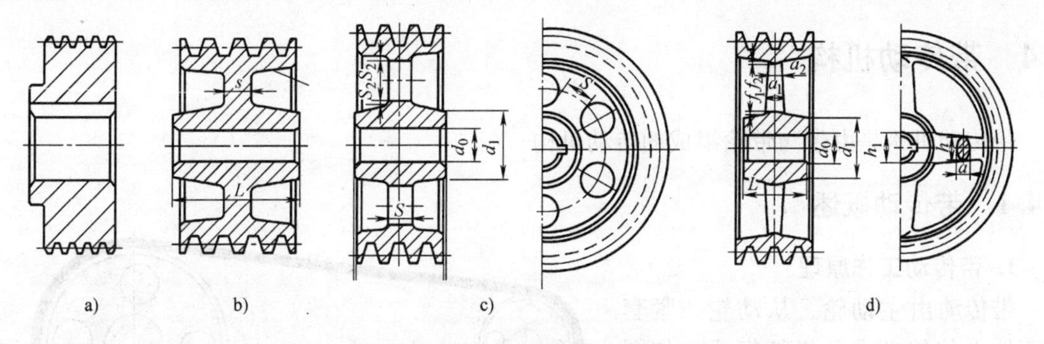

图8-6　V带轮的结构

带轮的结构通常是由轮缘、轮辐和轮毂组成的，其结构类型如下：

1）实心式（图8-6a）。

2）腹板式（图8-6b）。

3）孔板式（图 8-6c）。

4）轮辐式（图 8-6d）。

### 8.3.2 V 带轮结构尺寸

带轮轮槽的尺寸见表 8-3。表 8-3 中 $b_d$ 表示带轮轮槽宽度的一个无公差规定值，称为轮槽的基准宽度。通常 V 带节面宽度与轮槽基准宽度重合，即 $b_p=b_d$。轮槽基准宽度所在圆称为基准圆（节圆），其直径 $d_d$ 称为带轮的基准直径。

普通 V 带轮轮缘的截面图及轮槽尺寸见表 8-3。普通 V 带两侧面的夹角均为 40°，但由于 V 带绕在带轮上弯曲时，其截面变形使两侧面的夹角减小，为使 V 带能紧贴轮槽两侧，将轮槽的槽角 $\varphi$ 规定为 32°、34°、36°和 38°。

**表 8-3 普通 V 带轮的轮槽尺寸**（GB/T 10412—2002）（单位：mm）

| 槽型 | | V 带型号 | Y | Z | A | B | C | D | E |
|---|---|---|---|---|---|---|---|---|---|
| | | 基准宽度 $b_d$ | 5.3 | 8.5 | 11 | 14 | 19 | 27 | 32 |
| | | 基准线上槽深 $h_{amin}$ | 1.6 | 2.0 | 2.75 | 3.5 | 4.8 | 8.1 | 9.6 |
| | | 基准线下槽深 $h_{fmin}$ | 4.7 | 7.0 | 8.7 | 10.8 | 14.3 | 19.9 | 23.4 |
| | | 槽间距 $e$ | 8±0.3 | 12±0.3 | 15±0.3 | 19±0.4 | 25.5±0.5 | 37±0.6 | 44.5±0.7 |
| | | 槽边距 $f_{min}$ | 6 | 7 | 9 | 11.5 | 16 | 23 | 28 |
| | | 外径 $d_a$ | $d_a=d_d+2h_a$ | | | | | | |
| $\varphi$ | 32° | 基准直径 $d_d$ | ≤60 | — | — | — | — | — | — |
| | 34° | | — | ≤80 | ≤118 | ≤190 | ≤315 | — | — |
| | 36° | | >60 | — | — | — | — | — | — |
| | 38° | | — | >80 | >118 | >190 | >315 | — | — |

V 带轮常用材料为灰铸铁 HT150（$v \leqslant 30m/s$）或 HT200（$v>30m/s$）；转速较高时可用铸钢或钢板焊接结构，小功率时可用铸铝或塑料。

## 8.4 带传动机构

带传动机构是由带与带轮组成的传动机构。

### 8.4.1 带传动概述

**1. 带传动工作原理**

带传动由主动轮、从动轮、紧套在两轮上的传动带及机架组成，如图 8-7 所示。当原动机驱动主动带轮转动时，由于带与带轮之间摩擦力的作用，使从动带轮一起转动，从而实现运动和动力的传递。

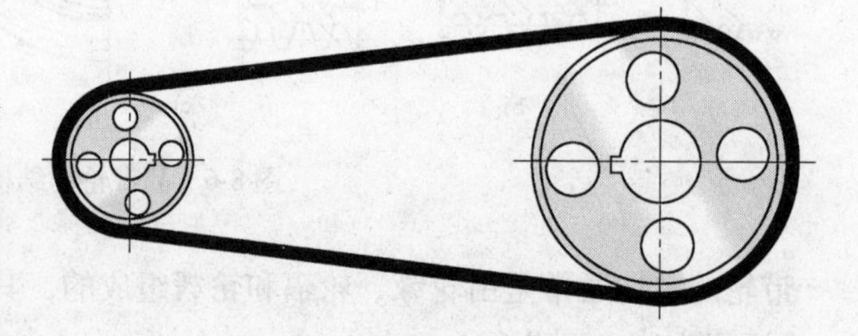

图 8-7 带传动工作原理

**2. 带传动的特点**

1）带传动是通过中间挠性件——带传递运动和动力的。传动带具有良好的弹性，有缓冲和吸振作用，因此带传动运转平稳，噪声小。

2）带传动可用于中心距较大的两轴间的传动，结构简单，制造、安装、维护方便。

3）对于摩擦型带传动，过载时带和带轮面间发生打滑，可防止其他零件破坏，故对系统具有保护作用。

4）在摩擦带传动中，带与带轮接触面间有相对滑动，不能保证准确的传动比；对轴和轴承的压力较大，传动效率低；带的寿命较短，传动的外廓尺寸较大。

## 8.4.2　带传动的基本理论

**1. 带传动的受力分析**

工作前两边初拉力 $F_0=F_0$，如图8-8所示。工作时两边拉力变化，如图8-9所示：①紧边 $F_0 \to F_1$；②松边 $F_0 \to F_2$，$F_1-F_0=F_0-F_2$，$F_1-F_2=$摩擦力总和 $F_f$；$F_f=$有效圆周力 $F_e$。所以紧边拉力：$F_1=F_0+F_e/2$；松边拉力 $F_2=F_0-F_e/2$。

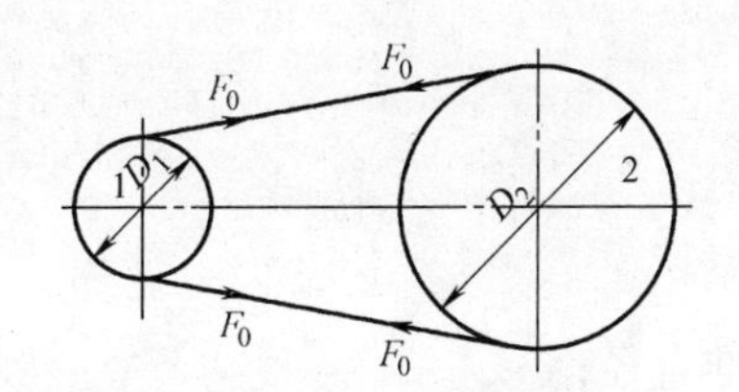


图8-8　工作前带的受力

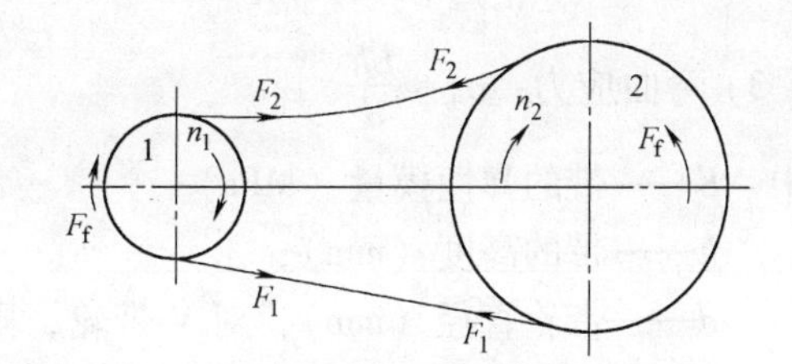


图8-9　工作时带的受力

当带有打滑趋势时，摩擦力达到极限值，带的有效拉力也达到最大值。松、紧边拉力 $F_1$ 和 $F_2$ 的关系由柔韧体的欧拉公式描述

$$F_1=F_2 e^{f\alpha}$$

式中　$\alpha$——包角（rad），一般为小轮包角，$\alpha_1 \approx 180° - \dfrac{D_2-D_1}{a} \times 57.3°$；

$a$——中心距；

$f$——摩擦因数。

带传动的最大有效圆周力（临界值，不打滑时）

$$F_{ec} = 2F_0\left(\frac{e^{f\alpha}-1}{e^{f\alpha}+1}\right) = 2F_0\left(\frac{1-\dfrac{1}{e^{f\alpha}}}{1+\dfrac{1}{e^{f\alpha}}}\right)$$

影响因素分析：

1）$F_0$：初拉力 $F_0$ 适当大小。

2）$\alpha$：包角 $\alpha$ 越大，承载能力越好。

3）$f$：摩擦因数 $f$ 越大，极限圆周力越大。

**2. 滑动率**

设主、从动带轮的圆周速度分别为 $v_1$、$v_2$，则

滑差 $v_1 > v_2$，$\dfrac{v_1 - v_2}{v_1} = \varepsilon$ 称滑动率（滑动系数）。

实际传动比

$$i = \frac{n_1}{n_2} = \frac{D_2}{D_1（1-\varepsilon）} \tag{8-1}$$

理论传动比

$$i_{理} = \frac{n_1}{n_2} = \frac{D_2}{D_1} \tag{8-2}$$

**3. 工作应力分析**

V 带传动的应力分析见图 8-10。

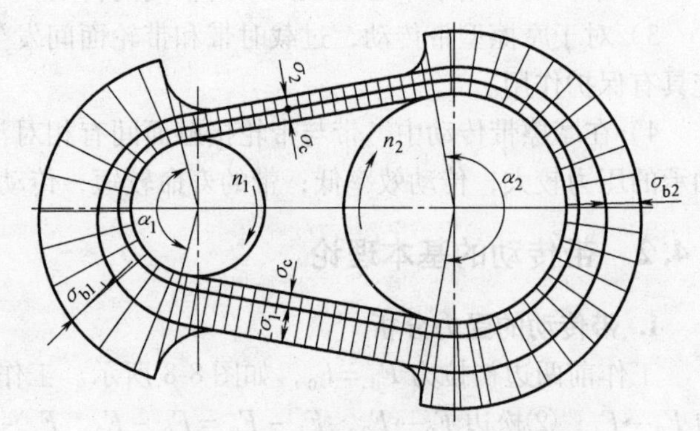


图 8-10　V 带传动的应力分析

1）离心应力：$\sigma_c = \dfrac{F_c}{A} = \dfrac{qv^2}{A}$

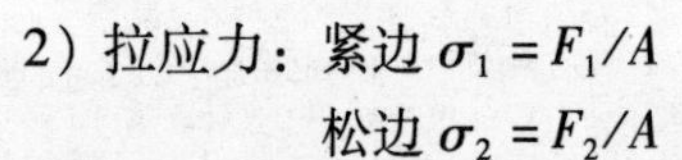

2）拉应力：紧边 $\sigma_1 = F_1/A$

松边 $\sigma_2 = F_2/A$

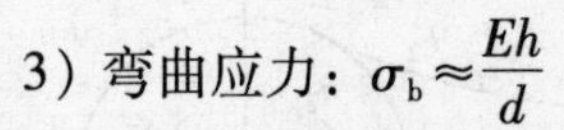

3）弯曲应力：$\sigma_b \approx \dfrac{Eh}{d}$

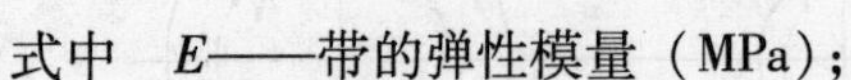

式中　$E$——带的弹性模量（MPa）；

$h$——带的高度（mm）；

$d$——带轮直径（mm），对 V 带轮，则为其基准直径；

$A$——带的截面面积。

应力分布图中最大应力为　　$\sigma_{max} = \sigma_1 + \sigma_c + \sigma_{b1}$

## 8.4.3　带传动的张紧

带在工作一段时间后，由于塑性变形和磨损导致松弛，张紧力逐渐减小，带传动能力因此下降，影响正常传动。为了使带产生并保持一定的初拉力，带传动应设置张紧装置。常见的张紧方法见表 8-4。

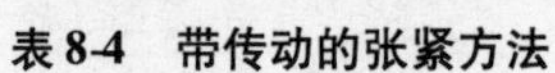

表 8-4　带传动的张紧方法

| 张紧方法 | | 简　图 | 特点和应用 |
|---|---|---|---|
| 调节中心距 | 定期张紧 | 滑轨、调节螺栓 (1)；摆动轴、调节摇摆架、调节螺柱、机座 (2) | （1）多用于水平或接近水平的传动<br>（2）多用于垂直或接近垂直的传动，是最简单的张紧方法 |

（续）

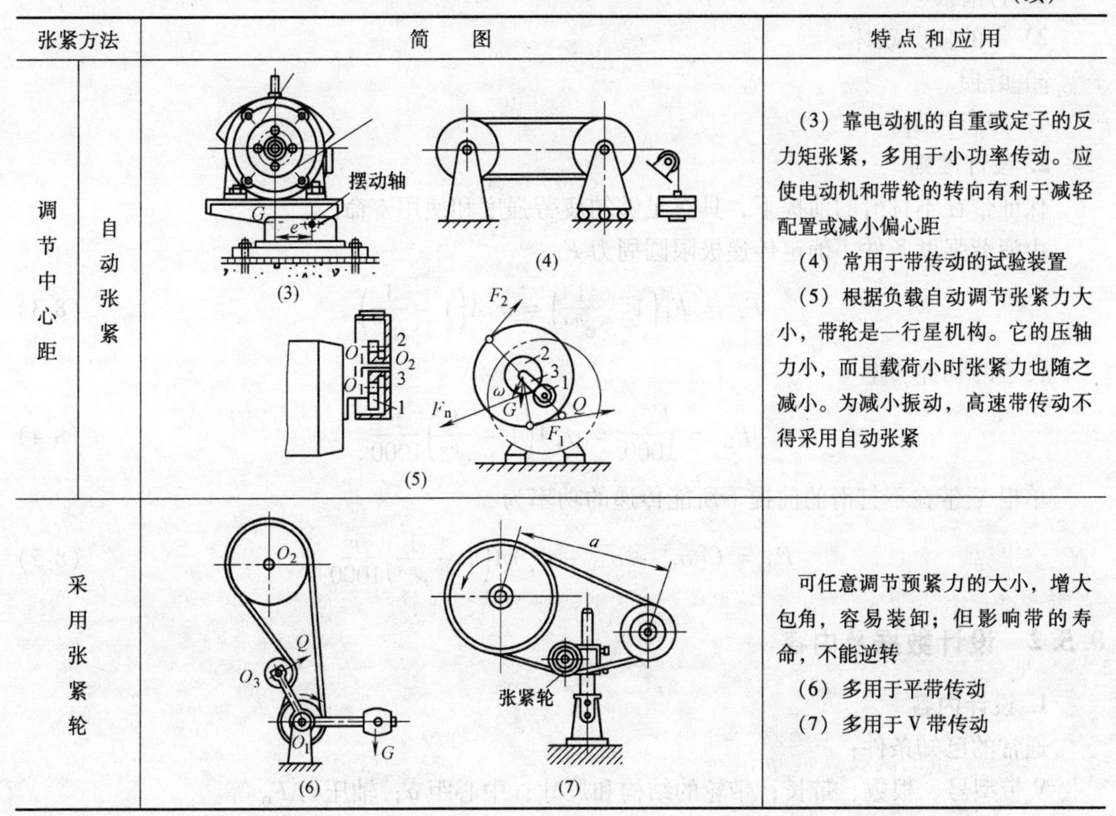


| 张紧方法 | | 简　图 | 特点和应用 |
|---|---|---|---|
| 调节中心距 | 自动张紧 | (3)　(4)　(5) | (3) 靠电动机的自重或定子的反力矩张紧，多用于小功率传动。应使电动机和带轮的转向有利于减轻配置或减小偏心距<br>(4) 常用于带传动的试验装置<br>(5) 根据负载自动调节张紧力大小，带轮是一行星机构。它的压轴力小，而且载荷小时张紧力也随之减小。为减小振动，高速带传动不得采用自动张紧 |
| 采用张紧轮 | | (6)　(7) | 可任意调节预紧力的大小，增大包角，容易装卸；但影响带的寿命，不能逆转<br>(6) 多用于平带传动<br>(7) 多用于 V 带传动 |

为了延长带的使用寿命，保证传动的正常运转，必须重视正确地使用带传动和对传动带的维护保养。

1）选用 V 带时要注意型号和长度。型号应和带轮轮槽尺寸相符合，新旧不同的 V 带不同时使用。

2）安装时，两轴线平行，两轮相对应轮槽的中心线位置应重合，以防带侧面磨损加剧。

3）安装 V 带时应按规定的初拉力张紧。也可凭经验，对于中等中心距的带传动，带的张紧程度以大拇指下按 15mm 为宜。

4）多根 V 带传动应采用配组带。使用中应定期检查，如发现有的 V 带出现疲劳撕裂现象时，应及时更换全部 V 带。

5）为确保安全，带传动应设防护罩。

6）带工作温度不应超过 60℃。

7）装拆时不能硬撬，应先缩短中心距，然后再装拆带，装好后再调到合适的张紧程度。

# 8.5　普通 V 带传动设计

## 8.5.1　失效形式与设计准则

### 1. 失效形式

普通 V 带的主要失效形式有：

1）打滑。

2）带的疲劳破坏。

3）磨损。

4）静态拉断。

**2. 设计准则**

保证带在不打滑的前提下，具有足够的疲劳强度和使用寿命。

由疲劳强度条件，确定传递极限圆周力 $F_{ec}$

$$F_{ec}=F_1\left(1-\frac{1}{e^{f v \alpha}}\right)=\sigma_1 A\left(1-\frac{1}{e^{f v \alpha}}\right) \tag{8-3}$$

传递的临界功率

$$P_{ec}=\frac{F_{ec}v}{1000}=\sigma_1 A\left(1-\frac{1}{e^{f v \alpha}}\right)\frac{v}{1000} \tag{8-4}$$

单根V带在不打滑的前提下所能传递的功率为

$$P_0=([\sigma]-\sigma_{b1}-\sigma_c)A\left(1-\frac{1}{e^{f v \alpha}}\right)\frac{v}{1000} \tag{8-5}$$

## 8.5.2　设计数据及内容

**1. 设计内容**

通常的已知条件：

V带型号、根数、带长；带轮的结构和尺寸；中心距 $a$；轴压力 $F_Q$ 等。

**2. 设计步骤与方法**

（1）确定计算功率 $P_{ca}$

$$P_{ca}=K_A P \tag{8-6}$$

式中　$P$——传递的额定功率（kW）；

$K_A$—工况系数，参见表8-5。

**表8-5　工况系数 $K_A$（GB/T 13575.1—2008）**

| 工况 | | $K_A$ | | | | | |
|---|---|---|---|---|---|---|---|
| | | 空、轻载起动 | | | 重载起动 | | |
| | | 每天工作时间/h | | | | | |
| | | <10 | 10~16 | >16 | <10 | 10~16 | >16 |
| 载荷变动很小 | 液体搅拌机、通风机和鼓风机（$P\leqslant 7.5$kW）、离心式水泵和压缩机、轻负荷输送机 | 1.0 | 1.1 | 1.2 | 1.1 | 1.2 | 1.3 |
| 载荷变动小 | 带式输送机（不均匀负荷）、通风机、旋转式水泵和压缩机（非离心式）、发动机、金属切削机床、印刷机、旋转筛、锯木机和木工机械 | 1.1 | 1.2 | 1.3 | 1.2 | 1.3 | 1.4 |
| 载荷变动较大 | 制砖机、斗式提升机、往复式水泵和压缩机、起重机、磨粉机、冲剪机床、橡胶机械、振动筛、纺织机械、重载输送机 | 1.2 | 1.3 | 1.4 | 1.4 | 1.5 | 1.6 |
| 载荷变动很大 | 破碎机（旋转式、颚式等）、磨碎机（球磨、棒磨、管磨） | 1.3 | 1.4 | 1.5 | 1.5 | 1.6 | 1.8 |

（2）选择带型号　根据传递功率的大小，选择适当型号的V带。

（3）确定带轮直径

$$d_{d2} = \frac{n_1}{n_2} d_{d1}(1 - \varepsilon) \tag{8-7}$$

V 带轮基准直径 $d_{dmin}$ 由表 8-6 确定；带轮基准直径 $d_d$ 系列见表 8-7。

**表 8-6　普通 V 带轮最小基准直径**（GB/T 10412—2002）

| 型号 | Y | Z | A | B | C | D | E |
|---|---|---|---|---|---|---|---|
| 最小基准直径 $d_{dmin}$/mm | 20 | 50 | 75 | 125 | 200 | 355 | 500 |

**表 8-7　带轮基准直径 $d_d$ 系列**（GB/T 10412—2002）　　　　（单位：mm）

| 20 | 22.4 | 25 | 28 | 31.5 | 35.5 | 40 | 45 | 50 | 53 | 56 | 60 | 71 | 75 |
|---|---|---|---|---|---|---|---|---|---|---|---|---|---|
| 80 | 85 | 90 | 95 | 100 | 106 | 112 | 118 | 125 | 132 | 140 | 150 | 160 | 170 |
| 180 | 190 | 200 | 212 | 224 | 236 | 250 | 265 | 280 | 300 | 315 | 335 | 355 | 375 |
| 400 | 425 | 450 | 475 | 500 | 530 | 560 | 600 | 630 | 670 | 710 | 750 | 800 | 850 |

（4）验算带速 $v$

$$v = \frac{\pi d_{d1} n_1}{60 \times 1000} \tag{8-8}$$

要求：最佳带速 $v = 20 \sim 25\text{m/s}$。

$v$ 太小：由 $P = Fv$ 可知，传递同样功率 $P$ 时，圆周力 $F$ 太大，带寿命减小；

$v$ 太大：离心力太大，带与轮的正压力减小，摩擦力减小，传递载荷能力下降。

普通 V 带的选型如图 8-11 所示。

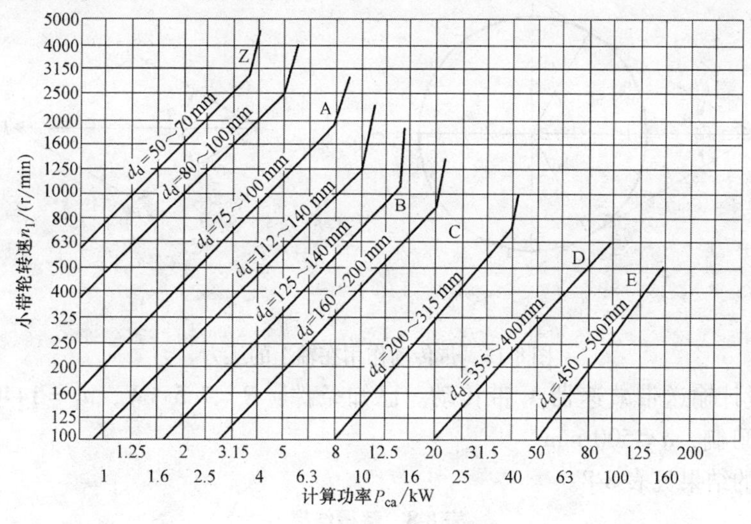


图 8-11　普通 V 带选型图

（5）中心距 $a$ 和带的基准长度 $L_d$

1）初选 $a_0$。

$$0.7(d_{d1} + d_{d2}) \leqslant a_0 \leqslant 2(d_{d1} + d_{d2})$$

2）由 $a_0$ 定基准长度（开口传动）。

$$L_d' = 2a_0 + \frac{\pi}{2}(d_{d1} + d_{d2}) + \frac{(d_{d2} - d_{d1})^2}{4a_0} \tag{8-9}$$

3）按表 8-2 选定相近的基准长度 $L_d$。

4）由基准长度 $L_d$ 求实际中心距。

$$a \approx a_0 + \frac{L_d - L_d'}{2} \tag{8-10}$$

5）考虑到中心距调整、补偿 $F_0$，中心距 $a$ 应有一个范围。

$$(a - 0.015L_d) \leqslant a \leqslant (a + 0.03L_d) \tag{8-11}$$

（6）验算小轮包角

$$\alpha_1 \approx 180° - \frac{d_{d2} - d_{d1}}{a} \times 57.3° \quad (\alpha_1 \geqslant 120°) \tag{8-12}$$

条件不满足，则必须采取一定措施：①加大中心距 $a$；②采用张紧轮机构。

（7）计算 V 带的根数 $Z$

$$Z = \frac{P_{ca}}{(P_0 + \Delta P_0)K_\alpha K_L} \tag{8-13}$$

（8）确定 V 带的初拉力 $F_0$（单根带）

$$F_0 = 500\frac{P_{ca}}{vZ}\left(\frac{2.5 - K_\alpha}{K_\alpha}\right) + qv^2 \tag{8-14}$$

（9）求带作用于轴的压力 $F_Q$（图 8-12）

$$F_Q = 2F_0 Z\sin\frac{\alpha_1}{2} \tag{8-15}$$

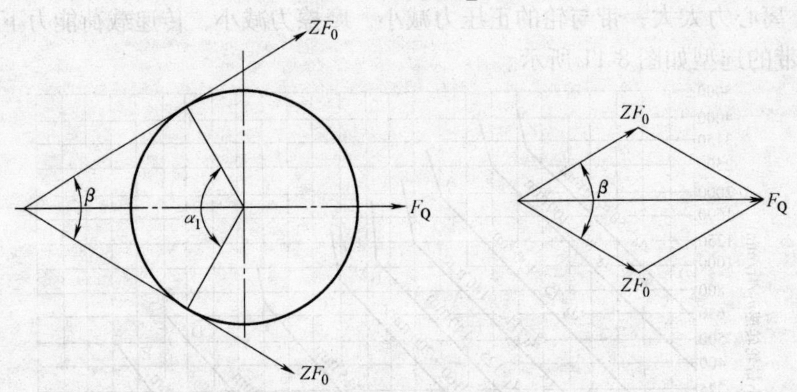


图 8-12 带传动作用在轴上的压力

**例 8-1** 设计输送带减速器 V 带传动。已知条件：$P = 7.5$ kW，$n_1 = 1440$ r/min，$n_2 = 565$ r/min，三班制，$a \leqslant 500$ mm。

**解**：解得的结果见表 8-8。

**表 8-8 解得结果**

| 计算项目 | 计 算 内 容 | 计 算 结 果 | 计算依据 |
|---|---|---|---|
| （1）确定计算功率 | ①已知 $P = 7.5$ kW<br>②查表 8-5<br>③$P_{ca} = K_A P = 9.75$ kW | $K_A = 1.3$<br>$P_{ca} = 9.75$ kW | 表 8-5 |
| （2）选 V 带型号 | ①已知 $P_{ca}$、$n_1$<br>②选用 B 型 | $P_{ca} = 9.75$ kW<br>$n_1 = 1440$ r/min<br>B 型 | 图 8-11 |
| （3）选择带轮直径 $d_{d1}$、$d_{d2}$ | $d_{d1} = 140$ mm > 125 mm<br>$d_{d2} = n_1/n_2 \times 140 = 356.8$ mm<br>取 $d_{d2} = 355$ mm | $d_{d1} = 140$ mm<br>$d_{d2} = 355$ mm | 表 8-6<br>式(8-7)<br>表 8-7 |

（续）

| 计算项目 | 计算内容 | 计算结果 | 计算依据 |
| --- | --- | --- | --- |
| （4）验算V带的速度 | $v=\frac{\pi d_{d1}n_1}{60\times10^3}=10.6\ \text{m/s}$ | $v=10.6\ \text{m/s}<25\ \text{m/s}$ 合格 | 式(8-8) |
| （5）确定带长$L_d$和中心距$a$ | ①初定中心距$a_0$<br>$0.7(d_{d1}+d_{d2})\leqslant a_0\leqslant 2(d_{d1}+d_{d2})$<br>$346.5\ \text{mm}\leqslant a_0\leqslant 990\ \text{mm}$<br>取$a_0=500\ \text{mm}$<br>②计算带长$L_d'$<br>$L_d'=2a_0+\frac{\pi}{2}(d_{d1}+d_{d2})+\frac{(d_{d2}-d_{d1})^2}{4a_0}$<br>$=1800.3\ \text{mm}$<br>取$L_d=1800\ \text{mm}$<br>③计算实际中心距$a$<br>$a\approx a_0+\frac{L_d-L_d'}{2}\approx 500\ \text{mm}$ | $a_0=500\ \text{mm}$<br>$L_d=1800\ \text{mm}$<br>$a=500\ \text{mm}$ | 式(8-9)<br>表8-2<br>式(8-10) |
| （6）验算小带轮包角$\alpha_1$ | $\alpha_1\approx180°-\frac{d_{d2}-d_{d1}}{a}\times57.3°=155.4°>120°$ | 合适 | 式(8-12) |
| （7）确定V带根数$Z$ | ① 根据$n_1$及传动比$n_1/n_2$，查GB/T 13575.1—2008表11，确定$P_0=2.82\ \text{kW}$，功率增量$\Delta P_0=0.46\ \text{kW}$<br>②带长修正系数$K_L=0.95$<br>③包角系数$K_\alpha=0.93$<br>④$Z\geqslant P_{ca}/[P]=P_{ca}/[(P_0+\Delta P_0)K_\alpha K_L]=3.4$<br>取$Z=4$根 | $Z=4$根 | 式(8-13) |
| （8）计算轴上的压力$F_Q$ | ① $q=0.17\ \text{kg/m}$<br>② 计算单根V带的初拉力<br>$F_0=500\frac{P_{ca}}{vZ}\left(\frac{2.5-K_\alpha}{K_\alpha}\right)+qv^2=213.2\ \text{N}$<br>③ 计算作用在轴上的压力$F_Q$<br>$F_Q=2F_0Z\sin\frac{\alpha_1}{2}=1666\ \text{N}$ | $F_0=213.2\ \text{N}$<br>$F_Q=1666\ \text{N}$ | 式(8-14)<br>式(8-15) |
| （9）确定 | 选用B1800V带4根，中心距$a=500\ \text{mm}$，小带轮直径$d_{d1}=140\ \text{mm}$，大带轮直径$d_{d2}=355\ \text{mm}$ | | |
| （10）绘制大带轮工作图（略） | | | |

## 8.6 摩擦轮传动

### 8.6.1 摩擦轮传动的工作原理和特点

**1. 摩擦轮传动的工作原理**

最简单的摩擦轮传动如图8-13所示，它由两个摩擦轮、一个机架、一个压缩弹簧和一个滑块所组成。工作时，利用两个摩擦轮被互相压紧后在接触处产生的摩擦力来实现传动。

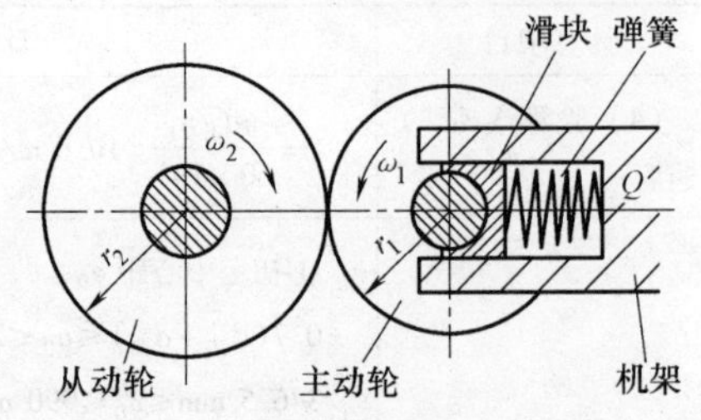

图 8-13 外接圆柱摩擦轮传动

摩擦轮传动的摩擦力的大小为

$$F_f = fQ$$

式中 $F_f$——摩擦力（N）；

$f$——动摩擦因数（表 8-9）；

$Q$——两轮接触处的压紧力（N）。

从动轮处产生的摩擦力矩 $M_f$ 为

$$M_f = F_f r_2 = fQr_2$$

式中 $r_2$——从动轮半径（mm）。

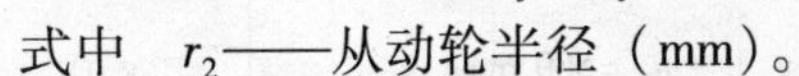

**表 8-9 动摩擦因数 $f$ 和许用单位压力［$q$］**

| 材 料 | 摩擦状态 | $f$ | ［$q$］/（N/mm） |
|---|---|---|---|
| 钢与钢或铸铁 | 有润滑 | 0.08～0.10 | — |
| 铸铁与钢或铸铁 | 干摩擦 | 0.10～0.15 | — |
| 钢与夹布胶木 | 干摩擦 | 0.20～0.25 | — |
| 铸铁与塑料 | 干摩擦 | 0.10～0.18 | 3.92～7.85 |
| 铸铁与纤维制品 | 干摩擦 | 0.18～0.30 | 24.8～44.1 |
| 铸铁与皮革 | 干摩擦 | 0.18～0.30 | 29.8～34.3 |
| 铸铁与压纸板 | 干摩擦 | 0.18～0.40 | — |
| 铸铁与特殊橡胶 | 干摩擦 | 0.50～0.70 | 2.48～4.00 |

正常工作时应保证摩擦力矩不小于工作所需要的力矩。如果不是这样，就会出现打滑，使传动失效。为了传动可靠，引入可靠系数 $K$（$K=1.28～3$），则摩擦传动的计算压紧力 $Q_c$ 为

$$Q_c = \frac{KM_f}{fr_2} \tag{8-16}$$

摩擦轮的宽度 $b$ 可用两轮接触线上的许用单位压力［$q$］求出

$$b = \frac{Q_c}{[q]} \tag{8-17}$$

式中 ［$q$］——许用单位压力（N/mm），查表 8-9。

为了保证两轮全宽接触，摩擦轮宽度 $b$ 不宜过大，一般取 $b \leqslant 2r_1$。

**2. 传动比的计算**

由图 8-13 可知，如果要使两个摩擦轮在接触处不产生滑动，则接触点上两轮的线速度应该相等，即

$$v_1 = v_2 = v$$

根据运动学

$$v_1 = r_1\omega_1$$

$$v_2 = r_2\omega_2$$

则

$$r_1\omega_1 = r_2\omega_2$$

因此，摩擦轮传动的理论传动比为

$$i_{12}=\frac{\omega_1}{\omega_2}=\frac{r_2}{r_1}$$

又因

$$v_1=\frac{\pi r_1 n_1}{30}\quad v_2=\frac{\pi r_2 n_2}{30}$$

式中　$n_1$、$n_2$——1、2两轮的转速（r/min）。

所以

$$\frac{n_1}{n_2}=\frac{r_2}{r_1}$$

那么

$$i_{12}=\frac{\omega_1}{\omega_2}=\frac{n_1}{n_2}=\frac{r_2}{r_1}$$

摩擦轮传动在实际正常工作中，由于摩擦力的作用，使得摩擦轮在接触点两侧的弹性变形量不一样大，造成在两轮接触处产生相对滑动，称为弹性滑动，故摩擦轮传动的实际传动比为

$$i_{12}=\frac{n_1}{n_2}=\frac{r_2}{r_1(1-\varepsilon)} \tag{8-18}$$

式中　$\varepsilon$——摩擦轮传动的弹性滑动率（即速度损失率），当两摩擦轮的材料为钢材时，$\varepsilon\approx$ 0.2%；钢对夹布胶木时，$\varepsilon\approx1\%$；钢对橡胶时，$\varepsilon\approx3\%$。

**3. 摩擦轮传动的特点**

1）传动平稳，运转时无噪声。

2）结构简单，制造方便。

3）过载打滑，可防止重要零件损坏。

4）传动形式可多种多样，故适用范围广。

5）由于存在弹性滑动，不能保证准确的传动比。

6）传动效率低，工作表面易磨损，易发热、不宜传递较大的转矩。

7）需要增加压紧装置，作用在轴和轴承上的力较大。

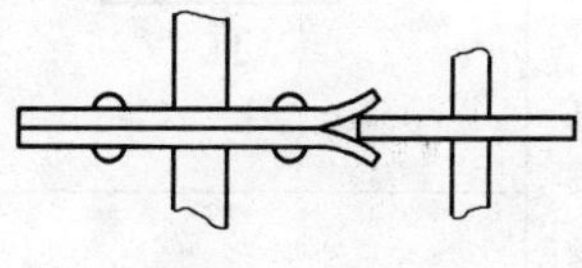

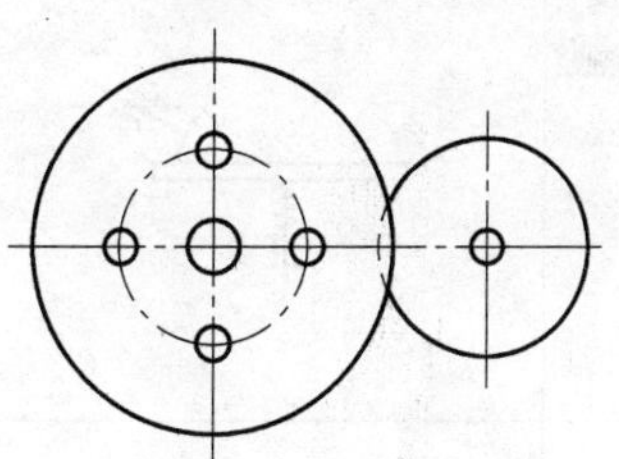

图8-14　弹性薄片摩擦轮传动

## 8.6.2　摩擦轮传动的类型和应用

摩擦轮传动按传动比是否固定，可分为定传动比和变传动比两大类。

**1. 定传动比摩擦轮传动**

定传动比摩擦轮传动常见的有圆柱摩擦轮传动（图8-13、图8-14）、圆柱槽摩擦轮传动（图8-15）和圆锥摩擦轮传动（图8-16）等三种类型，前两种用于两平行轴之间的传动，后一种用于两相交轴的传动，每一种又都可以有内接和外接两种形式。

**2. 变传动比摩擦轮传动**

在仪器中，为了调节速比或获得无级变速，常用变传动比的摩擦轮传动。这种传动的类

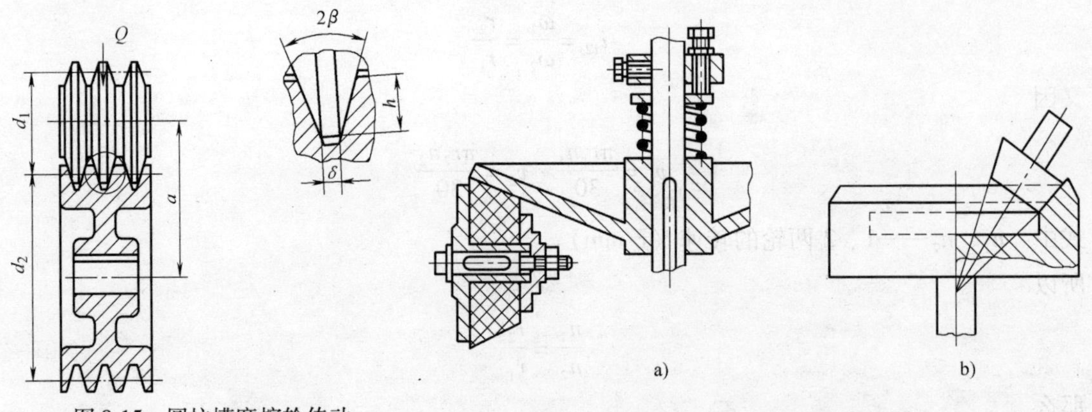


图 8-15　圆柱槽摩擦轮传动

$h<0.04d_1$　$\delta=3\text{mm}$（钢）

$\delta=5\text{mm}$（铸铁）　$\beta=12°\sim18°$

图 8-16　圆锥摩擦轮传动

a）外接圆锥式　b）内接圆锥式

型很多。根据有无中间机件，可分为直接接触式和间接接触式两大类；根据摩擦面的形状，又可分为圆盘式、圆锥式、球面式和环柱体式等不同形式。表 8-10 列出各种变传动比摩擦轮传动简图。

**表 8-10　各种变传动比摩擦轮传动简图**

| 类型 | 圆盘式 | 圆锥式 | 球面式 |
|---|---|---|---|
| 直接接触式 |  | 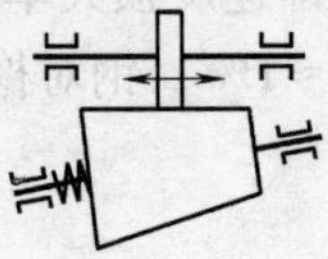 | 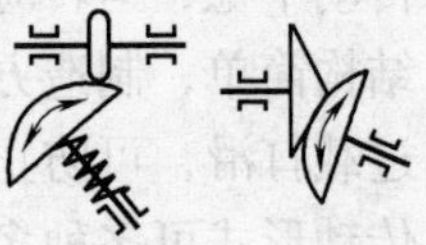 |
| | 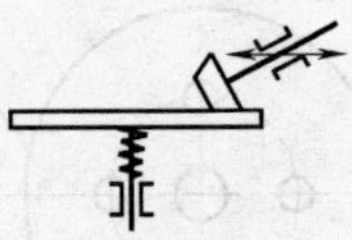 | 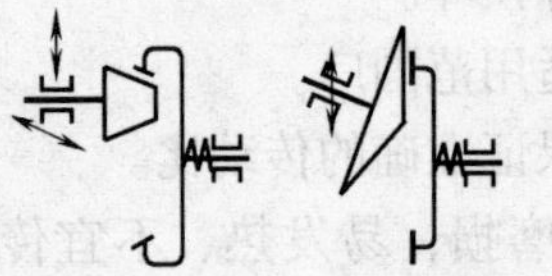 | |
| 利用中间机件间接接触式 | 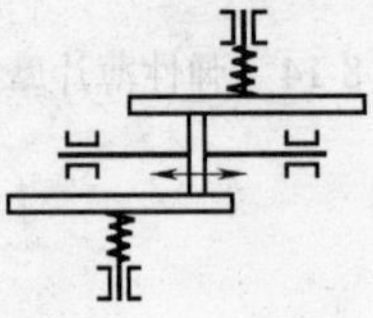 | 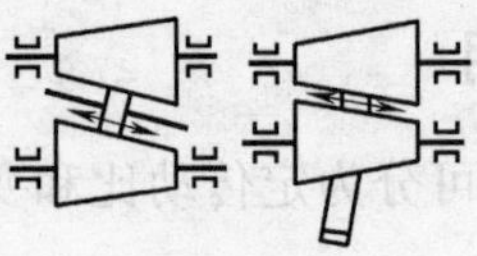 |  |
| | 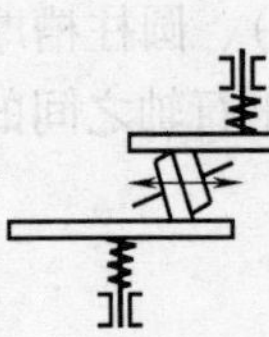 | 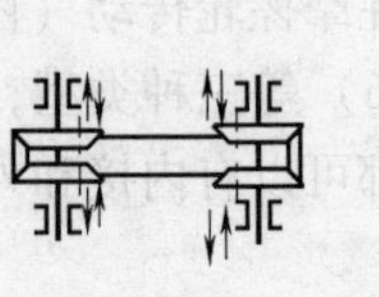 | 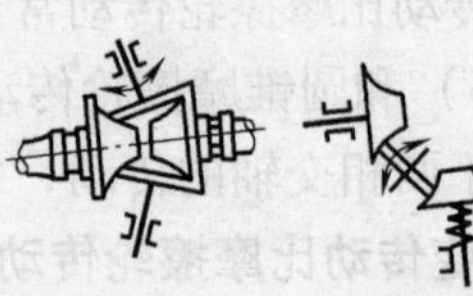 |

# 8.7　链传动

## 8.7.1　链传动的特点和应用

链传动由安装在平行轴上的主、从动链轮和绕在链轮上的环形链条组成，如图8-17所示。链传动以链作为中间挠性件，靠链与链轮轮齿的啮合来传递运动和动力。

与带传动比，链传动无弹性滑动和打滑现象，能保证准确的平均传动比；传动效率高，可达0.98；链不需要像带那样很紧地张紧在链轮上，作用在轴上的压力较小；能在恶劣的环境下（如高温、灰尘多、有油污等）工作。但链传动的瞬时链速和瞬时传动比不是常数，因此传动平稳性较差，工作中有一定的冲击和噪声。

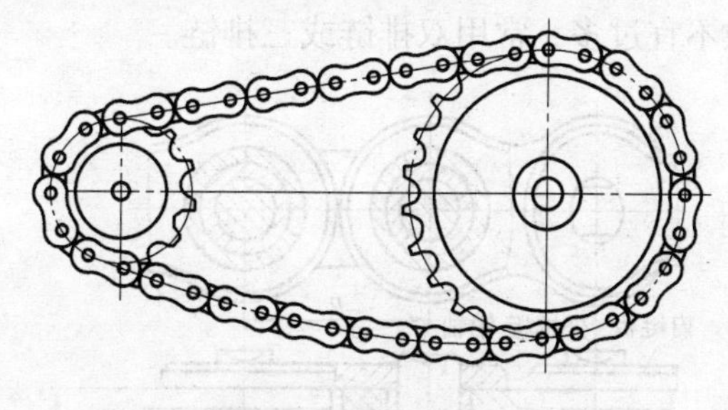

图8-17　链传动简图

链传动主要用于工作可靠、两轴相距较远、工作条件恶劣的场合，例如矿山机械、农业机械、石油机械、机床及摩托车、自行车中。

通常，链传动的传动比$i \leqslant 8$；中心距$a=6\sim8\text{m}$；传递功率$P \leqslant 100\ \text{kW}$；圆周速度$v \leqslant 15\ \text{m/s}$；传动效率$\eta=0.90\sim0.98$。

按用途不同，链可分为传动链、起重链和牵引链三大类。传动链是制造较精密的链条，用以传递运动；起重链用在各种起重机械中提升重物；牵引链主要用于运输机械。图8-18所示分别为链在链式运输机及链斗式提升机中的应用实例。

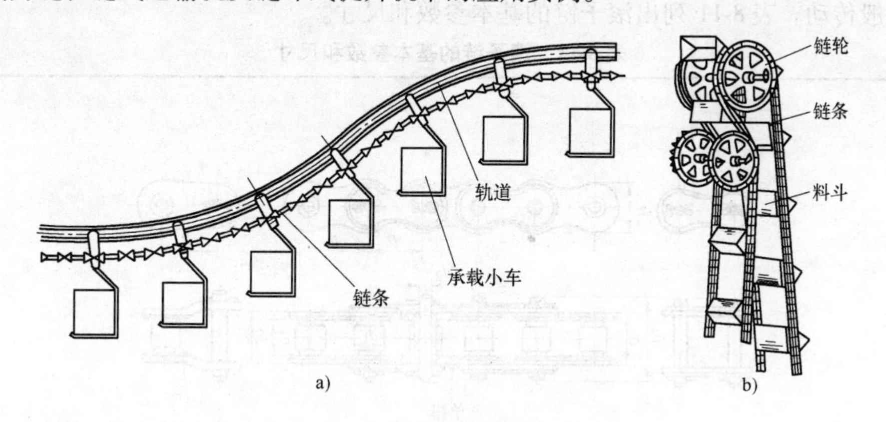


图8-18　链在运输机械中的应用
a）链式运输机　b）链斗式提升机

## 8.7.2　滚子链和链轮

传动链有滚子链和齿形链等类型，以滚子链最为常用。本节只讨论滚子链。

### 1. 滚子链的结构和标准

滚子链由内链板、外链板、销轴、套筒和滚子组成，如图8-19所示。内链板与套筒、外链板与销轴均为过盈配合，而套筒与销轴、滚子与套筒均为间隙配合。当链条啮入和啮出时，内、外链板做相对转动，同时滚子沿轮齿滚动，可减少链条与轮齿的磨损。内、外链板均做成“∞”形，以减轻重量，并保持各横截面的强度大致相等。

链条中的各零件由碳素钢或合金钢制成，并经过热处理，以提高其强度和耐磨性。

相邻两滚子中心间的距离称为链条的节距，用 $p$ 表示，它是链条的主要参数，节距越大，链条各零件的尺寸也越大。

滚子链可制成单排或多排链，$p_t$ 为排距，如图 8-20 所示。为避免各排链受载不均，排数不宜过多，常用双排链或三排链。

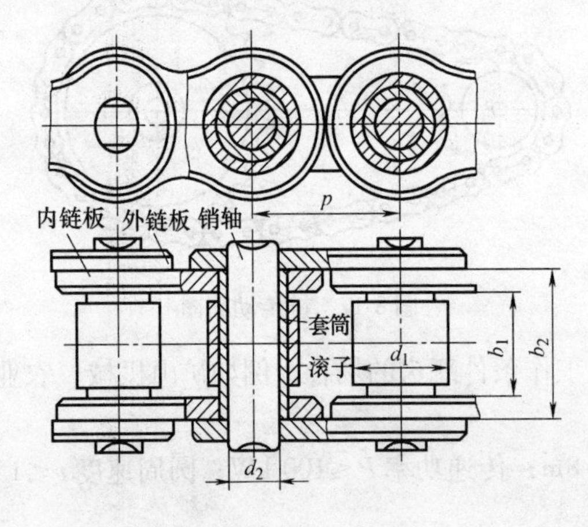


图 8-19　滚子链的结构

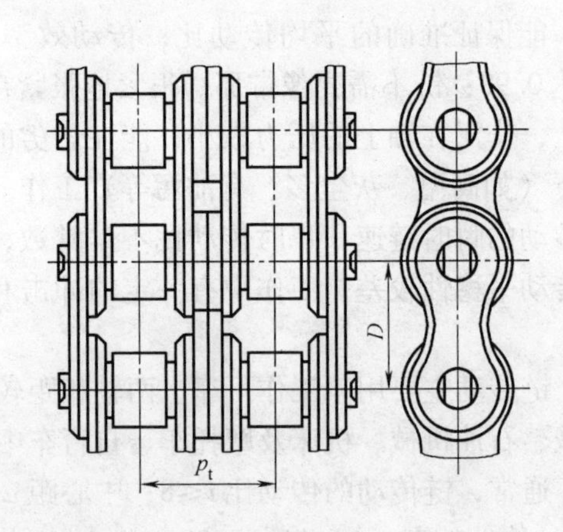


图 8-20　双排链

滚子链已标准化，分为 A、B 两种系列，A 级链用于重载、高速和重要的链传动，B 级链用于一般传动。表 8-11 列出滚子链的基本参数和尺寸。

**表 8-11　滚子链的基本参数和尺寸**

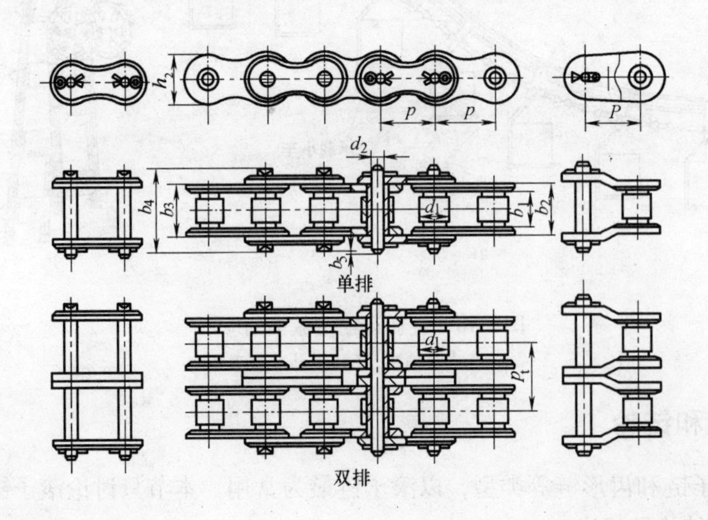

（续）

| 链号 | 节距 | 排距 | 滚子直径 | 内链节内宽 | 销轴直径 | 内链节外宽 | 外链节内宽 | 销轴长度 | 止销端加长量 | 内链板高度 | 单排极限拉伸载荷 | 单排每米质量 |
|---|---|---|---|---|---|---|---|---|---|---|---|---|
| | $p$ /mm | $p_t$ /mm | $d_{1max}$ /mm | $b_{1min}$ /mm | $d_{2max}$ /mm | $b_{2max}$ /mm | $b_{3max}$ /mm | $b_{4min}$ /mm | $b_{5max}$ /mm | $h_{2max}$ /mm | $Q_{min}$ /N | $q\approx$ /（kg/m） |
| 05B | 8.00 | 5.64 | 5.00 | 3.00 | 2.31 | 4.77 | 4.90 | 8.6 | 3.1 | 7.11 | 4400 | 0.18 |
| 06B | 9.525 | 10.24 | 6.35 | 5.72 | 3.28 | 8.53 | 8.66 | 13.5 | 3.3 | 8.26 | 8900 | 0.40 |
| 08B | 12.70 | 13.92 | 8.51 | 7.75 | 4.45 | 11.30 | 11.43 | 17.0 | 3.9 | 11.81 | 17800 | 0.70 |
| 08A | 12.70 | 14.38 | 7.95 | 7.85 | 3.96 | 11.18 | 11.23 | 17.8 | 3.9 | 12.07 | 13800 | 0.60 |
| 10A | 15.875 | 18.11 | 10.16 | 9.40 | 5.08 | 13.84 | 13.89 | 21.8 | 4.1 | 15.09 | 21800 | 1.00 |
| 12A | 19.05 | 22.78 | 11.91 | 12.57 | 5.94 | 17.75 | 17.81 | 26.9 | 4.6 | 18.08 | 31100 | 1.50 |
| 16A | 25.40 | 29.29 | 15.88 | 15.75 | 7.92 | 22.61 | 22.66 | 33.5 | 5.4 | 24.13 | 55600 | 2.60 |
| 20A | 31.75 | 35.76 | 19.05 | 18.90 | 9.53 | 27.46 | 27.51 | 41.1 | 6.1 | 30.18 | 86700 | 3.80 |
| 24A | 38.10 | 45.44 | 22.23 | 25.22 | 11.10 | 35.46 | 35.51 | 50.8 | 6.6 | 36.20 | 124600 | 5.60 |
| 28A | 44.45 | 48.87 | 25.40 | 25.22 | 12.27 | 37.19 | 37.24 | 54.9 | 7.4 | 42.24 | 169000 | 7.50 |
| 32A | 50.80 | 58.55 | 28.58 | 31.55 | 14.27 | 45.21 | 45.26 | 65.5 | 7.9 | 48.26 | 224000 | 10.10 |
| 40A | 63.50 | 71.55 | 39.68 | 37.85 | 19.84 | 54.89 | 54.94 | 80.3 | 10.2 | 60.33 | 347000 | 16.10 |
| 48A | 76.20 | 87.83 | 47.63 | 47.35 | 23.80 | 67.82 | 67.87 | 95.5 | 10.5 | 72.39 | 500400 | 22.60 |

注：1. 使用过渡链节时，其极限拉伸载荷按表列数值的80%计算。

2. 对于多排链，除05B、06B、08B外，其极限拉伸载荷按表列单排链的数值乘以排数$m$计算；其销轴长度按+（$m-1$）$p_t$计算。对于B系列的多排链可查GB/T 1243—2006。

3. 套筒与销轴之间的最小间隙应保证为0.5mm。

按国标规定，套筒滚子链的标记方法为：

链号－排数。

例如16A-1系列表示节距25.4mm、单排的滚子链。

链条长度以链节数来表示。链节数最好取偶数，以便接头处用弹性锁片或开口销锁紧。当链节数为奇数时，需采用一个过渡链节，但其强度差，应尽量少用，如图8-21所示。

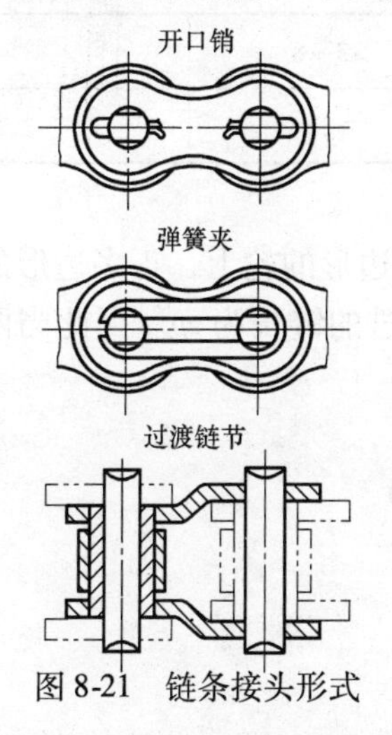

图8-21 链条接头形式

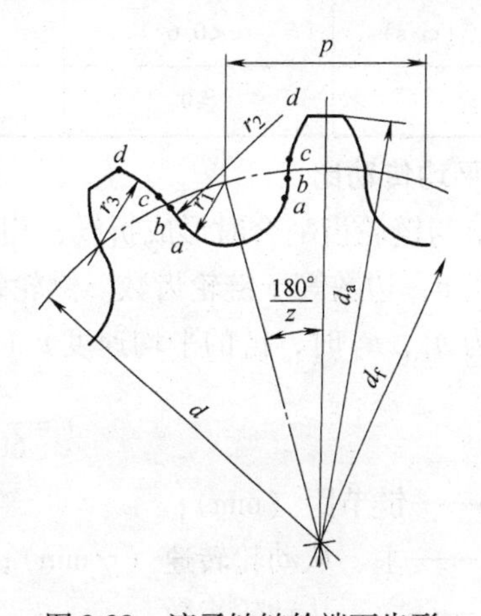

图8-22 滚子链链轮端面齿形

**2. 链轮**

链轮齿形如图8-22所示，按国标规定，用标准刀具加工，只需给出链轮的节距$p$、齿数$z$和链轮的分度圆直径$d$。

链轮齿应具有足够的强度和耐磨性，故齿面多经热处理。小链轮的啮合次数比大链轮多，所受冲击力也大，故所用材料一般优于大链轮。常用的链轮材料有Q235钢、Q275钢、45钢、ZG45等，重要的链轮可采用合金钢。

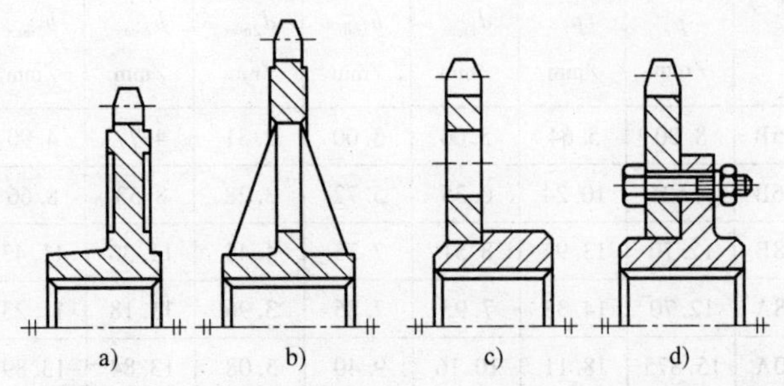


图8-23 链轮的结构

a）整体式 b）孔板式 c）、d）装配式

链轮的结构如图8-23所示，小直径链轮可制成整体式（图8-23a）；中等直径的链轮可制成孔板式（图8-23b）；直径较大的链轮可设计成装配式，如轮毂和齿圈焊在一起（图8-23c）或用螺栓联接（图8-23d），若轮齿因磨损而失效，可更换齿圈。

## 8.7.3 链传动的主要参数及其选择

**1. 链轮齿数**

链轮齿数要选择适当，不宜过多或过少。链轮齿数越少，链速的不均匀性和动载荷都会增加；同时当链轮齿数过少时，使链轮直径过小，会增加链节的负荷和工作频率，加速链条磨损。

由此可见，增加小链轮齿数对传动是有利的。但链轮齿数过多，会造成链轮尺寸过大，而且当链条磨损后，容易引起脱链现象，同样会缩短链条的使用寿命。由于链节数常为偶数，为考虑磨损均匀，链轮齿数一般应取与链节数互为质数的奇数。一般小链轮齿数$z_1$可根据传动比由表8-12选取，然后再按传动比确定大链轮的齿数$z_2$（$z_2=iz_1$）。一般$z_2$不宜大于120。

**表8-12 小链轮齿数$z_1$**

| 链速$v$/（m/s） | <0.6 | 0.6~3 | >3~8 | >8 |
|---|---|---|---|---|
| $z_1$ | ≥9 | ≥17 | ≥21 | ≥25 |

**2. 平均传动比**

链节与链轮齿啮合时形成折线，相当于将链绕在正多边形的轮上，正多边形的边长等于链的节距$p$，边数等于链轮齿数。链轮每转一周，随之绕过的链长为$zp$。因此当两链轮的转速分别为$n_1$、$n_2$时，链的平均速度$v$（m/s）为

$$v=\frac{z_1pn_1}{60\times1000}=\frac{z_2pn_2}{60\times1000}$$

式中 $p$——链节距（mm）；

$n_1$、$n_2$——主、从动轮转速（r/min）；

$z_1$、$z_2$——主、从动轮齿数。

**3. 链节距**

节距 $p$ 是链传动中最主要的参数。节距越大，其承载能力越高，但传动中附加动载荷、冲击和噪声也都会越大。因此，在满足传递功率的前提下，应尽量选取小节距的单排链；若传动速度高，功率大时，则可选用小节距多排链。这样可在不加大节距 $p$ 的条件下，增加链传动所能传递的功率。

**4. 链传动的中心距**

若链传动中心距过小，则小链轮上的包角也小，同时参与啮合的齿数就少；若中心距过大，则易使链传动时链条抖动，一般可取中心距 $a=(30\sim50)\,p$，最大中心距 $a_{max}\leqslant80p$。另外，为了便于安装链条和调节链的张紧度，中心距一般都设计成可调的。

## 8.7.4　链传动的布置、张紧和维护

**1. 链传动的布置**

链传动布置时，链轮两轴线应平行，两轮应位于同一平面内，一般宜采用水平布置或接近水平布置，中心连线与水平线的夹角最好不要大于45°，并使松边在下边，见表8-13。

表8-13　链传动的布置

| 传动参数 | 正确布置 | 不正确布置 | 说明 |
|---|---|---|---|
| $i>2$<br>$a=(30-50)\,p$ | 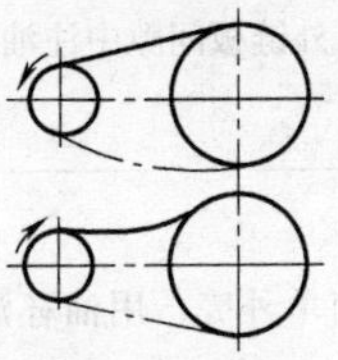 | | 两轮轴线在同一水平面，紧边在上、在下均不影响工作 |
| $i>2$<br>$a<30p$ | 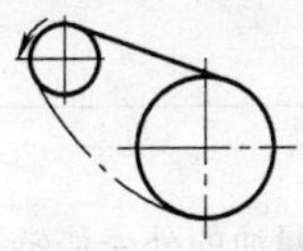 | 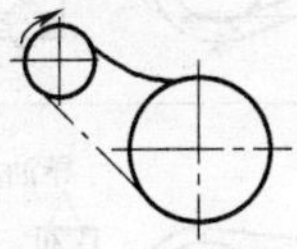 | 两轮轴线不在同一水平面，紧边应在上，否则松边下垂量增大后，链条易与链轮卡死 |
| $i<1.5$<br>$a>60p$ | 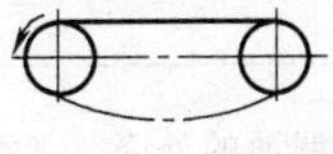 | 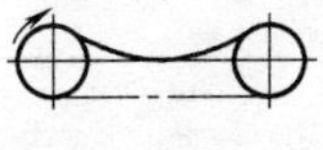 | 两轴在同一水平面，松边应在下面，否则下垂量增大后，松边会与紧边相碰，需经常调整中心距 |
| $i$、$a$ 为任意值 | 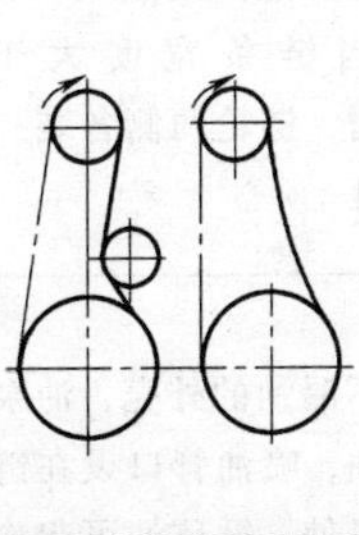 | 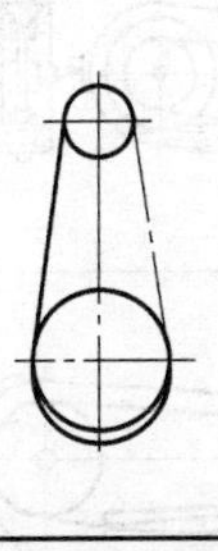 | 两轮轴线在同一铅垂面内，下垂量增大，会减少下链轮有效啮合齿数，降低传动能力，为此应采用：①中心距可调；②张紧装置；③上下两轮错开，使其不在同一铅垂面内 |

**2. 链传动的张紧**

链条在使用过程中会因磨损而逐渐伸长，为防止松边垂度过大而引起啮合不良、松边颤抖和跳齿等现象，应使链张紧。常用张紧方法有调整中心距和采用张紧装置，张紧轮可用链轮也可用滚轮。张紧轮一般设在松边外侧，如图8-24所示。

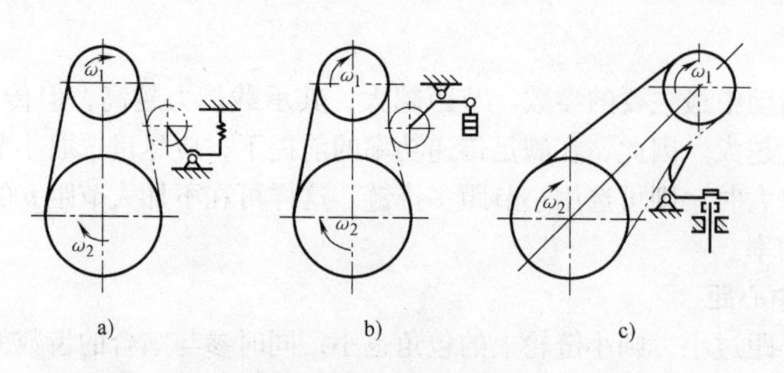


图 8-24　链传动的张紧

a）靠弹簧自动张紧　b）靠自重自动张紧　c）靠螺旋调节的托板张紧

### 3. 链传动的维护

润滑对链传动影响很大，良好的润滑将减少磨损，缓和冲击，延长链条的使用寿命。常用的润滑方式和要求见表 8-14。

**表 8-14　滚子链的润滑方法和供油量**

| 方式 | 简图 | 润滑方法 | 供油量 |
| --- | --- | --- | --- |
| 人工润滑 | | 用刷子或油壶定期在链条松边内、外链板间隙中注油 | 每班注油一次 |
| 滴油润滑 | | 装有简单外壳，用油杯滴油 | 单排链每分钟供油 5 ~ 20 滴，速度高时，取大值 |
| 油浴润滑 | 导油板 | 采用不漏油的外壳使链条从油槽中通过 | 链条浸入油面过深，搅油损失大，油易发热变质，一般浸油深度为 6 ~ 12mm |
| 飞溅润滑 | 导油板 | 采用不漏油的外壳，飞溅润滑，甩油盘圆周速度 $v \geq$ 3m/s，当链条宽度大于 125mm 时，链轮两侧各装一个甩油盘 | 甩油盘浸油深度为 12 ~ 35mm |
| 压力润滑 | | 采用不漏油的外壳，油泵强制供油，喷油管口设在链条啮入口处，循环油可起冷却作用 | 每个喷油口供油量可根据链节距及链速大小查阅有关手册 |

注：开式传动和不易润滑的链传动，可定期拆下链用煤油清洗，干燥后浸入润滑油中，待铰链间隙中充满油后再安装使用。

# 8.8　基本技能训练——普通 V 带传动

## 8.8.1　普通 V 带传动实验

**一、实验目的**

通过实验观察带传动中的弹性滑动和打滑现象，了解带传动的滑动率和效率概念。

弄清实验台的结构原理，掌握转速测定的方法。

学习对实验现象及数据的分析和处理方法。

**二、实验设备和工具**

DS-I 型带传动实验台。

测速计。

**三、实验原理**

**1. 带传动装置**

本实验台是一台装有 V 带的带传动装置，如图 8-25 所示。主动带轮 7 装在电动机 8 的轴上，电动机壳体悬架在可动支座 9 的轴承中，可以转动。从动带轮 2 装在发电机 4 的轴上，发电机壳体悬架在固定支座 1 的轴承中，可以转动。为了便于实验，把主、从动带轮的直径做成一样，并做开口、水平传动。

**2. 带传动张紧装置**

电动机（连同主动带轮）悬架在底面有滚珠导轨的可动支座上，可以沿着主、从动带轮连线的方向水平移动。吊有坠重 11 的绳索经差动滑轮 10 改向后通过可动支座、主动带轮张紧 V 带，使其具有一定的初拉力。改变坠重即能使带具有不同的初拉力。

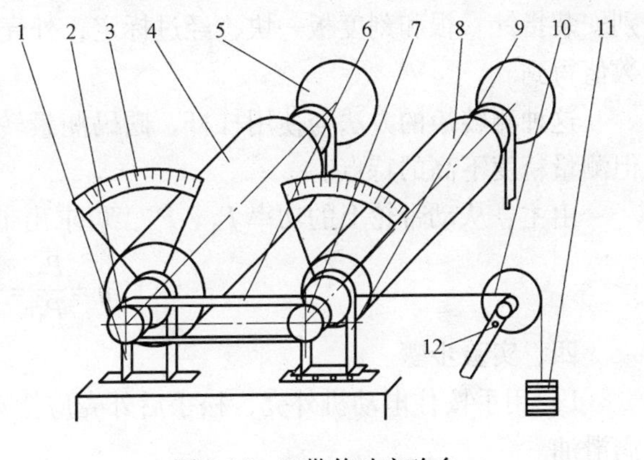

图 8-25　V 带传动实验台

本实验台采用差动滑轮，使坠重经差动滑轮后重量放大 2 倍，且主、从动带轮直径相同，故传动带的初拉力为坠重的 3 倍。

使用上述自动张紧的结构，可使两股传动带中的张紧力之和始终不变。当传动带由于永久变形或离心力的作用而伸长时，带轮中心距可相应地增大，传动带的张紧力不受影响。因此，传动带的传动能力不受上述因素的影响。

实际使用中大多采用定中心距的传动，故本实验台设置了进行定中心距实验所需的结构，只要拧紧差动滑轮支架上的螺钉 12 即可。

**3. 加载**

发电机、灯泡及旋臂滑线变阻器等组成加载系统。本实验台设有 4 个 100W、2 个 60W 的灯泡，分别由各自的开关控制，以实现带传动的有级加载。在带传动滑动曲线的临界点附近，带传动由弹性滑动向完全打滑过渡，此处滑动曲线变化较大，需要较细致地加载测试，才能正确绘出该段曲线。为此，在加载电路中设置 BCI－300 3KG 旋臂滑线变阻器，以实现小量无级加载。图8-26所示为带传动滑动曲线和效率曲线。其中，$\sigma$为有效拉应力，$\varepsilon$为带传动滑动率，$\eta$为带传动效率。

**4. 测速**

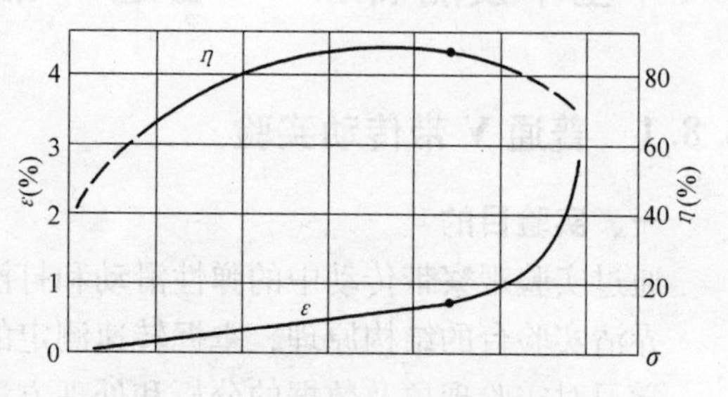

图8-26　带传动滑动曲线和效率曲线

要获得实验条件下带传动的滑动情况，即求得不同负载下带传动滑动率$\varepsilon$，必须测出相应负载时主、从动带轮的转速$n_1$和$n_2$。

采用两个测速计同时测出转速的方法。

按照带传动滑动率的定义，$\varepsilon$的计算式为

$$\varepsilon=\frac{v_1-v_2}{v_1}=\frac{\pi n_1D_1-\pi n_2D_2}{\pi n_1D_1}=\frac{n_1D_1-n_2D_2}{n_1D_1}$$

式中　$v_1$、$v_2$——主、从动带轮的线速度；

$D_1$、$D_2$——主、从动带轮的直径。

**5. 测转矩**

电动机、发电机的壳体悬架在支座的轴承中，可以自由转动。当不考虑摩擦时，根据作用和反作用原理，电动机的输出转矩$T_1$（即主动带轮上的转矩）和输入发电机的转矩$T_2$（从动带轮上的转矩）可以分别用电动机和发电机转子作用各自外壳的转矩表示。

由于电机外壳的重心不在轴心上，当电机外壳受到外力矩作用时，就会偏转一个角度，使重心所产生的力矩与外力矩平衡。据此，本实验台在电动机和发电机前端及前端支座上分别安装指针一根和刻度板一块，经过标定，外壳所受的转矩即可由指针在刻度板上所指示的数值得到。

这种测转矩的方法与使用杠杆、砝码测量转矩的方法相比，具有结构简单、使用方便，但测量精度不高的特点。

由主、从动带轮上的功率$P_1$、$P_2$，可求出带传动效率$\eta$为

$$\eta=\frac{P_2}{P_1}=\frac{T_2n_2}{T_1n_1}$$

**四、实验步骤**

1）用手按住电动机外壳，松手后外壳应摆动自如，否则应对电动机支座中的轴承加注润滑油。

2）电动机外壳在自由状态时，其前端指针应指在刻度板的零位，否则应松开指针环上的紧固螺钉将指针调到零位。

3）将滑线变阻器的旋钮退转到起始位置，使负载灯泡的开关均处于断开状态。

4）记录实验条件、原始数据。

| 带形式 | 圆形普通V带 |
|---|---|
| 带横截面积 | $A=$　　$mm^2$ |
| 带轮材料 | HT150 |
| 主动带轮直径 | $D_1=$　　mm |
| 从动带轮直径 | $D_2=$　　mm |
| 带的初拉力 | $F_0=$　　　N |
| 带传动形式 | 开口、水平传动 |
| 载荷情况 | 平稳 |

5）坠重到实验所需的重量，一般可挂4.5kg。

6）起动电动机，实验台开始工作。注意，起动电动机时，应先按住电动机外壳，以防止电动机外壳因起动转矩较大而突然摆动，然后按起动按钮，此时绿色指示灯亮。电动机起动后，不可再按住电动机外壳，应任其自由摆动。

7）待实验台稳定运行后，测定并记录 $n_1$、$n_2$ 和 $T_1$、$T_2$。$n_1$、$n_2$ 和 $T_1$、$T_2$ 分别为主、从动带轮的转速和转矩。

8）打开其中一个灯泡，将发电机电压调至200V左右（由直流电压表显示），待实验台稳定后测定并记录 $n_1$、$n_2$ 和 $T_1$、$T_2$。

9）仿7）、8）两步逐级加载（增加灯泡的工作数量），逐次测量并记录。

10）当带传动的有效应力接近临界有效应力时，改用旋臂滑线变阻器加载。每次加载为15~20W（可由直流电流表的电流变化来控制），直至带传动打滑（加载4~5次）。每次加载后，待实验台稳定运行后，再测定并记录 $n_1$、$n_2$ 和 $T_1$、$T_2$。

注意，旋臂滑线变阻器不可旋近或到终点，否则可能因电流过大烧断电阻丝或短路。

11）卸载，按下停止按钮，实验台停止运行。

**五、思考题**

带传动的效率与哪些因素有关，为什么？

### 8.8.2　综合训练

1）设计带式输送机减速器的V带传动。

2）设计CA6140车床电动机与主轴之间的带传动。

## 8.9　拓展练习

**一、单选题**

8-1　带传动的最大应力值发生在__________。

A. 进入从动带轮　　B. 退出主动带轮

C. 进入主动带轮　　D. 退出从动带轮

8-2　带传动的打滑__________。

A. 沿大轮先发生　　B. 沿小轮先发生

C. 沿两轮同时发生　　D. 只有沿大轮发生

8-3　带传动是依靠__________来传递运动和动力的。

A. 主轴的动力　　B. 带与带轮之间的摩擦力

C. 主动带轮上的转矩　　D. 从动带轮上的转矩

8-4　V带轮的最小直径取决于__________。

A. 带的速度　　B. 带的型号

C. 传动比　　D. 带的长度

8-5　带传动工作时，主动带轮圆周速度 $v_1$ 是__________带速。

A. 大于　　B. 小于　　C. 等于　　D. 远远小于

8-6　带传动不能保证精确的传动比是由于__________。

A. 带的弹性滑动　　B. 打滑
C. 带容易磨损和变形　　D. 包角过大

8-7 带的工作应力是做__________变化。
A. 周期　　B. 无规律
C. 不一定　　D. 间歇性

8-8 弹性滑动是__________避免。
A. 不可　　B. 可以　　C. 不一定能　　D. 部分能

8-9 带传动在水平安装时，将松边置于上方的目的是__________。
A. 便于安装　　B. 使包角增大
C. 减少弹性滑动　　D. 增加平稳性

8-10 普通V带的公称长度为__________长度。
A. 外周　　B. 内周　　C. 基准　　D. 公称

8-11 当链轮的转速 $\omega_1$ 恒值时，链条的移速 $v$ 是__________。
A. 变值　　B. 恒值　　C. 不一定　　D. 零

8-12 链节数尽量采用__________。
A. 偶数　　B. 奇数　　C. 大数　　D. 小数

8-13 当 $v>0.6\text{m/s}$ 时，链条的主要失效形式为__________。
A. 磨损　　B. 静力拉断　　C. 疲劳破坏　　D. 断裂

8-14 链传动作用在轴上的力比带传动小，其主要原因是__________。
A. 链条的离心力　　B. 啮合时无需很大的初拉力
C. 在传递相同功率时，圆周力小　　D. 在传递相同功率时，圆周力大

8-15 滚子链链条的主要参数是__________。
A. 链节距　　B. 锁轴的直径
C. 链板的厚度　　D. 传动比

8-16 链传动的轴线必须__________。
A. 平行　　B. 相交成一定角度
C. 成直角交错　　D. 成锐角交错

二、判断题

8-17 V带的公称尺寸为带的内周长度。 (　)
8-18 V带传动的计算直径为带轮的外径。 (　)
8-19 限制小轮的直径，其目的是增加包角。 (　)
8-20 带传动的传动比不能严格保持不变，其原因是容易发生打滑。 (　)
8-21 带传动使用张紧轮后，可使传动能力加强。 (　)
8-22 V带底面与带轮槽底面是接触的。 (　)
8-23 V带传动不能用于交叉传动之中。 (　)
8-24 V带传动要求包角 $\alpha_1\leqslant120°$。 (　)
8-25 带轮的轮槽角应小于V带横截面楔角。 (　)
8-26 V带轮的材料选用，与带轮传动的圆周速度无关。 (　)
8-27 螺旋传动中，螺杆一定是主动件。 (　)

8-28 链传动的中心距一般设计成可调节的。（ ）

8-29 链传动能得到准确的瞬时传动比。（ ）

8-30 当链条的链节数为奇数时，必须采用过渡链节来连接。（ ）

8-31 链传动在布置时，链条应使紧边在上，松边在下。（ ）

**三、填空题**

8-32 带传动中 V 带的公称尺寸为（ ），滚动轴承的公称尺寸为（ ），螺栓的公称尺寸为（ ）。

8-33 V 带梯形截面的楔角 $\alpha$ 为（ ），V 带轮槽角应是（ ）、（ ）、（ ）。

8-34 在传动装置中，带传动一般宜安置在（ ）级上。

8-35 增大小带轮包角 $\alpha_1$ 的主要措施有（ ）或减小（ ）。

8-36 带传动中，带的张紧方式可分为（ ）方式与（ ）方式两类。

8-37 在 V 带传动中，小带轮包角 $\alpha_1$ 一般应大于或等于（ ）。

8-38 带传动中，小带轮的圆周速度（ ）于大带轮的圆周速度，这是因为（ ）引起的。

8-39 带在工作时产生弹性滑动是由于（ ）引起的，弹性滑动是（ ）避免。

8-40 带传动的失效形式为（ ），（ ），其设计准则是（ ）。

8-41 带传动的张紧轮一般安放在（ ）。

8-42 单根 V 带所能传递的功率 $P_0$ 主要与（ ）、（ ）及（ ）有关。

8-43 采用张紧轮张紧链条时，一般张紧轮应设在（ ）边。

8-44 链传动的润滑方式有（ ）。

8-45 链传动的润滑方式是根据（ ）和（ ）的大小来选定的。

8-46 链传动中，限定链传动承载能力的主要因素是（ ）。

8-47 在水平安装的链传动中，应使紧边在（ ）边。

**四、简答题**

8-48 V 带传动中，带速 $v$ 对传动有何影响？应如何处理？

8-49 带传动中，打滑是怎样产生的？是否可以避免？

8-50 带传动的整体打滑首先发生在哪个轮上？为什么。

8-51 试述带传动弹性滑动是一种固有的物理现象，其后果有哪些？

8-52 在相同的条件下，为什么 V 带比平带的传动能力大？

8-53 为什么窄 V 带强度比普通 V 带高？窄 V 带适用于什么场合？

8-54 带传动的主要失效形式有哪些？

8-55 带传动中，带的截面形状有哪几种？

8-56 带传动为什么必须张紧？常用的张紧装置有哪些？

8-57 简述带传动的特点。

8-58 为什么带传动的轴间距一般都设计成可调的？

8-59 简述传动带的张紧轮应安装在带的紧边还是松边，为什么。

8-60 设计 V 带传动时，为什么小带轮的直径不宜取得太小？

8-61 设计 V 带传动时，如果带根数过多，应如何处理？

8-62 带传动工作时，带截面上产生哪些力？最大应力发生在何处？

8-63 何谓带传动的弹性滑动？何谓带传动打滑？

8-64 对V带轮的设计要求有哪些？

8-65 带轮常采用哪些材料制造？选择材料时应考虑哪些因素？

8-66 如何确定链传动的润滑方式？常用的润滑装置和润滑油有哪些？

8-67 链传动为何要适当张紧？常用的张紧方法有哪些？

# 第9章　轴

## 知识目标

✧ 了解轴的功能与类型，能结合实际判明轴的类型及其所受的应力特性。

✧ 运用工程力学中的知识，掌握轴的强度计算。

## 能力目标

✧ 注意观察和分析实物及部件装配图，以不断增加感性知识。

✧ 在掌握结构设计基本要求的基础上，从实例分析中学习分析问题和解决问题的方法。

✧ 通过思考题和习题的反复训练，熟悉和掌握轴的结构设计。

## 9.1　轴的类型与材料

### 9.1.1　轴的功用和类型

轴是机器中的重要零件之一，用来支持旋转零件，如齿轮、带轮等。根据承受载荷的不同，轴可分为转轴、传动轴和心轴三种。转轴既承受转矩又承受弯矩，如图9-1所示的减速器转轴。传动轴主要承受转矩，不承受或承受很小的弯矩，如图9-2所示的汽车的传动轴，通过两个万向节与发动机转轴和汽车后桥相联，传递转矩。心轴只承受弯矩而不传递转矩。心轴又可分为固定心轴（图9-3）和转动心轴（图9-4）。

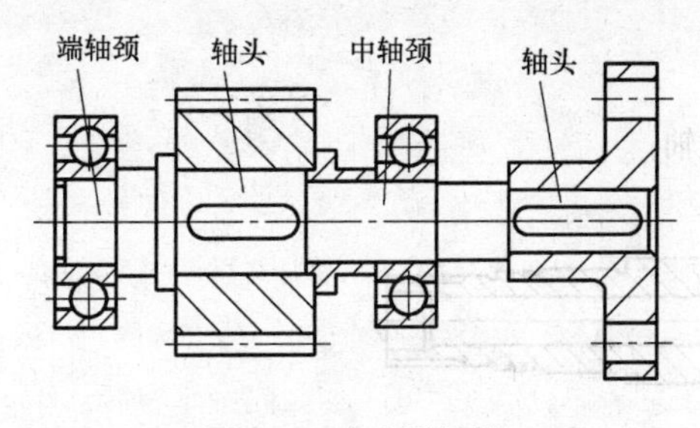


图9-1　减速器转轴

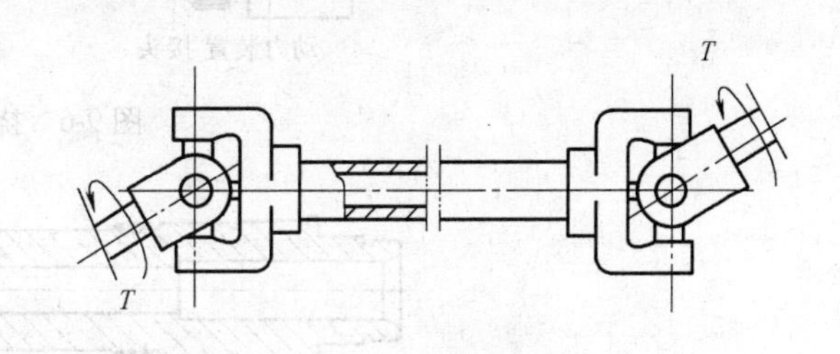


图9-2　汽车传动轴

按轴线的形状轴可分为：直轴（图9-1～图9-4）、曲轴（图9-5）和挠性轴（图9-6）。曲轴常用于往复式机械中，如发动机等。挠性钢丝轴通常是由几层紧贴在一起的钢丝卷绕而成的，可以把转矩和运动灵活地传到任何位置。挠性轴常用于振捣器和医疗设备中。另外，为减轻轴的重量，还可以将轴制成空心的形式，如图9-7所示。

轴的设计，主要是根据工作要求并考虑制造工艺等因素，选用合适的材料，进行结构设计，经过强度和刚度计算，定出轴的结构形状和尺寸。高速时还要考虑振动稳定性。

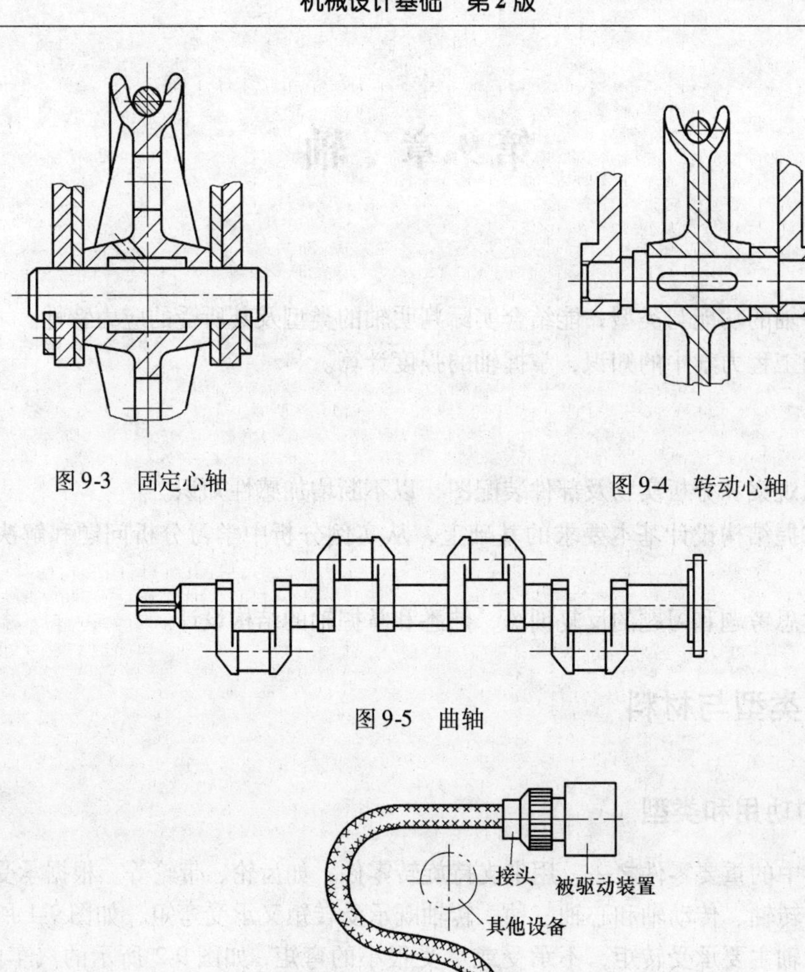

图9-3　固定心轴

图9-4　转动心轴

图9-5　曲轴

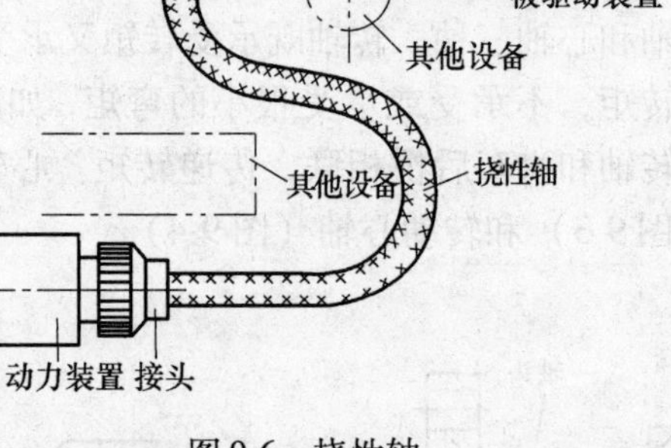


图9-6　挠性轴

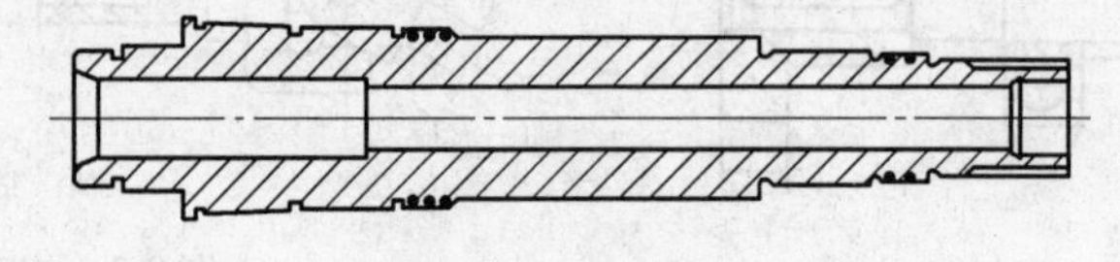

图9-7　空心轴

## 9.1.2　轴的材料

在轴的设计中，首先要选择合适的材料。轴的材料常采用碳素钢、合金钢和球墨铸铁。

碳素钢有35钢、45钢、50钢等优质中碳钢，它们具有较高的综合力学性能，因此应用较多，特别是45钢应用最为广泛。为了改善碳素钢的力学性能，应进行正火或调质处理。不重要或受力较小的轴，可采用Q235钢，Q275钢等普通碳素钢。

合金钢具有较高的力学性能，但价格较贵，多用于有特殊要求的轴。例如采用滑动轴承的高速轴，常用20Cr钢、20CrMnTi钢等低碳合金钢，经渗碳淬火后可提高轴颈耐磨性；汽轮发电机转子轴在高温、高速和重载条件下工作，必须具有良好的高温力学性能，常采用25Cr2Mo1VA钢、38CrMoAl钢等合金结构钢。值得注意的是：钢材的种类和热处理对其弹性模量的影响甚小，因此如欲采用合金钢或通过热处理来提高轴的刚度，并无实效。此外，合金钢对应力集中的敏感性较高，因此设计合金钢轴时，更应从结构上避免或减小应力集中，并减小其表面粗糙度。

轴的毛坯一般用圆钢或锻件。有时也可采用铸钢或球墨铸铁。例如，用球墨铸铁制造曲轴、凸轮轴，具有成本低廉、吸振性较好，对应力集中的敏感性较低，强度较好等优点，适合制造结构形状复杂的轴。

表9-1列出轴的常用材料及其主要力学性能。

**表9-1　轴的常用材料及其主要力学性能**

| 材料及热处理 | 毛坯直径/mm | 硬度HBW | 抗拉强度 $R_m$ | 屈服强度 $R_{eL}$ | 弯曲疲劳极限 $\sigma_D$ | 应用说明 |
|---|---|---|---|---|---|---|
| | | | /MPa | | | |
| Q235 | | | 440 | 240 | 200 | 用于不重要或载荷不大的轴 |
| 35钢正火 | ≤100 | 149~187 | 520 | 270 | 250 | 塑性好和强度适中，可做一般曲轴、转轴等 |
| 45钢正火 | ≤100 | 170~217 | 600 | 300 | 275 | 用于较重要的轴，应用最为广泛 |
| 45钢调质 | ≤200 | 217~255 | 650 | 360 | 300 | |
| 40Cr调质 | 25 | | 1000 | 800 | 500 | 用于载荷较大而无很大冲击的重要的轴 |
| | ≤100 | 241~286 | 750 | 550 | 350 | |
| | >100~300 | 241~266 | 700 | 550 | 340 | |
| 40MnB调质 | 25 | | 1000 | 800 | 485 | 性能接近于40Cr钢，用于重要的轴 |
| | ≤200 | 241~286 | 750 | 500 | 335 | |
| 35CrMo调质 | ≤100 | 207~269 | 750 | 550 | 390 | 用于受重载荷的轴 |
| 20Cr渗碳淬火回火 | 15 | 表面HRC56~62 | 850 | 550 | 375 | 用于要求强度、韧性及耐磨性均较高的轴 |
| | — | | 650 | 400 | 280 | |
| QT600-3 | — | 190~270 | 600 | 370 | 215 | 结构复杂的轴 |
| QT800-2 | — | 245~335 | 800 | 480 | 290 | 结构复杂的轴 |

## 9.2　轴的结构设计

轴的结构设计就是使轴的各部分具有合理的形状和尺寸。主要要求是：①满足制造安装要求，轴应便于加工，轴上零件要方便装拆；②满足零件定位要求，轴和轴上零件有准确的工作位置，各零件要牢固而可靠地相对固定；③满足结构工艺性要求，使加工方便和节省材料；④满足强度要求，尽量减少应力集中等。下面结合图9-8所示的单级齿轮减速器的高速轴，逐项讨论这些要求。

## 9.2.1　制造安装要求

为了方便轴上零件的装拆，常将轴做成阶梯形。对于一般剖分式箱体中的轴，它的直径从轴端逐渐向中间增大。如图9-8所示，可依次将齿轮、套筒、左端滚动轴承、轴承盖和带轮从轴的左端装拆，另一滚动轴承从右端装拆。为使轴上零件易于安装，轴端及各轴段的端部应有倒角。

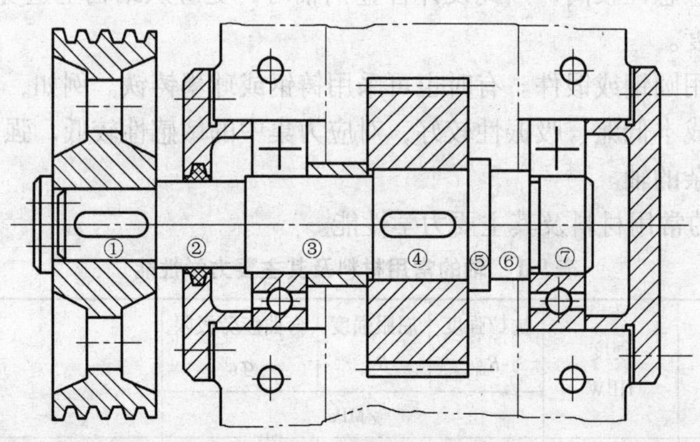

图9-8　轴的结构

轴上磨削的轴段，应有砂轮越程槽（图9-8中⑥与⑦的交界处）；车制螺纹的轴段，应有退刀槽。在满足使用要求的情况下，轴的形状和尺寸应力求简单，以便于加工。

## 9.2.2　零件的轴向和周向定位

**1. 轴上零件的轴向定位和固定**

阶梯轴上截面变化处叫轴肩，利用轴肩和轴环进行轴向定位，其结构简单、可靠，并能承受较大轴向力。在图9-8中，①、②间的轴肩使带轮定位；轴环⑤使齿轮在轴上定位；⑥、⑦间的轴肩使右端滚动轴承定位。

有些零件依靠套筒定位。在9-8中左端滚动轴承采用套筒③定位。套筒定位结构简单、可靠，但不适合高转速情况。

无法采用套筒或套筒太长时，可采用圆螺母加以固定，如图9-9所示。圆螺母定位可靠、并能承受较大轴向力。

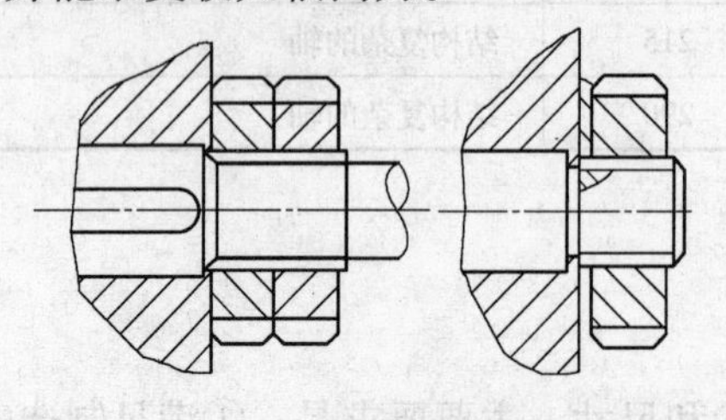
图9-9　圆螺母定位

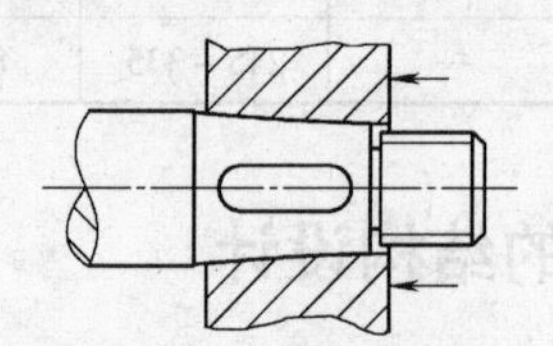
图9-10　圆锥面定位

在轴端部可以用圆锥面定位（图9-10）。圆锥面定位的轴和轮毂之间无径向间隙、装拆方便，能承受冲击，但锥面加工较为麻烦。

图9-11和图9-12中的挡圈和弹性挡圈定位结构简单、紧凑，能承受较小的轴向力，但

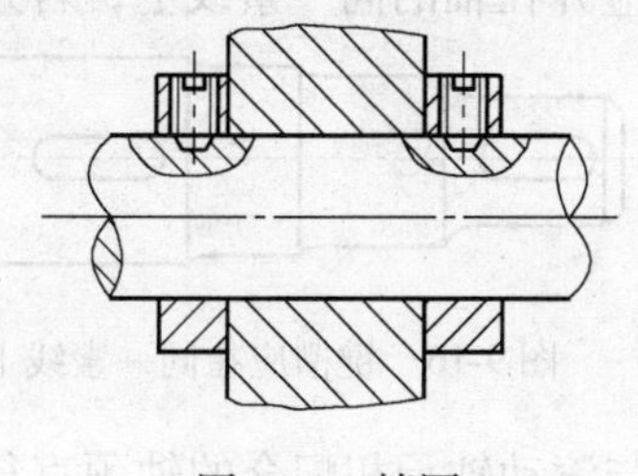

图 9-11　挡圈

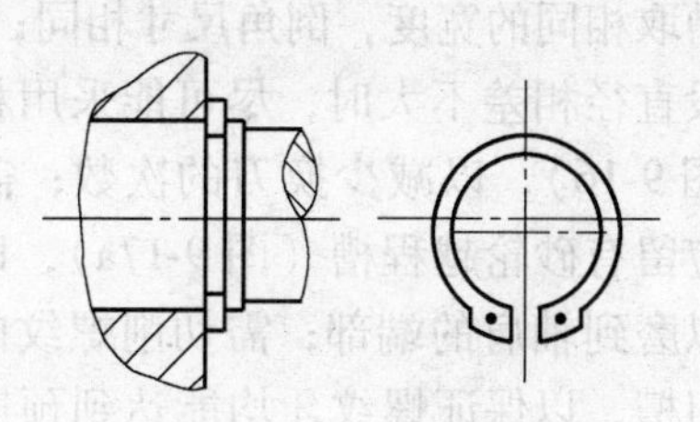

图 9-12　弹性挡圈

可靠性差，可在不太重要的场合使用。图 9-13 是轴端挡圈定位，它适用于轴端，可承受剧烈的振动和冲击载荷。在图 9-8 中，带轮的轴向固定是靠轴端挡圈。

圆锥销也可以用做轴向定位，它结构简单，用于受力不大且同时需要轴向定位和固定的场合，如图 9-14 所示。

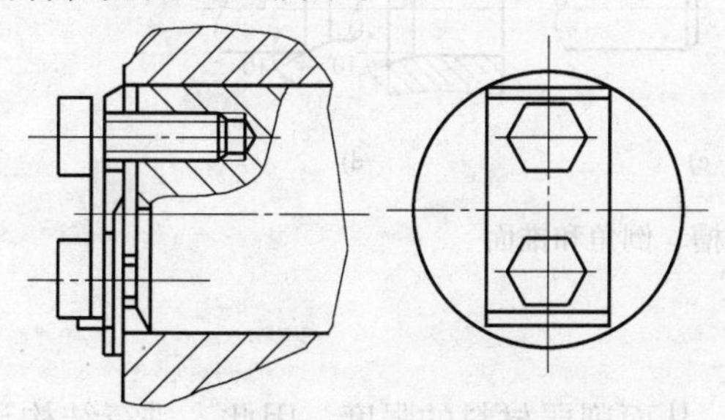

图 9-13　轴端挡圈

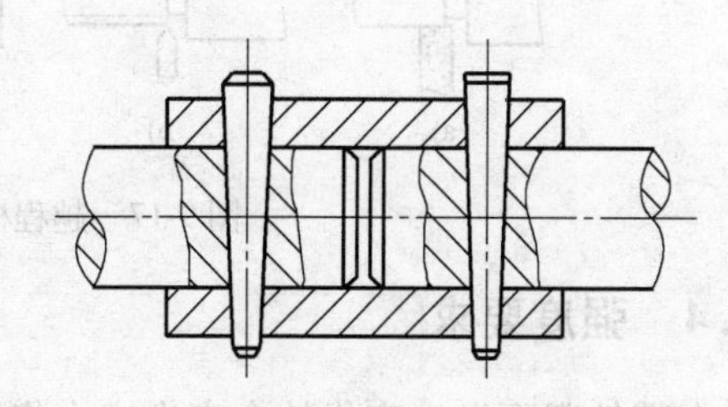

图 9-14　圆锥销定位

**2. 轴上零件的周向固定**

轴上零件周向固定的目的是使其能同轴一起转动并传递转矩。轴上零件的周向固定，大多采用键、花键或过盈配合等联接形式。

### 9.2.3　结构工艺性要求

轴的形状，从满足强度和节省材料考虑，最好是等强度的抛物线回转体。但这种形状的轴既不便于加工，也不便于轴上零件的固定。从加工考虑，最好是直径不变的光轴，但光轴不利于轴上零件的装拆和定位。由于阶梯轴接近于等强度，而且便于加工和轴上零件的定位和装拆，所以实际上轴的形状多呈阶梯形。为了能选用合适的圆钢和减少切削加工量，阶梯轴各轴段的直径不宜相差太大，一般取（5～10）mm。

为了保证轴上零件紧靠定位面（轴肩），轴肩的圆角半径 $r$ 必须小于相配零件的倒角 $C_1$ 或圆角半径 $R$，轴肩高 $h$ 必须大于 $C_1$ 或 $R$（图 9-15）。

在采用套筒、螺母、轴端挡圈做轴向固定时，应把装零件的轴段长度做得比零件轮毂短 2～3mm，以确保套筒、螺母或轴端挡圈能靠紧零件端面。

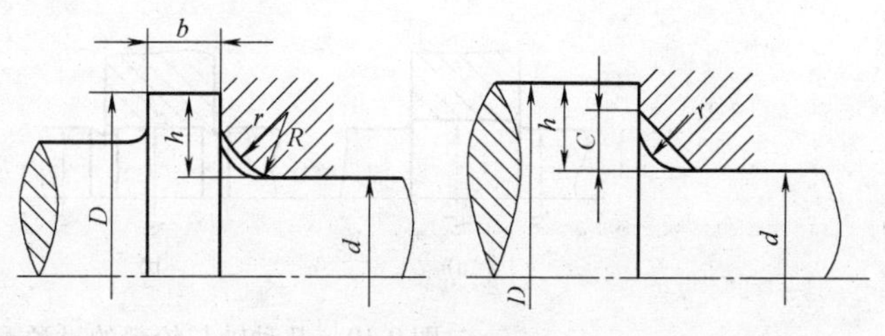


图 9-15　轴肩的圆角和倒角

为了便于切削加工，一根轴上的圆角应尽可能取相同的半径，退刀槽取相同的宽度，倒角尺寸相同；一根轴上各键槽应开在轴的同一素线上，若开有键槽的轴段直径相差不大时，尽可能采用相同宽度的键槽（图9-16），以减少换刀的次数；需要磨削的轴段，应留有砂轮越程槽（图9-17a），以便磨削时砂轮可以磨到轴肩的端部；需切削螺纹的轴段，应留有退刀槽，以保证螺纹牙均能达到预期的高度（图9-17b）。为了便于加工和检验，轴的直径应取圆整值；与滚动轴承相配合的轴颈直径应符合滚动轴承内径标准；有螺纹的轴段直径应符合螺纹标准直径。为了便于装配，轴端应加工出倒角（一般为45°），以免装配时把轴上零件的孔壁擦伤（图9-17c）；过盈配合零件装入端常加工出导向锥面（图9-17d），以使零件能较顺利地压入。

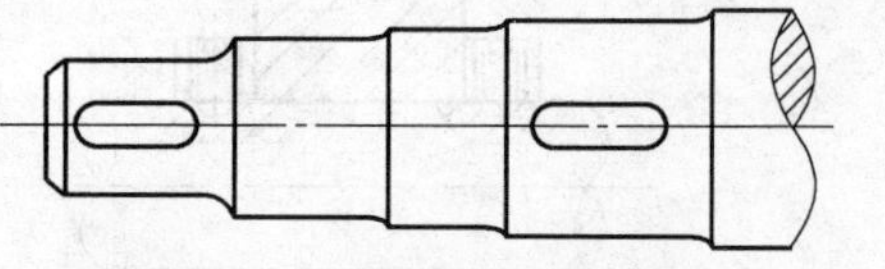

图9-16　键槽应在同一素线上

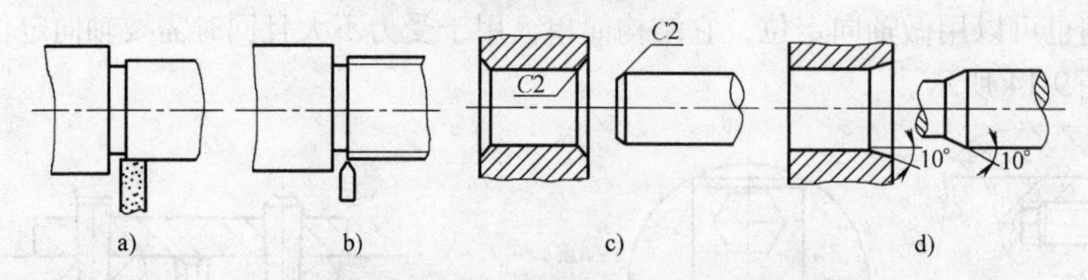


图9-17　越程槽、退刀槽、倒角和锥面

### 9.2.4　强度要求

在零件截面发生变化处会产生应力集中现象，从而削弱材料的强度。因此，进行结构设计时，应尽量减小应力集中。特别是合金钢材料对应力集中比较敏感，应当特别注意。在阶梯轴的截面尺寸变化处应采用圆角过渡，且圆角半径不宜过小。另外，设计时尽量不要在轴上开横孔、切口或凹槽，必须开横孔须将边倒圆。在重要的轴的结构中，可采用卸载槽B（图9-18a）、过渡肩环（图9-18b）或凹切圆角（图9-18c）增大轴肩圆角半径，以减小局部应力。在轮毂上做出卸载槽B（图9-18d），也能减小过盈配合处的局部应力。

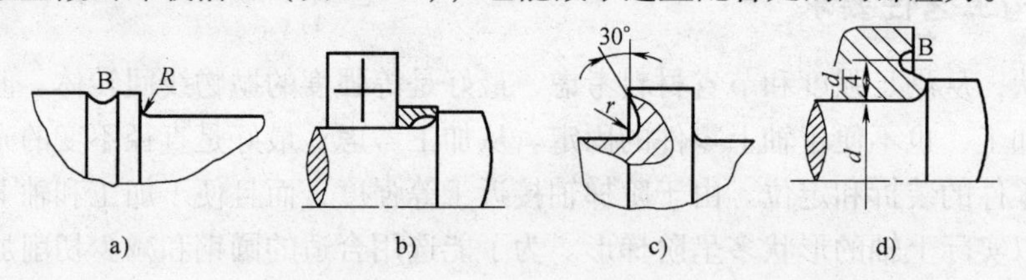


图9-18　减小应力集中的措施

当轴上零件与轴为过盈配合时，可采用如图9-19所示的各种结构，以减轻轴在零件配

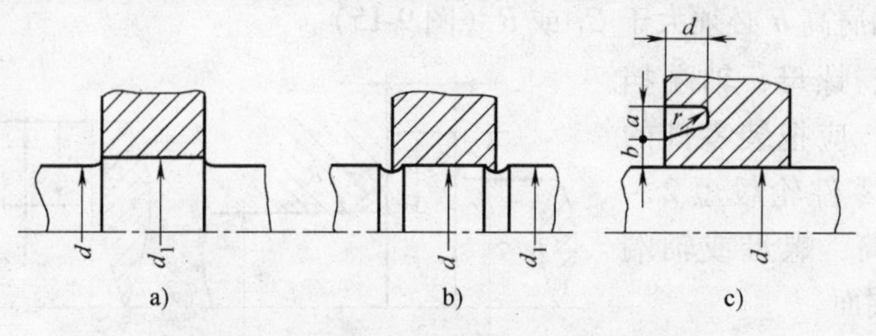


图9-19　几种轴与轮毂的过盈配合方法

a）增大配合处轴径　b）在配合边缘开卸载槽　c）在轮毂上开卸载槽

合处的应力集中。

此外，结构设计时，还可以用改善受力情况、改变轴上零件位置等措施以提高轴的强度。例如，在图9-20所示的起重机卷筒的两种不同方案中，图9-20a的结构是大齿轮和卷筒连成一体，转矩经大齿轮直接传给卷筒。这样，卷筒轴只受弯矩而不传递转矩，起重同样载荷$Q$时，轴的直径可小于图9-20b的结构。

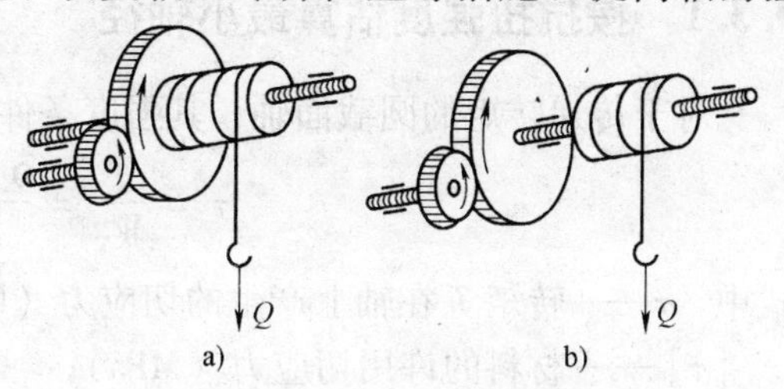


图9-20 起重机卷筒

再如，当动力需从两个轮输出时，为了减小轴上的载荷，尽量将输入轮置在中间。在图9-21a中，当输入转矩为$T_1+T_2$而$T_1>T_2$时，轴的最大转矩为$T_1$；而在图9-21b中，轴的最大转矩为$T_1+T_2$。

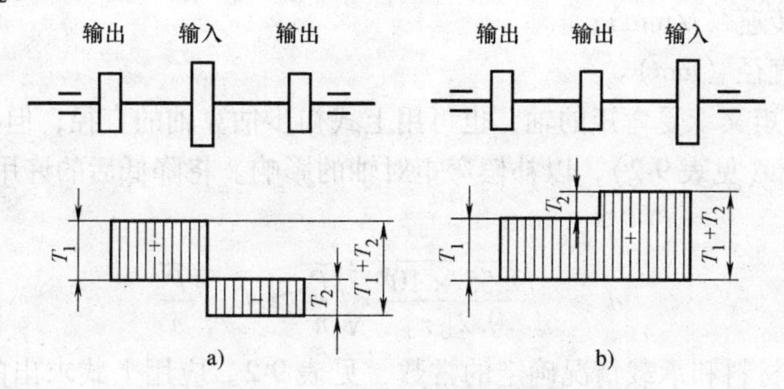


图9-21 轴上零件的两种布置方案

如图9-22所示的车轮轴，如把轴毂配合面分为两段（图9-22b），可以减小轴的弯矩，从而提高其强度和刚度；把转动的心轴（图9-22a）改成不转动的心轴（图9-22b），可使轴不承受交变应力。

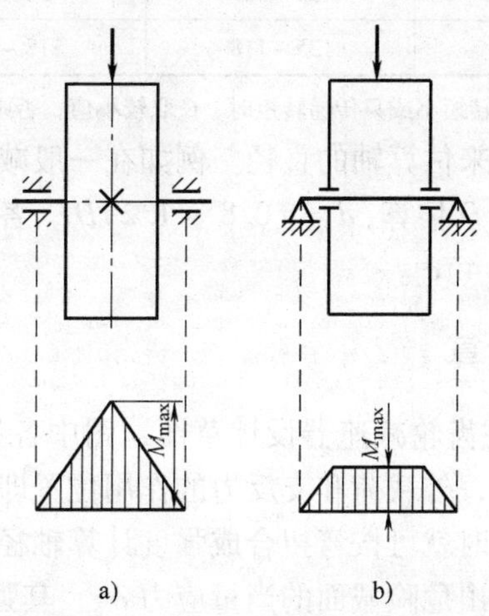


图9-22 两种不同结构产生的轴弯矩

## 9.3 轴的强度计算

轴的强度计算应根据轴的承载情况，采用相应的计算方法。常见的轴的强度计算有以下两种。

### 9.3.1　按抗扭强度估算最小轴径

对于传递转矩的圆截面轴，其强度条件为

$$\tau = \frac{T}{W_T} = \frac{9.55 \times 10^6 P}{0.2d^3 n} \leqslant [\tau] \tag{9-1}$$

式中　$\tau$——转矩 $T$ 在轴上产生的切应力（N·mm）；

$[\tau]$——材料的许用切应力（MPa）；

$W_T$——抗扭截面系数（$mm^3$），对圆截面轴 $W_T = \frac{\pi d^3}{16} \approx 0.2d^3$；

$P$——轴所传递的功率（kW）；

$n$——轴的转速（r/min）；

$d$——轴的直径（mm）。

对于既传递转矩又承受弯矩的轴，也可用上式初步估算轴的直径；但必须把轴的许用切应力 $[\tau]$ 适当降低（见表9-2），以补偿弯矩对轴的影响。将降低后的许用切应力代入上式，并改写为设计公式

$$d \geqslant \sqrt[3]{\frac{9.55 \times 10^6}{0.2[\tau]}} \sqrt[3]{\frac{P}{n}} \geqslant C \sqrt[3]{\frac{P}{n}} \tag{9-2}$$

式中，$C$ 是由轴的材料和承载情况确定的常数，见表9-2。应用上式求出的 $d$ 值作为轴最细处的直径。

**表9-2　常用材料的许用切应力 $[\tau]$ 值和 $C$ 值**

| 轴的材料 | Q235，20 | Q275，35 | 45 | 40Cr，35SiMn |
|---|---|---|---|---|
| $[\tau]$/MPa | 12～20 | 20～30 | 30～40 | 40～52 |
| $C$ | 160～135 | 135～118 | 118～107 | 107～98 |

注：当作用在轴上的弯矩比传递的转矩小或只传递转矩时，$C$ 取较小值；否则取较大值。

此外，也可采用经验公式来估算轴的直径。例如在一般减速器中，高速输入轴的直径可按与其相连的电动机轴的直径 $D$ 估算，$d=(0.8 \sim 1.2)D$；各级低速轴的轴径可按同级齿轮中心距 $a$ 估算，$d=(0.3 \sim 0.4)a$。

### 9.3.2　按弯扭合成强度计算

图9-23所示为一单级圆柱齿轮减速器设计草图，图中各符号表示有关的长度尺寸。显然当零件在草图上布置妥当后，外载荷和支反力的作用位置即可确定。由此可作轴的受力分析及绘制弯矩图和转矩图。这时就可按弯扭合成强度计算轴径。

对于一般钢制的轴，可求出危险截面的当量应力 $\sigma_e$，其强度条件为

$$\sigma_e = \sqrt{\sigma_B^2 + 4\tau^2} \leqslant [\sigma_B] \tag{9-3}$$

式中　$\sigma_B$——危险截面上弯矩 $M$ 产生的弯曲应力。

对于直径为 $d$ 的圆轴

$$\sigma_B = \frac{M}{W} = \frac{M}{\pi d^3/32} \approx \frac{M}{0.1d^3}$$

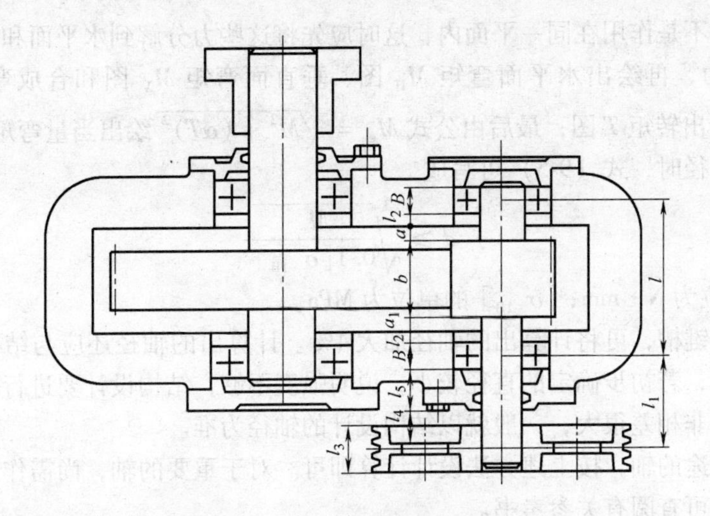


图9-23 单级齿轮减速器设计草图

$$\tau = \frac{T}{W_{\mathrm{T}}} = \frac{T}{2W}$$

式中 $W$，$W_{\mathrm{T}}$——轴的抗弯和抗扭截面系数。

将 $\sigma_{\mathrm{B}}$ 和 $\tau$ 值代入式（9-3），得

$$\sigma_{\mathrm{e}} = \sqrt{\left(\frac{M}{W}\right)^2 + 4\left(\frac{T}{2W}\right)^2} = \frac{1}{W}\sqrt{M^2 + T^2} \leqslant [\sigma_{\mathrm{B}}] \tag{9-4}$$

由于一般转轴的 $\sigma_{\mathrm{B}}$ 为对称循环交变应力，而 $\tau$ 的循环特性往往与 $\sigma_{\mathrm{B}}$ 不同，为了考虑两者循环特性不同的影响，对上式中的转矩 $T$ 乘以折合系数 $\alpha$，即

$$\sigma_{\mathrm{e}} = \frac{M_{\mathrm{e}}}{W} = \frac{1}{0.1d^3}\sqrt{M^2 + (\alpha T)^2} \leqslant [\sigma_{-1}] \tag{9-5}$$

式中 $M_{\mathrm{e}}$——当量弯矩，$M_{\mathrm{e}} = \sqrt{M^2 + (\alpha T)^2}$；

$\alpha$——根据转矩性质而定的折合系数。

对不变的转矩 $\alpha \approx 0.3$；当转矩脉动变化时，$\alpha \approx 0.6$；对于频繁正反转的轴，$\tau$ 可看为对称循环交变应力，$\alpha = 1$。若转矩的变化规律不清楚，一般也按脉动循环处理。轴的许用弯曲应力见表9-3。表中：$[\sigma_{-1\mathrm{B}}]$、$[\sigma_{0\mathrm{B}}]$ 和 $[\sigma_{+1\mathrm{B}}]$ 分别为对称循环、脉动循环及静应力状态下的许用弯曲应力。

表9-3 轴的许用弯曲应力 （单位：MPa）

| 材料 | 抗拉强度 $R_{\mathrm{m}}$ | $[\sigma_{+1\mathrm{B}}]$ | $[\sigma_{0\mathrm{B}}]$ | $[\sigma_{-1\mathrm{B}}]$ |
|---|---|---|---|---|
| 碳素钢 | 400 | 130 | 70 | 40 |
| | 500 | 170 | 75 | 45 |
| | 600 | 200 | 95 | 55 |
| | 700 | 230 | 110 | 65 |
| 合金钢 | 800 | 270 | 130 | 75 |
| | 900 | 300 | 140 | 80 |
| | 1000 | 330 | 150 | 90 |
| 铸钢 | 400 | 100 | 50 | 30 |
| | 500 | 120 | 70 | 40 |

通常外载荷不是作用在同一平面内，这时应先将这些力分解到水平面和垂直面内，并求出各面的支反力，再绘出水平面弯矩 $M_H$ 图、垂直面弯矩 $M_V$ 图和合成弯矩 $M$ 图，$M=\sqrt{M_H^2+M_V^2}$；绘出转矩 $T$ 图；最后由公式 $M_e=\sqrt{M^2+(\alpha T)^2}$ 绘出当量弯矩图。

计算轴的直径时，式（9-5）可写成

$$d \geqslant \sqrt[3]{\frac{M_e}{0.1[\sigma_{-1B}]}} \tag{9-6}$$

式中，$M_e$ 的单位为 N·mm；$[\sigma_{-1B}]$ 的单位为 MPa。

若该截面有键槽，可将计算出的轴径加大4%。计算出的轴径还应与结构设计中初步确定的轴径相比较，若初步确定的直径较小，说明强度不够，结构设计要进行修改；若计算出的轴径较小，除非相差很大，一般就以结构设计的轴径为准。

对于一般用途的轴，按上述方法设计计算即可。对于重要的轴，尚需作进一步的强度校核，其计算方法可查阅有关参考书。

**例9-1**　如图9-24所示，已知作用在带轮D上转矩 $T=78100$ N，斜齿轮 $C$ 的压力角 $\alpha_n=20°$，螺旋角 $\beta=9°41'46''$，分度圆直径 $d=58.333$ mm，带轮上的压力 $Q=1147$ N，其他尺寸如图9-24a所示，试计算该轴危险截面的直径。

**解：**

（1）计算作用在轴上的力，各力的受力分析如图9-24a所示。

齿轮受力分析

切向力
$$F_t=\frac{2T}{d}=\frac{2\times 78100}{58.333}\text{ N}=2678\text{ N}$$

径向力
$$F_r=\frac{F_t\tan\alpha_n}{\cos\beta}=\frac{2678\times\tan 20°}{\cos 9°41'46''}\text{ N}=988.8\text{ N}$$

轴向力
$$F_a=F_t\tan\beta=2678\times\tan 9°41'46=457.6\text{ N}$$

（2）计算支反力。

水平面
$$R_{AH}=R_{BH}=\frac{F_t}{2}=\frac{2678}{2}\text{ N}=1339\text{ N}$$

垂直面
$$\sum M_B=0$$
$$132R_{AV}-66F_r-\frac{d}{2}F_a-(97+132)Q=0$$
$$R_{AV}=2585\text{ N}$$
$$\sum F=0$$
$$R_{BV}=R_{AV}-Q-F_r=(2585-1147-988.8)\text{ N}=449.2\text{ N}$$

（3）作弯矩图。

水平面弯矩如图9-24b所示。
$$M_{CH}=-66R_{BH}=-1339\times 66\text{ N}\cdot\text{mm}\approx -88370\text{ N}\cdot\text{mm}$$

垂直面弯矩如图9-24c所示。
$$M_{AV}=-97Q=-1147\times 97\text{ N}\cdot\text{mm}\approx 111300\text{ N}\cdot\text{mm}$$
$$M_{CV1}=-(97+66)Q+66R_{AV}=-(1147\times 163+2585\times 66)\text{ N}\cdot\text{mm}\approx -16350\text{ N}\cdot\text{mm}$$

$$M_{CV2} = -66R_{BV} = -449.2 \times 66\ \text{N} \cdot \text{mm} \approx -29650\ \text{N} \cdot \text{mm}$$

合成弯矩如图 9-24d 所示。

$$M_A = M_{AV} = 111300\ \text{N} \cdot \text{mm}$$

$$M_{C1} = \sqrt{M_{CH}^2 + M_{CV1}^2} = \sqrt{88370^2 + 16350^2}\ \text{N} \cdot \text{mm} \approx 89870\ \text{N} \cdot \text{mm}$$

$$M_{C2} = \sqrt{M_{CH}^2 + M_{CV2}^2} = \sqrt{88370^2 + 29650^2}\ \text{N} \cdot \text{mm} \approx 93210\ \text{N} \cdot \text{mm}$$

（4）作转矩图。

转矩图如图 9-24e 所示。

$$T_1 = 78100\ \text{N} \cdot \text{mm}$$

（5）作当量弯矩图。

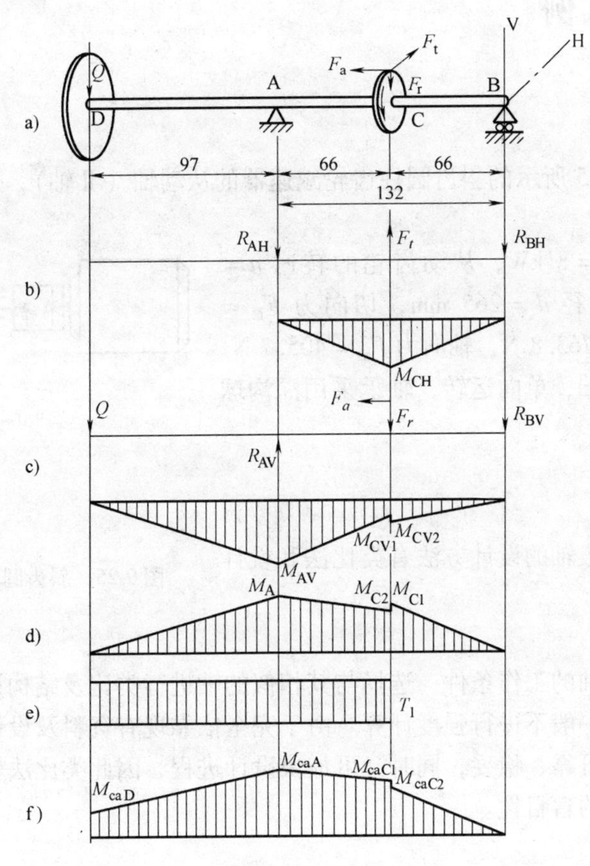


图 9-24　轴的载荷分析图

当量弯矩图如图 9-24f 所示。当切应力为脉动循环变应力时，取系数 $\alpha = 0.6$，则

$$M_{caD} = \sqrt{M_D^2 + (aT_1)^2} = \sqrt{0^2 + (0.6 \times 78100)^2}\ \text{N} \cdot \text{mm} \approx 46860\ \text{N} \cdot \text{mm}$$

$$M_{caA} = \sqrt{M_A^2 + (aT_1)^2} = \sqrt{111300^2 + (0.6 \times 78100)^2}\ \text{N} \cdot \text{mm} \approx 120762.4\ \text{N} \cdot \text{mm}$$

$$M_{caC1} = \sqrt{M_{C1}^2 + (aT_1)^2} = \sqrt{89870^2 + (0.6 \times 78100)^2}\ \text{N} \cdot \text{mm} \approx 101353.2\ \text{N} \cdot \text{mm}$$

$$M_{caC2} = M_{C2} = 93210\ \text{N} \cdot \text{mm}$$

（6）最大弯矩。

由当量弯矩图可见，A 处的当量弯矩最大，为

$$M_e = 120762.4\ \text{N} \cdot \text{mm}$$

（7）计算危险截面处直径。

轴的材料选用45钢，调质处理，由表9-1查得 $R_m = 650$ MPa，由表9-3查得许用弯曲应力 $[\sigma_{-1B}] = 60\text{MPa}$，则

$$d \geqslant \sqrt[3]{\frac{M_e}{0.1[\sigma_{-1B}]}} = \sqrt[3]{\frac{120762.4}{0.1 \times 60}}\ \text{mm} = 27.2\ \text{mm}$$

考虑到键槽对轴的削弱，将直径增大4%，故

$$d = 1.04 \times 27.2\ \text{mm} = 29\ \text{mm}$$

## 9.4 轴的设计实例

### 9.4.1 目的

通过设计如图9-25所示的斜齿圆柱齿轮减速器的从动轴（Ⅱ轴），达到掌握轴的结构设计的目的。

已知传递功率 $P = 8$ kW，从动齿轮的转速 $n = 280$ r/min，分度圆直径 $d = 265$ mm，切向力 $F_{t2} = 2059$ N，径向力 $F_{r2} = 763.8$ N，轴向力 $F_{a2} = 405.7$ N。齿轮轮毂宽度为60 mm，单向运转，轴承采用深沟球轴承。

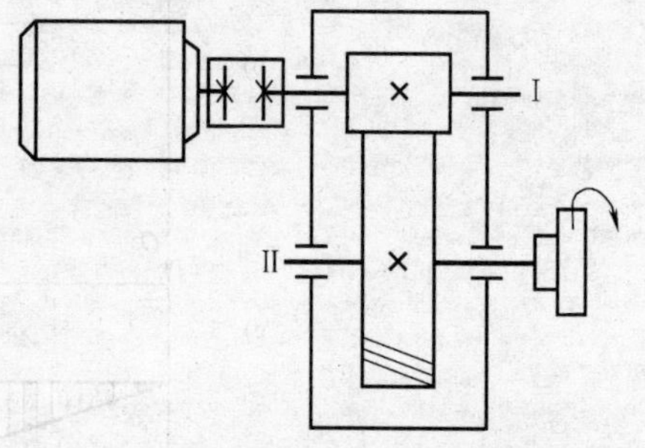

图9-25 斜齿圆柱齿轮减速器简图

### 9.4.2 方法

通常现场对于一般轴的设计方法有类比法和设计计算法两种。

**1. 类比法**

这种方法是根据轴的工作条件，选择与其相似的轴进行类比及结构设计，画出轴的零件图。用类比法设计轴一般不进行强度计算。由于完全依靠现有资料及设计者的经验进行轴的设计，设计结果比较可靠、稳妥，同时又可加快设计进程，因此类比法较为常用，但有时这种方法也会带有一定的盲目性。

**2. 设计计算法**

用设计计算法设计轴的一般步骤为：

1）根据轴的工作条件选择材料，确定许用应力。

2）按抗扭强度估算出轴的最小直径。

3）设计轴的结构，绘制出轴的结构草图。具体内容包括以下几点：

① 根据工作要求确定轴上零件的位置和固定方式。

② 确定各轴段的直径。

③ 确定各轴段的长度。

④ 根据有关设计手册确定轴的结构细节，如圆角、倒角、退刀槽等的尺寸。

4）按弯扭合成进行轴的强度校核。一般在轴上选取2~3个危险截面进行强度校核。若

危险截面强度不够或强度太大，则必须重新修改轴的结构。

5）修改轴的结构后再进行校核计算。这样反复交替地进行校核和修改，直至设计出较为合理的轴的结构。

6）绘制轴的零件图。

需要指出的是：①一般情况下设计轴时不必进行轴的刚度、振动、稳定性等校核。如需进行轴的刚度校核时，也只作轴的弯曲刚度校核；②对用于重要场合的轴、高速转动的轴应采用疲劳强度校核计算方法进行轴的强度校核。具体内容可查阅机械设计方面的有关资料。

## 9.4.3　设计过程

**1. 选择轴的材料，确定许用应力**

由已知条件知减速器传递的功率属中小功率，对材料无特殊要求，故选用45钢并经调质处理。可查抗拉强度 $R_m=650$ MPa，查许用弯曲应力 $[\sigma_{-1B}]=60$ MPa。

**2. 按抗扭强度估算轴径**

根据表9-2得 $C=118\sim107$。由公式计算可得

$$d \geqslant C\sqrt[3]{\frac{P}{n}}=(107\sim118)\sqrt[3]{\frac{8}{280}}\ \text{mm}=(32.7\sim36.1)\ \text{mm}$$

考虑到轴的最小直径要安装联轴器，会有键槽存在，故将估算直径加大3%～5%，取为（33.68～37.91）mm，由设计手册取标准直径 $d_1=35$ mm。

**3. 设计轴的结构并绘制结构草图**

由于设计的是单级减速器，可将齿轮布置在箱体内部中央，将轴承对称安装在齿轮两侧，轴的外伸端安装半联轴器。

（1）确定轴上零件的位置和固定方式　确定轴的结构形状，必须先确定轴上零件的装配顺序和固定方式，这样齿轮在轴上的轴向位置被完全确定。齿轮的周向固定采用平键联接。轴承对称安装于齿轮的两侧，其轴向用轴肩固定，周向采用过盈配合固定。

（2）确定各轴段的直径　如图9-26a所示，轴段①（外伸端）直径最小，$d_1=35$ mm；考虑到要对安装在轴段①上的联轴器进行定位；轴段②上应有轴肩，同时为能很顺利地在轴段②上安装轴承，轴段②必须满足轴承内径的标准，故取轴段②的直径 $d_2=40$ mm；用相同的方法确定轴段③、④的直径为 $d_3=45$ mm，$d_4=55$ mm；为了便于拆卸左轴承，可查出6208型滚动轴承的安装高度为3.5 mm，取 $d_5=47$ mm。

（3）确定各轴段的长度　齿轮轮毂宽度为60 mm，为保证齿轮固定可靠，轴段③的长度应略短于齿轮轮毂宽度，取为58 mm；为保证齿轮端面与箱体内壁不相碰，齿轮端面与箱体内壁间应留有一定间距，取该间距为15 mm；为保证轴承安装在箱体轴承座孔中（轴承宽度为18 mm），并考虑轴承的润滑，取轴承端面距箱体内壁的距离为5 mm，所以轴段④的长度取为20 mm，轴承支点距离 $l=118$ mm；根据箱体结构及联轴器距轴承盖要有一定距离的要求，取 $l'=75$ mm；查阅有关的联轴器手册取 $l''$ 为70 mm；在轴段①、③上分别加工出键槽，使两键槽处于轴的同一圆柱素线上，键槽长度比相应的轮毂宽度小约5～10 mm，键槽的宽度按轴段直径查手册得到。

（4）选定轴的结构细节　确定圆角、倒角、退刀槽等的尺寸。

轴的结构草图如图9-26a所示。

**4. 轴的设计计算**

（1）画出轴的受力图　轴的受力图如图9-26b所示。

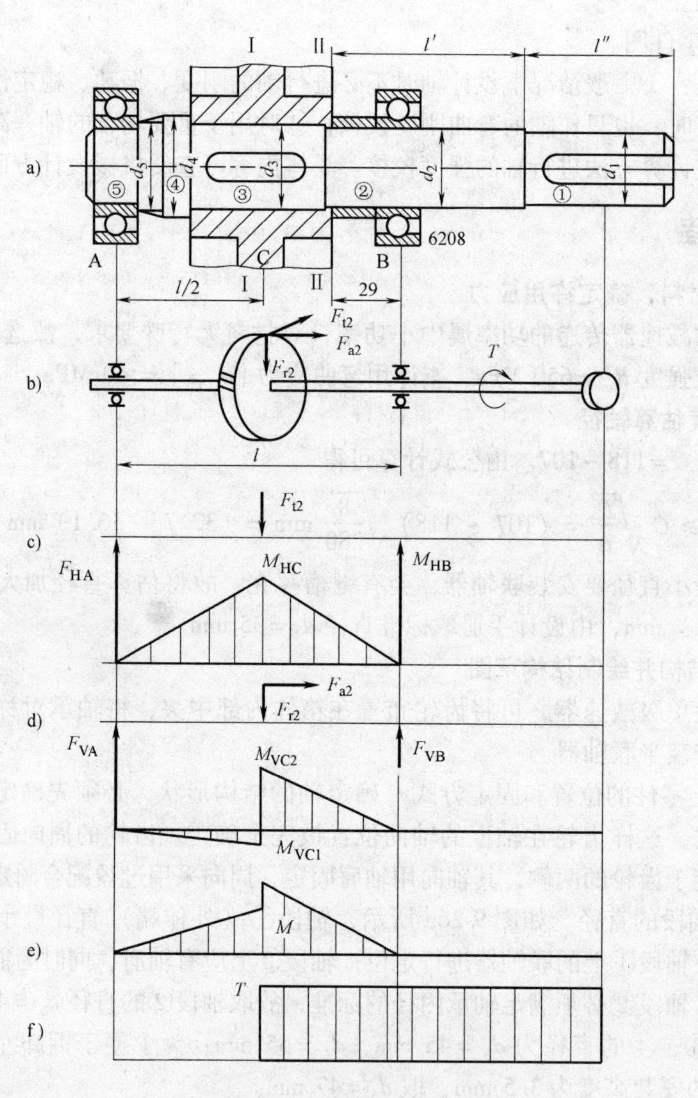

图9-26　减速器从动轴设计

（2）作水平面内的弯矩图（图9-26c）　支点反力为

$$F_{HA}=F_{HB}=\frac{F_{t2}}{2}=\frac{2059}{2}\text{ N}=1030\text{ N}$$

Ⅰ-Ⅰ截面处的弯矩为

$$M_{HI}=\left(1030\times\frac{118}{2}\right)\text{ N}\cdot\text{mm}=60770\text{ N}\cdot\text{mm}$$

Ⅱ-Ⅱ截面处的弯矩为

$$M_{HII}=(1030\times 29)\text{ N}\cdot\text{mm}=29870\text{ N}\cdot\text{mm}$$

（3）做垂直平面内的弯矩图（图9-26d）　支点反力为

$$F_{VA}=\frac{F_{r2}}{2}-\frac{F_{a2}\cdot d}{2l}=\left(\frac{763.8}{2}-\frac{405.7\times265}{2\times118}\right)\text{ N}=-73.65\text{ N}$$

$$F_{VB}=F_{a2}-F_{VA}=[763.8-(-73.65)]\text{ N}=837.5\text{ N}$$

Ⅰ-Ⅰ截面左侧弯矩为

$$M_{V1左}=F_{VA}\frac{l}{2}=\left(-73.65\times\frac{118}{2}\right)\text{ N}\cdot\text{mm}=-4345\text{ N}\cdot\text{mm}$$

Ⅰ-Ⅰ截面右侧弯矩为

$$M_{V1右}=F_{VB}\frac{l}{2}=\left(837.5\times\frac{118}{2}\right)\text{ N}\cdot\text{mm}=49413\text{ N}\cdot\text{mm}$$

Ⅱ-Ⅱ截面处的弯矩为

$$M_{H11}=F_{VB}29=(837.5\times29)\text{ N}\cdot\text{mm}=24287.5\text{ N}\cdot\text{mm}$$

(4) 作合成弯矩图（图9.26e）

$$M=\sqrt{M_H^2+M_V^2}$$

Ⅰ-Ⅰ截面

$$M_{1左}=\sqrt{M_{V1左}^2+M_{H1}^2}=\sqrt{(-4345)^2+(60770)^2}\text{ N}\cdot\text{mm}=60925\text{ N}\cdot\text{mm}$$

$$M_{1右}=\sqrt{M_{V1右}^2+M_{H1}^2}=\sqrt{(49413)^2+(60770)^2}\text{ N}\cdot\text{mm}=78323\text{ N}\cdot\text{mm}$$

Ⅱ-Ⅱ截面处的弯矩为

$$M_{Ⅱ}=\sqrt{M_{VⅡ}^2+M_{HⅡ}^2}=\sqrt{(24287.5)^2+(29870)^2}\text{ N}\cdot\text{mm}=38498\text{ N}\cdot\text{mm}$$

(5) 作转矩图（图9.26f）

$$T=9.55\times10^6\frac{P}{n}=\left(9.55\times10^6\times\frac{8}{280}\right)\text{ N}\cdot\text{mm}=272900\text{ N}\cdot\text{mm}$$

(6) 求当量弯矩　因减速器单向运转，故可认为转矩为脉动循环变化，修正系数 $\alpha$ 为0.6，则当量弯矩 $M_e$ 如下

Ⅰ-Ⅰ截面

$$M_{eⅠ}=\sqrt{M_{Ⅰ右}^2+(\alpha T)^2}=\sqrt{78323^2+(0.6\times272900)^2}\text{ N}\cdot\text{mm}=181500\text{ N}\cdot\text{mm}$$

Ⅱ-Ⅱ截面

$$M_{eⅡ}=\sqrt{M_{Ⅱ}^2+(\alpha T)^2}=\sqrt{38498^2+(0.6\times272900)^2}\text{ N}\cdot\text{mm}=168205\text{ N}\cdot\text{mm}$$

(7) 确定危险截面及校核强度　由图9-26可以看出，截面Ⅰ-Ⅰ、Ⅱ-Ⅱ所受转矩相同，但弯矩 $M_{eⅠ}>M_{eⅡ}$，且轴上还有键槽，故截面Ⅰ-Ⅰ可能为危险面，但由于轴径 $d_3>d_2$，故也应该对截面Ⅱ-Ⅱ进行校核。

Ⅰ-Ⅰ截面

$$\sigma_{eⅠ}=\frac{M_{eⅠ}}{W}=\frac{181500}{0.1d_3^3}=\frac{181500}{0.1\times45^3}\text{ MPa}=19.9\text{ MPa}$$

Ⅱ-Ⅱ截面

$$\sigma_{eⅡ}=\frac{M_{eⅡ}}{W}=\frac{168205}{0.1d_2^3}=\frac{168205}{0.1\times40^3}\text{ MPa}=26.3\text{ MPa}$$

轴的材料选用45钢，调质处理，由表9-1查得 $R_m=650$ MPa，由表9-3查得许用弯曲应

力 $[\sigma_{-1B}]$ = 60 MPa,则满足 $\sigma_e \leqslant [\sigma_{-1B}]$ 的条件，故设计的轴有足够的强度，并有一定的裕量。

**5. 修改轴的结构**

因所设计的轴的强度裕度不大，此轴不必再做修改。

**6. 绘制轴的零件图**

略。

## 9.5　拓展练习

**一、单选题**

9-1　对于工作温度变化较大的长轴，轴承组应采用________的轴向固定方式。

A. 两端固定　　B. 一端固定，一端游动

C. 两端游动　　D. 左端固定，右端游动

9-2　一般转轴的失效形式为________。

A. 塑性变形　　B. 疲劳破坏或刚度不足

C. 由于静强度不够而断裂　　D. 弹性变形

9-3　齿轮等零件必须在轴上固定可靠并传递转矩，广泛应用________做周向固定。

A. 销联接　　B. 过盈配合　　C. 键联接　　D. 螺纹联接

9-4　为使零件轴向定位可靠，轴上的倒角或倒圆半径须________轮毂孔的倒角或倒圆半径。

A. 等于　　B. 大于　　C. 小于　　D. 远远大于

**二、判断题**

9-5　为了提高轴的刚度，必须采用合金钢材料。　（　）

9-6　轴的强度是保证轴正常工作的基本条件。　（　）

9-7　用轴肩、套筒、挡圈等结构可对轴上零件做周向固定。　（　）

9-8　为降低应力集中，轴上应制出退刀槽和越程槽等工艺结构。　（　）

**三、填空**

9-9　轴的常用材料为（　　），螺钉的常用材料为（　　）。

9-10　在轴的按弯扭合成强度计算公式中，$\alpha$ 值的意义是（　　）。

9-11　轴与轮毂的连接形式有（　）、（　）、（　）、（　）等。

9-12　轴上零件的周向固定的方法有（　　）、（　　）、（　　）等几种。

9-13　轴上零件的轴向固定的方法有（　　）、（　　）、（　　）等几种。

9-14　不论是按强度计算还是估算的轴径，都必须经圆整到（　　）。

9-15　在轴上切制螺纹的末尾处必须有螺纹加工的（　　）；而在需要磨削加工的轴颈上，应留有使砂轮能越过工作面的（　　）。

9-16　轴肩或轴环是一种常用的（　　）方法，它结构简单，（　　）可靠和能够承受较大的（　　）。

9-17　在工作中同时承受（　　）和（　　）的轴称为转轴。

**四、简答题**

9-18 轴有哪些类型？各有何特点？请各举2～3个实例。

9-19 轴上零件的轴向固定有哪些方法？各适用于哪些场合？

9-20 轴的结构设计应从哪几个方面考虑？

9-21 轴的常用材料有哪些？应如何选用？

9-22 在齿轮减速器中，为什么低速轴的直径要比高速轴粗得多？

9-23 轴上零件的周向和轴向定位方式有哪些？各适用什么场合？

**五、计算题**

9-24 已知一传动轴传递的功率为40 kW，转速 $n=1000$ r/min，如果轴上的切应力不许超过40 MPa，求该轴的直径。

9-25 已知一传动轴直径 $d=35$ mm，转速 $n=1450$ r/min，如果轴上的切应力不许超过55 MPa，问该轴能传递多少功率？

9-26 已知一转轴在直径 $d=55$ mm 处受不变的转矩 $T=15\times10^3$ N·m 和弯矩 $M=7\times10^3$ N·m，轴的材料为45钢调质处理，问该轴能否满足强度要求？

9-27 如图9-27所示的转轴，直径 $d=60$ mm，传递不变的转矩 $T=2300$ N·m，$F=9000$ N，$a=300$ mm。若轴的许用弯曲应力 $[\sigma_{-1B}]=80$ MPa，求 $x=$？

9-28 如图9-28所示的齿轮轴由 $D$ 输出转矩。其中 $AC$ 段的轴径为 $d_1=70$ mm，$CD$ 段的轴径为 $d_2=55$ mm。作用在轴的齿轮上的受力点距轴线 $a=160$ mm。转矩校正系数（折合系数）$\alpha=0.6$。其他尺寸见图，单位 mm。另外，已知：切向力 $F_t=5800$ N、径向力 $F_r=2100$ N、轴向力 $F_a=800$ N，试求轴上最大应力点位置和应力值。

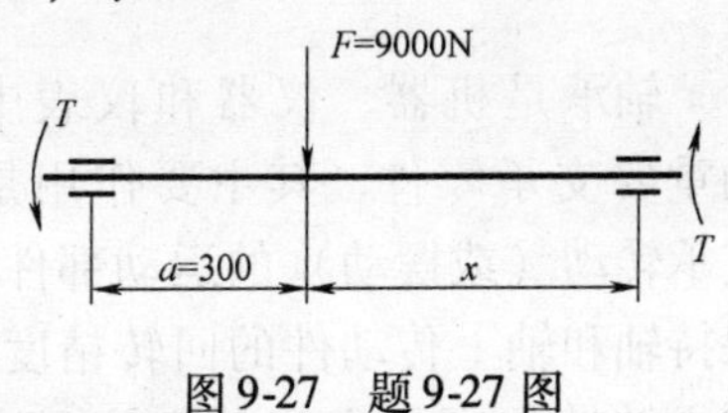

图9-27 题9-27图

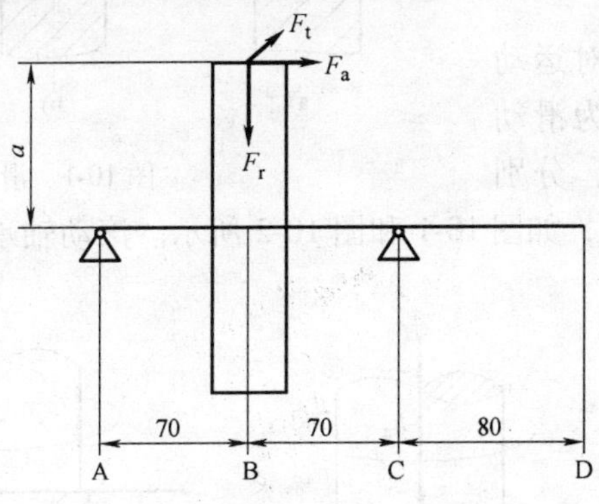

图9-28 题9-28图

9-29 已知一单级直齿圆柱齿轮减速器，用电动机直接拖动，电动机功率 $P=22$ kW，转速 $n_1=1470$ r/min，齿轮的模数 $m=4$ mm，齿数 $z_1=18$，$z_2=82$，若支承间跨距 $l=180$ mm（齿轮位于跨距中央），轴的材料用45钢调质，试计算输出轴危险截面处的直径 $d$。

# 第 10 章　轴　　承

## 知识目标

✧　掌握滚动轴承的作用、结构类型、代号和特点。
✧　掌握滚动轴承的失效形式与计算准则。
✧　掌握滚动轴承的寿命计算方法与选择原则。
✧　掌握滚动轴承的结构设计主要内容。
✧　了解滑动轴承的结构、类型、材料及润滑等。

## 能力目标

✧　能正确选用滚动轴承的型号。
✧　能正确进行滚动轴承的组合设计。
✧　能对机器中的轴承进行正确养护。

轴承是机器、仪器和仪表中的重要支承零件，其主要作用是支承转动（或摆动）的运动部件，保持轴和轴上传动件的回转精度，减少转轴与支承之间的摩擦和磨损，并承受载荷。

根据工作时支承处相对运动表面的摩擦性质，轴承分为滑动摩擦轴承和滚动摩擦轴承，分别简称为滑动轴承和滚动轴承，如图 10-1 和图 10-2 所示。滚动轴承已经标准化，我们进行重点介绍。

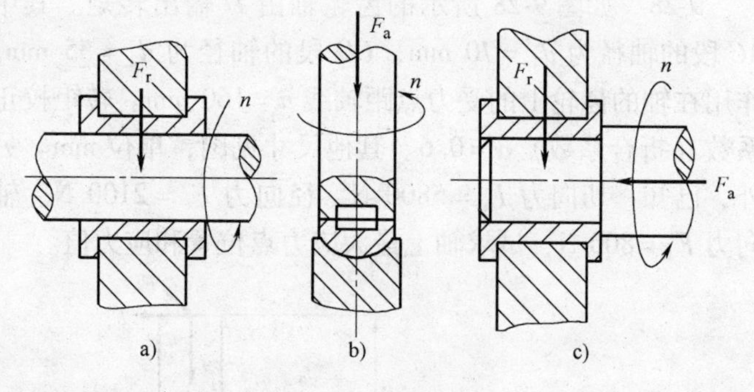


图 10-1　滑动轴承

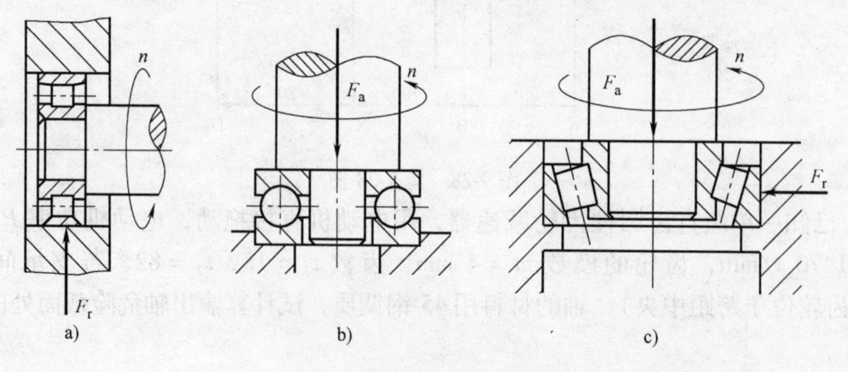


图 10-2　滚动轴承

# 10.1 滚动轴承

## 10.1.1 滚动轴承的构造、类型及特点

### 1. 滚动轴承的构造

滚动轴承一般由内圈、外圈、滚动体和保持架组成，如图 10-3 所示。内圈装在轴颈上，外圈装在机座和零件的轴承孔内。在多数情况下，外圈不转动，内圈与轴一起转动。当内外圈之间相对旋转时，滚动体沿着滚道滚动。保持架使滚动体均匀分布在滚道上，并减少滚动体之间的碰撞和磨损。

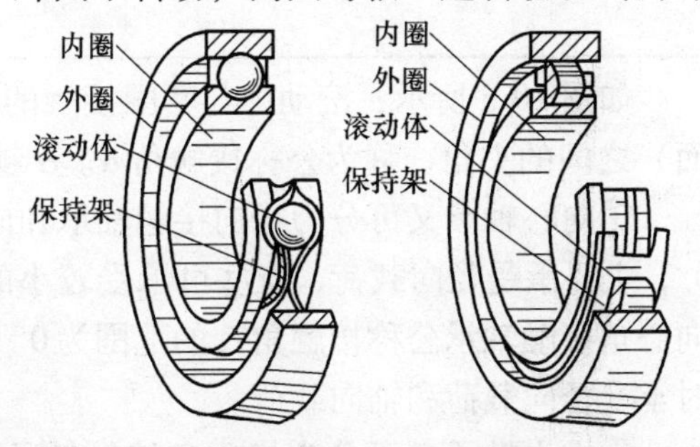

图 10-3 滚动轴承的构造

常的滚动体有 6 种形状，如图 10-4 所示。

滚动轴承的内外圈和滚动体之间是点或线接触，表面接触应力大，所以其制造材料应选用强度高、耐磨性和冲击韧性好的轴承钢制造。常用材料有：GCr15 钢、GCr15SiMn 钢、GCr6 钢、GCr9 钢等，热处理后硬度应不低于 60～65HRC，工作表面要求磨削抛光，以提高其接触疲劳强度。保持架多用低碳钢板冲压而成，也可用非铁金属合金或塑料及其他材料制成。

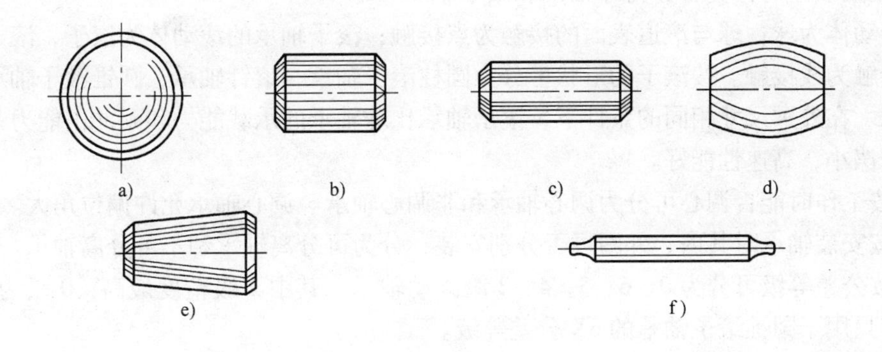

图 10-4 滚动体的形状

a）球 b）圆柱滚子 1 c）圆柱滚子 2 d）球面滚子 e）圆锥滚子 f）滚针

为适应某些特殊要求，有些滚动轴承还要附加其他特殊元件或采用特殊结构，如轴承无内圈或外圈、带有防尘密封结构或在外圈上加止动环等。

### 2. 滚动轴承的类型

滚动轴承按结构特点的不同有多种分类方法，各类轴承分别适用于不同载荷、转速及特殊需要。

1）按所能承受载荷的方向或公称接触角 $\alpha$ 的不同可分为向心轴承和推力轴承（表 10-1）。

表 10-1 各类轴承的公称接触角

| 轴承种类 | 向心轴承 | | 推力轴承 | |
|---|---|---|---|---|
| | 径向接触 | 向心角接触 | 推力角接触 | 轴向接触 |
| 公称接触角 $\alpha$ | $\alpha = 0°$ | $0° < \alpha \leqslant 45°$ | $45° < \alpha < 90°$ | $\alpha = 90°$ |
| 图例<br>（以球轴承为例） | | | | |

如图 10-5 所示，滚动体与套圈接触的公法线与轴承径向平面（垂直于轴承轴心线的平面）之间的夹角，称为公称接触角 $\alpha$。$\alpha$ 越大，滚动轴承承受轴向载荷的能力越大。

①向心轴承又可分为径向接触轴承和向心角接触轴承。径向接触轴承的公称接触角 $\alpha = 0°$，主要承受径向载荷，有些可承受较小的轴向载荷；向心角接触轴承公称接触角 $\alpha$ 的范围为 $0° \sim 45°$，能同时承受径向载荷和轴向载荷。

②推力轴承又可分为推力角接触轴承和轴向接触轴承。推力角接触轴承 $\alpha$ 的范围为 $45° \sim 90°$，主要承受轴向载荷，也可以承受较小的径向载荷；轴向接触轴承的 $\alpha = 90°$，只能承受轴向载荷。

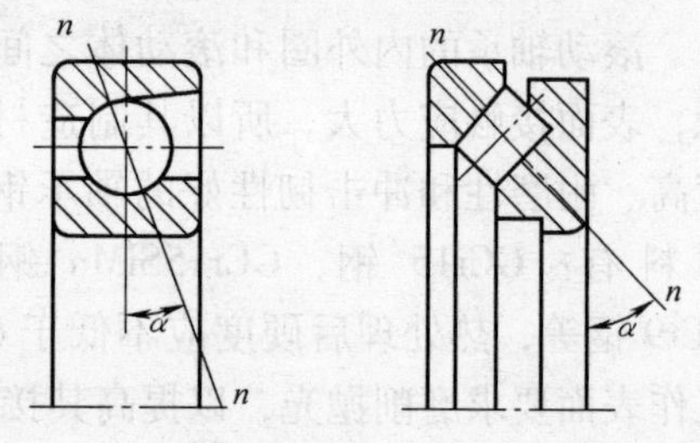

图 10-5 滚动轴承的公称接触角

2）按滚动体的种类可分为球轴承和滚子轴承。球轴承的滚动体为球，球与滚道表面的接触为点接触；滚子轴承的滚动体为滚子，滚子与滚道表面的接触为线接触。按滚子的形状可分为圆柱滚子轴承、滚针轴承、圆锥滚子轴承和调心滚子轴承。在外廓尺寸相同的条件下，滚子轴承比球轴承的承载能力和耐冲击能力都好，但球轴承摩擦小，高速性能好。

3）按工作时能否调心可分为调心轴承和非调心轴承。调心轴承允许偏位角大。

4）按安装轴承时其内、外圈可否分别安装，分为可分离轴承和不可分离轴承。

5）按公差等级可分为 0、6、5、4、2 级滚动轴承，其中 2 级精度最高，0 级为普通级。另外还有只用于圆锥滚子轴承的 6X 公差等级。

6）按运动方式可分为回转运动轴承和直线运动轴承。

常用滚动轴承的类型、代号及特性见表 10-2。

**3. 滚动轴承的特点**

1）滚动轴承具有摩擦阻力小、启动灵敏、效率高、旋转精度高、润滑和维修方便等优点，广泛应用于各种机械设备中。

2）滚动轴承类型较多，载荷、转速及工作温度的适应范围广，因而广泛应用。

3）滚动轴承已标准化，由专业轴承厂大批量生产，质量可靠、价格便宜，方便设计者根据需要直接选用设计。

4）滚动轴承承受冲击载荷能力较差，工作时有振动和噪声，高速、重载时，使用寿命较短。

5）滚动轴承一般径向尺寸较大且轴承不能剖分。

**表10-2 常用滚动轴承的类型、代号及特性**

| 轴承名称 | 类型代号 | 尺寸系列代号 | 基本组合代号 | 基本额定动载荷比 | 极限转速比 | 偏位角 $\delta$ | 标准号 | 价格比（参考） | 结构、性能特点 |
|---|---|---|---|---|---|---|---|---|---|
| 调心球轴承 | 1<br>(1)<br>1<br>(1) | (0)2<br>22<br>(0)3<br>23 | 1200<br>2200<br>1300<br>2300 | 0.6～0.9 | 中 | 2°～3° | GB/T 281—2013 | 1.3 | 双排球，外圈内球面球心在轴线上，偏位角大，可自动调心。主要承受径向载荷，能承受较小的轴向载荷 |
| 调心滚子轴承 | 2<br>2<br>2<br>2<br>2<br>2<br>2<br>2 | 13<br>22<br>23<br>30<br>31<br>32<br>40<br>41 | 21300<br>22200<br>22300<br>23000<br>23100<br>23200<br>24000<br>24100 | 1.8～4 | 低 | 0.5°～2° | GB/T 288—2013 | 5 | 与“1”类相似，但承载能力较大，偏位角较小 |
| 圆锥滚子轴承 | 3<br>3<br>3<br>3<br>3<br>3<br>3<br>3<br>3<br>3 | 02<br>03<br>13<br>20<br>22<br>23<br>29<br>30<br>31<br>32 | 30200<br>30300<br>31300<br>32000<br>32200<br>32300<br>32900<br>33000<br>33100<br>33200 | 1.5～2.5 | 中 | 2′ | GB/T 297—2015 | 1.5 | 接触角 $\alpha=11°\sim16°$，内、外圈可分离，便于调整游隙。能同时承受较大的径向载荷和单向轴向载荷 |
| 推力球轴承 单向 | 5<br>5<br>5<br>5 | 11<br>12<br>13<br>14 | 51100<br>51200<br>51300<br>51400 | 1 | 低 | 不允许 | GB/T 301—2015 | 0.9 | 接触角 $\alpha=90°$，套圈可分离，只能承受单向轴向载荷 |
| 推力球轴承 双向 | 5<br>5<br>5 | 22<br>23<br>24 | 52200<br>52300<br>52400 | | | | | 1.8 | 接触角 $\alpha=90°$，套圈可分离，承受双向轴向载荷 |
| 深沟球轴承 | 6<br>6<br>6<br>6<br>16<br>6<br>6<br>6<br>6 | 17<br>37<br>18<br>19<br>(0)0<br>(1)0<br>(0)2<br>(0)3<br>(0)4 | 61700<br>63700<br>61800<br>61900<br>16000<br>6000<br>6200<br>6300<br>6400 | 1 | 高 | 2′～16′ | GB/T 276—2013 | 1 | 主要承受径向载荷，也可承受不大的轴向载荷，在转速很高而轴向载荷不大时，可代替推力球轴承承受纯轴向载荷，应用广泛，但抗冲击载荷能力差 |

（续）

| 轴承名称 | 类型代号 | 尺寸系列代号 | 基本组合代号 | 基本额定动载荷比 | 极限转速比 | 偏位角 $\delta$ | 标准号 | 价格比（参考） | 结构、性能特点 |
|---|---|---|---|---|---|---|---|---|---|
| 角接触球轴承 | 7<br>7<br>7<br>7<br>7 | 19<br>(1)0<br>(0)2<br>(0)3<br>(0)4 | 71900<br>7000<br>7200<br>7300<br>7400 | 1.0～1.4(C)<br>1.0～1.3(AC)<br>1.0～1.2(B) | 较高 | 2′～10′ | GB/T 292—2007 | 1.7 | 能同时承受径向载荷和轴向载荷，公称接触角越大，轴向承载能力也越大。公称接触角 $\alpha=15°$(C)、25°(AC)、40°(B) |
| 圆柱滚子轴承 | N<br>N<br>N<br>N<br>N<br>N<br>NU<br>NU<br>NU<br>NU<br>NU<br>NU | 10<br>(0)2<br>22<br>(0)3<br>23<br>(0)4<br>10<br>(0)2<br>22<br>(0)3<br>23<br>(0)4 | N1000<br>N200<br>N2200<br>N300<br>N2300<br>N400<br>NU1000<br>NU200<br>NU2200<br>NU300<br>NU2300<br>NU400 | 1.5～3 | 较高 | 2′～4′ | GB/T 283—2007 | 2 | 有一个套圈（内外圈）可以分离，不能承受轴向载荷，只能承受较大的径向载荷 |

注：1. 极限转速比：同尺寸系列各类轴承的极限转速与深沟球轴承极限转速之比（脂润滑同，0级精度），比值介于90%～100%为高，比值介于60%～90%为中，比值<60%为低。

2. 基本额定动载荷比：同尺寸系列各类轴承的基本额定动载荷与深沟球轴承的基本额定动载荷之比。

3. 价格比是以深沟球轴承为基数1。

### 10.1.2　滚动轴承的代号

滚动轴承的类型很多，为了便于组织生产、设计和选用，GB/T 272—1993 规定了滚动轴承代号的结构及表示方法，滚动轴承代号由基本代号、前置代号和后置代号构成，其表达方式见表10-3。

**表10-3　滚动轴承代号的构成**

| 前置代号 | 基本代号 | | | | 后置代号 |
|---|---|---|---|---|---|
| 字母 | 类型代号 | 宽（高）度系列代号 | 直径系列代号 | 内径代号 | 字母符号，数字 |
| | 数字或字母 | 1位数字 | 1位数字 | 2位数字 | |

**1. 基本代号**

基本代号由轴承类型代号、尺寸系列代号及内径代号三部分构成。用来表示轴承的基本类型、结构和尺寸，是轴承代号的基础。一般用5位数字或数字和英文字母表示。现分述如下

（1）类型代号　用数字或大写英文字母表示，见表10-4。

表10-4 一般滚动轴承类型代号

| 轴承类型 | 代号 | 轴承类型 | 代号 |
|---|---|---|---|
| 双列角接触球轴承 | 0 | 深沟球轴承 | 6 |
| 调心球轴承 | 1 | 角接触球轴承 | 7 |
| 调心滚子轴承和推力调心滚子轴承 | 2 | 推力圆柱滚子轴承 | 8 |
| 圆锥滚子轴承 | 3 | 圆柱滚子轴承 | N |
| 双列深沟球轴承 | 4 | 外球面球轴承 | U |
| 推力球轴承 | 5 | 四点接触球轴承 | QJ |

（2）尺寸系列代号　由轴承的宽（高）度系列代号和直径系列代号组合而成，见表10-5。

表10-5 向心轴承、推力轴承尺寸系列代号

| 直径系列代号 | | 向心轴承 | | | | | | | | 推力轴承 | | | |
|---|---|---|---|---|---|---|---|---|---|---|---|---|---|
| | | 宽度系列代号（尺寸递增→） | | | | | | | | 高度系列代号（尺寸递增→） | | | |
| | | 8 | 0 | 1 | 2 | 3 | 4 | 5 | 6 | 7 | 9 | 1 | 2 |
| | | 尺寸系列号 | | | | | | | | | | | |
| 外径尺寸递增↓ | 7 | — | — | 17 | — | 37 | — | — | — | — | — | — | — |
| | 8 | — | 08 | 18 | 28 | 38 | 48 | 58 | 68 | — | — | — | — |
| | 9 | — | 09 | 19 | 29 | 39 | 49 | 59 | 69 | — | — | — | — |
| | 0 | — | 00 | 10 | 20 | 30 | 30 | 50 | 60 | 70 | 90 | 10 | — |
| | 1 | — | 01 | 11 | 21 | 31 | 31 | 51 | 61 | 71 | 91 | 11 | — |
| | 2 | 82 | 02 | 12 | 22 | 32 | 32 | 252 | 62 | 72 | 92 | 12 | 22 |
| | 3 | 83 | 03 | 13 | 23 | 33 | 33 | — | — | 73 | 93 | 13 | 23 |
| | 4 | — | 04 | — | 24 | — | — | — | — | 74 | 94 | 14 | 24 |
| | | 5 | — | — | — | — | — | — | — | — | — | 95 | — |

注：尺寸系列代号由轴承的宽（高）度系列代号和直径系列代号组合而成。

直径系列代号表示内径相同的同类轴承有几种不同的外径和宽度，如图10-6所示。

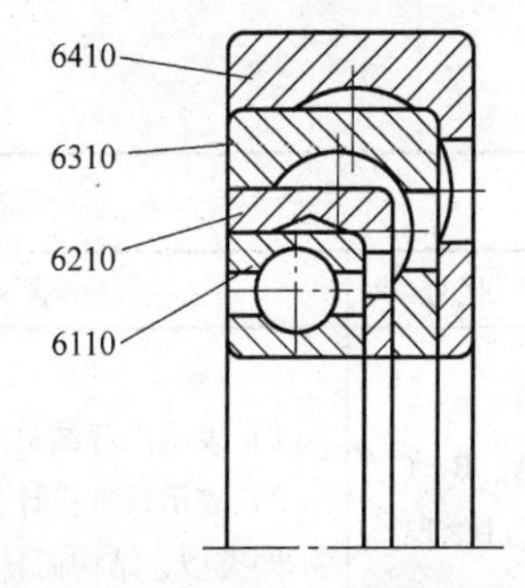

图10-6 直径系列对比

宽（高）度系列代号表示内、外径相同的同类轴承宽（高）度的变化。

（3）内径代号　表示轴承的内径尺寸，见表10-6。

**2. 前置代号和后置代号**

前置代号和后置代号是当轴承的结构形状、公差、技术要求等有改变时，在轴承基本代号的左右添加的补充代号，其代号及含义见表10-7。

后置代号用字母或字母加数字表示。内部结构代号及含义见表10-8；公差等级代号及含义见表10-9；游隙代号及含义见表10-10；配置代号及含义见表10-11。有关后置代号的其他内容可查阅轴承标准及设计手册的相关内容。

**表 10-6 轴承内径代号**

| 轴承公称内径/mm | | 内径代号 | 示 例 |
|---|---|---|---|
| 0.6 到 10（非整数） | | 直接用公称内径毫米数表示，在其与尺寸系列代号之间用“/”分开 | 深沟球轴承 618/2.5<br>$d=2.5\text{mm}$ |
| 1 到 9（整数） | | 直接用公称内径毫米数表示，对深沟球轴承及角接触球轴承 7、8、9 直径系列，内径与尺寸系列代号之间用“/”分开 | 深沟球轴承 625<br>$d=5\text{mm}$ |
| 10 到 17 | 10 | 00 | 深沟球轴承 6200<br>$d=5\text{mm}$ |
| | 12 | 01 | |
| | 15 | 02 | |
| | 17 | 03 | |
| 20 到 480（22，28、32 除外） | | 用公称内径除以 5 的商数表示，商数为一位数时，需在商数左边加“0”，如 08 | 调心滚子轴承 23208<br>$d=40\text{mm}$ |
| 大于和等于 500 以及 22，28，32 | | 直接用公称内径毫米数表示，但在其与尺寸系列代号之间用“/”分开 | 调心滚子轴承 230/500<br>$d=500\text{mm}$<br>深沟球轴承 62/22<br>$d=22\text{mm}$ |
| 例：调心滚子轴承 23224 2—尺寸系列代号 24—内径代号 $d=120\text{mm}$ | | | |

**表 10-7 前置、后置代号**

| 前置代号 | | | 基本代号 | 后置代号（组） | | | | | | | |
|---|---|---|---|---|---|---|---|---|---|---|---|
| 代号 | 含义 | 示例0 | | 1 | 2 | 3 | 4 | 5 | 6 | 7 | 8 |
| L | 可分离内圈或外圈的轴承 | LNU207 | | 内部结构 | 密封与防尘套圈变型 | 保持架及材料 | 轴承材料 | 公差等级 | 游隙 | 配置 | 其他 |
| R | 不带可分离内圈或外圈的轴承 | RNU207 | | | | | | | | | |
| WS | 推力圆柱滚子轴承轴圈 | WS8117 | | | | | | | | | |
| GS | 推力圆柱滚子轴承座圈 | GS81107 | | | | | | | | | |
| K | 滚子和保持架组件 | K81107 | | | | | | | | | |

**表 10-8 后置代号的内部结构代号及含义**

| 代号 | 含义 | 示 例 |
|---|---|---|
| A、B、C、D、E | 1）表示内部结构改变<br>2）表示标准设计，其含义随轴承的不同类型、结构而异 | B 角接触球轴承 公称接触角 $\alpha=40°$7210B<br>圆锥滚子轴承 接触角加大 32310B<br>C 角接触球轴承 公称接触角 $\alpha=15°$7005C<br>调心滚子轴承 C 型 23122C<br>E 加强型① NU207E |
| AC | 角接触球轴承公称接触角 $\alpha=25°$ | 7210AC |
| D | 部分式轴承 | K50×55×20D |
| ZW | 滚针保持架组件双列 | K20×25×40ZD |

① 加强型（即为内部结构设计改进），增大轴承承载能力的轴承。

表 10-9 后置代号中的公差等级代号及其含义

| 代号 | 含 义 | 示例 |
| --- | --- | --- |
| /P0 | 公差等级符合标准规定0级，在代号中省略而不表示（普通级） | 6203 |
| /P6 | 公差等级符合标准规定6级 | 6203/P6 |
| /P6X | 公差等级符合标准规定6X级 | 30210/P6X |
| /P5 | 公差等级符合标准规定5级 | 6203/P5 |
| /P4 | 公差等级符合标准规定4级 | 6203/P4 |
| /P2 | 公差等级符合标准规定2级 | 6203/P2 |

表 10-10 后置代号中的游隙代号及其含义（摘录）

| 代号 | 含 义 | 示 例 |
| --- | --- | --- |
| /C1 | 游隙符合标准规定的1组 | NN3006K/C1 |
| /C2 | 游隙符合标准规定的2组 | 6210/C2 |
| — | 游隙符合标准规定的0组 | 6210 |
| /C3 | 游隙符合标准规定的3组 | 6210/C3 |
| /C4 | 游隙符合标准规定的4组 | NN 3006 K/C4 |
| /C5 | 游隙符合标准规定的5组 | NNU 4920K/C5 |

表 10-11 后置代号中的配置代号及其含义（摘录）

| 代号 | 含 义 | 示 例 |
| --- | --- | --- |
| /DB | 成对背对背安装 | 7210C/DB |
| /DF | 成对面对面安装 | 32208/DF |
| /DT | 成对串联安装 | 7210C/DT |

**3. 滚动轴承代号示例**

（1）71908/P5

7——轴承类型为角接触轴承；

19——尺寸系列代号，1为宽度系列代号，9为直径系列代号；

08——内径代号，$d=8\times5=40$mm；

P5——公差等级为5级。

（2）6204

6——轴承类型为深沟球轴承；

（0）2——尺寸系列代号，宽度系列代号为0（省略），2为直径系列代号；

04——内径代号，$d=4\times5=20$mm；

公差等级为0级（公差等级代号/P0省略）。

（3）33215/P64

3——轴承类型为圆锥滚子轴承；

32——尺寸系列代号。宽度系列代号为3，直径系列代号为2；

15——内径代号，$d=15\times5=75$mm；

/P64——后置代号，表示公差等级6级，游隙为4组（公差等级与游隙代号需同时表示时，只取公差等级代号加上游隙组号）。

### 10.1.3 滚动轴承的失效和计算

**1. 滚动轴承的失效形式及计算准则**

(1) 失效形式 滚动轴承的失效形式主要有三种：疲劳点蚀、塑性变形和磨损。

1) 疲劳点蚀。滚动轴承在工作时，其内圈、外圈及滚动体承受循环变化的接触应力，导致各接触表面产生局部脱落，即疲劳点蚀。轴承发生点蚀后，会引起较强烈的振动、噪声和发热现象，使旋转精度下降，从而影响机器的正常工作。

2) 塑性变形。在重载或冲击载荷的作用下，使滚动体和内、外圈滚道表面接触处的局部应力超过材料的屈服强度，产生过量的塑性变形，从而导致轴承失效。

3) 磨损。在润滑不良、密封不好或安装使用不当时，粉尘、杂质进入轴承中，造成磨粒磨损导致轴承失效。

(2) 计算准则

1) 一般转速的轴承，即 $10\ \mathrm{r/min} < n < n_{\mathrm{lim}}$，应以疲劳强度计算为依据进行轴承的寿命计算。

2) 对于高速轴承，除疲劳点蚀外，其工作表面的过热也是重要的失效形式，因此除需进行寿命计算外还应校验其极限转速。

3) 对于低速轴承，即 $n < 10\mathrm{r/min}$，可近似地认为轴承各元件是在静应力作用下工作的，其失效形式为塑性变形，应进行以不发生塑性变形为准则的静强度计算。

**2. 滚动轴承的寿命计算**

(1) 有关寿命计算的相关基本概念

1) 轴承寿命。轴承中的任一滚动体或内、外圈滚道上出现第一个疲劳点蚀前，内、外圈相对的总转数，或在某一转速下的工作小时数，称为轴承寿命。

2) 基本额定寿命。一批同型号的轴承，在相同工作条件下运转，当10%的轴承发生点蚀而其余90%的轴承没有发生点蚀时所达到的总转数 $L_{10}$（单位为 $10^6$ 转），或在一定转速下的工作小时数 $L_\mathrm{h}$，称为滚动轴承的基本额定寿命。

3) 基本额定动载荷。轴承在基本额定寿命恰好为 $10^6$ 转时所能承受的载荷值 $C$ 称为基本额定动载荷。对向心轴承指径向载荷，用 $C_\mathrm{r}$ 表示；对推力轴承指轴向载荷，用 $C_\mathrm{a}$ 表示；对角接触轴承和圆锥滚子轴承，指其径向分量。

4) 当量动载荷。轴承的额定动载荷 $C$ 是在一定的试验条件下确定的，将轴承的实际载荷换算为试验条件相同的载荷，这个换算的载荷是一个假想的载荷，称为当量动载荷，用 $P$ 表示，其计算公式为

$$P = f_\mathrm{p}(XF_\mathrm{r} + YF_\mathrm{a}) \tag{10-1}$$

式中 $F_\mathrm{r}$、$F_\mathrm{a}$——径向、轴向载荷；

$X$、$Y$——径向、轴向载荷系数，见表10-12；

$f_\mathrm{p}$——载荷系数，是考虑机器工作时振动、冲击对轴承寿命影响的系数，见表10-13。

对于只承受纯径向载荷的向心轴承，其当量动载荷为

$$P = f_\mathrm{p}F_\mathrm{r} \tag{10-2}$$

对于只承受纯轴向载荷的推力轴承，其当量动载荷为

$$P = f_p F_a \tag{10-3}$$

**表 10-12 当量动载荷的载荷系数 $X$、$Y$**

| 轴承类型 | $F_a/C_{or}$ | $e$ | 单列轴承 | | | | 双列轴承(或成对安装的单列轴承) | | | |
|---|---|---|---|---|---|---|---|---|---|---|
| | | | $F_a/F_r>e$ | | $F_a/F_r\leqslant e$ | | $F_a/F_r>e$ | | $F_a/F_r\leqslant e$ | |
| | | | $X$ | $Y$ | $X$ | $Y$ | $X$ | $Y$ | $X$ | $Y$ |
| 深沟球轴承(60000) | 0.014 | 0.19 | | 2.30 | | | | 2.30 | | |
| | 0.028 | 0.22 | | 1.99 | | | | 1.99 | | |
| | 0.056 | 0.26 | | 1.71 | | | | 1.71 | | |
| | 0.084 | 0.28 | | 1.55 | | | | 1.55 | | |
| | 0.11 | 0.30 | 0.56 | 1.45 | 1 | 0 | 0.56 | 1.45 | 1 | 0 |
| | 0.17 | 0.34 | | 1.31 | | | | 1.31 | | |
| | 0.28 | 0.38 | | 1.15 | | | | 1.15 | | |
| | 0.42 | 0.42 | | 1.04 | | | | 1.04 | | |
| | 0.56 | 0.44 | | 1.00 | | | | 1.00 | | |
| 调心球轴承(10000) | — | 1.5tan$\alpha$ | 0.4 | 0.4cot$\alpha$ | 1 | 0 | 0.65 | 0.65cot$\alpha$ | 1 | 0.42 cot$\alpha$ |
| 调心滚子轴承(20000) | — | 1.5tan$\alpha$ | 0.4 | 0.4cot$\alpha$ | 1 | 0 | 0.67 | 0.67cot$\alpha$ | 1 | 0.45cot$\alpha$ |
| 角接触球轴承 70000C | 0.015 | 0.38 | | 1.47 | | | | 2.39 | | 1.65 |
| | 0.029 | 0.40 | | 1.40 | | | | 2.28 | | 1.57 |
| | 0.058 | 0.43 | | 1.30 | | | | 2.11 | | 1.46 |
| | 0.087 | 0.46 | | 1.23 | | | | 2.00 | | 1.38 |
| | 0.12 | 0.47 | 0.44 | 1.19 | 1 | 0 | 0.72 | 1.93 | 1 | 1.34 |
| | 0.17 | 0.50 | | 1.12 | | | | 1.82 | | 1.26 |
| | 0.29 | 0.55 | | 1.02 | | | | 1.66 | | 1.14 |
| | 0.44 | 0.56 | | 1.00 | | | | 1.63 | | 1.12 |
| | 0.58 | 0.56 | | 1.00 | | | | 1.63 | | 1.12 |
| 角接触球轴承 70000AC | — | 0.68 | 0.41 | 0.87 | 1 | 0 | 0.67 | 1.41 | 1 | 0.92 |
| 角接触球轴承 70000B | — | 1.14 | 0.35 | 0.57 | 1 | 0 | 0.57 | 0.93 | 1 | 0.55 |
| 圆锥滚子轴承(30000) | — | 1.5tan$\alpha$ | 0.40 | 0.40cot$\alpha$ | 1 | 0 | 0.67 | 0.67cot$\alpha$ | 1 | 0.45cot$\alpha$ |

注:1. 表中 $C_{or}$ 为轴承的额定静载荷。

2. $e$ 是判别轴向载荷 $F_a$ 对当量动载荷 $P$ 影响程度的系数。

**表 10-13 载荷系数 $f_p$**

| 载荷性质 | $f_p$ | 举 例 |
|---|---|---|
| 无冲击或轻微冲击 | 1.0~1.2 | 电机、汽轮机、通风机、水泵等 |
| 中等冲击或振动 | 1.2~1.8 | 车辆、动力机械、起重机、机床、冶金设备、造纸机等 |
| 强大冲击或振动 | 1.8~3.0 | 破碎机、轧钢机、石油钻机、振动筛等 |

(2)滚动轴承的寿命计算　通过大量的实验证明，滚动轴承的载荷与寿命之间的关系曲线满足下面的关系式

$$P^{\varepsilon} L_{10} = 常数$$

式中 $P$——当量动载荷（N）；

$\varepsilon$——轴承寿命指数，球轴承 $\varepsilon=3$，滚子轴承 $\varepsilon=10/3$；

$L_{10}$——轴承额定寿命，$10^6$ 转。

当 $L=1$（$10^6$ 转）时，轴承所承受的载荷为基本额定动载荷，即有 $P=C$，则

$$P^{\varepsilon}L_{10} = C^{\varepsilon}$$

滚动轴承的寿命计算基本公式为

$$L_{10} = \left(\frac{C}{P}\right)^{\varepsilon} \tag{10-4}$$

实际计算中常习惯用小时数表示寿命。设轴承转速为 $n$ 则滚动轴承的寿命计算公式改写为

$$L_{\mathrm{h}} = \frac{10^6}{60n}\left(\frac{C}{P}\right)^{\varepsilon} \tag{10-5}$$

当轴承的工作温度高于100℃时，其基本额定动载荷 $C$ 的值将降低，需引入温度系数 $f_{\mathrm{t}}$（表10-14）进行修正，得滚动轴承实用的寿命计算公式为

$$L_{\mathrm{h}} = \frac{10^6}{60n}\left(\frac{f_{\mathrm{t}}C}{P}\right)^{\varepsilon} \tag{10-6}$$

**表10-14 温度系数 $f_{\mathrm{t}}$**

| 轴承工作温度/℃ | <120 | 125 | 150 | 175 | 200 | 225 | 250 | 300 | 350 |
|---|---|---|---|---|---|---|---|---|---|
| 温度系数 $f_{\mathrm{t}}$ | 1.00 | 0.95 | 0.90 | 0.85 | 0.80 | 0.75 | 0.70 | 0.60 | 0.50 |

若已给定轴承的预期寿命 $L'_{\mathrm{h}}$、转速 $n$ 和当量动载荷 $P$，则可求出轴承所要求的基本额定动载荷 $C'$，进行轴承型号选择

$$C' = \frac{P}{f_{\mathrm{t}}}\left(\frac{60nL'_{\mathrm{h}}}{10^6}\right)^{\frac{1}{\varepsilon}} \tag{10-7}$$

选择轴承型号时，根据 $C \geqslant C'$，从轴承手册中选择的型号，就可保证能达到预期寿命。轴承预期寿命推荐值见表10-15。

**表10-15 轴承预期寿命推荐值**

| 机器类型 | 预期寿命 $L'_{\mathrm{h}}$/h |
|---|---|
| 不经常使用的仪器或设备，如闸门开闭装置等 | 300～3000 |
| 短期或间断使用的机械，中断使用不致引起严重后果，如手动机械等 | 3000～8000 |
| 间断使用的机械，中断使用会引起严重后果的，如发电机辅助设备，流水作业传送装置，带式运输机，车间起重机，不常使用的机床等 | 8000～12000 |
| 每天8h工作的机械（利用率不高），如一般的齿轮传动、某些固定电动机等 | 12000～20000 |
| 每天8h工作的机械（利用率较高），如机床，木材加工机械，印刷机械，连续使用的起重机等 | 2000～30000 |
| 24h连续工作的机械，如矿山升降机，纺织机械，泵，电动机等 | 40000～60000 |
| 24h连续工作的机械，中断使用后果严重的，如纤维生产和造纸机械，电站主发电机，矿用泵，给排水设备，船舶螺旋桨轴等 | 100000～200000 |

**3. 向心角接触轴承轴向载荷计算**

（1）内部轴向力 $S$ 的确定 向心角接触轴承包括向心角接触球轴承（70000型）和圆锥

滚子轴承（30000 型），在承受径向载荷时，由于接触角的作用，会产生派生的轴向力 $S$，见表 10-16。这种派生的轴向力 $S$ 实际上是外圈对滚动体法向力的轴向分力，其方向总是从轴承外圈较厚的一侧指向较薄的一侧，有使内外圈分离的趋势。为了保证这类轴承正常工作，通常成对安装使用，安装方法有两种，如图 10-7 所示。正装（成对面对面安装）：轴承外圈窄边相对，实际支点偏向两支承内侧，两轴承内部轴向力 $S_1$ 与 $S_2$ 的方向相对；反装（成对背对背安装）：轴承外圈宽边相对，实际支点偏向两支承外侧，两轴承内部轴向力 $S_1$ 与 $S_2$ 的方向背离。

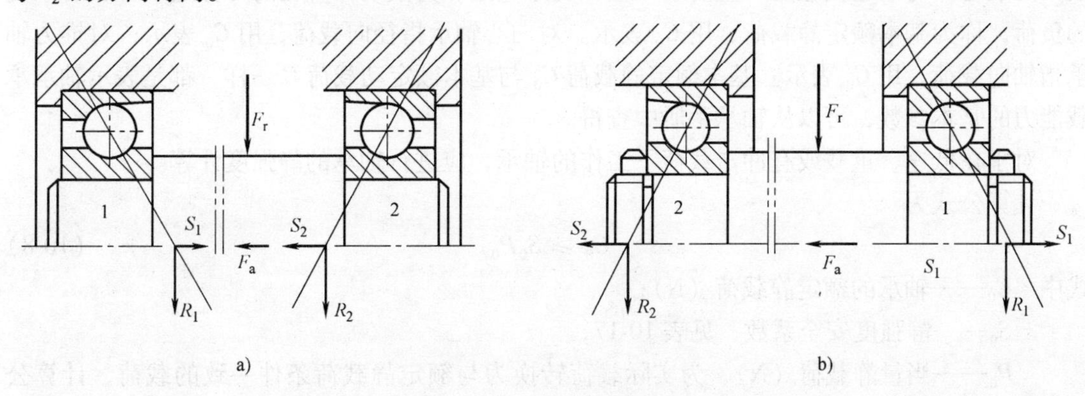


图 10-7　角接触轴承轴向载荷分析

a）正装　b）反装

**表 10-16　角接触轴承的内部轴向力 $S$**

| 轴承类型 | 圆锥滚子轴承（30000） | 角接触球轴承 | | |
|---|---|---|---|---|
| | | (7000C) $\alpha=15°$ | (7000AC) $\alpha=25°$ | (7000B) $\alpha=40°$ |
| 内部轴向力 $S$ | $S=F_r/2Y$ | $S=eF_r$ | $S=0.68F_r$ | $S=1.14F_r$ |

注：1. 表中的 $e$ 由表 10-12 查得。

2. 表中的 $Y$ 值是表 10-12 中 $F_a/F_r>e$ 时 $Y$ 值。

（2）轴向载荷的计算　确定向心角接触轴承的轴向载荷时，应同时考虑径向力引起的内部轴向力 $S$ 和作用于轴上的其他轴向力 $F_a$，根据整个轴上所有轴向力之间的平衡关系确定两轴承最终受到的轴向载荷 $F_{a1}$ 和 $F_{a2}$。下面以图 10-7a 中正装（面对面）轴承为例说明其计算方法。

如图 10-7a 所示，把派生的轴向力 $S$ 方向与外加轴向力 $F_a$ 方向一致的轴承标为 2，另一端轴承标为 1。如轴向平衡，则有

$$F_a + S_2 = S_1$$

此时，两轴承的轴向载荷为各自的内部轴向力 $S_1$ 和 $S_2$。

如果 $F_a+S_2>S_1$ 时，轴有向左移动趋势，轴承 1 被“压紧”，轴承 2 被“放松”。此时轴承 1 所受的轴向载荷为 $F_{a1}=F_a+S_2$，轴承 2 承受的轴向载荷仅为其内部轴向力，即 $F_{a2}=S_2$。

如果 $F_a+S_2<S_1$ 时，轴有向右移动趋势，轴承 2 被“压紧”，轴承 1 被“放松”。此时轴承 1 所受的轴向载荷为其内部轴向力 $F_{a1}=S_1$，轴承 2 承受的轴向总载荷为 $F_{a2}=S_1-F_a$。

由以上分析，可得出角接触轴承的实际轴向载荷的计算方法要点：

1）根据轴承的安装方式，确定内部轴向力的大小及方向。

2）判断全部轴向载荷合力的方向，确定被压紧的轴承（紧端）及被放松的轴承（松端）。

3）“紧端”轴承所受的实际轴向载荷，等于所有外部轴向力与“松端”轴承内部轴向力的代数和；“松端”轴承所受的实际轴向载荷，等于自身内部轴向力。

**4. 滚动轴承的静强度计算**

静强度计算的目的是防止轴承在载荷作用下产生过大的塑性变形。轴承受载后，在应力最大的滚动体与滚道接触处产生的永久塑性变形量之和为滚动体直径的万分之一时，所承受的负荷，称为基本额定静载荷，用 $C_0$ 表示。对向心轴承指径向载荷，用 $C_{0r}$表示；对推力轴承指轴向载荷，用 $C_{0a}$表示。基本额定静载荷 $C_0$ 与基本额定动载荷 $C$ 一样，都是表示轴承承载能力的基本参数，可以从轴承手册中查得。

对于在低速、重载或有冲击载荷下工作的轴承，应进行轴承的静强度计算。

计算公式为

$$C_0 \geqslant S_0 P_0 \tag{10-8}$$

式中　$C_0$——轴承的额定静载荷（N）；

$S_0$——静强度安全系数，见表10-17；

$P_0$——当量静载荷（N），为实际载荷转换为与额定静载荷条件一致的载荷，计算公式为

$$P_0 = X_0 F_r + Y_0 F_a \tag{10-9}$$

式中　$F_r$——实际径向载荷（N）；

$F_a$——实际轴向载荷（N）；

$X_0$、$Y_0$——静载荷的径向、轴向系数，其值可查轴承手册。

**表10-17　静负荷的安全系数 $S_0$**

| 转动情况 | 载荷条件 | $S_0$ | 使用条件 | $S_0$ |
|---|---|---|---|---|
| 连续旋转 | 普通载荷 | 1.0~2.0 | 高精度旋转 | 1.5~2.5 |
| | 冲击载荷 | 2.0~3.0 | 有振动冲击 | 1.2~2.5 |
| 不旋转及做摆动 | 普通载荷 | 0.5 | 普通精度 | 1.0~1.2 |
| | 冲击及不均匀载荷 | 1.0~1.5 | 允许有变形量 | 0.3~1.0 |

**5. 滚动轴承的极限转速验算**

滚动轴承在一定载荷和润滑条件下，允许的最高转速称为极限转速，以 $n_{lim}$ 表示。试验条件一般为负荷较小，$P \leqslant 0.1C_r$；润滑与冷却条件正常；向心轴承只受纯径向负荷，推力轴承只受纯轴向负荷；轴承的精度为 $P_0$ 级。

极限转速验算公式

$$n \leqslant n_{lim}$$

考虑到实际工作条件与试验条件的差异，引入修正系数 $f_1$，$f_2$，得实用极限转速验算公式

$$n \leqslant f_1 f_2 n_{lim} \tag{10-10}$$

式中　$n$——轴承工作转速（r/min）；

$n_{lim}$——极限转速（可查轴承手册）；

$f_1$——载荷系数（可查轴承手册）；

$f_2$——载荷分布系数（可查轴承手册）。

### 10.1.4 滚动轴承的选用

**1. 影响轴承承载能力的参数**

（1）游隙 内、外圈滚道与滚动体之间的间隙为游隙，即为当一个座圈固定时，另一座圈沿径向或轴向的最大移动量（通常用$\mu$表示）。游隙可影响轴承的运动精度、寿命、噪声和承载能力等。

（2）极限转速 滚动轴承在一定载荷和润滑条件下，允许的最高转速称为极限转速。滚动轴承转速过高会使摩擦面间产生高温，使润滑失效，从而导致滚动体退火或胶合而产生破坏。各类轴承极限转速数值可查轴手册。

（3）偏位角 安装误差或轴的变形等都会引起轴承内、外圈中心线发生相对倾斜，其倾斜角$\delta$称为偏位角。如图10-8所示。各类轴承的允许偏位角见表10-2。

（4）接触角 由轴承结构类型决定的接触角称为公称接触角，如表10-1所列。深沟球轴承（$\alpha=0°$）只承受径向力时其内外圈不会做轴向移动，故实际接触角保持不变。如果作用有轴向力$F_a$时（如图10-9所示），其实接触角不再与公称接触角相同，$\alpha$增大到$\alpha_1$。对角接触轴承而言，$\alpha$值越大，则轴承承受轴向载荷的能力也越大。

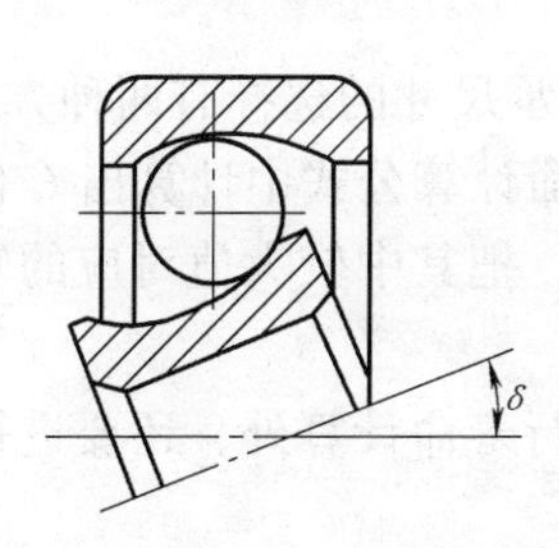


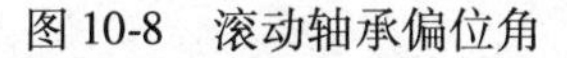

图10-8 滚动轴承偏位角

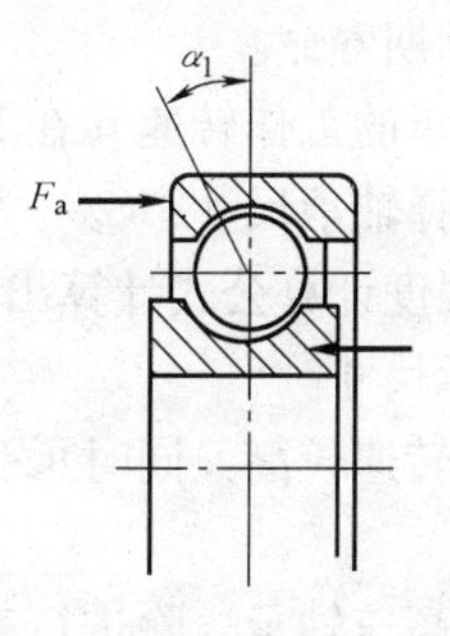


图10-9 接触角的变化

**2. 滚动轴承的选择**

（1）滚动轴承类型的选择 各类轴承的基本特点已在表10-2中进行了说明。选用轴承时，首先是选择类型。选择轴承类型应考虑多种因素，滚动轴承的选型主要从以下几个主要因素考虑。

1）轴承承受载荷。轴承承受载荷的大小、方向和性质是选择轴承类型的主要依据。轻载和中等载荷时应选用球轴承；重载或有冲击载荷时，应选用滚子轴承。纯径向载荷时，可选用深沟球轴承、圆柱滚子轴承或滚针轴承；纯轴向载荷时通常选用推力球轴承；主要承受径向载荷时应选用深沟球轴承或接触角较小的角接触球轴承、圆锥滚子轴承；同时承受径向和轴向载荷时应选角接触轴承；当轴向载荷比径向载荷大很多时，常用推力轴承和深沟球轴承的组合结构。应该注意推力轴承不能承受径向载荷，圆柱滚子轴承不能承受轴向载荷。

2）转速条件。选择轴承类型时应注意其允许的极限转速$n_{\lim}$。当转速较高且旋转精度要求较高时，应选用球轴承。推力轴承的极限转速低。当工作转速较高，而轴向载荷不大时，可采用角接触球轴承或深沟球轴承。对高速回转的轴承，为减小滚动体施加于外圈滚道的离心力，宜选用超轻、特轻系列的轴承。若工作转速超过轴承的极限转速，可通过提高轴承的公差等级、适当加大其径向游隙等措施来满足要求。

3）安装调整性能。需经常拆卸和拆装比较困难的场合，应选用内外圈可分离的圆锥滚子轴承和圆柱滚子轴承，为方便安装在长轴上轴承的装拆和紧固，可选用带内锥孔和紧定套的轴承。

4）调心性能。由于制造和安装误差或轴的变形引起内、外圈中心线发生相对倾斜时，宜选用调心轴承，如调心球轴承、调心滚子轴承，并应成对使用。

5）经济性。在满足使用要求的前提下，优先选用球轴承和普通精度轴承。一般球轴承的价格低于滚子轴承，在同精度的轴承中深沟球轴承的价格最低。

（2）轴承尺寸的选择　在选定轴承的类型后，求出轴承的当量动载荷 $P$（或当量静载荷 $P_0$），代入式（10-7）求出要求的基本额定动载荷 $C'$，然后查有关的轴承手册确定轴承的尺寸。

选择轴承尺寸的原则：

1）对于静止轴承、缓慢摆动或极低速旋转的轴承（工作转速 $n < 10\text{r/min}$），根据其失效形式可知选择轴承时应按静载荷计算。

2）对于一般运转的轴承（$10\text{r/min} < n \leqslant n_{\text{lim}}$），按寿命计算进行轴承尺寸的选择，使轴承寿命大于预期寿命。

3）当轴承的工作转速 $n$ 在 1～10r/min 之间时，其轴承尺寸的选择有两种方法：①按 $n = 10\text{r/min}$ 选择轴承尺寸；②一方面将实际的 $n$ 值代入寿命计算公式中计算出 $C$ 值，另一方面按静载荷强度计算公式计算出 $C_0$ 值。将二者进行比较，把其中较大值对应的轴承尺寸作为所选的轴承尺寸。

4）对于转速较高又同时承受冲击载荷的轴承，除进行寿命计算外，还要进行轴承的静强度校核。

5）对于高速轴承，除进行寿命计算外还应检验极限转速。

若不能满足要求时则可放大轴承的尺寸。

（3）公差等级的选择　对于同型号的轴承，其精度越高价格也越高，因此一般的机械传动中优先选用普通级（P0）精度的轴承。同型号不同公差等级轴承的价格比为：P0∶P6∶P5∶P4 = 1∶1.5∶1.8∶6。选用高精度轴承时应进行性能价格比的分析。

**例 10-1**　某轴上有一对型号为 6310 的深沟球轴承，该轴的转速 $n = 960\ \text{r/min}$，已知轴承承受的轴向载荷 $F_a = 2600\ \text{N}$，径向载荷 $F_r = 5500\ \text{N}$，有轻微振动，工作温度低于 100 ℃。求此轴承的工作寿命。

**解**：本题属于已知轴承型号求寿命的问题，因此，先查出有关数据后再进行计算。

（1）确定 $C$ 值。查轴承手册得轴承 6310 的 $C_r = 61.8\ \text{kN}$，$C_{0r} = 38\ \text{kN}$。

（2）计算当量动载荷 $P$

1）确定 $e$ 值。根据查表 10-12 计算 $F_a/C_{0r} = 2600/38000 = 0.068$；用插值法求得 $e = 0.269$。

2）判别比值 $F_a/F_r$ 与 $e$ 值大小。

$$F_a/F_r = 2600/5500 \approx 0.47 > e$$

由表 10-12 查得 $X = 0.56$、$Y = 1.64$（根据 $e$ 插值求得）。

3）求当量动载荷 $P$，由表 10-13 查得载荷系数 $f_p = 1.2$。

$$P = f_p(XF_r + YF_a) = 1.2(0.56 \times 5500 + 1.64 \times 2600)\text{ N} = 8812.8\text{ N}$$

4）计算轴承寿命。由表 10-14 可得温度低于 100 ℃温度系数 $f_t = 1.0$；球轴承寿命指数 $\varepsilon = 3$。由公式（10-6）求得轴承寿命为

$$L_h = \frac{10^6}{60n}\left(\frac{f_t C}{P}\right) = \left[\frac{10^6}{60 \times 960}\left(\frac{1 \times 61.8 \times 10^3}{8812.8}\right)^3\right]\text{ h} = 5987\text{ h}$$

该轴承寿命为 5987 h。

**例 10-2**　某减速器的高速轴，已知其转速 $n = 1450$ r/min，两轴承处所受的径向载荷分别为 $F_{r1} = 1800$ N，$F_{r2} = 1400$ N，轴向载荷 $F_a = 420$ N，轴颈直径 $d = 35$ mm，要求轴承使用寿命不低于 25000 h。传动有轻微冲击，工作温度不高于 100 ℃。试确定轴承的型号。

**解**：本题属于未定轴承型号问题，故要初选轴承型号，再计算确定型号。

（1）根据工作条件，传动有轻微冲击，查表 10-13 查得载荷系数 $f_p = 1.2$，工作温度不超过 100 ℃，查表 10-14 得 $f_t = 1.0$。

（2）求当量动载荷 $P$。该轴承既受径向载荷又受轴向载荷，且 $F_r > F_a$，转速较高，所以选用深沟球轴承。初选 6207 轴承，查手册得 $C_r = 25.5$ kN，$C_{0r} = 15.2$ kN。

根据 $F_a/C_{0r} = 420/15200 = 0.028$，查表 10-12 得 $e = 0.22$；$F_a/F_{r1} = 420/1800 \approx 0.233 > e$，查表 10-12 得 $X = 0.56$、$Y = 1.99$，故 $P_1 = f_p(XF_{r1} + YF_a) = 1.2(0.56 \times 1800 + 1.99 \times 420)\text{ N} = 2212.8\text{ N}$（$F_{r1} > F_{r1}$，故按 $F_{r1}$ 来计算）。

（3）计算所需额定动载荷 $C'$

$$C' = \frac{P}{f_t}\left(\frac{60nL'_h}{10^6}\right)^{\frac{1}{\varepsilon}} = \left(\frac{2212.8}{1}\right)\left(\frac{60 \times 1450 \times 25000}{10^6}\right)^{\frac{1}{3}}\text{ N} = 28670\text{ N} > C_r$$

说明 6207 轴承不能满足要求，应重新选择。

（4）改选 6307 轴承，查得 $C_r = 33.2$ kN，$C_{0r} = 19.2$ kN，计算 $F_a/C_{0r} = 420/19200 = 0.0219$，查表 10-12 得 $e = 0.207$；$F_a/F_{r1} = 420/1800 \approx 0.233 > e$，查表 10-12 得 $X = 0.56$、$Y = 2.12$，故

$$P_1 = f_p(XF_{r1} + YF_a) = 1.2(0.56 \times 1800 + 2.12 \times 420)\text{ N} = 2277.6\text{ N}$$

$$C' = \frac{p}{f_t}\left(\frac{60nL'_h}{10^6}\right)^{\frac{1}{\varepsilon}} = \left(\frac{2277.6}{1}\right)\left(\frac{60 \times 1450 \times 25000}{10}\right)\frac{1}{3}\text{ N} = 29510\text{ N} < C_r$$

故所选 6307 轴承满足要求。

## 10.1.5　滚动轴承的组合设计

要保证机器正常运转，对滚动轴承来说，除要正确选择轴承的类型和尺寸外，还必须对滚动轴承装置进行正确设计，即合理解决轴承的固定、装拆、配合、调整、润滑与密封等问题。

### 1. 滚动轴承的轴向固定

（1）内圈与轴的轴向固定方法　轴承内圈的固定一般根据轴向力的大小采用轴肩与轴用弹性挡圈（图 10-10a）、轴端挡圈（图 10-10b）、圆螺母结构（图 10-10c）等进行固定，图

10-10d为紧定衬套与圆螺母结构，用于光轴上轴向力和转速都不大的调心轴承的固定。为保证定位可靠，轴肩圆角半径必须小于轴承的圆角半径。

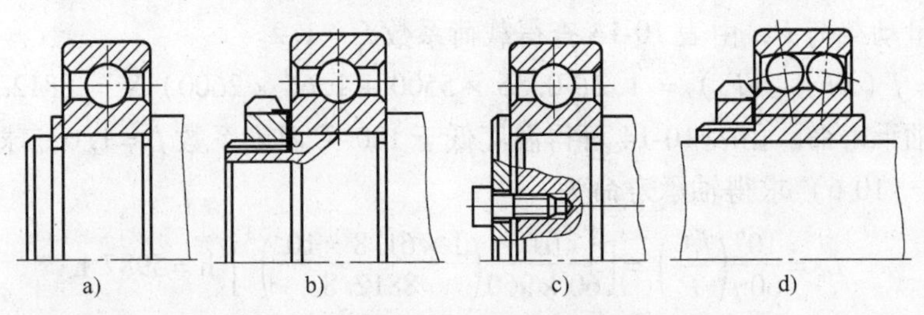


图10-10　轴承内圈常用的轴向固定方法

（2）滚动轴承外圈的固定方法　轴承外圈的固定常采用机座凸台、孔用弹性挡圈、轴承端盖等形式固定，如图10-11所示。

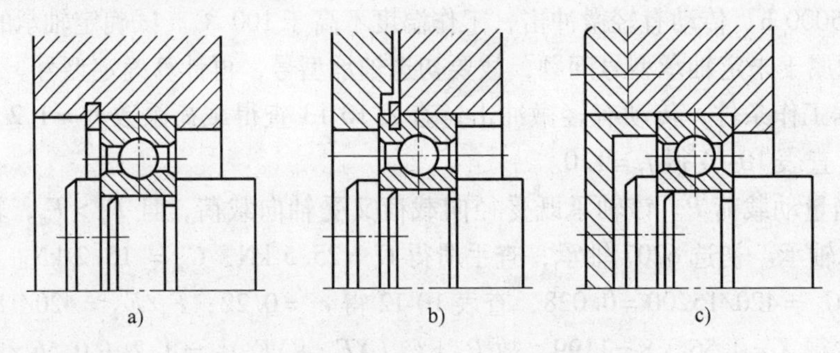


图10-11　轴承外圈常用的轴向固定方法

a）机座凸台　b）弹性挡圈　c）轴承端盖

**2. 滚动轴承支承的轴系结构形式**

为了使轴、轴承和轴上零件相对于机座保持正确位置，防止轴系的轴向窜动，除轴承必须进行轴向固定外，还要从整个结构上保证在承受载荷和工作温度变化时，轴系能自由伸缩，防止轴受热膨胀而卡死。常用的滚动轴承组合结构有三种基本形式。

（1）双支点单向固定支承（两端固定）　双支点单向固定支承是指两端轴承内、外圈沿轴向只有一个方向受约束，对于整个轴的两个轴向方向都受到限制，这种配置也叫两端固定，如图10-12所示。这种结构适用于工作温度≤70℃的短轴（支点跨距≤400mm）。考虑到轴工作时受热伸长，对于深沟球轴承安装时一侧轴承盖与轴承外圈之间，留出热补偿间隙$\Delta=0.2\sim0.3$mm。该间隙可通过调整垫片组的厚度获得。

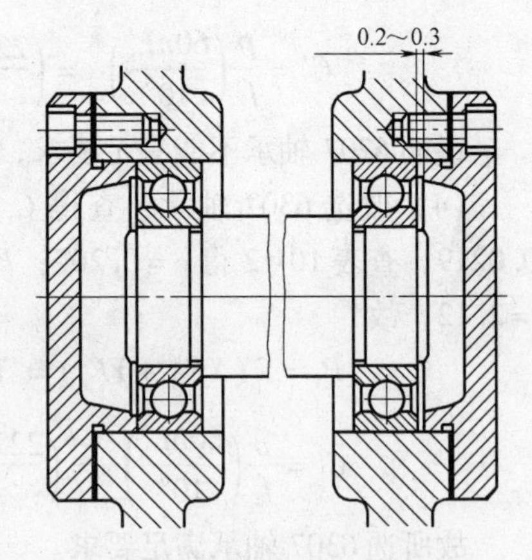


图10-12　双支点单向固定支承

（2）单支点双向固定支承　轴的两个支点中，一个支承限制轴的双向轴向位移（称固定支承），另一个支承可沿轴向移动（称游动支承），这种固定方式称单支点双向固定，如图10-13所示。这种结构形式不能承受轴向负荷，适合于工作温度较高和支点跨距较大的场合。一般游动端轴承的外圈与机座孔采用较松的配合，轴承端盖与轴承外圈之间留出较大间隙$C$（3～8mm）。

（3）双支点游动支承　如图10-14所示，两个支承均无轴向约束，又称两端游动支承，多用于人字齿轮传动的高速轴。该轴的轴向位置由低速轴限制，高速轴双向游动，自动调位，以防齿轮卡死和人字齿两侧受力不均匀。

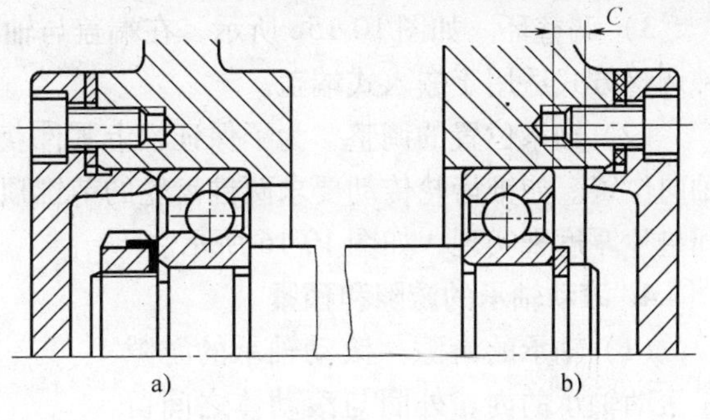


图10-13　单支点双向固定支撑
a）固定支承　b）游动支承

**3. 滚动轴承组合调整**

（1）轴承轴向间隙的调整　在双支点单向固定支承和单支点双向固定支承中，轴承端盖与轴承外圈之间都留有一定间隙。在装配时，为保证间隙的形成，又不提高轴系零件的加工精度，通常采用如下调整措施。

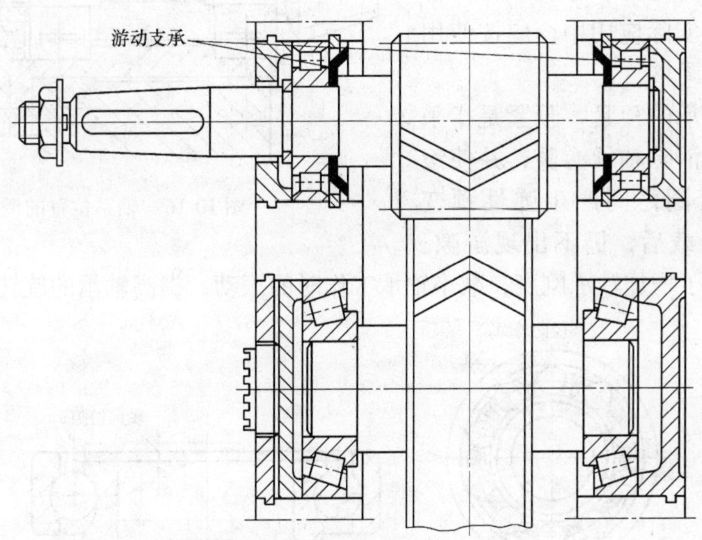


图10-14　双支点游动支承结构

1）调整垫片组。如图10-15a所示，靠增减端盖与箱体结合面间的垫片厚度进行调整。

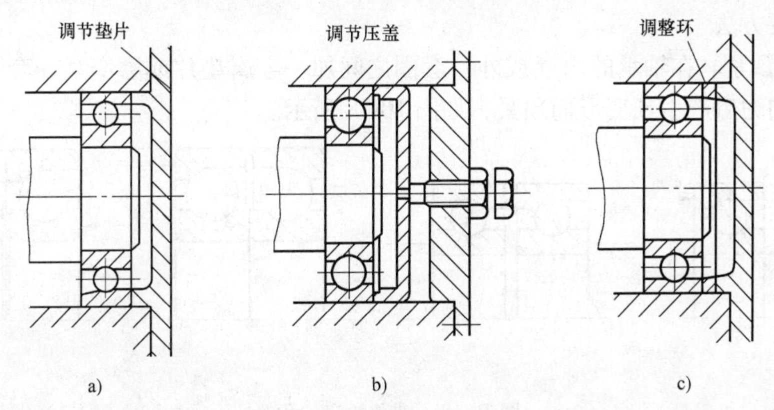


图10-15　轴向间隙的调整

2）调节压盖。如图10-15b所示，利用端盖上的螺钉控制轴承外圈可调压盖的位置来实现调整，调整后用螺母锁紧防松。可调压盖适于各种不同的端盖形式。

3）调整环。如图10-15c所示，在端盖与轴承间设置不同厚度的调整环来进行调整。这种调整方式适用于嵌入式端盖。

（2）轴系位置的调整　为了保证轴上零件获得正确的位置，必要时要能调整整个轴系的轴向位置。如锥齿轮传动要求两锥齿轮的节锥顶点重合，可通过调整套杯端面与轴承座端面间垫片厚度来实现，如图10-16所示。

**4. 滚动轴承的游隙和预紧**

（1）轴承的游隙　滚动轴承的游隙是滚动轴承的内、外圈与滚动体之间留有的相对位移量，游隙可分为径向游隙$\mu_r$和轴向游隙$\mu_a$，如图10-17所示。游隙的大小对轴承的温升、寿命和噪声都有很大影响，在实际应用中，应按使用条件进行选择和调整。

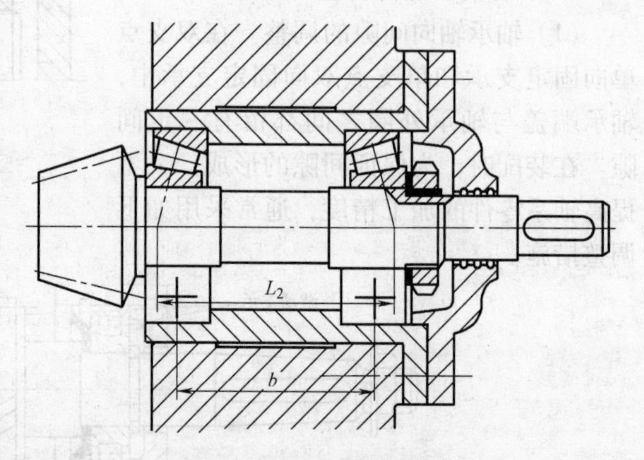

图10-16　轴系位置的调整

（2）滚动轴承的预紧　预紧是指采用适当的方法以消除轴承游隙，并使滚动体和内、外套圈之间产生弹性预变形，保持轴承受载后，仍不出现游隙。预紧的目的是为了增加轴承刚度，减小轴承工作时的振动，提高轴承的旋转精度。

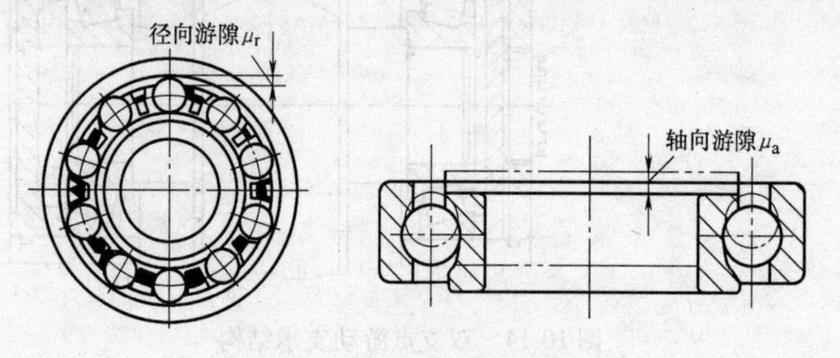

图10-17　滚动轴承的游隙

预紧主要方法

1）定位预紧。在轴承的内（或外）套圈之间加一金属垫片或磨窄某一套圈的宽度，在受到一定轴向力后产生预变形而预紧，如图10-18所示。

图10-18　轴承的定位预紧

a）增加垫片　b）磨窄套圈宽度

2）定压预紧。利用弹簧的压紧力使轴承承受一定的轴向负荷并产生预变形而预紧，如图10-19所示。

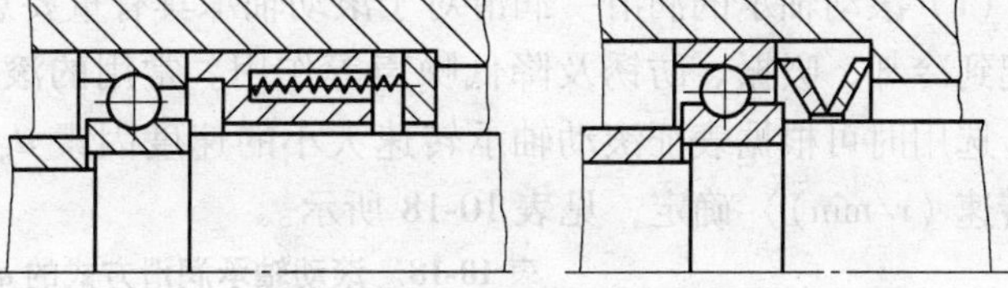
图10-19 轴承的定压预紧

**5. 滚动轴承的配合与装拆**

滚动轴承是一种比较精密的标准组件，所谓滚动轴承的配合是指轴承内圈与轴颈、外圈与轴承座孔的配合。合理选择滚动轴承的配合与装拆方法是影响轴组件的运转精度、轴承的使用寿命以及轴承维护难易的重要因素。

（1）滚动轴承的配合 选择配合时要以轴承为基准件，即内圈与轴颈的配合采用基孔制，外圈与轴承座孔的配合采用基轴制。具体选择时还要考虑以下因素。

1）当外载荷方向不变时，转动套圈应比固定套圈的配合紧一些。

2）高速、重载情况下应采用较紧配合。

3）作游动支承的轴承外圈与座孔间应采用间隙配合，但又不能过松，发生相对转动。

4）轴承与空心轴的配合应选用较紧配合，剖分式轴承座孔与轴承外圈的配合应较松。

5）充分考虑温升对配合的影响。

常用轴颈公差带有n6、m6、k6、js6等；座孔公差带有J6、J7、H7、G7等。具体可查阅有关的设计手册。

（2）滚动轴承的安装与拆卸 进行装拆时，应避免操作不当损坏轴承和其他相关零件。安装时，应先加套筒，再通过压力机或锤子装入，如图10-20所示。对尺寸大的轴承，也可将轴承放入油池中加热（80～100℃），然后套装在轴上。拆卸时，要用轴承拆卸工具进行，如图10-21所示。

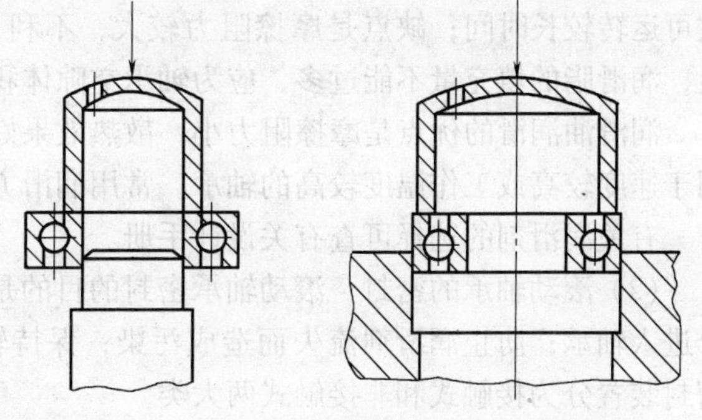
图10-20 压力安装轴承法

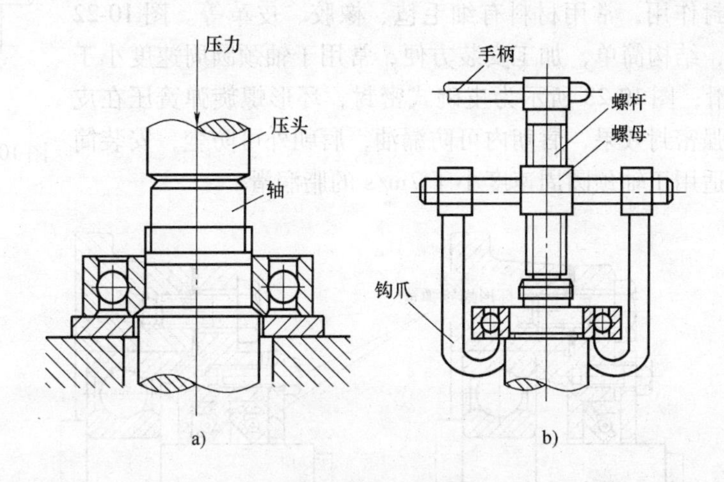

图10-21 轴承内圈拆卸
a）压力机拆卸 b）拆卸器拆卸

### 6. 滚动轴承的润滑与密封

（1）滚动轴承的润滑　润滑对于滚动轴承具有重要意义，不仅可以减少摩擦与磨损，同时起到冷却、吸振、防锈及降低噪声等作用。常用的滚动轴承润滑剂有润滑脂和润滑油两种，选用时可根据表征滚动轴承转速大小的速度因素 $d_n$ 值（$d$ 为轴承内径（mm），$n$ 为轴承转速（r/min））确定，见表 10-18 所示。

表 10-18　滚动轴承润滑方式的 $d_n$ 值界限　（单位：$10^4$mm · r/min）

| 轴承类型 | 脂润滑 | 油润滑 | | | |
|---|---|---|---|---|---|
| | | 油浴 | 滴油 | 喷油 | 油雾 |
| 深沟球轴承 | 16 | 25 | 40 | 60 | >60 |
| 调心球轴承 | 16 | 25 | 40 | — | — |
| 角接触球轴承 | 16 | 25 | 40 | 60 | >60 |
| 圆柱滚子轴承 | 12 | 25 | 40 | 60 | >60 |
| 圆锥滚子轴承 | 10 | 16 | 23 | 30 | — |
| 调心滚子轴承 | 8 | 12 | — | 25 | — |
| 推力球轴承 | 4 | 6 | 12 | 15 | — |

润滑脂润滑一般用于 $d_n$ 值较小的场合，其优点是不易流失，便于密封和维护，充填一次可运转较长时间；缺点是摩擦阻力较大，不利于散热。润滑脂常常采用人工方式定期更换，润滑脂的填充量不能过多，应为轴承空隙体积的 1/2 ~1/3。

润滑油润滑的优点是摩擦阻力小，散热效果好；缺点是易于流失和需要供油装置。主要用于速度较高或工作温度较高的轴承。常用润滑方式有油浴润滑、滴油润滑、喷油润滑等。

有关润滑剂的选择可查有关设计手册。

（2）滚动轴承的密封　滚动轴承密封的目的是阻止灰尘、杂物和水分进入轴承；防止润滑剂流失而造成污染；保持轴承的良好工作环境。密封装置分为接触式和非接触式两大类。

1）接触式密封。接触式密封是在轴承内部放置软材料与转动轴直接接触而起到密封作用，常用材料有细毛毡、橡胶、皮革等。图 10-22 所示为毡圈密封，结构简单，加工安装方便，常用于轴颈圆周速度小于 4 ~5m/s 的脂润滑；图 10-23 所示为皮碗式密封，环形螺旋弹簧压在皮碗的唇部用来增强密封效果，唇朝内可防漏油，唇朝外可防尘，安装简单，使用可靠，适用于轴颈圆周速度小于 7m/s 的脂润滑。

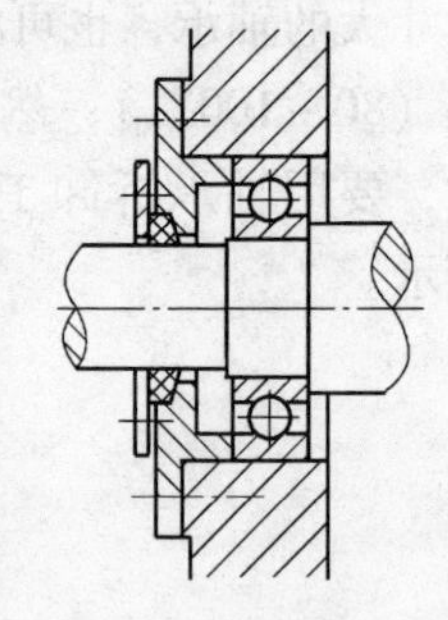

图 10-22　毡圈密封

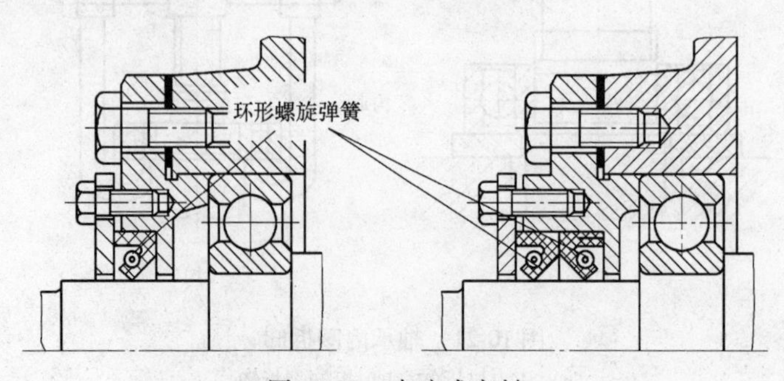


图 10-23　皮碗式密封

2）非接触式密封。非接触式密封是利用狭小间隙来起到密封作用，在工作中不与运动件直接接触，避免了轴颈与密封件的摩擦磨损与发热，常用于速度较高的场合。通常有间隙式和迷宫式两种。如图10-24所示，通过轴与轴承盖通孔壁间0.1～0.3mm的细小环形间隙并填满润滑剂来密封，结构简单，适用于干燥、清洁环境且速度不高的脂润滑轴承。图10-25所示为迷宫式密封，通过旋转件与固定件之间构成迷宫式（曲路）的间隙来密封，在间隙中填入润滑油脂以加强密封效果，结构复杂，适用于油润滑和脂润滑且速度较高的场合。

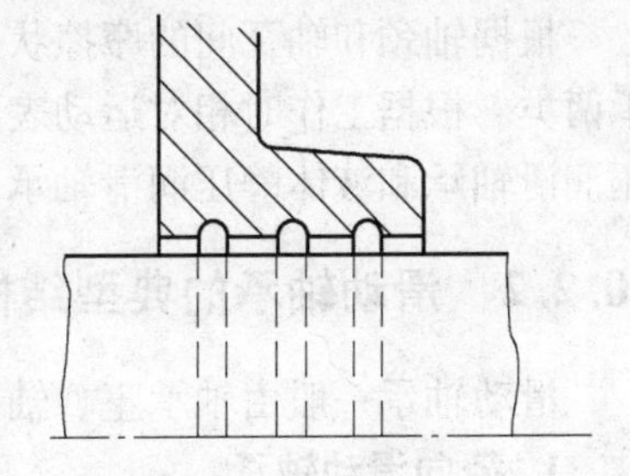

图10-24 间隙式密封

3）组合密封。当密封要求较高时，可将几种密封方式组合起来使用形成组合式密封，密封效果会更好，如图10-26所示。

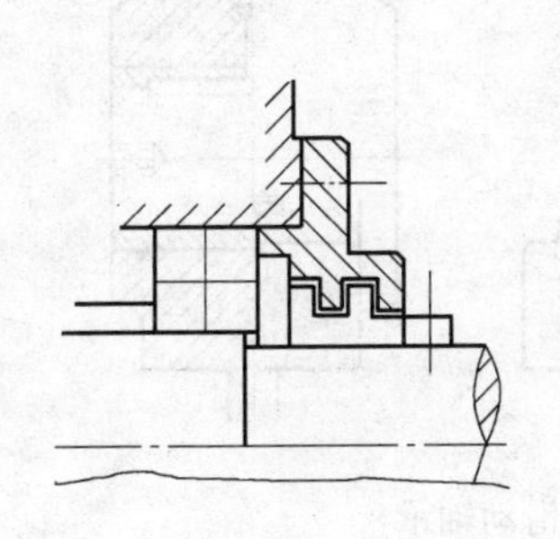

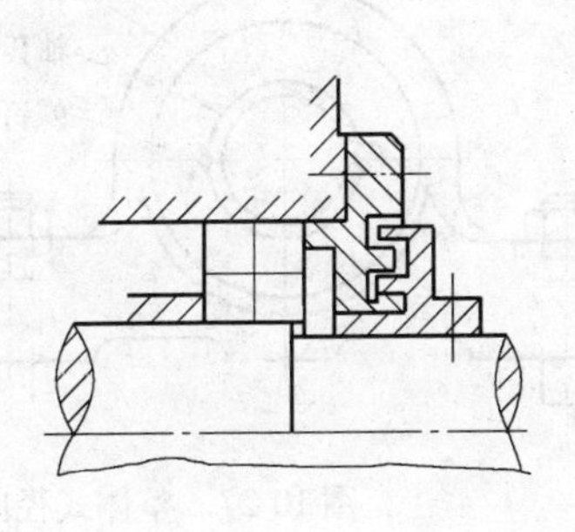

图10-25 迷宫式密封

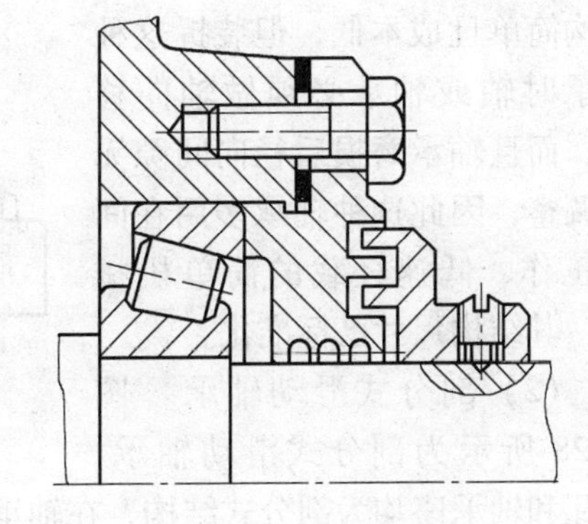

图10-26 组合式密封

## 10.2 滑动轴承

### 10.2.1 滑动轴承的特点、应用及分类

工作时轴承和轴颈的支承面间形成直接或间接滑动摩擦的轴承，称为滑动轴承。

滑动轴承包含的零件少，工作面间一般有润滑油膜且为面接触，所以它具有承载能力大、抗冲击、噪声低、工作平稳、回转精度高、高速性能好等独特的优点。缺点主要是起动摩擦阻力大、维护比较复杂。

滑动轴承主要应用于以下几种情况：①工作转速极高的轴承；②要求轴的支承位置特别精确的轴承，以及回转精度要求特别高的轴承；③特重型的轴承；④承受巨大的冲击和振动载荷的轴承；⑤必须采用剖分结构的轴承；⑥要求径向尺寸特别小以及特殊工作条件下的轴承。

滑动轴承本身的独特优点使其在某些场合占有重要地位，在金属切削机床、汽轮机、航空发动机附件、铁路机车及车辆、雷达、卫星通信地面站等方面得到广泛的应用。

根据所承受载荷的方向，滑动轴承可分为径向轴承（承受径向载荷）、推力轴承（承受轴向载荷）两大类。

根据轴组件及轴承装拆的需要，滑动轴承可分为整体式和剖分式两类。

根据轴颈和轴瓦间的摩擦状态，滑动轴承可分为液体摩擦滑动轴承和非液体摩擦滑动轴承两类。根据工作时相对运动表面间油膜形成原理的不同，液体摩擦滑动轴承又分为液体动压润滑轴承和液体静压润滑轴承，简称动压轴承和静压轴承。

## 10.2.2 滑动轴承的典型结构

滑动轴承一般由轴承座、轴瓦、润滑装置和密封装置等部分组成。

**1. 径向滑动轴承**

（1）整体式滑动轴承　图10-27所示为整体式径向滑动轴承。轴承座用螺栓与机座联接，顶部装有润滑油杯，内孔中压入带有油沟的轴套。这种轴承结构简单且成本低，但装拆这种轴承时轴或轴承必须做轴向移动，而且轴承磨损后径向间隙无法调整，因此这种轴承多用在间歇工作、低速轻载的简单机械中，其结构尺寸已标准化。

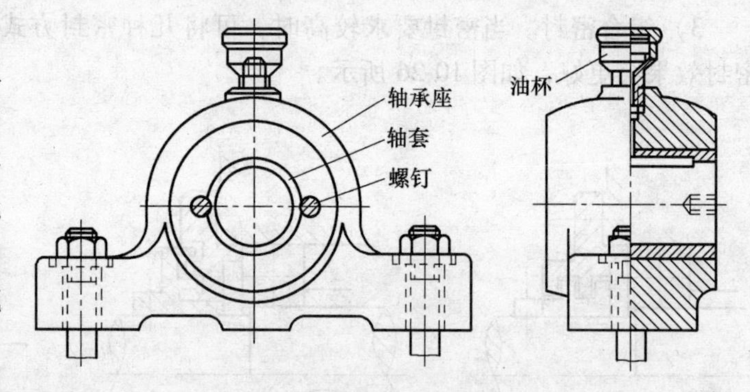


图10-27　整体式径向滑动轴承

（2）剖分式滑动轴承　图10-28所示为剖分式滑动轴承。轴瓦和轴承座均为剖分式结构，在轴承盖与轴承座的剖分面上制有阶梯形定位止口，便于安装时对心。轴瓦直接支承轴颈，因而轴承盖应适度压紧轴瓦，以使轴瓦不能在轴承孔中转动。轴承盖上制有螺纹孔，以便安装油杯或油管。

剖分式滑动轴承克服了整体式轴承装拆不便的缺点，而且当轴瓦工作面磨损后，适当减薄剖分面间的垫片并进行刮瓦，就可调整颈与轴瓦的间隙。因此这种轴承得到了广泛应用并且已经标准化。

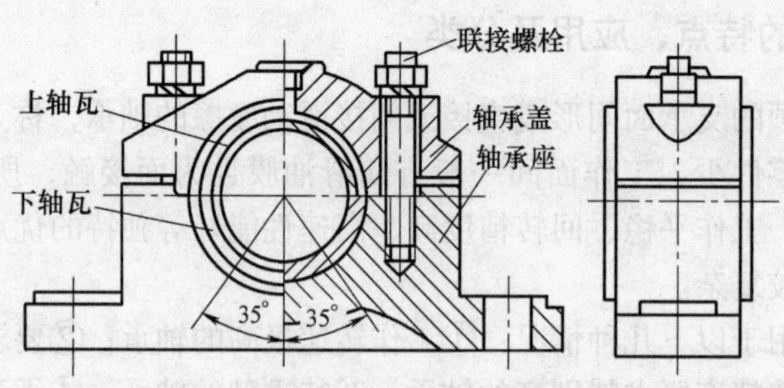


图10-28　剖分式径向滑动轴承

**2. 推力滑动轴承**

推力滑动轴承受轴向载荷。常用的非液体摩擦推力轴承又称为普通推力轴承，有立式和卧式两种，如图10-29、图10-30所示。推力滑动轴承和径向轴承联合使用时可以承受复合载荷。

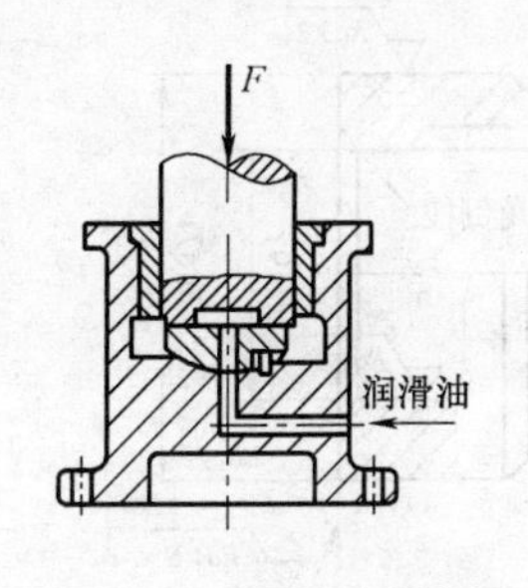


图 10-29 推力滑动轴承

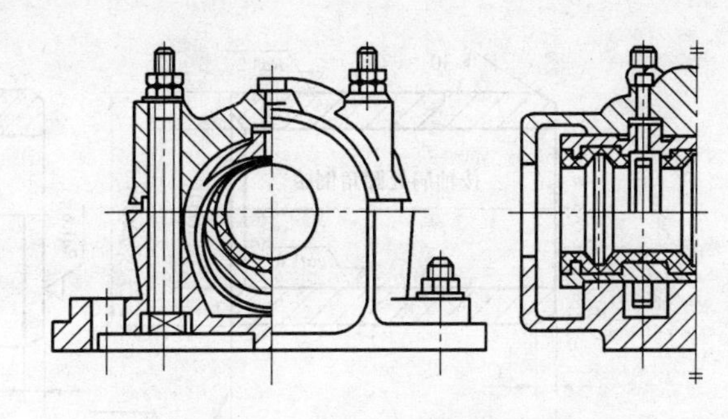

图 10-30 卧式多环推力轴承

常见的推力轴承轴颈形状如图 10-31 所示。实心端面轴颈由于工作时轴心与边缘磨损不均匀，以致轴心部分压强极高，润滑油容易被挤出，所以极少采用。在一般机器上大多采用空心端面轴颈和环状轴颈。载荷较大时采用多环轴颈，多环轴颈还能承受双向轴向载荷。轴颈的结构尺寸可查有关手册。

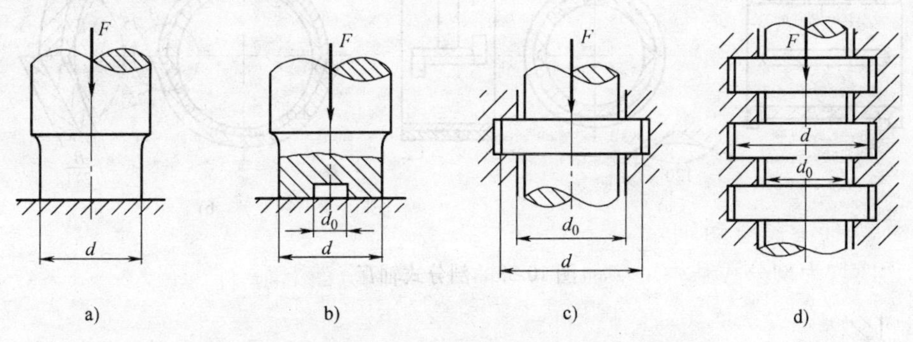


图 10-31 常见推力滑动轴承

a）实心式 b）空心式 c）单环式 d）多环式

## 10.2.3 轴瓦的结构与滑动轴承的材料

轴瓦是滑动轴承中直接与轴颈接触的零件。由于轴瓦与轴颈的工作表面之间具有一定的相对滑动速度，因而从摩擦、磨损、润滑和导热等方面都对轴瓦的结构和材料提出了要求。

**1. 轴瓦的结构**

常用的轴瓦结构有整体式和剖分式两类。

整体式轴承采用整体式轴瓦，整体式轴瓦又称轴套（图 10-32），分为光滑轴套（图 10-32a）和带纵向油槽轴套（图 10-32b）两种。

剖分式轴承采用剖分式轴瓦。图 10-33a 所示为无轴承衬的剖分式轴瓦。若在轴瓦内表面浇注一层或两层轴承合金作为轴承衬，则称为双金属轴瓦或三金属轴瓦。图 10-33b 所示为内壁有轴承衬的双金属轴瓦。

为了使轴承衬与轴瓦结合牢固，可在轴瓦基体内壁制出沟槽，使其与合金轴承衬结合更牢。沟槽形式如图 10-34 所示。

为了使润滑油能均匀流到整个工作表上，轴瓦上要开出油沟，油沟和油孔应开在非承载区，以保证承载区油膜的连续性。油孔和油沟的分布形式如图 10-35 所示。

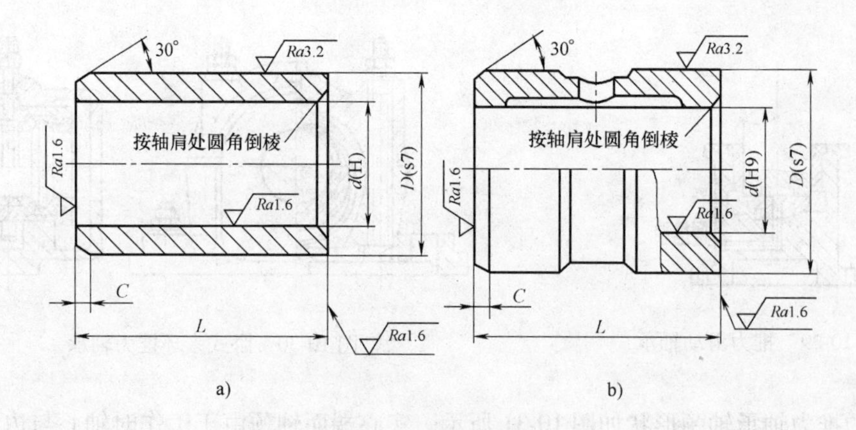


图 10-32　整体式轴瓦

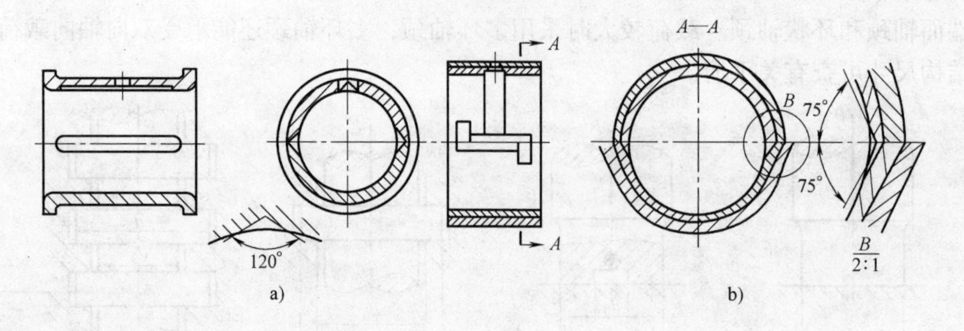


图 10-33　剖分式轴瓦

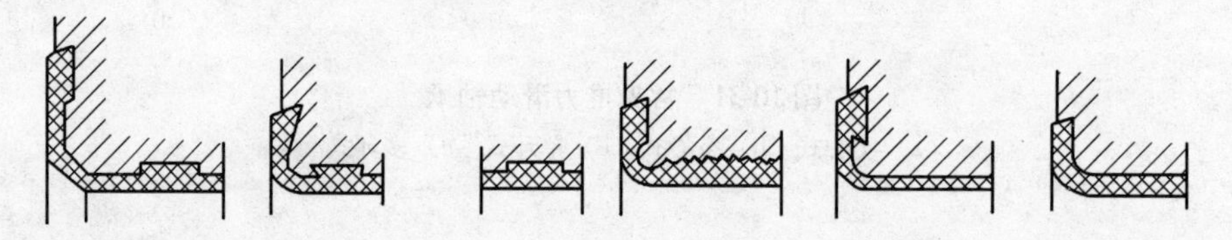

图 10-34　轴瓦与轴承衬的结合形式

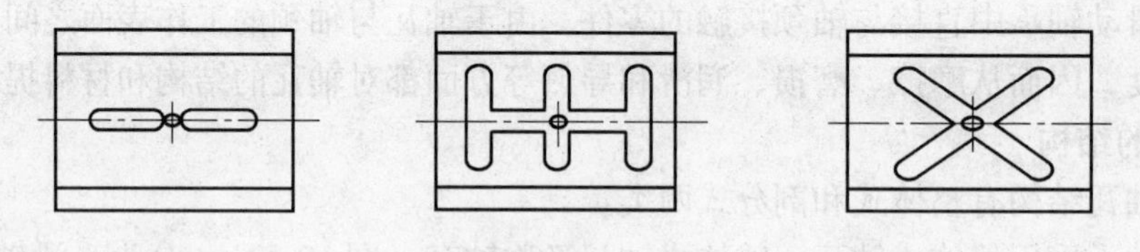

图 10-35　油孔和油沟

**2. 轴承材料**

轴承材料指的是轴瓦和轴承衬所采用的材料。

根据轴瓦的失效形式及工作时轴瓦不损伤轴颈的原则，对轴承材料的性能有如下要求：①具有足够的抗冲击、抗压、抗疲劳强度；②具有良好的减摩性、耐磨性，材料的摩擦阻力小，抗黏着磨损和磨粒磨损的性能好；③具有良好的顺应性和嵌入性，具有补偿对中误差和其他几何误差及容纳污物和尘粒的能力；④具有良好的工艺性、导热性和耐蚀性。

实际当中没有一种轴瓦材料能全面具备上述所有性能，因此必须根据具体情况合理选材，保证其主要性能。

常用轴承材料有金属材料、粉末冶金材料和非金属材料三大类。

(1) 金属材料

1）轴承合金（又称巴氏合金、白合金）。是由锡、铅、锑、铜等组成的合金。它的减摩性、耐磨性、顺应性、嵌入性、磨合性都很好，但价格较高、强度较低，因此常用作轴承衬材料。

2）铜合金。是传统的轴瓦材料，品种很多，可分为青铜和黄铜两类。常用的锡青铜强度高、减摩性和耐磨性都很好。铅青铜有较好的抗胶合能力且强度高，但顺应性、减摩性、嵌入性稍差，一般用作轴承衬材料。铸造黄铜减摩性不及青铜，但易于铸造及加工，常用于低速轴承。

3）铸铁。有普通灰铸铁、球墨铸铁等。铸铁轴瓦的主要优点是价廉，常用在轻载、低速场合。

(2) 粉末冶金材料　粉末冶金材料是由铜、铁、石墨等粉末经压制、烧结而成的多孔隙轴瓦材料，常用于制作轴套。适用于轻载、低速和加油不方便的场合。

(3) 非金属材料　可用作轴瓦的非金属材料有工程塑料、硬木、橡胶和石墨等，其中工程塑料得最多。

常用金属轴瓦材料的使用性能见表10-19。

**表10-19　常用金属轴瓦材料的使用性能**

| 类别 | 材料 | | 许用值 | | | 硬度 HBW | | 轴颈硬度或热处理要求 HBW | 最高工作温度/℃ |
|---|---|---|---|---|---|---|---|---|---|
| | 代号 | 名称 | [p]/(N/mm²) | [v]/(m/s) | [pv]/[(N/mm²)·(m/s)] | 金属模 | 砂模 | | |
| 铸造青铜 | ZCuSn10Pb1 | 锡磷青铜 | 15 | 10 | 15 | 90~120 | 80~100 | 300~400 | 280 |
| | ZCuSn5Pb5Zn5 | 锡锌铅青铜 | 8 | 3 | 12 | 65~75 | 60 | 300~400 | 280 |
| 铸造黄铜 | ZCuZn16Si4 | 硅黄铜 | 12 | 2 | 10 | 100 | 90 | — | — |
| | ZCuZn38Mn2Pb2 | 铝黄铜 | 10 | 1 | 10 | — | — | — | — |
| 铅青铜 | ZCuPb30 | | 25 | 12 | 30 | — | — | 300 | 280 |
| 锡锑轴承合金 | ZSnSb11Cu6(平稳载荷时) | | 25 | 80 | 20 | 30 | | 可在150以下 | 150 |
| | ZSnSb8Cu4(冲击载荷时) | | 20 | 80 | 20 | 30 | | 可在150以下 | 150 |
| | | | 25 | — | 20 | 28 | | 可在150以下 | 150 |
| 铅锑轴承合金 | ZPbSb16Sn16Cu2 | | 15 | 12 | 10 | 30 | | 可在150以下 | 150 |
| | ZPbSb15Sn5Cu3Cd2 | | 5 | 6 | 5 | 32 | | — | — |
| | ZPbSb15Sn10 | | 20 | 15 | 15 | 29 | | — | — |
| 灰铸铁 | HT150 | | 4 | 0.5 | — | 163~241 | | — | — |
| | HT200 | | 2 | 1 | | | | | |
| | HT250 | | 0.1 | 2 | | | | | |

## 10.2.4　滑动轴承的润滑

滑动轴承的润滑主要是为了减少摩擦和磨损，同时还可以起到冷却、吸振、防尘和防锈等作用。

**1. 润滑剂及其选择**

滑动轴承中常用的润滑剂为润滑油和润滑脂，其中润滑油应用最广。在某些特殊场合也可使用石墨、二硫化钼、水或气体等作润滑剂。

（1）润滑油　润滑油的选择应考虑轴承的载荷、速度、工作情况以及摩擦表面的状况等条件。对于载荷大、温度高的轴承，宜选用黏度大的油；反之宜选用黏度小的油。对于非液体摩擦滑动轴承可参考表10-20选用润滑油。

**表10-20　滑动轴承润滑油的选择**（工作温度10～60℃）

| 轴颈圆周速度 $v$/（m/s） | 轻载 $p<3$MPa | | 中载 $p=3\sim7.5$MPa | | 重载 $p>7.5\sim30$MPa | |
|---|---|---|---|---|---|---|
| | 运动黏度 $\nu$(40℃)/（$mm^2/s$） | 适用油代号（或牌号） | 运动黏度 $\nu$(40℃)/（$mm^2/s$） | 适用油代号（或牌号） | 运动黏度 $\nu$(100℃)（$mm^2/s$） | 适用油代号（或牌号） |
| <0.1 | 80～150 | L－AN100、150全损耗系统用油；HG－11饱和气缸油；30号QB汽油机油；L－CKC100工业齿轮油 | 140～215 | L－AN150全损耗系统用油；40号QB汽油机油；L CKC150工业齿轮油 | 46～80 | 38号、52号过热气缸油；L-CKC460工业齿轮油 |
| 0.1～0.3 | 65～130 | L－AN68、100全损耗系统用油；30号QB汽油机油；L－CKC68工业齿轮油 | 120～170 | L－AN150全损耗系统用油；HG－11饱和气缸油；40号QB汽油机油；L-CKC100、150工业齿轮油 | 30～60 | 38号过热气缸油；L-CKC220、320工业齿轮油 |
| 0.3～1.0 | 46～75 | L－AN46、68全损耗系统用油；20号QB汽油机油；L－TSA46汽轮机油 | 100～130 | 30号QB汽油机油；L-CKC68、100工业齿轮油；HG-11饱和气缸油 | 15～40 | 30号、40号QB汽油机油；L-CKC150工业齿轮油；13号压缩机油 |
| 1.0～2.5 | 40～75 | L－AN46、68全损耗系统用油；20号QB汽油机油；L－TSA46号汽轮机油 | 65～90 | L－AN68、100全损耗系统用油；20号QB汽油机油；L-CKC68工业齿轮油 | — | — |
| 2.5～5.0 | 40～60 | L－AN32、46全损耗系统用油；L－TSA46汽轮机油 | — | — | — | — |
| 5～9 | 15～46 | L－AN32、46全损耗系统用油；L－TSA32汽轮机油 | — | — | — | — |
| >9 | 5～22 | L－AN7、10全损耗系统用油 | — | — | — | — |

（2）润滑脂　对于润滑要求不高、难以经常供油或摆动工作的非液体摩擦滑动轴承，可采用润滑脂润滑。具体可根据工作条件参考表10-21选用。

表 10-21　根据工作条件推荐选用的滑动轴承润滑脂的品种和牌号

<table>
<tr><th colspan="3">工作条件</th><th rowspan="2">推荐选用的润滑脂</th><th rowspan="2">可代用的润滑脂</th><th rowspan="2">选用原则</th></tr>
<tr><th>工作温度<br>/℃</th><th>圆周速度<br>v/（m/s）</th><th>单位载荷<br>p/MPa</th></tr>
<tr><td rowspan="2">0～50</td><td><1</td><td><1<br>1～6.5<br>>6.5</td><td>L－XAAFA1、L－XAAFA2<br>L－XAAFA2、L－XAAFA3<br>L－XAAFA3、L－XAAFA4</td><td>2#合成钙基脂<br>2#、3#合成钙基脂<br>3#合成钙基脂</td><td rowspan="12">（1）在潮湿或接触水的条件下，不宜采用钠基或合成钠基脂；（2）温度不太高时，钙钠基脂和压延机脂可以用，但温度太高时不宜采用。（3）集中送油系统采用的润滑脂，锥入度应适当小些。（4）一般来说，同样温度、速度下，载荷大则应采用稠度较大的润滑脂。在同样温度、载荷下，速度高则应采用稠度较小的润滑脂。同样速度、载荷下，温度高则应采用滴点和稠度较高的润滑脂。（5）在同样工作条件下，应先采用价格较低的润滑脂。（6）没有表中推荐牌号的润滑脂时，可根据实际情况采用性能相近的其他品种代替</td></tr>
<tr><td>1～5</td><td><1<br>1～6.5</td><td>L－XAAFA1、L－XAAFA2<br>L－XAAFA2、L－XAAFA3</td><td>2#合成钙基脂<br>3#合成钙基脂</td></tr>
<tr><td rowspan="2">0～60</td><td><1</td><td><1<br>1～6.5<br>>6.5</td><td>L－XAAFA3、L－XAAFA4<br>L－XAAFA3、L－XAAFA4<br>L－XAAFA4、L－XAAFA5</td><td>3#合成钙基脂<br>3#合成钙基脂</td></tr>
<tr><td>1～5</td><td><1<br>1～6.5</td><td>L－XAAFA3、L－XAAFA4<br>L－XAAFA3、L－XAAFA4</td><td>3#合成钙基脂<br>3#合成钙基脂</td></tr>
<tr><td rowspan="2">0～80</td><td><1</td><td><1<br>1～6.5<br>>6.5</td><td>ZGN－1、ZGN－2<br>ZGN－1、ZGN－2<br>L－XACGA2、L－XACGA3</td><td>1#、2#合成钠基脂<br>1#、2#合成钠基脂<br>1#、2#钙钠基脂</td></tr>
<tr><td>1～5</td><td><1<br>1～6.5</td><td>ZGN－1、ZGN－2<br>ZGN－1、ZGN－2</td><td>1#、2#合成钠基脂<br>1#、2#合成钠基脂</td></tr>
<tr><td rowspan="2">0～100</td><td><1</td><td><1<br>1～6.5<br>>6.5</td><td>ZGN－2<br>ZGN－2<br>L－XACGA2、L－XACGA3</td><td>2#钠基脂<br>2#钠基脂<br>1#、2#合成钠基脂</td></tr>
<tr><td>1～5</td><td><1<br>1～6.5<br>>6.5</td><td>ZGN－1L－XACMGA2<br>L－XACGA3</td><td>2#钠基脂<br>2#合成钠基脂</td></tr>
<tr><td>0～120</td><td><5</td><td><6.5</td><td>L－XACGA4</td><td>3#、4#锂基脂</td></tr>
<tr><td>0～150</td><td><5</td><td><6.5</td><td>ZFG－1、ZFG－2</td><td>3#、4#复合钙基脂</td></tr>
<tr><td>0～200</td><td><5</td><td><6.5<br>>6.5</td><td>ZFG－3、ZFG－4</td><td>二硫化钼脂<br>3#、4#复合钙基脂</td></tr>
<tr><td>－60～120</td><td><5</td><td><6.5</td><td>ZL－1</td><td>硅油复合钙基脂</td></tr>
</table>

### 2. 润滑装置及润滑方法

为了获得良好的润滑效果，除应正确地选择润滑剂外，还应选用合适的润滑方法和润滑装置。

（1）油润滑

常用的几种供油装置如图 10-36 所示。

1）间歇式供油。直接由人工用油壶向油杯（图 10-36a、b 所示）中注油。此种润滑方法只适用于低速、轻载和不重要的轴承。

2）连续式供油。连续供油润滑比较可靠，用于中、高速传动。

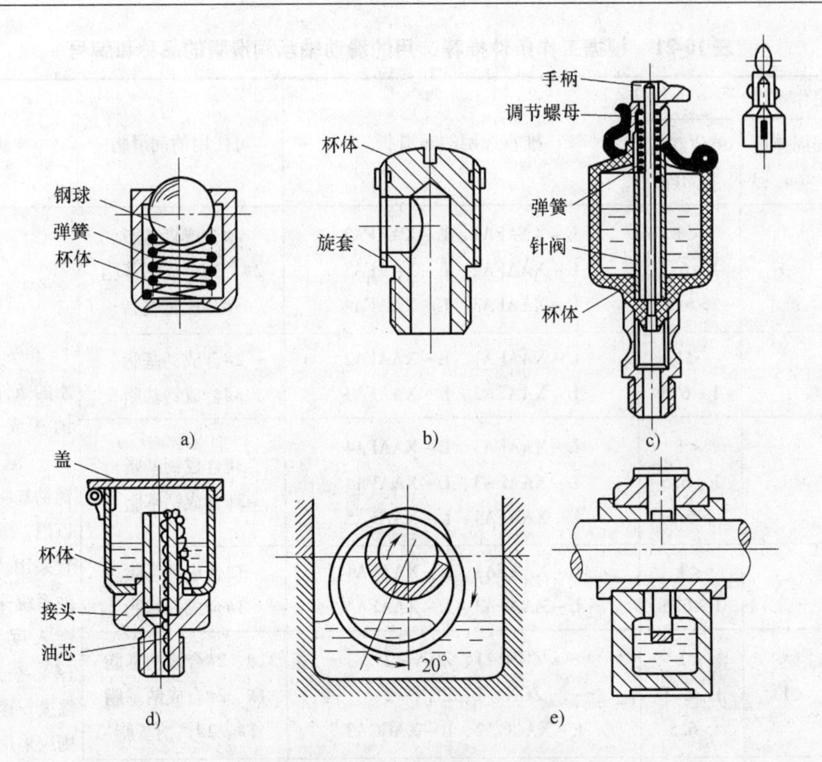


图10-36　几种供油方式与装置

a）压配式压注油杯　b）旋套式油杯　c）针阀式油杯

d）芯捻油杯　e）油环润滑

3）飞溅润滑。利用转动件的转动使油飞溅到箱体内壁上，再通过油沟将油导入轴承中进行润滑。

4）力循环润滑。用一套可提供较高油压的循环油压系统对重要轴承进行强迫润滑的方法。

图10-36c所示为针阀式油杯，用手柄控制针阀运动，使油孔关闭或开店，用调节螺母控制供油量。图10-36d所示为芯捻油杯，利用纱线的毛细管作用把油引到轴承中。此方法油量不易控制。图10-36e所示为油环润滑，轴颈上的油环下部浸入油池，轴颈旋转时带动油环旋转，从而把油带入轴承。

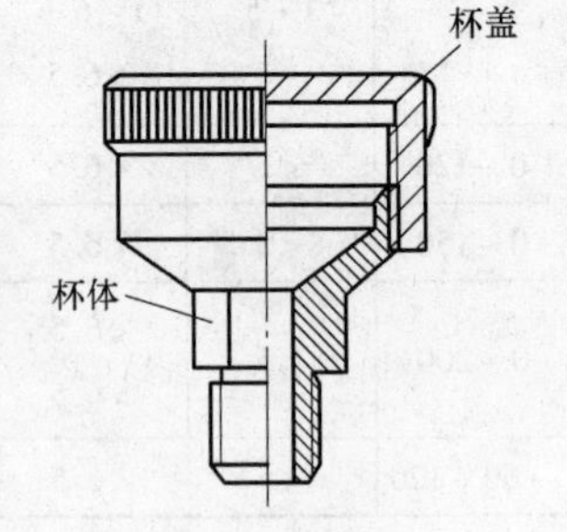


图10-37　油杯

（2）脂润滑　采用脂润滑时只能间歇供油。通常将图10-37所示的油杯装于轴承的非承压区，用油脂枪向杯内油孔压注油脂。

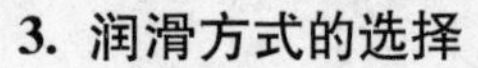

### 3. 润滑方式的选择

可根据以下经验公式计算出系数$K$值，通过查表10-22确定滑动轴承的润滑方法和润滑剂类型。

表10-22　滑动轴承润滑方式的选择

| $K$值 | ≤1 900 | >1 900～16 000 | >16 000～30 000 | >30 000 |
|---|---|---|---|---|
| 润滑方式 | 润滑脂润滑（可用油杯） | 润滑油滴油润滑（可用针阀油杯等） | 飞溅式润滑（水或循环油冷却） | 循环压力润滑 |

$$K = \sqrt{pv^3} \tag{10-11}$$

式中　$p$——轴颈上的平均压强（MPa），$p = F/(dL)$（$F$ 为轴承所受载荷，单位为 N）；

$d$——轴颈直径（m）；

$L$——轴瓦宽度（m）；

$v$——轴颈的圆周速度（m/s）。

## 10.3　滚动轴承与滑动轴承的比较及选用

### 10.3.1　滚动轴承与滑动轴承的比较

滚动轴承和滑动轴承的性能比较见表 10-23，供选用轴承时参考。

**表 10-23　滚动轴承与滑动轴承性能的比较**

| 比较项目 | | 滑动轴承 | | 滚动轴承 |
|---|---|---|---|---|
| | | 非液体摩擦轴承 | 液体摩擦轴承 | |
| 摩擦特性 | | 边界摩擦或混合摩擦 | 液体摩擦 | 滚动摩擦 |
| 一对轴承的效率 $\eta$ | | $\eta \approx 0.97$ | $\eta \approx 0.995$ | $\eta \approx 0.99$ |
| 承载能力与转速的关系 | | 随转速增高而降低 | 在一定转速下，随转速增高而增大 | 一般无关，但极高转速时承载能力降低 |
| 适应转速 | | 低速 | 中、高速 | 低、中速 |
| 承受冲击载荷能力 | | 较高 | 高 | 不高 |
| 功率损失 | | 较大 | 较小 | 较小 |
| 起动阻力 | | 大 | 大 | 小 |
| 噪声 | | 较小 | 极小 | 高速时较大 |
| 旋转精度 | | 一般 | 较高 | 较高，预紧后更高 |
| 安装精度要求 | | 剖分结构，容易装拆 | | 安全精度要求高 |
| | | 安装精度要求不高 | 安装精度要求高 | |
| 外廓尺寸 | 径向 | 小 | 小 | 大 |
| | 轴向 | 较大 | 较大 | 中 |
| 润滑剂 | | 油、脂或固体 | 润滑油 | 润滑油或润滑脂 |
| 润滑剂用量 | | 较少 | 较多 | 中 |
| 维护 | | 较简单 | 较复杂，油质要洁净 | 维护方便，润滑较简单 |
| 经济性 | | 批量生产价格低 | 造价高 | 中 |

### 10.3.2　滚动轴承与滑动轴承的选用

**1. 选用时应考虑的问题**

选择轴承时，一般应从机械对轴承性能的要求，轴承对工作环境、工作条件的适应性，轴承的价格和供货，安装维护等几方面考虑。

（1）机械对轴承性能的要求　主要包括承载能力的大小，允许的速度范围，起动时摩擦力矩的大小及摩擦功耗，对外界和自身振动的抵抗能力，起动、停车的频繁程度，运转时的噪声水平，径向精度，安装结构要求及其润滑简易程度等因素。

（2）轴承对工作环境和条件的适应性　主要包括是否高温、低温或温度变化范围很大，有无腐蚀性大气或污染，周围有无含尘空气，是否潮湿或干燥交替，有无废屑或磨粒污染，有无辐射，是否真空下工作，近处有无振动源等因素。

（3）经济性　主要指轴承本身及附属装置的费用，日常工作维护费用等因素。

**2. 优先选用原则**

（1）滑动轴承的优先选用原则　轴承工作时有大的冲击和振动或载荷极大；对寿命、可靠度要求极高；定心精度要求很高，工作转速极高；某些特殊的工作环境（高温、低温、腐蚀等）；轴向尺寸小或轴孔直径很大，需要剖分轴承的场合。

（2）滚动轴承的优先选用原则　用户强调经济性的要求；在工作转速不高的范围内；*pv* 值（摩擦功耗的表征值）超过滑动轴承的允许范围；要求轴向尺寸紧凑，同时承受轴向和径向载荷；需要经常起动、停车的场合。

轴承被广泛应用于现代机械中，轴承的类型很多且各有特点。设计机器时应根据具体的工作情况，结合各类轴承的特点和性能进行对比分析，选择一种既满足工作要求又经济实用的轴承。

## 10.4　基本技能训练——减速器轴承组件拆装

**一、实验的目的与要求**

了解减速器的整体结构及工作要求。

掌握轴承在减速器、变速箱中的功用。

掌握轴承的定位、固定方法及间隙调整方法。

掌握轴承的类型，了解轴承安装部位的结构和工艺。

了解轴承的润滑及密封，为该部分课程设计打下基础。

学会使用专用拆装的工具。

**二、实验设备及工具**

圆柱齿轮传动减速器，锥齿轮减速器若干台，装拆用工具每组一套，活扳手，螺钉旋具，木槌，纯铜棒，游标卡尺，塞尺，金属直尺等工具。

**三、实验、实训方法及步骤**

1）打开减速器前，先对减速器的外形进行观察。

①了解减速器的名称、类型、总减速比；输入、输出轴伸出端的结构，用手转动减速器的输入轴，看减速器转动是否灵活。

②了解减速器的箱体结构，并观察下列部位形状结构、尺寸关系和作用：

箱体凸缘、轴承旁螺栓、凸台、加强肋。

轴承盖、轴承盖螺钉。

2）按下列顺序打开减速器，取下的零件要注意按次序放好，配套的螺钉、螺母、垫圈应该套在一起，以免丢失。在装拆时要注意安全，避免压伤手指。

①取下定位销钉。

②取下上、下箱体的各个联接螺栓。

③用启盖螺钉顶起箱盖。

④取下上箱盖。

3）观察减速器内部结构情况。

4）从减速器上取下轴，依次拆下轴上各零件，并按取下顺序依次放好。

①了解轴承在轴上周向固定和轴向固定的方式，轴的支承方式。

②用专用工具拆下轴承，仔细观察和测量轴承与轴的装配的结构，注意比较轴颈、轴肩过渡圆角与轴承内圈圆角的大小；记录轴承型号，轴颈尺寸等数据。

③轴系在减速器中的轴向固定方式，轴向间隙的调整方法。

测量方法：固定好百分表，用手推动轴至一端，然后再推动它至另一端，百分表上所指示的量即为轴向间隙的大小。

④轴承的润滑方法；在箱体的剖分面上是否有集油槽或排油槽。

⑤伸出轴的密封方式，轴承是否有内密封。

⑥绘制减速器中一轴轴承部位的结构装配图。

5）按下列次序装好减速器：

①将轴上零件依次装回，注意轴承的正确安装。

②将轴装回减速器。

③装轴承盖及调整垫圈。

④盖好箱盖，打上定位销。

⑤拧紧上、下箱体的联接螺栓。

⑥用手转动输入轴，看减速器是否转动灵活，若有故障要分析原因并以排除。

**四、思考题**

1）轴承的功用是什么？在此是用何方法定位？与相配合零件的配合种类是什么？

2）锥齿轮减速器中滚动轴承配置安装方式是哪一种？为什么？锥齿轮轴承的轴向位置如何调整？

3）你所拆圆柱齿轮减速器中轴的支承方式是哪一种？其轴向位置如何调整？

**五、综合项目训练**

设计带式输送机减速器中各轴的轴承。仔细参观并分析汽车发动机中的曲轴所用轴承的设计结构。

## 10.5 拓展练习

**一、单选题**

10-1 对于工作温度变化较大的长轴，轴承组应采用________的轴向固定方式。

A. 两端固定　　B. 一端固定，一端游动

C. 两端游动　　D. 左端固定，右端游动

10-2 轴承预紧的目的为提高轴承的________。

A. 刚度和旋转精度　　B. 强度和刚度　　C. 强度　　D. 刚度

10-3 皮碗密封，密封唇朝里的主要目的为________。

A. 防灰尘，杂质进入 B. 防漏油 C. 提高密封性能 D. 防磨损

10-4 ________密封属于非接触式密封。

A. 毛毡 B. 迷宫式 C. 皮碗 D. 环形

10-5 在轴承同时承受径向载荷和轴向载荷时，当量动载荷指的是轴承所受的________。

A. 与径向载荷和轴向载荷等效的假想载荷 B. 径向载荷和轴向载荷的代数和

C. 径向载荷 D. 轴向载荷

10-6 内部轴向力能使得内、外圈产生________。

A. 分离的趋势 B. 接合更紧的趋势 C. 摩擦的趋势 D. 转动的趋势

10-7 一般转速的滚动轴承，其主要失效形式是疲劳点蚀，因此应进行轴承的________。

A. 寿命计算 B. 静强度计算 C. 硬度计算 D. 应力计算

10-8 某轴承在基本额定动载荷下工作了$10^6$转时，其失效概率为________。

A. 90% B. 10% C. 50% D. 60%

10-9 从经济观点考虑，只要能满足使用要求，应尽量选用________轴承。

A. 球 B. 圆柱 C. 圆锥滚子 D. 角接触

10-10 滚动轴承的公差等级代号中，________级代号可省略不写。

A. 2 B. 0 C. 6 D. 5

10-11 只能承受轴向载荷而不能承受径向载荷的滚动轴承是________。

A. 深沟球轴承 B. 推力球轴承 C. 圆锥滚子轴承 D. 圆柱滚子轴承

10-12 在相同的尺寸下，________能承受的轴向载荷为最大。

A. 角接触球轴承 B. 深沟球轴承 C. 圆锥滚子轴承 D. 圆柱滚子轴承

二、判断题

10-13 径向滑动轴承是不能承受轴向力的。 ( )

10-14 滚动轴承内径代号为05，则表示内径为50mm。 ( )

10-15 剖分式滑动轴承，轴瓦磨损后可调整间隙。 ( )

10-16 滑动轴承的油孔应开在非承载区。 ( )

10-17 一般轴承盖与箱体轴承孔壁间装有垫片，其作用是防止轴承端盖处漏油。 ( )

10-18 滚动轴承的内圈与轴径、外圈与座孔之间均采用基孔制。 ( )

10-19 球轴承和滚子轴承相比，后者承受重载荷和耐冲击能力较强。 ( )

10-20 滚动轴承的主要失效形式为磨损。 ( )

10-21 滚动轴承的内部轴向力是由外轴向载荷所产生的。 ( )

10-22 载荷大、冲击大，宜采用滚子轴承。 ( )

三、填空题

10-23 向心推力轴承的内部轴向力$S$能使内外圈发生（ ）趋势。

10-24 滚动轴承是标准件，其内圈与轴颈配合为（ ），外圈与轴承座孔的配合为（ ）。

10-25 按轴承承受载荷的方向或公称接触角的不同，滚动轴承可分为（ ）和

（ ）。

10-26 在实际工作中，（ ）轴承和（ ）轴承采用成对使用、对称安装的方式。

10-27 滚动轴承的代号由（ ）、基本代号和（ ）组成。

10-28 代号为6208的轴承，其内径应是（ ）。

10-29 滚动轴承的失效形式主要有（ ）、（ ）和磨损三种。

10-30 滚动轴承的基本代号表示轴承的（ ）、（ ）。

10-31 滚动轴承常用的三种密封方法为非接触式密封、（ ）密封和（ ）密封。

10-32 轴瓦上的油孔、油槽应布置在（ ）处。

10-33 滚动轴承中各元件所受载荷是一种（ ）应力。

10-34 滚动轴承额定动载荷 $C$ 的意义是（ ）。

10-35 当滚动轴承的转速 $n<10\text{r/min}$ 时，其失效形式为（ ）。

10-36 当滚动轴承转速在 $10\text{r/min}<n<n_{\text{lim}}$ 时，其失效形式为（ ）。

**四、简答题**

10-37 滚动轴承由哪些基本元件组成？

10-38 何谓滚动轴承的极限转速？

10-39 滚动轴承的类型选择应考虑哪些主要因素？

10-40 滚动轴承内圈与轴，外圈与机座孔的配合采用基孔制还是基轴制？

10-41 何谓滚动轴承的基本额定寿命？

10-42 试述滚动轴承的优点。

10-43 试说明滚动轴承62205、7309C代号的含义。

10-44 角接触球轴承和圆锥滚子轴承常成对使用，为什么？

10-45 滚动轴承的主要失效形式有哪些？其计算准则是什么？

10-46 滚动轴承密封的目的是什么？常用的密封方式有哪几种？

10-47 滚动轴承的组合设计内容是什么？

10-48 滚动轴承间隙调整的方法有哪些？

10-49 滚动轴承优先选用原则是什么？

**五、计算题**

10-50 某齿轮传动装置，采用一对6210轴承，已知轴的转速 $n=420\ \text{r/min}$，径向载荷 $F_r=4000\ \text{N}$，常温工作，载荷平稳，试计算轴承的寿命。

10-51 斜齿轮轴用一对7208C轴承支承，轴的转速 $n=200\ \text{r/min}$，承受径向载荷 $F_{r1}=4800\ \text{N}$，$F_{r2}=4000\ \text{N}$，轴向载荷 $F_a=500\ \text{N}$，常温工作，载荷有轻微冲击，预期寿命 $L_h'=5000\ \text{h}$，试验算该对轴承。

10-52 已知一直齿圆柱齿轮轴用一对深沟球轴承支承，轴的转速 $n=600\ \text{r/min}$，承受径向载荷 $F_r=5000\ \text{N}$，常温工作，中等冲击，轴颈直径 $d=55\ \text{mm}$，预期使用寿命 $L_h'=12000\ \text{h}$，试选择轴承型号。

# 第11章 连　　接

**知识目标**

✧ 基本掌握平键、楔键、花键联接的结构、特点和应用。
✧ 了解过盈配合连接的结构、特点和应用。
✧ 了解不可拆连接中的铆钉连接，焊接，胶接。

**能力目标**

✧ 具备平键联接的强度计算与选用能力。
✧ 具备一般可拆和不可拆连接的选用能力。

在机械中，为了便于机器的制造、安装、运输、维修等，广泛地使用各种连接。

机械连接分为两大类：一类是机器工作时被连接零件间可以有相对运动的连接，称为机械动连接，如前面章节中讨论的各种运动副；另一类则是在机器工作时，被连接零件间不允许产生相对运动的连接，称为机械静连接。应指出，在机器制造工业中“连接”这一术语通常是指静连接。

机械静连接又分为可拆连接和不可拆连接，可拆连接是无需毁坏连接中的任一零件就可拆开的连接，允许多次重复拆装。不可拆连接是至少必须毁坏连接中的某一部分才能拆开的连接，如铆钉连接、焊接、胶接等。

## 11.1　轴-毂的连接

轴-毂连接是指轴与轮状零件（如齿轮、带轮等）的轮毂间的连接，其作用是实现周向固定或轴向导向移动，常用的有键联接、花键联接和过盈配合连接等。销联接可传递很小载荷，用作零件定位和安全装置中的过载剪断元件。

### 11.1.1　键联接

**1. 键联接的类型和应用**

键可分为平键、半圆键、楔键、切向键等多种类型，且已标准化。现将其主要形式及应用特性简介如下：

(1) 平键联接　平键的两侧面是工作面，与键槽配合，工作时靠键与槽侧面互相挤压传递转矩。平键联接结构简单、工作可靠、装拆方便、对中良好，但不能实现轴上零件的轴向固定。

平键按用途可分为普通平键、导向键、滑键。

普通平键（图11-1）用于静联接，即轴与轮毂间无相对轴向移动的联接。按端部形状可分为A型（圆头）、B型（方头）、C型（单圆头）三种。圆头平键的轴槽用指状铣刀加工，键在槽中固定良好，但槽在轴上引起的应力集中较大。方头平键的键槽是用盘铣刀加工的，轴的应力集中较小，但不利于键的固定，尺寸大的键要用紧定螺钉压紧在键槽中。单圆头平键用于轴端与毂的联接。普通平键应用最广，它也适用于高精度、高速或冲击、变载情况下的静连接。

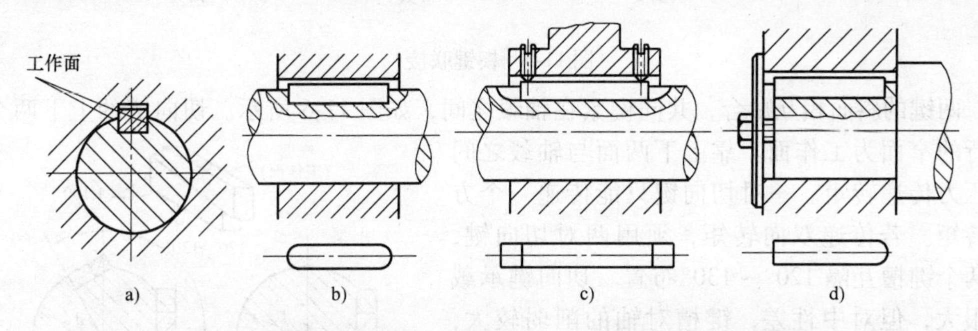

图 11-1 普通平键联接（图 b、c、d 下方为键与键槽示意图）

a）工作面 b）圆头 c）方头 d）单圆头

导向键和滑键都用于动连接，即轴与轮毂间有相对轴向移动的连接，如图 11-2、图 11-3 所示。导向键用螺钉固定在轴槽中，键与毂槽间隙配合，轴上带毂零件能沿导向键做轴向滑移，适用于轴向移动距离不大的场合，如机床变速箱中的滑移齿轮。导向键端部形状有 A 型、B 型两种。滑键固定在轮毂上，带毂零件带着键做轴向移动。滑键用于轴上零件在轴上移动距离较大的场合，以免使用长导键。

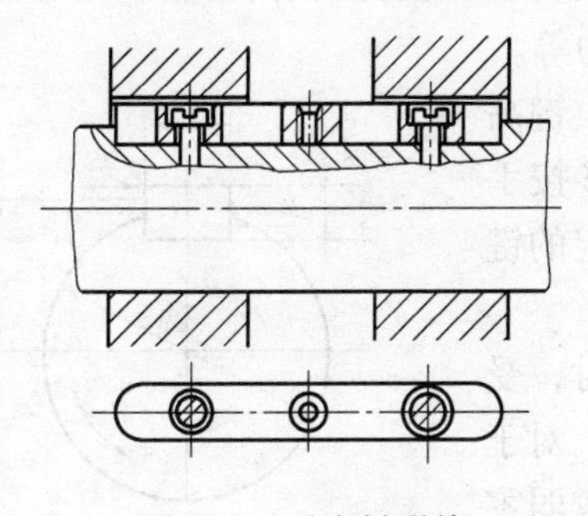
图 11-2 导向键联接

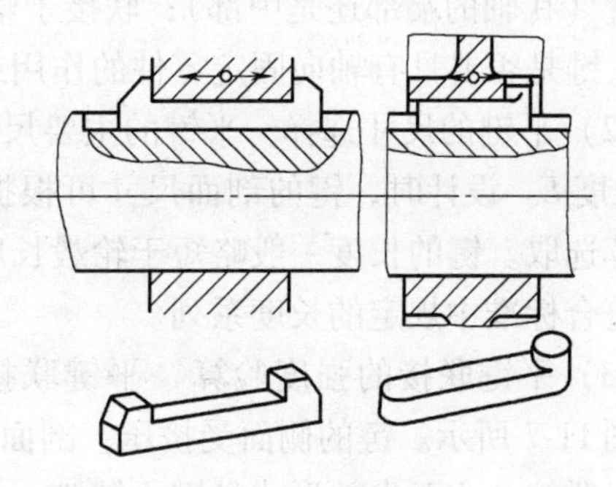
图 11-3 滑键联接

（2）半圆键联接 键的两侧面为工作面。半圆键能在轴槽中摆动，以适应毂槽底面的倾斜，用于静连接，如图 11-4 所示。半圆键定心性好，装配方便，但键槽较深，对轴的强度削弱较大，主要用于轻载荷和锥形轴端。

（3）楔键联接和切向键联接 楔键的上、下两面是工作面，键上表面和轮毂底面各有 1∶100的斜度，装配时需打入，靠楔紧产生的摩擦力传递转矩，能轴向固定零件或承受单向轴向力，如图 11-5 所示。打入时破坏了轴与毂的对中性。在冲击、振动和承受变载荷时易松动。仅适用于传动精度要求不高，载荷平稳和低速的场合。

楔键分普通楔键和钩头楔键两种。

切向键是由一对具有斜度 1∶100 的楔键组成。装

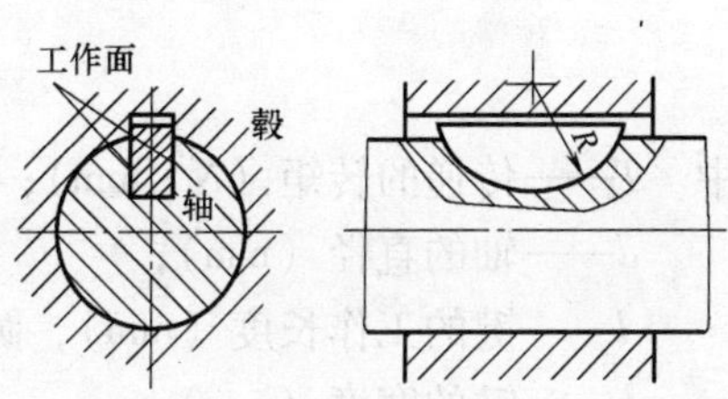

图 11-4 半圆键联接

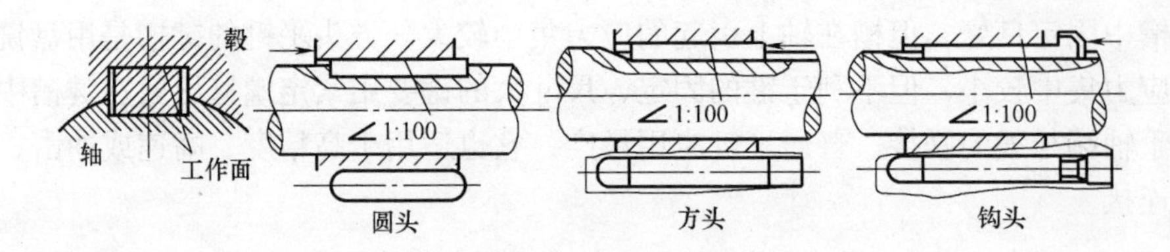


图 11-5 楔键联接

配时，两键的斜面相互贴合，共同楔紧在轴毂之间，如图 11-6 所示。切向键的上下两个相互平行的窄面为工作面。靠上下两面与轴毂之间的挤压力传递转矩。一对切向键只能传递一个方向的转矩。若传递双向转矩，须用两对切向键，一般两个键槽互隔 120° ~130° 布置。切向键承载能力很大，但对中性差，键槽对轴的削弱较大，适用于对中要求不严，载荷很大，大直径轴的连接。

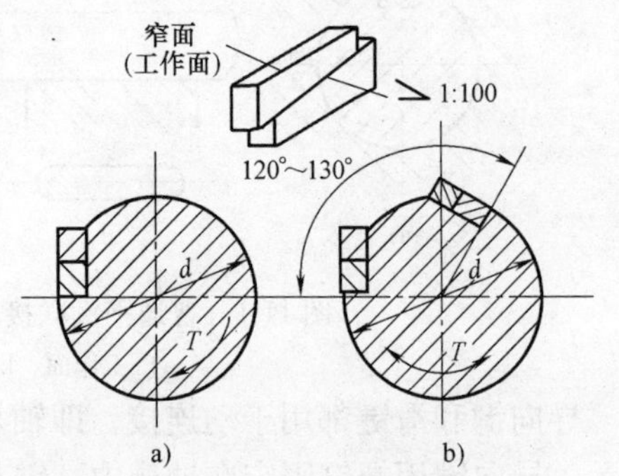


图 11-6 切向键联接

a) 传递单向转矩 b) 传递双向转矩

**2. 键联接的类型选择和平键的强度验算**

(1) 键联接的类型选择 选键联接的类型时，应考虑的因素大致包括：载荷的类型；所需传递转矩的大小；对于轴毂对中性的要求；键在轴上的位置（在轴的端部还是中部）；联接于轴上的带毂零件是否需要沿轴向滑移及滑移距离的长短；键是否要具有轴向固定零件的作用或承受轴向力等。

(2) 平键的尺寸选择 平键的主要尺寸为键宽 $b$、键高 $h$ 与长度 $L$。设计时，键的剖面尺寸可根据轴的直径 $d$ 按手册推荐选取。键的长度一般略短于轮毂长度，但所选定的键长应符合标准中规定的长度系列。

(3) 平键联接的强度验算 平键联接传递转矩时，受力如图 11-7 所示。键的侧面受挤压，剖面 $a$-$a$ 受剪切。对于标准键联接，主要失效形式是键、轴槽、毂槽三者中较弱零件的工作面被压溃（对于静连接）或磨损（对于动连接）。因此，采用常见材料组合和按标准选取的平键联接，只需按工作面上的挤压应力（对于动连接常用压强）进行强度计算。

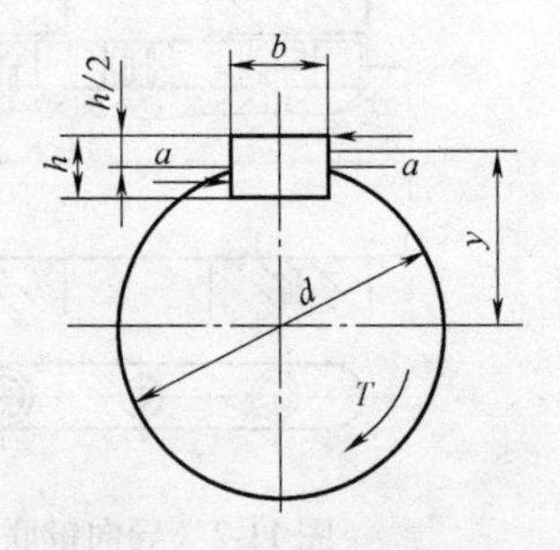


图 11-7 平键联接的受力情况

在计算中，假设载荷沿键的长度和高度均布，则其强度条件为

$$\sigma_p = \frac{4T}{dhl} \leqslant [\sigma_p] \tag{11-1}$$

式中 $T$——传递的转矩（N · mm）；

$d$——轴的直径（mm）；

$l$——键的工作长度（mm），圆头平键 $l=L$，这里 $L$ 为键的公称长度（mm）；

$b$——键的宽度（mm）；

$[\sigma]_p$——键联接中挤压强度最低的零件（一般为轮毂）的许用压应力（对于动连接则以

许用压强 [$p$] 代替式中的 [$\sigma_p$])($N/mm^2$),查表 11-1。

**表 11-1 键联接的许用压应力 [$\sigma_p$] 和压强 [$p$]** (单位:MPa)

| 联接的工作方式 | 联接中较弱零件的材料 | [$\sigma_p$] 或 [$p$] | | |
|---|---|---|---|---|
| | | 静载荷 | 轻微冲击 | 冲击载荷 |
| 静连接,用 [$\sigma_p$] | 碳钢、铸钢铸铁 | 125 ~ 150<br>70 ~ 80 | 100 ~ 120<br>50 ~ 60 | 60 ~ 90<br>30 ~ 45 |
| 动连接,用 [$p$] | 锻钢、铸钢 | 50 | 40 | 30 |

如果验算结果强度不够时,可采取以下措施:

1)适当增加键和轮毂的长度,但键的长度一般不应超过 2.5$d$,否则挤压应力沿键的长度方向分布将很不均匀。

2)可在同一轮毂联接处相隔 180°布置两个平键。考虑到载荷分布不均匀性,双键联接的强度只按 1.5 个计算。

**例 11-1** 已知减速器中直齿圆柱齿轮和轴的材料都是锻钢,齿轮轮毂长度为 120 mm,轴的直径 $d = 100$ mm,所需传递的转矩 $T = 3000$ N · m,载荷有轻微冲击。试选择平键联接的尺寸并校核其强度。

**解:** 1)根据 $d = 100$ mm 从手册中选取圆头普通平键(A 型),$b = 28$ mm,$h = 16$ mm,$L = 110$ mm(比毂长度小 10 mm)。

2)按式(11-1)校核该联接的强度

$$\sigma_p = \frac{4000T}{dhl} \leqslant [\sigma]_p$$

其中

$$l = L - b = (110 - 28)\,\mathrm{mm} = 82\ \mathrm{mm}$$

则

$$\sigma_p = \frac{4000 \times 3000}{100 \times 16 \times 82}\ \mathrm{MPa} = 91.5\ \mathrm{MPa}$$

由表 11-1 查得 [$\sigma_p$] = 100 MPa,则该平键联接强度足够。

## 11.1.2 花键联接

花键联接由多个键齿构成,键齿沿轴和毂孔的周向均布,齿侧面为工作面,适用于静、动连接。它的设计通常先选择花键联接的类型,查出标准尺寸,再作强度校核。

**1. 花键联接的类型、特点和应用**

花键联接按齿形分为矩形花键、渐开线花键,其中矩形花键应用最广。花键齿形已标准化,各类型的特点和应用见表 11-2。

**表 11-2 花键的类型、特点和应用**

| 类型 | 简图 | 特点 | 应用 |
|---|---|---|---|
| 矩形花键 | | 加工方便,可用磨削法获得较高的精度,但齿根部应力集中较大 | 应用广泛 |

（续）

| 类型 | 简图 | 特点 | 应用 |
|---|---|---|---|
| 渐开线花键 | 30° | 根部强度高，应力集中小，对中性好，加工工艺同齿轮，易获得较高精度，但需专用设备 | 用于重载，尺寸较大，定心精度要求较高的场合 |

矩形花键分轻载、中载、重载和补充四个尺寸系列。大径定心、小径定心、齿侧定心三种定心方式，其比较见表11-3。

**表11-3　矩形花键定心方式**

| 类型 | 简图 | 特点 | 应用 |
|---|---|---|---|
| 大径定心 |  | 定心精度高，加工方便，轴外径磨削，孔外径拉削 | 用于定心精度高的场合，应用广泛 |
| 小径定心 |  | 定心精度高，加工较不方便，轴与孔的花键齿均要磨削 | 用于定心精度要求高，且花键毂孔表面HRC40以上或孔表面粗糙度要求较高，单件或大尺寸的场合 |
| 齿侧定心 |  | 定心精度不高，但有利于各齿均匀承载 | 用于载荷较大，而定心精度要求不高的重载系列，多用于静连接 |

渐开线花键采用齿形定心和与分度圆同心的圆柱面定心两种定心方式。应优先采用齿形定心，因为它有自动定心作用，有利于各齿均匀承载。

**2. 花键联接的强度校核**

设计花键时，先选定花键类型和定心方式，再根据标准确定花键尺寸，然后进行强度校核。花键联接的主要失效形式为齿面压溃或磨损，因此，只需按工作面上的挤压应力（对于动连接常用压强）进行强度校核。

计算时，假定载荷沿键的工作长度 $l$ 均匀分布，各齿面上压力的合力作用在平均直径 $D_m$ 处（图11-8），则其挤压强度条件为

$$\sigma_p=\frac{2T}{\Psi zhlD_m}\leqslant[\sigma_p] \tag{11-2}$$

式中　$T$——转矩（N·mm）；

$\Psi$——各齿间载荷分布不均匀系数，一般 $\Psi=0.7\sim0.8$；

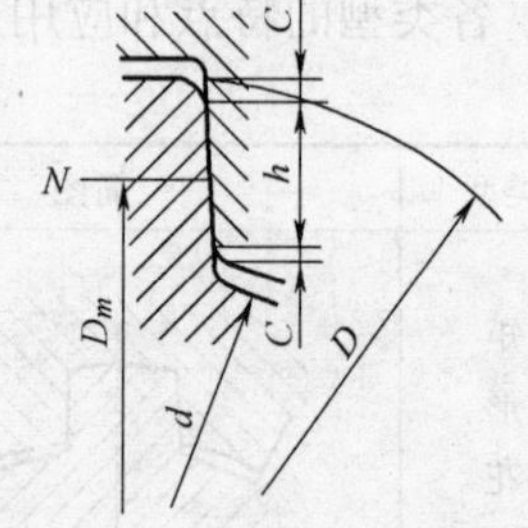


图11-8　花键受力简图

$z$——齿数；

$l$——齿的工作长度（mm）；

$h$——齿的工作高度（mm）；

$D_m$——花键的平均直径（mm）；

$[\sigma_p]$——许用挤压应力（对于动联接则用许用压强 $[p]$ 代替式中的 $[\sigma_p]$）（$N/mm^2$），其值见表11-4。

对于矩形花键：$D_m=\dfrac{D+d}{2}$，$h=\dfrac{D-d}{2}-2C$，$C$ 为齿顶的倒角尺寸；对于渐开线花键：$D_m=d_f$，$h=m=\dfrac{d_f}{z}$，$d_f$ 为分度圆直径，$m$ 为模数。

花键联接的轴和轮毂通常用抗拉强度不低于600 $N/mm^2$ 的钢制造，常需经过热处理，使齿面获得足够的硬度。尤其对在载荷下频繁移动的花键，齿面要求耐磨，更需经热处理。

表11-4 花键联接许用应力 （单位：MPa）

| 许用应力 | 联接工作方式 | 使用和制造情况 | 齿面未经热处理 | 齿面经热处理 |
|---|---|---|---|---|
| $[\sigma_p]$ | 静连接 | 不良 | 35~50 | 40~70 |
| | | 中等 | 60~100 | 100~140 |
| | | 良好 | 80~120 | 120~200 |
| $[p]$ | 空载下移动的动连接 | 不良 | 15~20 | 20~35 |
| | | 中等 | 20~30 | 30~60 |
| | | 良好 | 25~40 | 40~70 |
| | 在载荷作用下移动的动连接 | 不良 | — | 3~10 |
| | | 中等 | — | 5~15 |
| | | 良好 | — | 10~20 |

注：1. 使用和制造不良系指受变载、有双向冲击、振动频率高和振幅大、润滑不良（对动连接）、材料硬度不高或精度不高等。

2. 同一情况下，$[\sigma_p]$ 或 $[p]$ 的较小值用于工作时间长和较重要的场合。

**3. 其他连接**

（1）销联接 销联接主要用来固定零件之间的相互位置，也可用于轴和轮毂或其他零件的连接，如图11-9所示，并传递不大的载荷，有时还可用来作安全装置中的过载剪断元件，如图11-10所示。

圆柱销利用微量的过盈配合装配在铰光的销孔中，如果多次装拆，就会松动，失去定位的精确性和联接的紧固性。

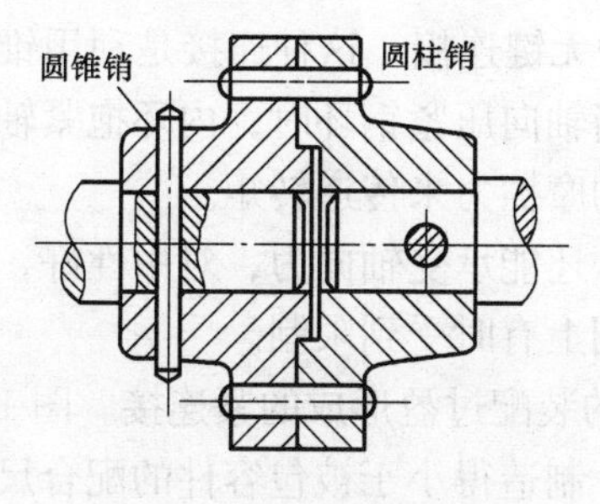

图11-9 圆柱销和圆锥销

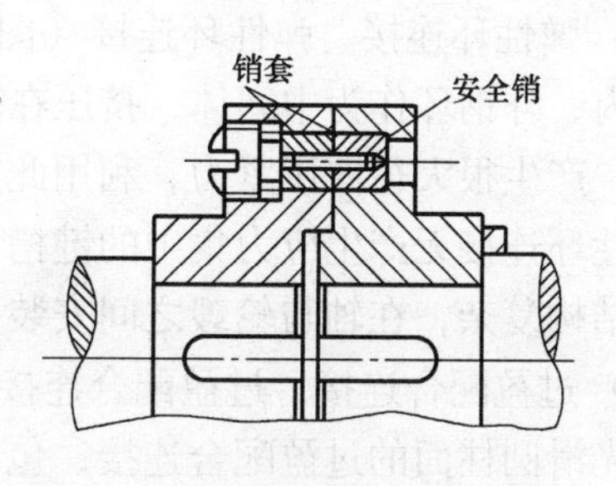

图11-10 安全销

圆锥销有1∶50的锥度，在受横向力时可以自锁，装配在铰光的销孔中，可多次装拆而不影响定位的精确性。

内螺纹圆柱销、内螺纹圆锥销和螺尾圆锥销等主要用于不能开通孔或拆卸困难的场合，如图11-11所示。

开尾圆锥销主要用于冲击或振动载荷的情况下，可以防止松脱，如图11-12所示。

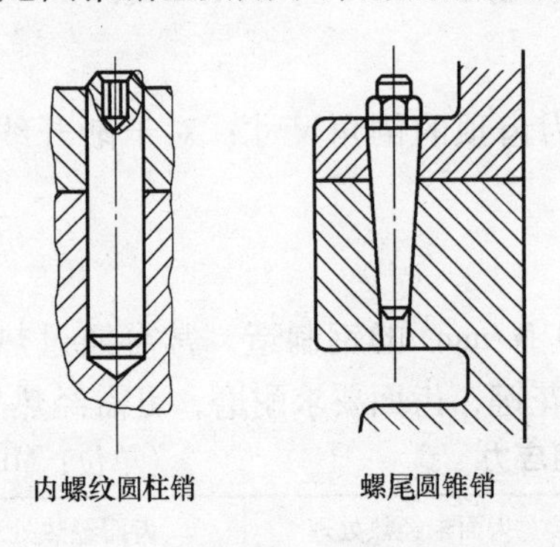
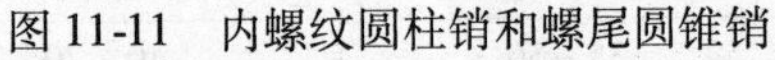


图11-11　内螺纹圆柱销和螺尾圆锥销

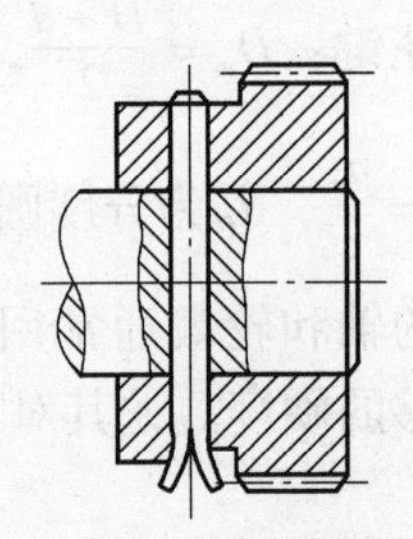

图11-12　开尾圆锥销

定位销通常不受载荷或受很小的载荷，其尺寸根据经验从标准中选取。承受载荷的销（如承受剪切和挤压等），一般先根据使用和结构要求选择其类型和尺寸，然后校核其强度。

开口销（图11-13）是一种防松零件，常用低碳钢丝制造。

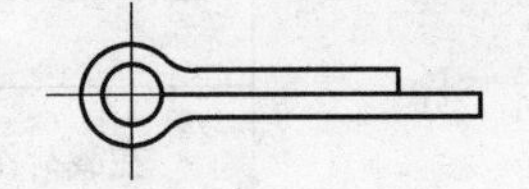

图11-13　开口销

(2) 成形连接　成形连接是利用非圆剖面轴与轮毂上相应的孔构成的连接，由于不用键或花键，故又称无键连接。轴和毂孔可做成柱形或锥形，如图11-14所示。前者只能传递转矩，但可用作无载荷下作轴向移动的动连接；后者还能传递轴向力。成形连接没有产生应力集中的键槽和尖角，承载能力高，对中性好，装拆方便，但制造工艺复杂，故目前应用仍不普遍。

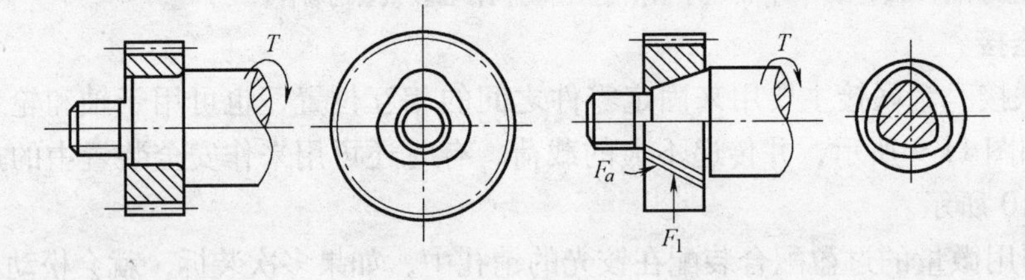


图11-14　成形连接

(3) 弹性环连接　弹性环连接（图11-15）是一种无键连接。这种连接是利用锥面互相贴合的内、外钢环作为中间体，挤压在轴与毂之间。当轴向压紧钢环时，内环抱紧轴，外形胀紧毂，产生很大径向压紧力，利用此压紧力所引起的摩擦力来传递转矩。

弹性环连接无产生应力集中的键槽，承载能力高，还能承受轴向力，对中性好，装拆方便，但结构复杂，在轴与轮毂之间安装弹性环，在应用上有时受到限制。

(4) 过盈配合连接　过盈配合连接是利用零件间的装配过盈形成的紧连接。图11-16所示为两光滑圆柱面的过盈配合连接，包容件的配合尺寸制造得小于被包容件的配合尺寸。装配后，两被连接零件之间产生径向变形，故在接触面间产生径向压力，工作时，靠配合面上的摩擦力来传递载荷。载荷可以是转矩、轴向力或两者的组合，有时也是弯矩。

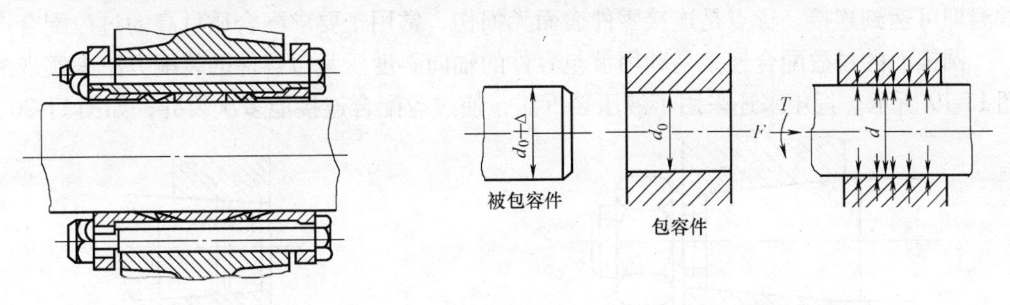


图 11-15 弹性环连接　　图 11-16 过盈配合连接

过盈配合连接的优点是结构简单，对中性好，对轴削弱少，在冲击振动载荷下工作可靠。缺点是对配合尺寸的精度要求高，装拆困难。过盈配合连接的应用实例见图 11-17。图 11-17a 为用于曲轴的连接，图 11-17b 为用于铁路车辆的轮箍与轮体的连接，图 11-17c 为用于蜗轮齿圈与轮心的连接，图 11-17d 为用于滚动轴承内圈与轴的连接。

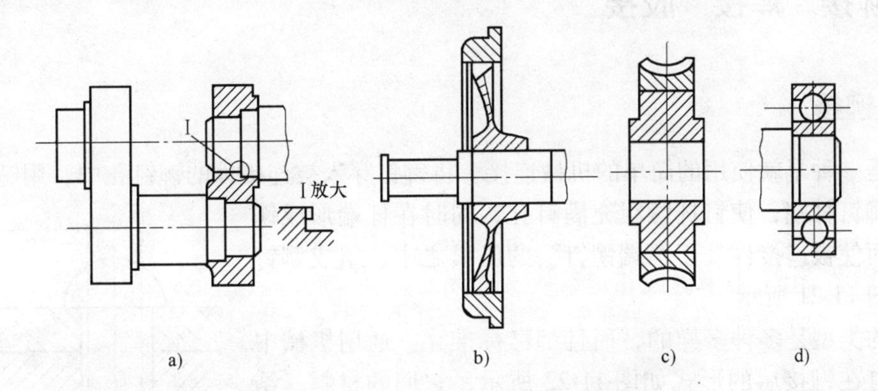


图 11-17 过盈配合连接的应用

过盈配合连接的配合面可以是圆柱面也可以是圆锥面，分别称为圆柱面过盈配合连接或圆锥面过盈配合连接。

圆柱面过盈配合连接的装配方法有压入法和温差法。

压入法是利用压力机将被包容件（轴）直接强力压入包容件（毂），使二者连接。因配合件的轴和孔之间有过盈量，压入过程不可避免会擦伤，使连接的坚固性降低，轴与轮毂的压入端的结构见图 11-18。在压入过程中在配合面上加润滑剂，以尽量减少拉伤。压入法一般用在配合尺寸和过盈量较小的连接。

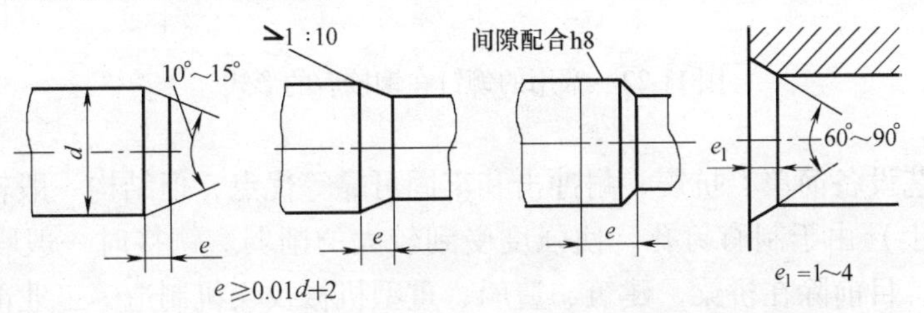


图 11-18 过盈配合连接压入端的结构

温差法是利用金属热胀冷缩的性质，加热包容件或冷冻被包容件后进行装配，待恢复到常温即可达到连接。优点是连接零件表面无损伤，常用于要求配合质量高的过盈配合连接。

圆锥面的过盈配合连接是利用被包容件的轴向斜度压紧包容件的装配方法来实现的，如图11-19所示。近年来还采用了液压装拆法，使过盈配合连接能多次装拆，如图11-20所示。

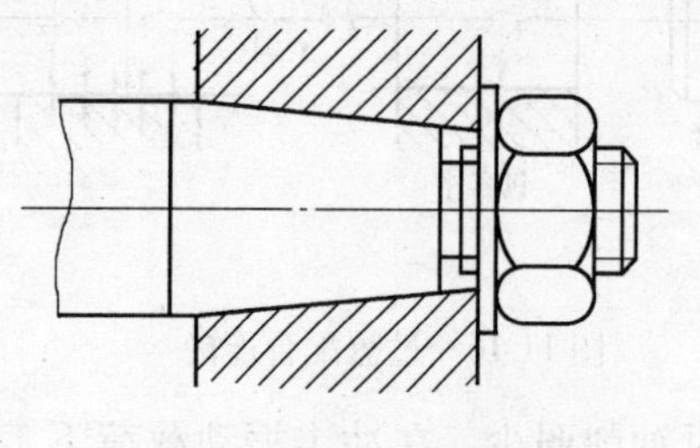

图11-19　圆锥面过盈配合连接

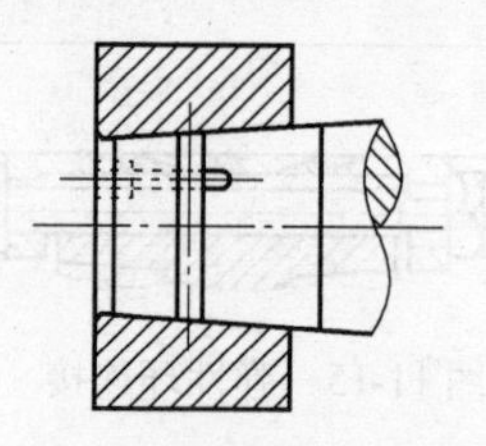

图11-20　液压装拆法

## 11.2　铆接　焊接　胶接

### 11.2.1　铆接

铆接是一种早就使用的简单的机械连接。将铆钉穿入被连接件的铆钉孔中，用锤击或压力机压缩铆钉杆端，使钉杆镦粗充满钉孔，同时在杆端形成铆成头，从而使被连接件处于两端铆钉头的压紧之中，组成铆钉连接，如图11-21所示。

铆钉的类型是多种多样的，而且都已标准化。通用机械中常用的铆钉在铆接后的形式如图11-22所示，它们的材料、结构尺寸等可查有关标准。

根据工作要求的不同，铆缝可分为：以强度为基本要求的强固铆缝，如起重设备桁架的铆缝；既要求强度又要求紧密性的强密铆缝，如锅炉的铆缝；仅要求紧密性的紧密铆缝，如冰箱、低压容器的铆缝。

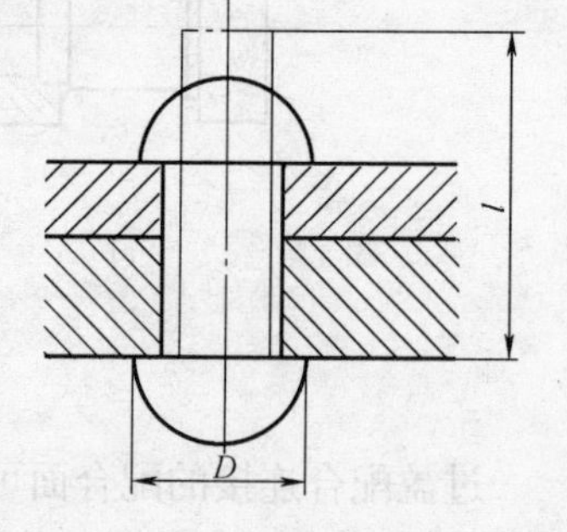


图11-21　半圆头铆钉连接

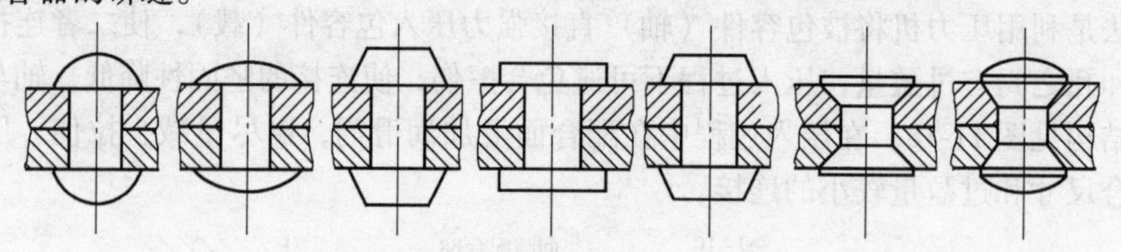

图11-22　常用的铆钉在铆接后的形式

铆接具有工艺设备简单、抗震、耐冲击和牢固可靠等优点，但结构一般较为笨重，被连接件（或被铆件上）由于制有钉孔，使强度受到较大的削弱。铆接时一般噪声很大，影响工人健康。因此，目前除在桥梁、建筑、造船、重型机械及飞机制造等工业部门中仍常采用外，应用已渐减少，并为焊接、胶接所代替。

根据被连接件的配置关系，铆缝可分为搭接和对接两类。每一类又根据主板上铆钉的排数可分为单排、双排、多排等，如图 11-23 所示。

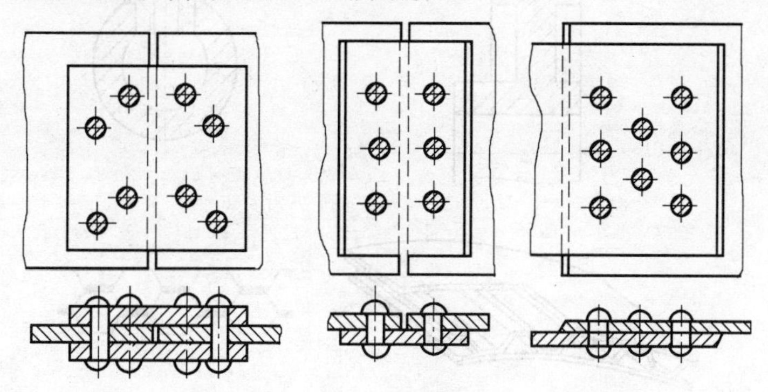

图 11-23 常用铆缝形式

### 11.2.2 焊接

与铆接相比，焊接具有强度高、工艺简单、重量轻、工人劳动条件好等优点。所以应用日益广泛，新的焊接方法发展也很迅速。

焊接结构件可以全部用轧制的板材、型材、管材焊成，也可以用轧材、铸件、锻件拼焊而成，同一组件又可以用不同材质或按工作需要在不同部位选用不同强度和不同性能的材料拼组而成。因此，采用焊接方法，对结构件的设计提供了很大的灵活性。

对于机座、机身、壳体及各种箱形、筒形、环形构件，特别是单件小批生产或形式有较多变化的，或要经常更新设计的成批生产零部件，采用焊接结构常常可以缩短生产准备周期、减轻重量、降低成本。

特大零、部件用了焊接结构可以以小拼大，大幅度降低所需铸锻件的重量等级并减小运输困难。图 11-24 所示为几个常用零部件的焊接结构图。

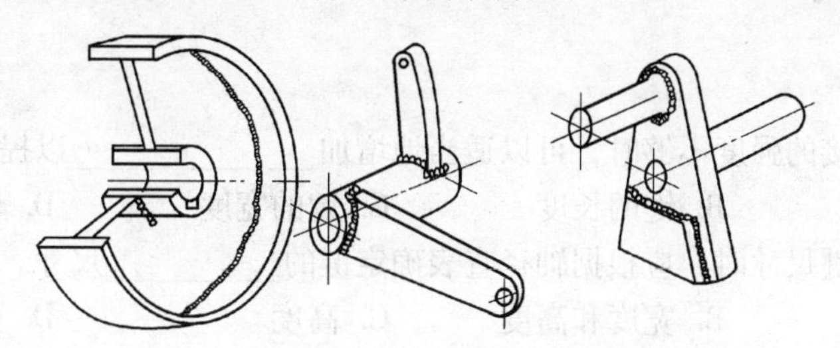

图 11-24 焊接零件实例

焊接的方法很多，机械制造业中常用的方法有属于熔焊的气焊和电弧焊，其中电弧焊操作简便，连接质量好、应用最广。

### 11.2.3 胶接

胶接是利用胶粘剂在一定条件下把预制的元件（如轮圈和轮心）连接在一起，并具有一定的连接强度。它是早就使用的一种不可拆连接，其应用实例如图 11-25 所示。

胶接与其他传统的连接方法相比较具有以下特点：

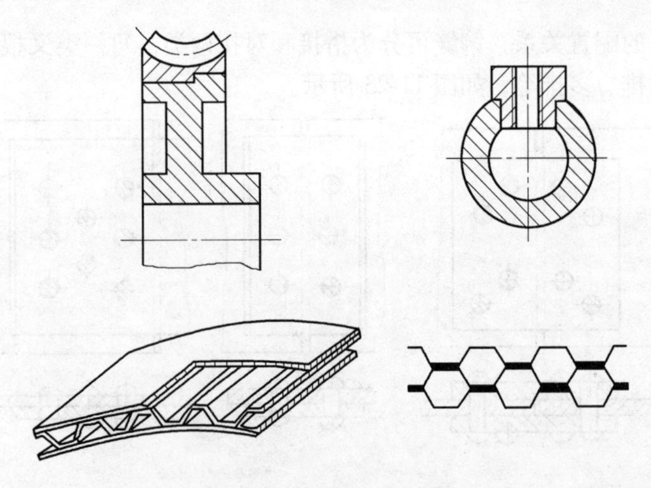

图11-25 胶接应用实例

1）不受被连接材料的限制，可连接金属和非金属，包括某些脆性材料。

2）接头的应力分布较均匀，对于薄板（特别是非铁金属）结构，避免了铆、焊、螺纹联接引起的应力集中和局部翘曲。

3）一般不需要机械的坚固件，不需加工连接孔，因此大大减少了机械加工量和降低了整修结构的重量。

4）胶接的密封性能好，此外还具有绝缘、耐蚀等特点。

5）工艺过程易实现机械化和自动化。

胶接的缺点是：工作温度过高时，胶接强度将随温度的增高而显著下降。此外，耐老化、耐介质（如酸、碱等）性能较差，且不稳定。

## 11.3 拓展练习

### 一、单选题

11-1 当键联接的强度不够时，可以适当地增加______以提高连接强度。

A. 轮毂长度 B. 键的长度 C. 键的宽度 D. 轮毂宽度

11-2 选择平键尺寸时，应根据轴径查表确定键的______尺寸。

A. 长度 B. 宽度和高度 C. 高度 D. 弧度

11-3 平键联接中，依靠______工作面来传递转矩。

A. 二侧面 B. 上下面 C. 内外工作面 D. 内侧面

### 二、判断题

11-4 若平键联接挤压强度不够时，可适当增加键高和轮毂槽深来补偿。 （ ）

11-5 平键、半圆键和花键均以键的两侧面为工作面。 （ ）

11-6 花键联接多用于载荷较大和定心精度要求较高的场合。 （ ）

11-7 普通平键联接中，键受挤压的面积是整个侧面积。 （ ）

### 三、填空题

11-8 一般参数的通用零件的常用材料，对于螺钉应选用（ ）材料，轴应选用

（ ）材料，键应选用（ ）材料制造。

11-9 在承受轴向载荷的紧螺栓联接中，在一般情况下，螺栓中承受的总拉力等于（ ）。

11-10 键联接中，平键的工作面为（ ），楔键的工作面为（ ）。

11-11 花键联接中，对中方式有（ ）、（ ）、（ ）等三种。

11-12 键的常用材料为（ ），轴的常用材料为（ ）。

11-13 楔键只能安装在（ ）处。

四、简答题

11-14 平键联接的失效形式是什么？强度校核依什么应力来进行？

11-15 当键联接的强度校核不合格时，可采取什么措施来解决？

# 第 12 章　其他常用零部件

## 知识目标

✧ 基本掌握联轴器、离合器、制动器和弹簧的类型、结构、功能和应用。

## 能力目标

✧ 了解圆柱螺旋压缩弹簧的设计。

## 12.1　概述

机器是由几个部件组合而成的，各部件之间通常靠轴与轴连接起来传递能量和运动，于是就需要使用把两轴连接起来的装置。

例如起重绞车上的电动机和减速器以及减速器与卷筒的连接，工作中始终保护连接从不分离，这种连接形式所用的连接装置是联轴器。

还有另一些部件之间的连接在工作中随着工作要求多次分开又结合，例如汽车发动机与汽车变速器之间，机床主轴箱中输入轴与传动齿轮之间均属于此类，这种连接形式所用的连接装置是离合器。

制动器主要用于降低正在运行着的机械或机构的速度或使其停止，有时也起限制速度的作用，是保护机械安全正常工作、控制机械速度的重要零件。

联轴器、离合器和制动器也是轴系中常用的零部件，它们的功用主要是实现轴与轴之间的结合及分离，或实现对轴的制动。这些零部件种类繁多，大多已标准化、规格化和系列化，一般只需要根据工作要求正确选择它们的类型和尺寸，必要时对其中易损的薄弱环节进行承载能力的校核计算。

联轴器与离合器是用来连接两轴并且传递转矩的，因此它们的计算转矩不能超过联轴器与离合器型号的额定转矩 $T_n$（由标准规范查出）。即

$$T_c = KT \leqslant T_n \tag{12-1}$$

式中　$K$——载荷系数，用以考虑工作过程中的过载、起动、制动和惯性力矩形等的影响，见表 12-1。

**表 12-1　载荷系数 $K$ 值**

| 动力机械的特性 | 工件机械特性 | | |
|---|---|---|---|
| | 转矩变化小 | 转矩变化中等<br>冲击载荷中等 | 转矩变化大<br>冲击载荷大 |
| 电动机、汽轮机 | 1.3～1.5 | 1.7～1.9 | 2.3～3.1 |
| 多缸内燃机 | 1.5～1.7 | 1.9～2.1 | 2.5～3.3 |
| 单、双缸内燃机 | 1.8～2.4 | 2.2～2.8 | 2.8～4.0 |

# 12.2　联轴器

## 12.2.1　联轴器的功用与种类

联轴器主要用于轴与轴之间的连接，以实现传递不同轴之间回转运动与动力。若要使两轴分离，必须通过停车拆卸才能实现。

联轴器所要联接的轴之间，由于存在制造、安装误差，受载受热后的变形以及传动过程中产生的振动等因素，往往存在着轴向、径向或偏角等相对位置的偏移，如图12-1所示。故联轴器除了传动外，还要有一定的位置补偿和吸振缓冲的作用。

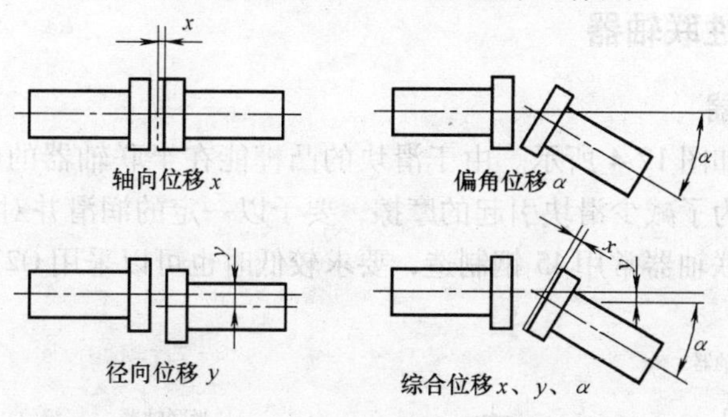


图12-1　两轴之间的相对位移

联轴器根据对各种位移有无补偿能力可分为刚性联轴器和挠性联轴器两大类。在挠性联轴器中，又存在有无弹性元件的区别。

## 12.2.2　固定式刚性联轴器

**1. 套筒联轴器**

套筒联轴器如图12-2所示，图12-2a为键联接的套筒联轴器，图12-2b为销联接的套筒联轴器。套筒的材料通常用45钢，适用于轴径60～70mm的对中性较好的场合，其径向尺寸小、结构简单，可根据不同轴径自行设计制造，在仪器中应用较广。

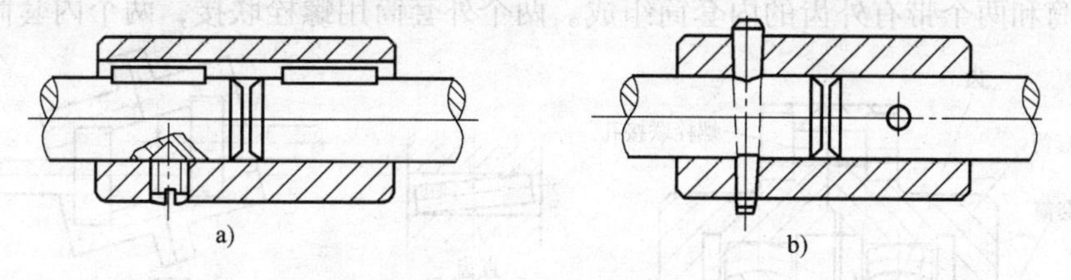


图12-2　套筒联轴器

**2. 凸缘联轴器**

如图12-3a所示，凸缘联轴器由两个带凸缘的半联轴器组成，半联轴器由键与轴联接，然后两个半联轴器用螺栓联接。此外还有用铰制孔螺栓联接对中的联轴器，如图12-3b所示。凸缘联轴器结构简单、传递转矩大、传力可靠、对中性好、装拆方便、应用广泛，但它不具有位置补偿功能，应按标准选用。

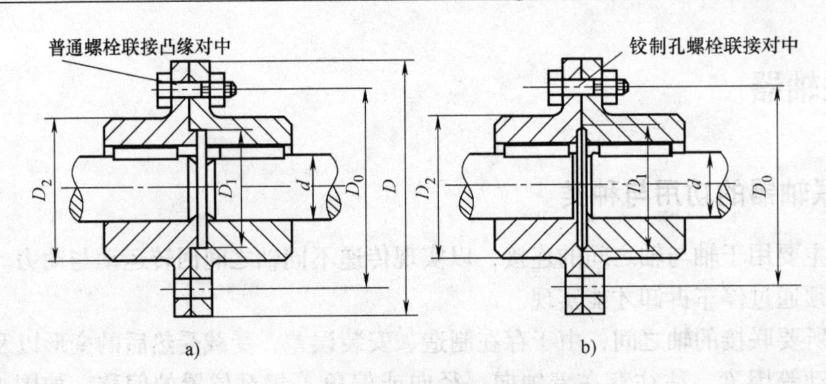


图 12-3　凸缘联轴器

### 12.2.3　移动式刚性联轴器

#### 1. 十字滑块联轴器

十字滑块联轴器如图 12-4 所示。由于滑块的凸榫能在半联轴器的凹槽中移动，因此补偿了两轴间的位移。为了减少滑块引起的摩擦，要予以一定的润滑并对工作表面进行热处理提高硬度。十字滑块联轴器常用45 钢制造，要求较低时也可以采用 Q275 钢，此时不需热处理。

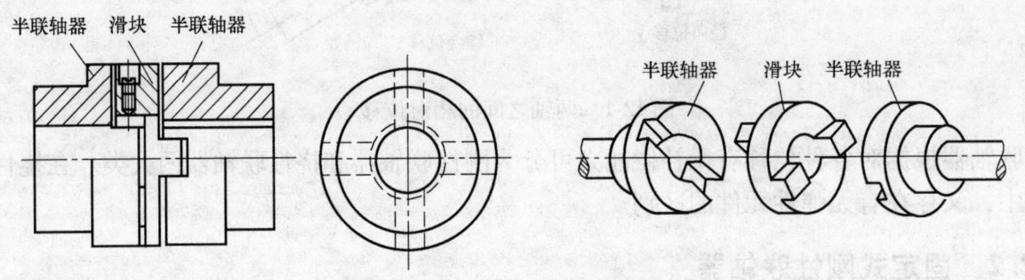


图 12-4　十字滑块联轴器

#### 2. 齿式联轴器

齿式联轴器是允许综合位移刚性联轴器中具有代表性的一种联轴器，如图 12-5 所示。图 12-5a 为齿式联轴器的结构，图 12-5c 为位移补偿示意图。齿式联轴器由两个带有内齿及凸缘的外套筒和两个带有外齿的内套筒组成。两个外套筒用螺栓联接，两个内套筒用键与两

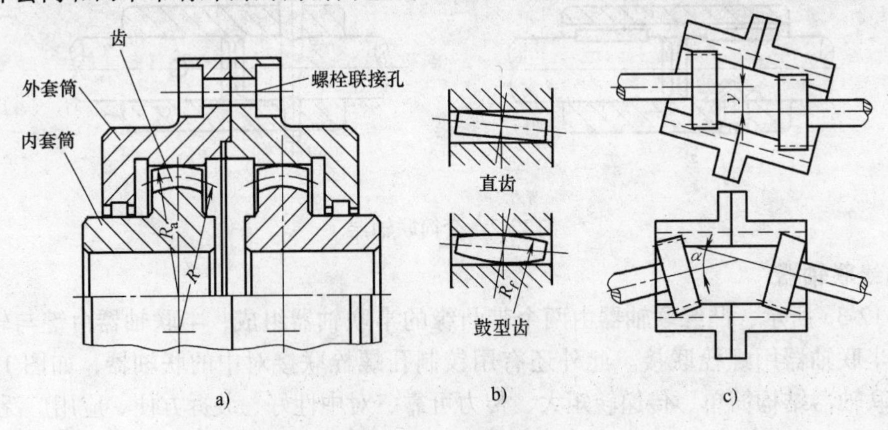


图 12-5　齿式联轴器

轴联接，内、外齿相互啮合传递转矩。

联轴器齿环上常用压力角为20°的渐开线齿廓，齿的形状有直齿和鼓形齿，如图12-5b所示，后者称为鼓形齿式联轴器（JB/T 5514—2007）。由于内、外齿啮合时具有较大的顶隙和侧隙，因此这种联轴器具有径向、轴向和角度位移补偿的功能。由于内、外齿廓均为渐开线，故制造和安装精度要求较高，成本也高，但传递载荷能力与位移补偿能力强，在车辆、重型机械中有广泛的应用。

## 12.2.4 弹性联轴器

**1. 弹性套柱销联轴器**

弹性套筒联轴器的构造与凸缘联轴器类似，不同之处是用有弹性的柱销代替了刚性的螺栓。图12-6所示的弹性套常用耐油橡胶制造，作为缓冲吸振元件；柱销材料为45钢；半联轴器的材料为铸铁或铸钢，其与轴的配合可以采用圆柱或圆锥配合孔。

弹性套柱销联轴器易制造、易拆卸、成本低，但易磨损、寿命短，适用于载荷平稳、起动频繁的中小功率传动。

**2. 弹性柱销联轴器**

弹性柱销联轴器构造也与凸缘联轴器的构造相仿。图12-7所示为用弹性的柱销将两个半联轴器联接起来。为防止柱销脱落，采用了挡板。柱销多用尼龙或酚醛布棒等弹性材料制造。

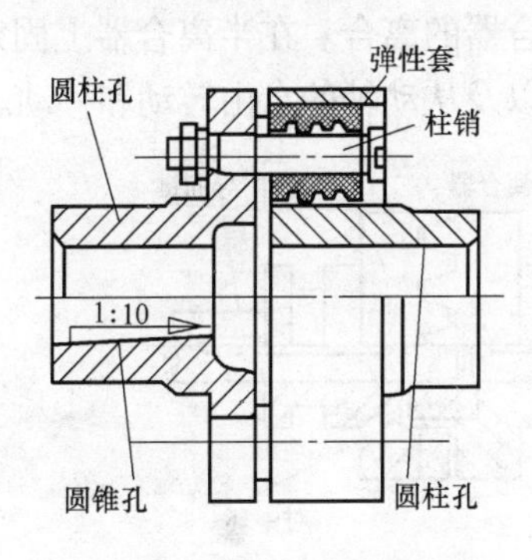


图12-6 弹性套柱销联轴器

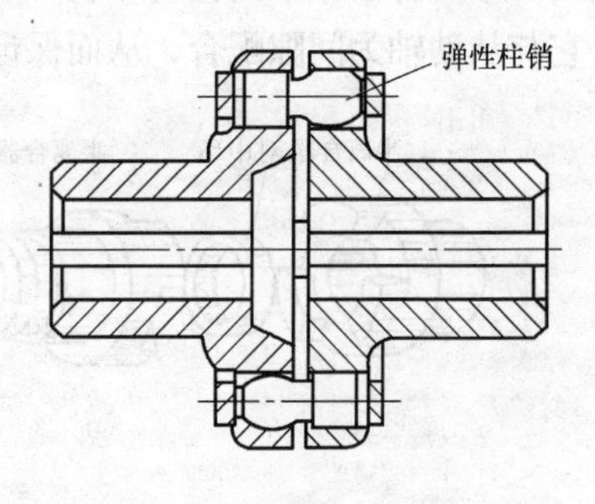


图12-7 弹性柱销联轴器

弹性柱销联轴器虽然与上述的弹性套柱销联轴器十分相似，但其载荷传递能力更大、结构更为简单，使用寿命及缓冲吸振能力更强。但由于柱销材料的缘故，使它的工作温度受到限制。

**3. 万向联轴器**

图12-8所示为万向联轴器，它由两个叉形接头和一个十字销组成。万向联轴器两轴间的夹角可达35°~45°。若用单个万向联轴器时，两轴瞬时角速度不相等，为了避免这种情况，可采用两个万向联轴器。万向联轴器在传动中允许两轴线有较大的偏斜，在运输机械中应用广泛。

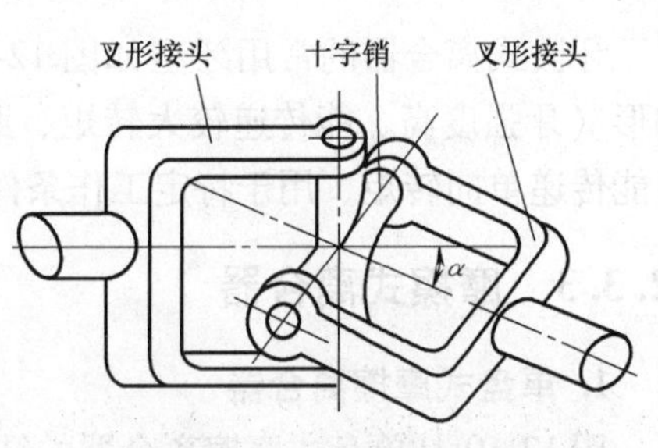


图12-8 万向联轴器示意图

# 12.3 离合器

## 12.3.1 离合器的功能与种类

离合器主要用于轴与轴之间在机器运转过程中的分离与结合。由于离合器是在不停车的状况下进行两轴的结合与分离，因而离合器应保证离合迅速、平稳、可靠，操纵方便，耐磨且散热好。

按离合的实现过程可分为操纵式离合器与自动离合器。操纵式多以机械、气动、液压或电磁等为动力，在需要时经操纵实现轴之间的分离；而自动离合器通常是将某些元素如力、速度等调定，在运动过程中当达到或不满足这些调定值时就自动实现结合或分离。

但是，无论是哪一种离合器，其结合元件不外乎为摩擦式和啮合式两类。它们都是通过结合元件间的摩擦分离或结合元件间的啮合实现传动的。对摩擦式离合器而言，摩擦元件都具有过载时打滑的现象，所以，理论上这一类型的离合器都能成为安全离合器。

## 12.3.2 牙嵌式离合器

牙嵌式离合器一般用于转矩不大的低速场合。如图12-9a所示，牙嵌式离合器由端面带牙的两个半离合器组成，一个用键与主动轴联接，另一个用导向键与从动轴联接。由操纵机构带动从动轴上的半离合器做轴向移动，就可以实现两个半离合器的离合。在半离合器上固定一个对中环，它与从动轴为间隙配合，从而保证两轴的对中心以及从动轴的自由转动和移动。

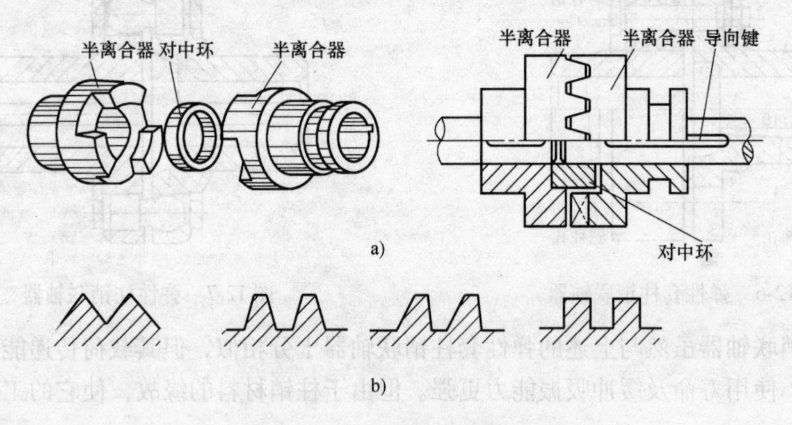


图12-9　牙嵌式离合器

牙嵌式离合器的常用牙型如图12-9b所示。牙型有三角形（用于小转矩和低速场合），梯形（牙强度高、能传递较大转矩、磨损后能自动补偿、应用较广），锯齿形（牙强度高、只能传递单向转矩、用于特定工作条件）和矩形等。

## 12.3.3 摩擦式离合器

### 1. 单盘式摩擦离合器

图12-10是单盘式摩擦离合器的结构图。摩擦离合器的接触面可以是平面或锥面，如图12-10a、b所示。在同样的压紧力下，锥面可以传递更大的转矩，由两个摩擦盘用键和导向

键分别与主动轴、从动轴相联接，通过操纵环操纵从动盘与主动盘的离合。压力使两盘压紧以产生摩擦力。为了增大两摩擦盘之间的摩擦，常在摩擦盘表面加装摩擦片，以具有更好的耐压、耐磨、耐油和耐高温的性能。

与牙嵌式离合器相比，摩擦式离合器可以在两轴任何速度下离合，且结合平稳无冲击。通过调节摩擦面间的压力可以调节所传递转矩的大小，因而也就具有了过载保护作用；但工作时有可能两摩擦盘之间发生相对滑动，不能保证两轴的精确同步。

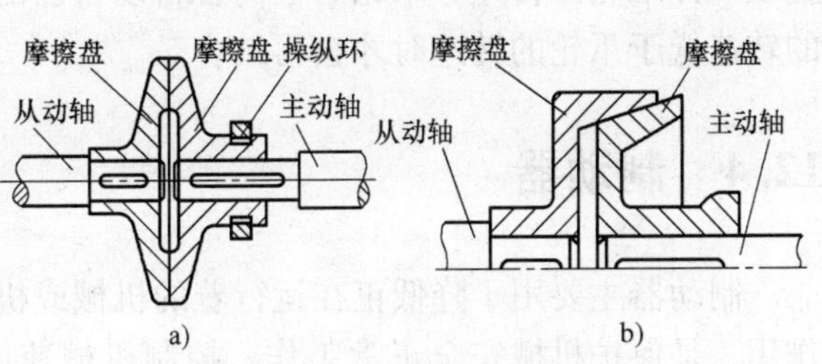

图 12-10　单盘式摩擦离合器

a）接触面为平面　b）接触面为锥面

**2. 多片式摩擦离合器**

多片式摩擦离合器的结构如图 12-11 所示。其中，主动轴、外套和一组外摩擦片组成主动部分，外摩擦片可以沿外套的内槽移动。从动轴、套筒和一组内摩擦片组成从动部分，内摩擦片可以沿套筒上的槽滑动。在套筒上开有均布的三个径向槽，槽内安装有曲臂压杆。当操纵滑环左移时，通过曲臂压杆顺时针转动，将两组摩擦片压紧，离合器处于接合状态，主动轴带动从动轴转动。当操纵滑环右移动时，通过曲臂压杆下面的弹簧片使曲臂压杆逆时针转动，两组摩擦片压力消除，离合器处于分离状态。双螺母可调整内、外两组摩擦片的间距，来调整摩擦片之间的压力。

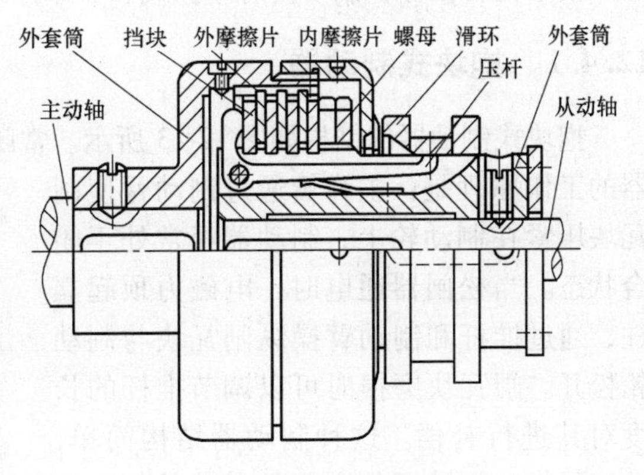

图 12-11　多片式摩擦离合器

多片式摩擦离合器也有使用电磁力操纵的，称为电磁操纵摩擦离合器。它的工作原理是：当离合器中的励磁线圈接通直流电后产生电磁力吸引衔铁，使两组摩擦片松开，离合器就处于分离状态。它可以实现远距离控制，动作迅速，没有不平衡的轴向力，在数控机床等自动机械中广泛应用。另外，还有一些机械、气动或液压操纵的摩擦式离合器，其工作原理均与电磁操纵摩擦离合器相近。

## 12.3.4　超越离合器

超越离合器是一种定向离合器，它利用机械本身转速、转向的变化，来控制两轴的离合。定向离合器是自动离合器的一种。

滚柱超越离合器的结构如图 12-12 所示，它由爪轮、套筒、滚柱和弹簧顶杆等组成。当爪轮为主动件且顺时针转动时，滚柱受摩擦力作用被楔紧在爪轮和套筒之间，并带动套筒（和从动轴）一起回转，此时离合器处于结合状态；当爪轮逆时针转动时，滚柱被推到空隙较大的部分不再楔紧，离合器处于分离状态。

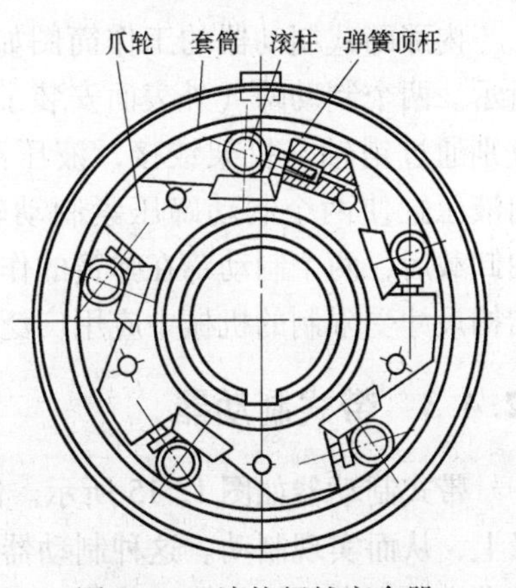

图 12-12　滚柱超越离合器

可见，超越离合器只能传递单向的转矩，故可用于防止逆转。如果在套筒随爪轮转动时，套筒从另外的运动系统获得一个转向与爪轮相同、但转速更大的运动，套筒的转速将超越主动件爪轮的转速，爪轮、套筒各自以自己的速度转动，离合器处于分离状态，直至套筒的转速低于爪轮的转速时才会再结合。

## 12.4 制动器

制动器主要用于降低正在运行着的机械或机构的速度或使其停止，有时也有限制速度的作用，是保护机械安全正常工作，控制机械速度的重要零件。制动可靠、操纵灵活、散热好、体积小是制动器的一些基本要求。

按结构特征分，制动器有摩擦式和非摩擦式两大类。下面介绍几种摩擦式制动器。

### 12.4.1 抱块式制动器

抱块式制动器的结构如图12-13所示。常闭式（通电时松闸，断电时制动）抱块式制动器的工作原理是：主弹簧通过制动臂使闸瓦块压紧在制动轮上，制动器经常处于闭合状态。当松闸器通电时，电磁力顶起立柱，通过推杆和制动臂操纵闸瓦块与制动轮松开。闸瓦块磨损时可以调节推杆的长度对其进行补偿。这种制动器结构简单，性能可靠，间隙调整方便且散热较好。但由于接触面有限，使制动力矩较小，且外形尺寸较大，一般用于工作频繁且空间较大的场合。常闭式制动器比较安全，一般用于起重运输机械。常开式（通电时制动，断电时松闸）制动器适用于车辆的制动。

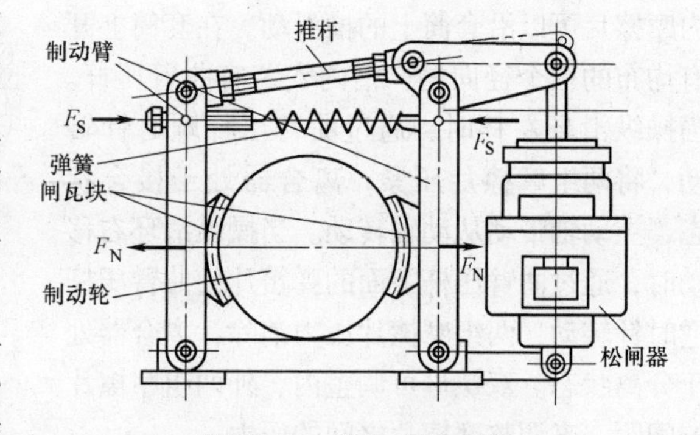

图12-13 抱块式制动器

### 12.4.2 内涨蹄式制动器

内涨蹄式制动器的工作简图如图12-14所示。两个制动蹄（外表面安装了摩擦片）分别通过销轴与机架铰接，液压油通过双向液压缸使两个制动蹄压紧制动轮。液压油卸载后，两个制动蹄在弹簧的作用下与制动轮分离。这种制动器结构紧凑，在各种车辆及结构尺寸受限制的机械中应用广泛。

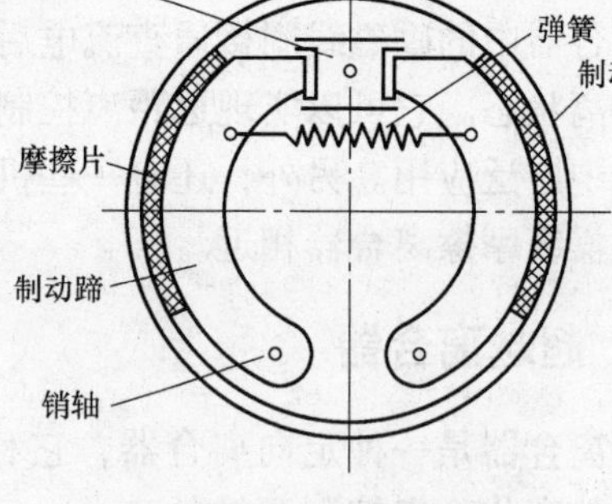

制动液压缸
弹簧
制动轮
摩擦片
制动蹄
销轴

图12-14 内涨蹄式制动器

### 12.4.3 带式制动器

带式制动器如图12-15所示。制动力 $F$ 通过杠杆放大后使钢带张紧并环绕于要制动的轮缘上，从而实现制动。这种制动器构造简单，制动力矩大，但被制动的轮轴要受到弯矩，制动带也通常会磨损不均，工作过程中的发热也较大，通常在一些小型起重机械和汽车的手动制动中应用。

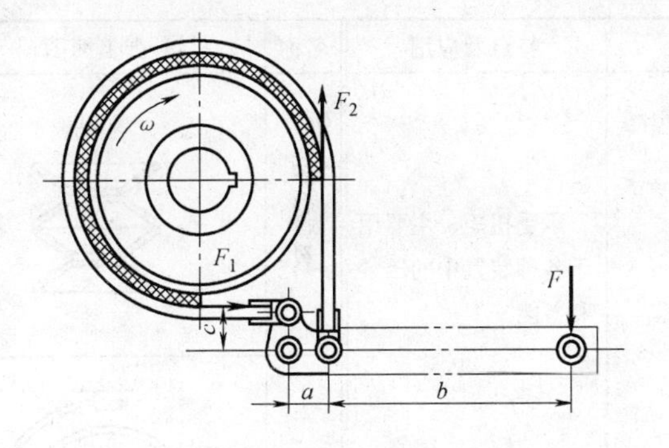


图12-15 带式制动器

制动器的选用和制动力矩的计算，主要取决于工况、价格、制动器种类等因素，应视具体情况而定。

## 12.5 弹簧

### 12.5.1 弹簧的功能

弹簧是一种弹性元件，由于材料的弹性和弹簧的结构特点，它具有多次重复地随外载荷的大小而做相应的弹性变形、卸载后立即恢复原状的特性，很多机械正是利用弹簧的这一特点来满足特殊要求的。弹簧的主要功能有：

1）减振和缓冲，如车辆的悬架弹簧，各种缓冲器和弹性联轴器中的弹簧等。

2）测力，如测力器和弹簧秤的弹簧等。

3）储存及输出能量，如钟表弹簧、枪栓弹簧、仪表和自动控制机构上的原动弹簧等。

4）控制运动，如控制弹簧门关闭的弹簧，离合器、制动器上的弹簧，控制内燃机气缸阀门开启的弹簧等。

### 12.5.2 弹簧的类型、特点和应用

弹簧的分类方法很多，按照所承受的载荷的不同，弹簧可分为拉伸弹簧、压缩弹簧、扭转弹簧和弯曲弹簧等四种；按照形状的不同，弹簧可分为螺旋弹簧、碟形弹簧、环形弹簧、盘形弹簧和板弹簧等；按照使用材料的不同，弹簧可分为金属弹簧和非金属弹簧。各种弹簧的基本类型、特点和应用见表12-2。

表12-2 弹簧的基本类型、特点和应用

| 名称 | 弹簧简图 | 特点及应用 | 名称 | 弹簧简图 | 特点及应用 |
| --- | --- | --- | --- | --- | --- |
| 圆柱形螺旋弹簧 | F F a) F F b) | 图a承受拉力，图b承受压力，结构简单，制造方便，应用最为广泛 | 碟形弹簧 | | 承受压力，缓冲及减振能力强，常用于重型机械的缓冲和减振装置 |

（续）

| 名称 | 弹簧简图 | 特点及应用 | 名称 | 弹簧简图 | 特点及应用 |
|---|---|---|---|---|---|
| 圆柱形螺旋扭转弹簧 | | 承受扭矩，主要用于各种装置中的压紧和蓄能 | 环形弹簧 | F | 承受压力，是目前最强的压缩、缓冲弹簧，常用于重型设备，如机车车辆、锻压设备和机械中的缓冲装置 |
| | | | 盘簧 | | 承受扭矩，能储存较大的能量，常用作仪器、钟表中的弹簧 |
| 圆锥形螺旋弹簧 | | 承受压力，结构紧凑，稳定性好，防振能力较强，多用于承受大载荷和减振的场合 | 板弹簧 | | 承受弯曲，变形大、吸振能力强，主要用于汽车、拖拉机和铁路车辆的悬架装置 |

在一般机械中，最常用的是圆柱螺旋弹簧，故本章主要讲述这类弹簧的结构形式、设计理论和计算方法。

## 12.5.3　弹簧的材料和制造

### 1. 弹簧的材料

弹簧常在变载荷和冲击载荷作用下工作，而且要求在受极大应力的情况下，不产生塑性变形，因此要求弹簧材料具有较高的抗拉强度、弹性极限和疲劳强度，不易松弛。同时要求有较高的冲击韧度，良好的热处理性能等。常见的弹簧材料有优质碳素钢、合金钢和铜合金。

弹簧材料的许用应力与材料种类、载荷性质、热处理方法、弹簧丝尺寸、弹簧的工作条件和重要程度有关。弹簧的许用应力按受变载荷循环次数的情况不同分三类：循环次数在 $10^6$ 以上的重要弹簧（如内燃机阀门弹簧和电磁闸瓦制动弹簧等）为Ⅰ类；循环次数在 $10^3$ ~ $10^6$ 之间及受冲击载荷的弹簧（如调速器弹簧和一般车辆弹簧等）为Ⅱ类；循环次数在 $10^3$ 以下的弹簧（如一般安全阀门弹簧和摩擦式安全离合器弹簧等）为Ⅲ类。

几种螺旋弹簧的常用材料和许用切应力见表12-3。

**表12-3　螺旋弹簧的常用材料和许用切应力**

| 材料 | | 许用切应力［τ］/MPa | | | 推荐使用温度/℃ | 推荐硬度范围 | 特点及应用 |
|---|---|---|---|---|---|---|---|
| 类别 | 牌号/类型 | Ⅰ类 | Ⅱ类 | Ⅲ类 | | | |
| 碳素弹簧钢丝 | SL、SM、SH级 | $0.3R_m$ | $0.4R_m$ | $0.5R_m$ | -40~130 | — | 价廉易得，热处理后强度较高，但尺寸大了不易淬透，多用于制作小弹簧 |

（续）

| 材料 | | 许用切应力[τ]/MPa | | | 推荐使用温度/℃ | 推荐硬度范围 | 特点及应用 |
|---|---|---|---|---|---|---|---|
| 类别 | 牌号/类型 | Ⅰ类 | Ⅱ类 | Ⅲ类 | | | |
| 合金钢丝 | 60Si2Mn | 480 | 640 | 800 | -40~200 | 45~50HRC | 弹性和回火稳定性好，但易脱碳，适用于制造受重载的大弹簧 |
| | 50CrVA | 450 | 600 | 750 | -40~210 | | 有高的疲劳极限，弹性、淬透性和回火稳定性好，常用于制造受变载荷的弹簧 |
| | 60Si2CrVA | 570 | 760 | 950 | 45~50 | | 强度高、弹性好、耐高温，适用于承受重载荷的弹簧 |
| 不锈钢丝 | 40Cr13 | 450 | 600 | 750 | -40~300 | — | 耐腐蚀，耐高温，适用于受腐蚀介质影响的弹簧 |
| 青铜丝 | QSi3-1 | 270 | 360 | 450 | -40~120 | 48~53HRC | 耐腐蚀，防磁，适用于机械或仪表中的弹簧 |
| | QSn4-3 | | | | | 90~100HRC | |

在选择材料时，应考虑弹簧的用途、重要性、工作条件（如载荷的大小及循环特性、工作温度和周围介质、工作时间等）、加工方法、热处理和经济性等诸多因素。如碳素弹簧钢的价格低、强度高、性能好，广泛用于受静载荷和有限作用次数变载荷的小弹簧；合金钢的强度高、弹性好、耐温高，适用于尺寸较大及承受冲击载荷的弹簧；不锈钢耐腐蚀、耐高温，适用于在腐蚀性介质中工作的弹簧；铜合金的耐蚀和抗磁性好，但强度低，适用于受力较小而又要求有耐腐蚀和防磁的弹簧。表12-4为优质碳素弹簧钢丝的尺寸系列和抗拉强度，供设计时参考。

非金属弹簧的材料主要是橡胶，另外还有塑料、软木等。

弹簧钢丝按照抗拉强度和弹簧载荷形式，分为静态低抗拉强度（符号SL，钢丝直径 $d=1\sim10$mm），静态中等抗拉强度（符号SM，钢丝直径 $d=0.3\sim13$mm），静态高抗拉强度（符号SH，钢丝直径 $d=0.3\sim13$mm），动态中等抗拉强度（符号DM，钢丝直径 $d=0.08\sim13$mm），动态高抗拉强度（符号DH，钢丝直径 $d=0.05\sim13$mm）几种类型。碳素弹簧钢丝的类型及其抗拉强度见表12-4。

**表12-4　碳素弹簧钢丝的类型及抗拉强度**（摘自GB/T 4357—2009）

| 钢丝公称直径 $d$/mm | 抗拉强度 $R_m$/MPa | | | | |
|---|---|---|---|---|---|
| | SL型 | SM型 | DM型 | SH型 | DH型 |
| 2.00 | 1 520~1 750 | 1 760~1 970 | 1 760~1 970 | 1 980~2 200 | 1 980~2 200 |
| 2.10 | 1 510~1 730 | 1 740~1 960 | 1 740~1 960 | 1 970~2 180 | 1 970~2 180 |
| 2.25 | 1 490~1 710 | 1 720~1 930 | 1 720~1 930 | 1 940~2 150 | 1 940~2 150 |
| 2.40 | 1 470~1 690 | 1 700~1 910 | 1 700~1 910 | 1 920~2 130 | 1 920~2 130 |
| 2.50 | 1 460~1 680 | 1 690~1 890 | 1 690~1 890 | 1 900~2 110 | 1 900~2 110 |
| 2.60 | 1 450~1 660 | 1 670~1 880 | 1 670~1 880 | 1 890~2 100 | 1 890~2 100 |
| 2.80 | 1 420~1 640 | 1 650~1 850 | 1 650~1 850 | 1 860~2 070 | 1 860~2 070 |
| 3.00 | 1 410~1 620 | 1 630~1 830 | 1 630~1 830 | 1 840~2 040 | 1 840~2 040 |

（续）

| 钢丝公称直径 $d$/mm | 抗拉强度 $R_m$/MPa | | | | |
|---|---|---|---|---|---|
| | SL 型 | SM 型 | DM 型 | SH 型 | DH 型 |
| 3.20 | 1 390 ~1 600 | 1 610 ~1 810 | 1 610 ~1 810 | 1 820 ~2 020 | 1 820 ~2 020 |
| 3.40 | 1 370 ~1 580 | 1 590 ~1 780 | 1 590 ~1 780 | 1 790 ~1 990 | 1 790 ~1 990 |
| 3.60 | 1 350 ~1 560 | 1 570 ~1 760 | 1 570 ~1 760 | 1 770 ~1 970 | 1 770 ~1 970 |
| 3.80 | 1 340 ~1 540 | 1 550 ~1 740 | 1 550 ~1 740 | 1 750 ~1 950 | 1 750 ~1 950 |
| 4.00 | 1 320 ~1 520 | 1 530 ~1 730 | 1 530 ~1 730 | 1 740 ~1 930 | 1 740 ~1 930 |
| 4.25 | 1 310 ~1 500 | 1 510 ~1 700 | 1 510 ~1 700 | 1 710 ~1 900 | 1 710 ~1 900 |
| 4.50 | 1 290 ~1 490 | 1 500 ~1 680 | 1 500 ~1 680 | 1 690 ~1 880 | 1 690 ~1 880 |
| 4.75 | 1 270 ~1 470 | 1 480 ~1 670 | 1 480 ~1 670 | 1 680 ~1 840 | 1 680 ~1 840 |
| 5.00 | 1 260 ~1 450 | 1 460 ~1 650 | 1 460 ~1 650 | 1 660 ~1 830 | 1 660 ~1 830 |
| 5.30 | 1 240 ~1 430 | 1 440 ~1 630 | 1 440 ~1 630 | 1 640 ~1 820 | 1 640 ~1 820 |
| 5.60 | 1 230 ~1 420 | 1 430 ~1 610 | 1 430 ~1 610 | 1 620 ~1 800 | 1 620 ~1 800 |
| 6.00 | 1 210 ~1 390 | 1 400 ~1 580 | 1 400 ~1 580 | 1 590 ~1 770 | 1 590 ~1 770 |
| 6.30 | 1 190 ~1 380 | 1 390 ~1 560 | 1 390 ~1 560 | 1 570 ~1 750 | 1 570 ~1 750 |
| 6.50 | 1 180 ~1 370 | 1 380 ~1 550 | 1 380 ~1 550 | 1 560 ~1 740 | 1 560 ~1 740 |
| 7.00 | 1 160 ~1 340 | 1 350 ~1 530 | 1 350 ~1 530 | 1 540 ~1 710 | 1 540 ~1 710 |
| 7.50 | 1 140 ~1 320 | 1 330 ~1 500 | 1 330 ~1 500 | 1 510 ~1 680 | 1 510 ~1 680 |
| 8.00 | 1 120 ~1 300 | 1 310 ~1 480 | 1 310 ~1 480 | 1 490 ~1 660 | 1 490 ~1 660 |

**2. 弹簧的制造**

螺旋弹簧的制造工艺包括卷绕、两端面加工（压缩弹簧）或制作挂钩（拉伸弹簧和扭转弹簧）、热处理工艺实验，必要时还需进行强压处理或喷丸处理。

卷制是把合乎技术条件规定的弹簧丝卷绕在芯棒上。大量生产时，是在万能自动卷簧机上卷制；单件小批生产时，则在手动卷绕机上卷制。

弹簧的卷绕方法有冷卷和热卷两种。弹簧丝直径小于 8 ~10mm 时用冷卷法，反之，则用热卷法。冷卷法是用已经过热处理的冷拉碳素弹簧钢丝在常温下卷绕，卷绕后一般不再经淬火处理，只经低温回火以消除内应力。热卷需先加热（通常为 800 ~1000℃，按弹簧丝直径大小选定），卷成后再经淬火和回火处理。

为了提高弹簧的承载能力，在弹簧制成后，可再进行强压处理或喷丸处理等强化措施。强压处理是使弹簧在超过极限载荷下受载 6 ~8h；喷丸处理是用一定的速度向弹簧喷射钢丸或铸铁丸。这两种强化处理都是使弹簧的表层产生塑性变形，保留有利的残余应力。由于残余应力的方向恰与工作应力相反，故在弹簧受载时可抵消部分工作应力。经强化处理的弹簧，不宜在较高温度（150 ~450℃）和长期振动及有腐蚀介质的场合工作。

此外，弹簧还须进行工艺试验和根据弹簧技术条件的规定进行精度、冲击、疲劳等试验，以检验弹簧是否符合技术要求。需特别指出的是，弹簧的持久强度和抗冲击强度，在很大程度上取决于弹簧丝的表面状况。所以弹簧丝表面必须光洁，没有裂纹和伤痕等缺陷。表面脱碳会严重影响材料的持久强度和抗冲击强度，因此，脱碳层深度和其他表面缺陷应在验收弹簧的技术条件中详细规定。重要用途的弹簧还需进行表面保护处理（如镀锌），普通的弹簧一般涂油或漆。

## 12.5.4　圆柱螺旋压缩（拉伸）弹簧的几何参数和特性曲线

### 1. 圆柱螺旋弹簧的结构

圆柱螺旋弹簧的端部结构形式很多，压缩弹簧的两端各有3/4～5/4圈与邻圈并紧，只起支持作用，不参与变形，故称支撑圈（或死圈）。支撑圈两端面与弹簧座接触，常见的端部结构有并紧磨平的YⅠ型和并紧不磨平的YⅡ型两种，如图12-16所示。在重要场合应采用YⅠ型以保证两支承端面与弹簧的轴线垂直，从而使弹簧受压时不致歪斜。两端磨平部分的长度不少于3/4圈，弹簧丝末端厚度一般为$d/4$。

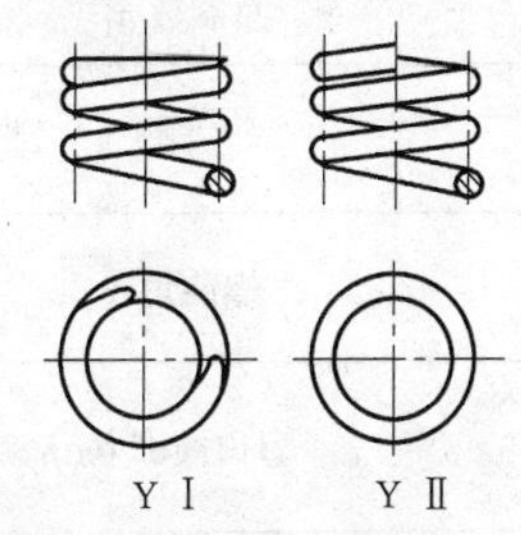

图12-16　圆柱螺旋压缩弹簧的端面圈

拉伸弹簧的端部制出挂钩，以便安装和加载，常用的端部结构形式如图12-17所示。其中，LⅠ型和LⅡ型制造方便，应用广泛，但因在挂钩过渡处产生很大的弯曲应力，故只宜用于弹簧丝直径$d \leqslant 10$mm的弹簧，LⅦ型和LⅧ型挂钩受力情况较好，且可转向任何位置，便于安装。对受力较大的重要弹簧，最好采用LⅦ型挂钩，但其制造成本较高。

### 2. 基本参数和几何尺寸

圆柱螺旋弹簧的主要参数和几何尺寸有：弹簧丝直径$d$，弹簧圈内径$D_1$、外径$D_2$和中径$D$，节距$t$和螺旋角$\alpha$，弹簧工作圈数$n$和弹簧自由高度$H_0$等，如图12-18所示。

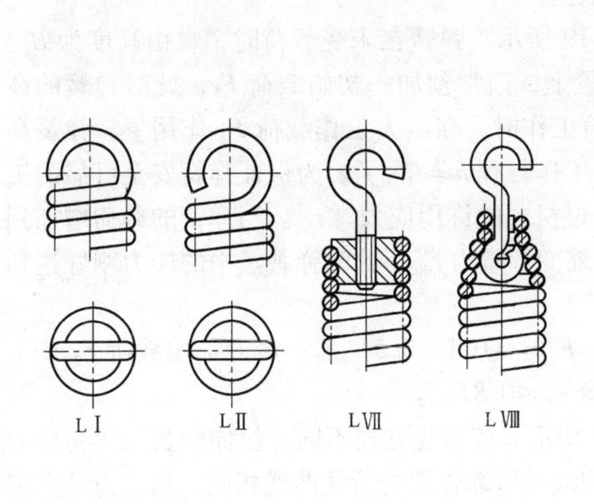

图12-17　圆柱螺旋拉伸弹簧的端部结构

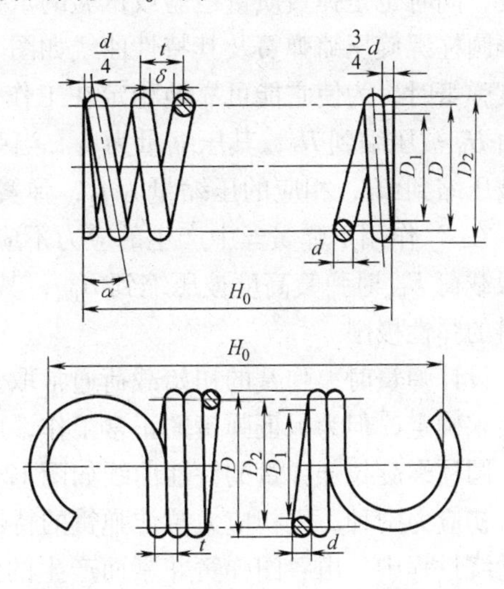

图12-18　圆柱螺旋弹簧的几何参数

圆柱螺旋弹簧的结构尺寸计算公式见表12-5。

**表12-5　圆柱螺旋弹簧的结构尺寸计算公式**

| 参数和尺寸名称及代号 | 压缩弹簧 | 拉伸弹簧 |
|---|---|---|
| 弹簧丝直径 $d$ | 由强度计算决定 | |
| 弹簧中径 $D$ | $D=Cd$（$C$为弹簧指数） | |

（续）

| 参数和尺寸名称及代号 | 压缩弹簧 | 拉伸弹簧 |
| --- | --- | --- |
| 弹簧外径 $D_2$ | $D_2 = D + d = (C+1)\ d$ | |
| 弹簧内径 $D_1$ | $D_1 = D - d = (C-1)\ d$ | |
| 有效圈数 $n$ | 由刚度计算决定 | |
| 支撑圈数 $n_2$ | 1.5～2.5 | 0 |
| 总圈数 $n_1$ | $n_1 = n + n_2$ | $n_1 = n$ |
| 节距 $t$ | $t = d + \frac{f_{max}}{n} + \delta''$ | $t = d$ |
| 螺旋角 $\alpha$ | $\arctan \frac{t}{\pi D}$，一般不超过5°～9° | |
| 自由高度 $H_0$ | YⅠ型 $H_0 = nt + (n_2 - 0.5)\ d$<br>YⅡ型 $H_0 = nt + (n_2 + 1)\ d$ | $H_0 = nd$ + 挂钩尺寸 |
| 弹簧丝展开长度 $L$ | $L = \frac{\pi D n_1}{\cos\alpha}$ | $L = \pi D n$ + 钩环展开长度 |

注：$\delta$ 为弹簧在最大工作载荷下，相邻两圈簧丝之间的距离，通常取 $\delta \geqslant 0.1d$；$f_{max}$ 为弹簧的最大变形量。

### 3. 圆柱螺旋弹簧的特性曲线

弹簧在弹性范围内变形，其变形量随载荷的变化而变化，表示弹簧工作过程中所受载荷与变形量之间关系的曲线，称为弹簧的特性曲线。特性曲线给设计弹簧时的受力分析提供了方便，同时也是弹簧质量检验或试验的重要依据。

圆柱螺旋压缩弹簧及其特性曲线如图 12-19 所示。弹簧在未受载荷时，自由高度为 $H_0$。安装弹簧时，为使它能可靠地稳定在工作位置上，通常预加一初始载荷 $F_1$，此时弹簧的高度由 $H_0$ 被压缩到 $H_1$，其压缩量为 $f_1$。当弹簧工作时，在最大工作载荷 $F_2$ 作用下，弹簧高度被压缩到 $H_2$，相应的压缩量为 $f_2$，弹簧的工作行程 $h = f_1 - f_2$。为保证弹簧安全可靠的工作，在 $F_2$ 作用下弹簧丝中产生的应力不应超过材料的许用应力［$\tau$］。当弹簧的载荷增加到极限载荷 $F_{lim}$ 时弹簧高度被压缩到 $H_{lim}$，其压缩变形量为 $f_{lim}$。此时弹簧丝中的应力刚好达到材料的弹性极限。

设计弹簧时，弹簧的初始载荷通常取为：$F_1 = (0.1 \sim 0.5)\ F_2$。最大工作载荷 $F_2$ 按工作要求确定，但为保证弹簧的正常工作，应使 $F_2 \leqslant 0.8F_{lim}$。

圆柱螺旋拉伸弹簧的特性曲线如图 12-20 所示。按卷绕方式不同，拉伸弹簧分无初应力和有初应力两种。无初应力拉伸弹簧的特性曲线与压缩弹簧的特性曲线相同。初应力是在弹簧卷绕过程中，由各圈弹簧并紧而产生的内应力造成的，这个力称为初拉力 $F_0$，只有外载荷超过初拉力 $F_0$ 后，弹簧才开始变形。弹簧产生单位变形量所需的载荷，称为弹簧刚度，用 $K$ 表示。由图 12-19 和图 12-20 可以看出，对于等节距的圆柱螺旋压缩（拉伸）弹簧，其特性曲线为一斜直线，即弹簧所产生的变形量 $f$ 与其所承受的载荷 $F$ 成正比例关系，故刚度 $K = F/f$ = 常数，这种弹簧称为定刚度弹簧。

弹簧的特性曲线除了上述的定刚度直线外，按其结构形式的不同，还有刚度渐增型、刚度渐减型等多种形式。

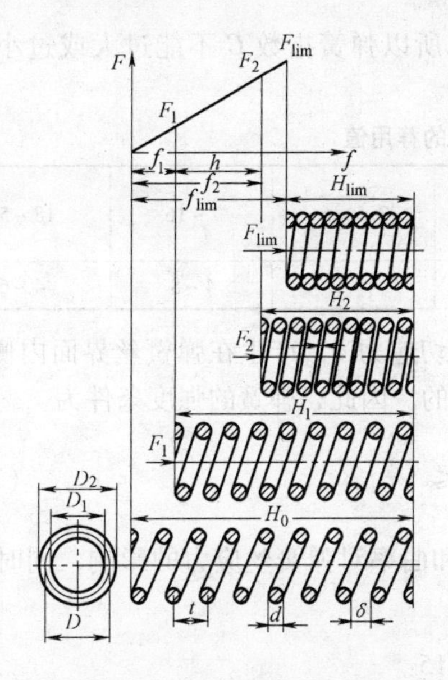


图 12-19　圆柱螺旋压缩弹簧的特性曲线

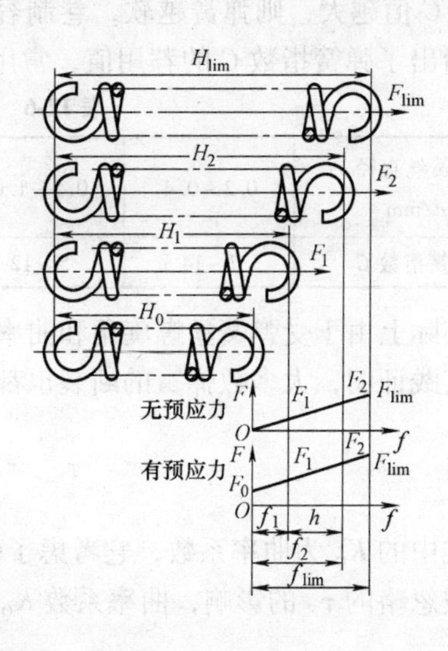


图 12-20　圆柱螺旋拉伸弹簧的特性曲线

## 12.5.5　圆柱螺旋弹簧的设计计算

圆柱螺旋压缩（拉伸）弹簧设计计算的主要任务是：确定满足使用要求所需的弹簧丝直径和弹簧圈数。

**1. 强度计算**

弹簧的强度计算是为了确定弹簧的直径。设一圆柱压缩弹簧受轴向载荷 $F$ 作用，为求弹簧丝截面上的内力，可假想将弹簧用垂直于弹簧丝轴线的截面切开，如忽略螺旋角的影响，则该截面可近似看成在弹簧的轴截面内，如图12-21a所示。根据上半段弹簧的平衡条件，可得作用在弹簧丝截面上的内力为剪力 $F$ 和转矩 $T$，显然 $T=F(D/2)$。

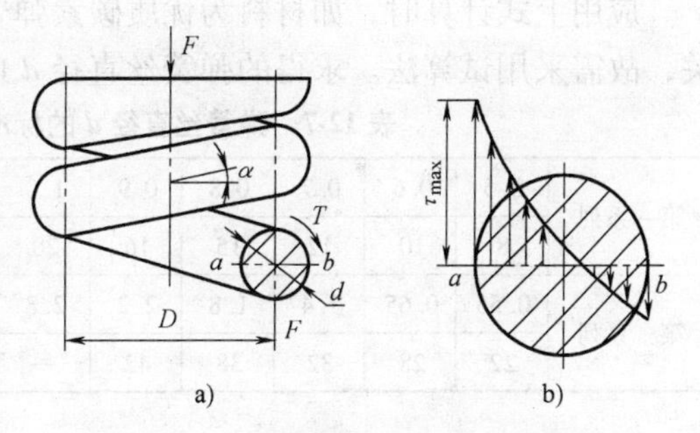


图 12-21　圆柱螺旋压缩弹簧的受力分析及应力分布

在剪力 $F$ 和转矩 $T$ 的作用下，弹簧丝截面上的应力分布如图12-21b所示。该应力可近似取为

$$\tau_{\max}=\tau_F+\tau_T=\frac{F}{\dfrac{\pi d^2}{4}}+\frac{F\dfrac{D}{2}}{\dfrac{\pi d^3}{16}}=\frac{4F}{\pi d^2}(1+2C) \tag{12-2}$$

式中　$\tau_F$，$\tau_T$——分别为剪力 $F$ 和转矩 $T$ 引起的最大切应力；

$C=\dfrac{D}{d}$——弹簧指数（或旋绕比）。

由式（12-2）可见，由于 $2C$ 远比1大，故剪力 $F$ 对弹簧的影响很小。

在弹簧丝材料和直径相同时，弹簧指数 $C$ 越小，弹簧越硬，曲率也越大，卷绕也就越困难；$C$ 值越大，则弹簧越软，卷制容易出现颤动，所以弹簧指数 $C$ 不能过大或过小。表12-6 给出了弹簧指数 $C$ 的荐用值，常用值为 5～8。

**表 12-6 圆柱螺旋弹簧 $C$ 的荐用值**

| 弹簧丝直径 $d$/mm | 0.2～0.4 | 0.5～1.0 | 1.1～2.2 | 2.5～6 | 7～16 | 18～50 |
|---|---|---|---|---|---|---|
| 弹簧指数 $C$ | 7～14 | 5～12 | 5～10 | 4～9 | 4～8 | 4～6 |

实际上由于受弹簧丝螺旋角和曲率影响，其最大切应力 $\tau_{max}$ 产生在弹簧丝界面内侧的 $a$ 点。实践证明，大多数弹簧的断裂也都是从 $a$ 点开始的。因此，弹簧的强度条件为

$$\tau_{max}=K_Q\tau_T=\frac{8K_QFC}{\pi d^2}\leqslant[\tau] \tag{12-3}$$

式中的 $K_Q$ 为曲率系数，它考虑了弹簧丝螺旋角和曲率对弹簧丝应力的影响，同时也考虑了被忽略的 $\tau_F$ 的影响，曲率系数 $K_Q$ 可按下式计算

$$K_Q=\frac{4C-1}{4C-4}+\frac{0.615}{C} \tag{12-4}$$

在求弹簧丝直径 $d$ 时，式（12-3）中的 $F$ 应为最大工作载荷 $F_2$，故得

$$d\geqslant\sqrt{\frac{8K_QF_2C}{\pi[\tau]}} \tag{12-5}$$

式中 $[\tau]$——许用切应力，可根据工作特点由表 12-3 查取。

应用上式计算时，如材料为优质碳素弹簧钢，则其许用切应力 $[\tau]$ 与弹簧丝直径 $d$ 有关，故需采用试算法。求得的弹簧丝直径 $d$ 应圆整为标准值（见表 12-7）。

**表 12-7 弹簧丝直径 $d$ 的标准系列**（摘自 GB/T 1358—2009）

|  | | | | | | | | | | | | | | |
|---|---|---|---|---|---|---|---|---|---|---|---|---|---|---|
| 第一系列 | 0.5 | 0.6 | 0.7 | 0.8 | 0.9 | 1.0 | 1.2 | 1.6 | 2.0 | 2.5 | 3.0 | 3.5 | 4.0 | …… |
| | 8 | 10 | 12 | 15 | 16 | 20 | 25 | 30 | 35 | 40 | 45 | 50 | 60 | |
| 第二系列 | 0.55 | 0.65 | 1.4 | 1.8 | 2.2 | 2.8 | 3.2 | 5.5 | 6.5 | 7.0 | 9.0 | 11.0 | 14.0 | 18.0 |
| | 22 | 28 | 32 | 38 | 42 | — | — | — | — | — | — | — | — | — |

对拉伸弹簧，当受轴向载荷作用时，弹簧丝截面上的受载情况与压缩弹簧一样，故式（12-5）也适用于拉伸弹簧，考虑到钩环处弯曲应力对弹簧丝强度的影响，计算时应将许用应力 $[\tau]$ 降低 20%。

**2. 刚度计算**

弹簧的刚度计算是求出满足变形量要求的弹簧圈数。

圆柱螺旋压缩（拉伸）弹簧受载后的轴向变形量 $f$，可根据材料力学的有关公式求得，即

$$f=\frac{8FD^3n}{Gd^4} \tag{12-6}$$

式中 $n$——弹簧的有效圈数；

$G$——弹簧材料的切变模量，钢为 $8\times10^4$ MPa，青铜为 $4\times10^4$ MPa。

由上式可得弹簧刚度 $K$ 的计算公式为

$$K=\frac{F}{f}=\frac{Gd}{8C^3n} \tag{12-7}$$

由此可见，弹簧刚度与弹簧指数的 3 次方成反比，即弹簧指数的大小对弹簧刚度的影响很大，另外，弹簧圈数越多，弹簧刚度就越小，反之，弹簧刚度就越大。

设计时，弹簧的有效圈数是根据变形量决定的，由式（12-7）可得

$$n=\frac{Gdf}{8FC^3} \tag{12-8}$$

为制造方便，当 $n<15$ 时，取 $n$ 为 0.5 的倍数；当 $n>15$ 时，则取 $n$ 为整数。弹簧的有效圈数 $n$ 不得少于 2 圈。

**3. 弹簧的稳定性校核**

对于圈数较多的压缩弹簧，当高径比 $b=\frac{H_0}{D}$ 较大，而载荷又达到一定值时，弹簧就会发生侧向弯曲而丧失稳定性，如图 12-22 所示，这种情况在工作中是不允许的。为了便于制造及避免失稳现象，建议一般压缩弹簧的高径比按下列情况选取：

当两端固定时，取 $b<5.3$。

当一端固定时，另一端自由转动时，取 $b<3.7$。

当两端自由转动时，取 $b<2.6$。

当大于上述各种情况下的推荐值时，应按下式进行稳定性验算

$$F_c=C_uKH_0>F_2 \tag{12-9}$$

式中　$F_c$——稳定时的临界载荷（N）；

$C_u$——不稳定系数（图 12-23）；

$H_0$——自由高度（mm）；

$F_2$——最大工作载荷（N）；

$K$——弹簧刚度（N/mm）。

当 $F_{max}>F_c$ 时，应重新计算，改变 $b$ 值，提高 $F_c$ 值。若受结构限制，不能改变参数时，应加装导向装置，如图 12-24 所示。

弹簧常用两端支承形式如图 12-25 所示。

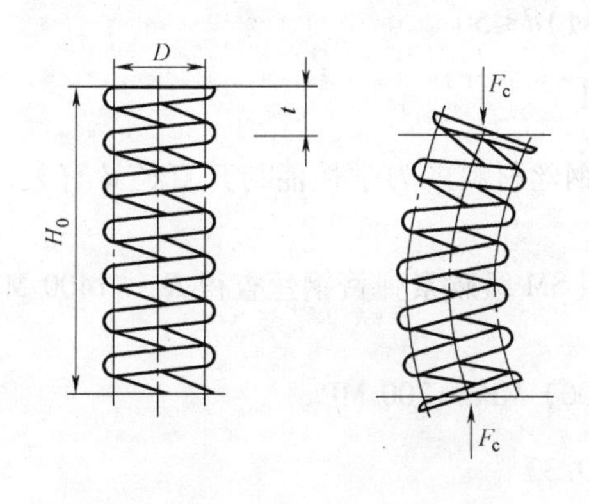


图 12-22　压缩弹簧的失稳

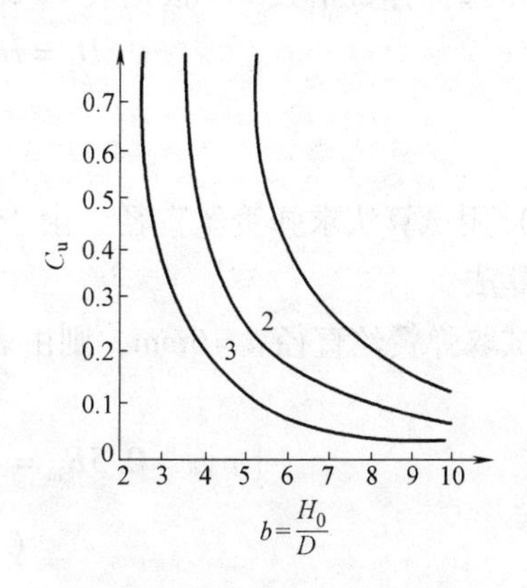


图 12-23　不稳定系数 $C_u$

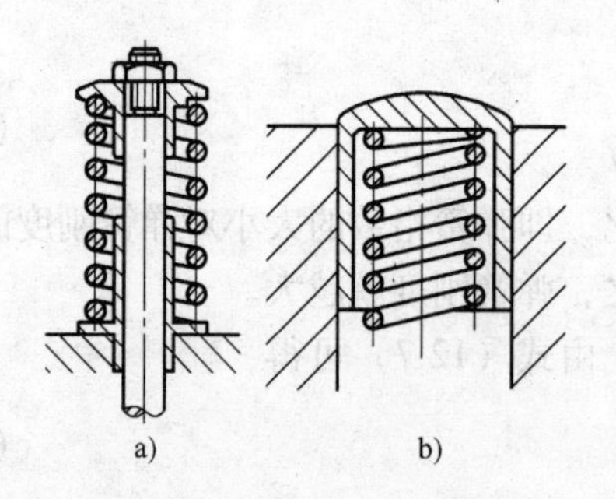


图12-24　导杆和导套

a）导杆　b）导套

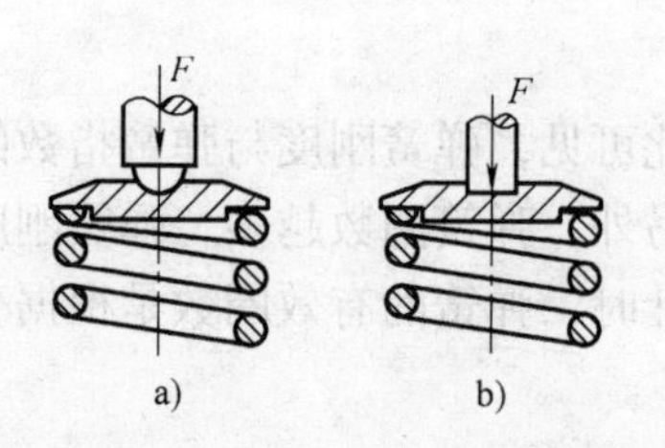


图12-25　弹簧的两端支承情况

a）回转支承　b）固定支承

## 12.6　基本技能训练——圆柱螺旋压缩弹簧的设计

**一、设计目的**

通过对圆柱螺旋压缩弹簧的设计，达到对下列内容的了解与掌握。

1）弹簧丝材料的选择与许用切应力的确定。

2）弹簧指数 $C$ 的选择与确定。

3）弹簧丝直径的确定。

4）弹簧有效圈数、实际刚度和变形量的确定。

5）弹簧的结构设计与工作图的绘制。

**二、设计内容**

试设计一圆柱螺旋压缩弹簧。已知安装初载荷 $F_1=500$ N，最大工作载荷 $F_2=1200$ N，工作行程 $h=60$ mm，弹簧套装在M48的螺杆上，要求弹簧内径 $D_1\leqslant 50$ mm，在空气中工作，为Ⅲ类弹簧。

**三、设计步骤**

（1）选择弹簧丝材料，确定许用切应力　选用SM级碳素弹簧钢丝，由表12-3按照Ⅲ类弹簧查得许用切应力 $[\tau]=0.5R_m$。又知钢的切变模量 $G=80000$ MPa。

（2）选择弹簧指数 $C$　根据表12-5有

$$D_1=D-d=(C-1)d\leqslant 50$$

所以

$$C\leqslant\frac{50}{d}+1$$

（3）用试算法求弹簧丝直径　由于碳素弹簧钢丝材料的力学性能与其直径 $d$ 有关，故应用试算法。

先试取弹簧丝直径 $d=6$mm，则由表12-4按照SM级碳素弹簧钢丝查得 $R_m=1400$ MPa。故

$$[\tau]=0.5R_m=(0.5\times 1400)\text{ MPa}=700\text{ MPa}$$

$$C\leqslant\frac{50}{6}+1=9.33$$

由表12-6，取 $C=9$，由式（12-4）计算得曲率系数 $K_Q=1.16$。

由式（12-5）计算弹簧丝直径

$$d' \geqslant \sqrt{\frac{8K_Q F_2 C}{\pi\ [\tau]}} = \sqrt{\frac{8 \times 1.16 \times 1200 \times 9}{\pi \times 700}}\ \mathrm{mm} = 6.75\ \mathrm{mm}$$

$d' > d$，不安全。

再试取 $d = 7\mathrm{mm}$，由表12-4查得 $R_m = 1350\ \mathrm{MPa}$，$[\tau] = 0.5R_m = 675\ \mathrm{MPa}$，$C \leqslant \frac{50}{7} + 1 = 8.14$，取 $C = 8$，由式（12-4）计算得曲率系数 $K_Q = 1.18$，则

$$d'' \geqslant \sqrt{\frac{8K_Q F_2 C}{\pi\ [\tau]}} = \sqrt{\frac{8 \times 1.18 \times 1200 \times 8}{\pi \times 675}}\ \mathrm{mm} = 6.54\ \mathrm{mm}$$

$d'' < d$，安全。故取 $d = 7\ \mathrm{mm}$，$C = 8$。

（4）求弹簧的有效圈数 $n$　由式（12-7）得弹簧刚度

$$K = \frac{F}{f} = \frac{F_2 - F_1}{f_2 - f_1} = \frac{1200 - 500}{60}\ \mathrm{N/mm} = 11.67\ \mathrm{N/mm}$$

弹簧的有效圈数 $n$ 可由式（12-8）算得

$$n = \frac{Gd}{8C^3K} = \frac{80000 \times 7}{8 \times 8^3 \times 11.67} = 11.7\text{，取 } n = 12$$

取弹簧两端的支承圈 $n_2 = 2$，则弹簧的总圈数为

$$n_1 = n + n_2 = 12 + 2 = 14$$

（5）确定弹簧的实际刚度 $K'$，并计算其变形量 $f_1$ 和 $f_{max}$　由式（12-7）计算弹簧的实际刚度 $K'$ 为

$$K' = \frac{Gd}{8C^3 n} = \frac{80000 \times 7}{8 \times 8^3 \times 12}\ \mathrm{N/mm} = 11.39\ \mathrm{N/mm}$$

弹簧的变形量为：$f_1 = \frac{F_1}{K'} = \frac{500}{11.39}\ \mathrm{mm} = 43.9\ \mathrm{mm}$，取 $f_1 = 44\ \mathrm{mm}$

$$f_2 = \frac{F_2}{K'} = \frac{1200}{11.39}\ \mathrm{mm} = 105.36\ \mathrm{mm}\text{，取 } f_1 = 105\ \mathrm{mm}$$

（6）弹簧结构设计　选定两端支座，并由表12-5计算出全部尺寸（从略）。

（7）绘制弹簧工作图　（从略）。

## 圆柱螺旋压缩弹簧的设计实训报告

### 一、设计目的

### 二、预习作业

1）弹簧的类型、特点和应用如何？

2）圆柱螺旋压缩弹簧的几何参数有哪些？

3）试述圆柱螺旋压缩弹簧的设计计算的主要任务有哪些？

三、设计结果

1）圆柱螺旋压缩弹簧

材料：

许用切应力：$[\tau]$ =

弹簧指数 $C$ =

弹簧丝直径 $d$ =

弹簧工作圈数 $n$ =

2）圆柱螺旋压缩弹簧的结构尺寸

| 参数和尺寸名称及代号 | 压缩弹簧 |
|---|---|
| 弹簧丝直径 $d$ | 由强度计算决定 |
| 弹簧中径 $D$ | $D=Cd$（$C$为弹簧指数） |
| 弹簧外径 $D_2$ | $D_2=D+d=(C+1)d$ |
| 弹簧内径 $D_1$ | $D_1=D-d=(C-1)d$ |
| 有效圈数 $n$ | 由刚度计算决定 |
| 支撑圈数 $n_2$ | 1.5～2.5 |
| 总圈数 $n_1$ | $n_1=n+n_2$ |
| 节距 $t$ | $t=d+\frac{f_{\max}}{n}+\delta''$ |
| 螺旋角 $\alpha$ | $\arctan\frac{t}{\pi D_2}$，一般不超过5°～9° |
| 自由高度 $H_0$ | YⅠ型 $H_0=nt+(n_2-0.5)d$<br>YⅡ型 $H_0=nt+(n_2+1)d$ |
| 弹簧丝展开长度 $L$ | $L=\frac{\pi D_2 n_1}{\cos\alpha}$ |

3）绘制圆柱螺旋压缩弹簧的结构示意图。

## 12.7 拓展练习

一、单选题

12-1 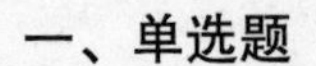能在不停车的情况下，使两轴结合或分离。

A. 离合器 B. 联轴器 C. 减速器 D. 弹性柱销

12-2 一般电动机与减速器的高速级的连接常采用________联轴器。

A. 弹性柱销 B. 十字滑块 C. 凸缘 D. 凹缘

二、判断题

12-3 在连接和传动的作用上联轴器和离合器是相同的。 （ ）

12-4　两轴在任何情况下能分离与接合，则应选用摩擦离合器。　(　　)

12-5　在圆柱螺旋弹簧中，其端部要求磨平。　(　　)

12-6　挠性联轴器能补偿被联接两轴之间大的位移和偏移。　(　　)

## 三、填空题

12-7　摩擦离合器是利用（　　　　）来传递转矩的。

12-8　离合器按工作原理可分为（　　　　）、（　　　　）和（　　　　）三类。

12-9　离合器的功用是（　　　　　　　　　　　　）。

12-10　联轴器的功用是（　　　　　　　　　　）。

12-11　刚性凸缘联轴器的对中方法有（　　　　　　）、（　　　　）两种。

12-12　联轴器和离合器的主要区别为（　　　　　　　　　　）。

## 四、简答题

12-13　圆柱螺旋弹簧的端部结构有何功用？

12-14　试述弹簧的主要功用。

12-15　离合器有何功用？

12-16　牙嵌式离合器与摩擦式离合器有何区别？

12-17　牙嵌式离合器的牙型有几种？各用于什么场合？

12-18　试述超越离合器的特点。

12-19　试述凸缘联轴器的两种对中方法的特点。

12-20　万向联轴器在成对使用时，应如何布置才能保证从动轴的角速度和主动轴的角速度随时相等？

12-21　万向联轴器为什么常成对使用？

12-22　试说明齿式联轴器为什么能够补偿综合位移。

12-23　十字滑块联轴器为什么能够补偿两轴的位移和偏移？

12-24　使用刚性联轴器时，为什么要求被联接两轴严格对中？

# 参 考 文 献

[1] 陈立德. 机械设计基础 [M]. 北京：高等教育出版社，2004.
[2] 胡家秀. 机械设计基础 [M]. 2 版. 北京：机械工业出版社，2008.
[3] 吴晖，任红英. 机械设计教程 [M]. 北京：北京理工大学出版社，2007.
[4] 刘美玲，雷振德. 机械设计基础 [M]. 北京：科学出版社，2005.
[5] 金潇明. 机械设计基础 [M]. 长沙：中南大学出版社，2006.
[6] 王健民. 机械设计基础 [M]. 北京：中国电力出版社，2005.
[7] 孙宝钧. 机械设计基础 [M]. 北京：机械工业出版社，2003.
[8] 邓昭铭，张莹. 机械设计基础 [M]. 北京：高等教育出版社，2002.
[9] 隋明阳. 机械设计基础 [M]. 北京：机械工业出版社，2001.
[10] 韩向东. 工程力学 [M]. 北京：机械工业出版社，1998.
[11] 隋明阳. 机械设计基础练习册 [M]. 北京：机械工业出版社，2001.
[12] 李海萍. 机械设计基础 [M]. 北京：机械工业出版社，2005.
[13] 柴鹏飞. 机械设计基础 [M]. 2 版. 北京：机械工业出版社，2011.
[14] 陈国定. 机械设计基础 [M]. 北京：机械工业出版社，2005.
[15] 王宁侠. 机械设计基础 [M]. 北京：机械工业出版社，2005.